제2판

선형대수학

MATLAB을 이용한 문제풀이

송영권 지음

KYOWOO

머리말

이 책을 집필하게 된 동기는 학생들이 선형대수학의 기초개념인 행렬, 벡터공간, 내적공간, 선형사상, 고유값 및 고유벡터 등에 대한 이론을 좀 더 쉽게 체계적으로 이해할 수 있도록 도와주기 위해서입니다. 다양한 예제를 활용하여 정의 및 정리를 이해할 수 있도록 하였고 학생들이 반드시 이해할 필요가 있다고 생각되는 개념들에 대한 문제들로 연습문제를 구성하였습니다. 문제 풀이에 도움을 주기 위해서 학생들 입장에서 최대한 자세하게 연습문제 풀이를 첨가하였습니다. 특별히 강의하면서 학생들이 이해하기 힘들어 하는 개념 및 정리의 증명을 최대한 자세하게 추가 설명하였습니다.

또한 선형대수학에 관련된 문제들 중에서 Matlab 프로그램을 이용해서 해결할 수 있는 문제들과 풀이방법을 제시함으로써 학생들로 하여금 동일한 문제의 다양한 해결방법을 경험할 수 있도록 하였습니다.

이 책으로 선형대수학을 학습하는 학생들이 이 책을 보관하고 싶은 마음이 들기를 바랍니다.

이 책이 출판되기까지 세심하게 신경 써주신 교우사 사장님과 편집부 직원 분들께 진심으로 감사드립니다.

2017년 3월 1일
저자

차례

Chapter 01 행렬

Chapter 03 벡터공간

Chapter 04 내적공간

Chapter 05 선형사상과 행렬

Chapter 06 고윳값과 고유벡터

수학의 본질은

그 자유로움에 있다

-- 칸토어 --

C·H·A·P·T·E·R 1

행렬

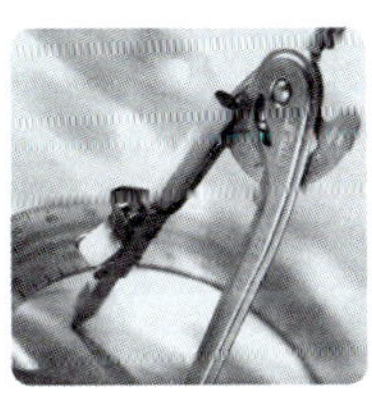

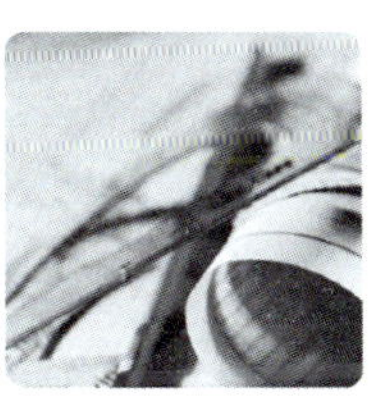

1.1 행렬의 정의 및 연산

이 절에서는 행렬을 정의하고 덧셈연산, 곱연산, 스칼라곱연산 등 행렬의 연산에 대하여 살펴본다.

수 집합과 관련해서 다음과 같은 기호를 사용하기로 한다.

$\mathbb{Z}$: 모든 정수들의 집합. $\mathbb{Q}$: 모든 유리수들의 집합.

$\mathbb{R}$: 모든 실수들의 집합. $\mathbb{C}$: 모든 복소수들의 집합.

정의

임의의 자연수 m, n에 대하여 mn개의 실수 a_{ij} $(1 \le i \le m,\ 1 \le j \le n)$를 다음과 같이 직사각형 모양으로 나열해 놓은 것을 실수를 성분으로 갖고 크기가 $m \times n$인 행렬(matrix)이라고 한다.

$$A = \begin{pmatrix} a_{11} & a_{12} & \cdots & a_{1n} \\ a_{21} & a_{22} & \cdots & a_{2n} \\ \vdots & \vdots & \cdots & \vdots \\ a_{m1} & a_{m2} & \cdots & a_{mn} \end{pmatrix}$$

이 때, $A = (a_{ij})_{m \times n}$으로 나타내고 각각의 a_{ij}를 행렬 A의 $(i,\ j)-$성분($(i,\ j)^{th}-$entry)이라고 한다.

또한 실수를 성분으로 갖는 모든 $m \times n$행렬들의 집합을 $M_{m \times n}(\mathbb{R})$로 표시한다. 즉,

$$M_{m \times n}(\mathbb{R}) = \{(a_{ij})_{m \times n} \mid a_{ij} \in \mathbb{R},\ 1 \le i \le m,\ 1 \le j \le n\}$$

참고 1. 행렬을 나타낼 때는 일반적으로 영문자 대문자 A, B 등을 사용하고 행렬 A의 크기를 나타낼 필요가 있을 때에는 $A_{m \times n}$, $B_{m \times n}$ 등으로 표시하기도 한다.

2. 일반적으로 체 F에 속하는 원소를 성분으로 갖는 $m \times n$행렬들의 집합은 $M_{m \times n}(F)$로 나타낸다. 예를 들어 복소수를 성분으로 갖는 모든 $m \times n$행렬들의

집합을 $M_{m\times n}(\mathbb{C})$로 표시한다.

3. 이 장에서 살펴보는 실수를 성분으로 갖는 $m\times n$행렬에 관한 성질들은 모두 체 F에 속하는 원소를 성분으로 갖는 $m\times n$행렬에 대해서도 성립한다.

예제 행렬 $A=\begin{pmatrix} 2 & -3 & 7 \\ 5 & 11 & 0 \end{pmatrix}$는 크기가 2×3인 행렬이고 행렬 $B=\begin{pmatrix} 15 & 23 \\ -1 & 8 \end{pmatrix}$는 크기가 2×2인 행렬이다. 또한 행렬 A의 $(1,2)-$성분은 -3이다.

정의

행렬 $A=(a_{ij})_{m\times n}\in M_{m\times n}(\mathbb{R})$는 m개의 수평성분과 n개의 수직 성분들로 이루어지는데 특히 i번째 수평성분을 행렬 A의 i번째 행($i^{th}-$row)이라고 하고 $Row_i(A)$로 표시한다. 또한 행렬 A의 j번째 수직성분을 행렬 A의 j번째 열($j^{th}-$column)이라고 하고 $Col_j(A)$로 표시한다. 즉, 행렬 $A=(a_{ij})_{m\times n}$의 i번째 행과 j번째 열은 각각 다음과 같다.

$$Row_i(A)=(a_{i1},\ a_{i2},\ \cdots,\ a_{in}),\qquad Col_j(A)=\begin{pmatrix} a_{1j} \\ a_{2j} \\ \vdots \\ a_{mj} \end{pmatrix}$$

예제 행렬 $A=\begin{pmatrix} 7 & 12 & 0 \\ 2 & -9 & 8 \end{pmatrix}$는 다음과 같은 두 개의 행과 세 개의 열로 이루어진 크기가 2×3인 행렬이다.

$$Row_1(A)=(7,\ 12,\ 0)\ ,\quad Row_2(A)=(2,\ -9,\ 8)$$

$$Col_1(A)=\begin{pmatrix} 7 \\ 2 \end{pmatrix}\ ,\quad Col_2(A)=\begin{pmatrix} 12 \\ -9 \end{pmatrix}\ ,\quad Col_2(A)=\begin{pmatrix} 0 \\ 8 \end{pmatrix}$$

다음은 행렬의 덧셈에 대한 항등원의 역할을 하는 영행렬의 정의에 대하여 살펴보자.

정의

행렬 $A=(a_{ij})_{m\times n}\in M_{m\times n}(\mathbb{R})$의 모든 $(i,\ j)$-성분이 0이면 즉, $a_{ij}=0\ (1\le i\le m,\ 1\le j\le n)$이면 행렬 A를 영행렬(zero matrix)이라고 하고 $O_{m\times n}$ 으로 표시한다.

참고 영행렬은 편의를 위하여 크기와 상관없이 O으로 나타내기도 한다.

예제 행렬 $O_{2\times 2}=\begin{pmatrix}0&0\\0&0\end{pmatrix}$와 $O_{2\times 3}=\begin{pmatrix}0&0&0\\0&0&0\end{pmatrix}$는 각각 크기가 2×2이고 2×3인 영행렬이다.

정의

행렬 $A\in M_{m\times n}(\mathbb{R})$의 행의 수 m과 열의 수 n이 서로 같으면, 행렬 A를 n차의 정사각행렬(square matrix)이라고 한다. n차의 정사각행렬 $A=(a_{ij})_{n\times n}$에서 $a_{11}, a_{22}, \cdots, a_{nn}$를 행렬 A의 주 대각성분이라고 한다.

예제 행렬 $A=\begin{pmatrix}10&7&6\\5&2&0\\0&23&-4\end{pmatrix}$는 3차의 정사각행렬이고 A의 주대각성분은 10, 2, -4이다.

정의

정사각행렬 $A\in M_{n\times n}(\mathbb{R})$의 주 대각성분이 모두 1이고 나머지 성분이 모두 0이면 행렬 A를 항등행렬(단위행렬, identity matrix)이라고 하고 I_n (또는 E)로 표시한다. 즉, 항등행렬 I_n은 다음과 같다.

$$I_n=\begin{pmatrix}1&0&\cdots&0\\0&1&\cdots&0\\\vdots&\vdots&\cdots&\vdots\\0&0&\cdots&1\end{pmatrix}$$

예제 $I_2 = \begin{pmatrix} 1 & 0 \\ 0 & 1 \end{pmatrix}$이고 $I_3 = \begin{pmatrix} 1 & 0 & 0 \\ 0 & 1 & 0 \\ 0 & 0 & 1 \end{pmatrix}$이다.

참고 실수 δ_{ij} $(1 \leq i, j \leq n)$를

$$\delta_{ij} = \begin{cases} 1, & i = j \\ 0, & i \neq j \end{cases}$$

로 정의하면 n차의 항등행렬은 $I_n = (\delta_{ij})_{n \times n}$으로 나타낼 수 있다.

정의

정사각행렬 $A = (a_{ij})_{n \times n} \in M_{n \times n}(\mathbb{R})$가 다음 조건을 만족하면 A를 **상삼각행렬**(upper triangular matrix)이라고 한다.

$$a_{ij} = 0 \quad (i > j)$$

참고 정의에 의하여 정사각행렬 $A \in M_{n \times n}(\mathbb{R})$가 상삼각행렬이면 주 대각성분 아래에 놓여있는 성분들은 모두 0이다.

예제 행렬 $A = \begin{pmatrix} 11 & 3 \\ 0 & 2 \end{pmatrix}$와 $B = \begin{pmatrix} 3 & 8 & 12 \\ 0 & 0 & -5 \\ 0 & 0 & 6 \end{pmatrix}$는 상삼각행렬이다.

정의

정사각행렬 $A = (a_{ij})_{n \times n} \in M_{n \times n}(\mathbb{R})$가 다음 조건을 만족하면 A를 **하삼각행렬**(lower triangular matrix)이라고 한다.

$$a_{ij} = 0 \quad (i < j)$$

참고 정의에 의하여 정사각행렬 $A \in M_{n \times n}(\mathbb{R})$가 하삼각행렬이면 주 대각성분 위에 놓여있는 성분들은 모두 0이다.

예제 행렬 $A=\begin{pmatrix}1 & 0\\5 & 1\end{pmatrix}$와 $B=\begin{pmatrix}0 & 0 & 0\\-3 & 1 & 0\\0 & 12 & 8\end{pmatrix}$는 하삼각행렬이다.

예제 $I_2=\begin{pmatrix}1 & 0\\0 & 1\end{pmatrix}$와 $I_3=\begin{pmatrix}1 & 0 & 0\\0 & 1 & 0\\0 & 0 & 1\end{pmatrix}$는 모두 상삼각행렬이고 동시에 하삼각행렬이다.

정의

정사각행렬 $A=(a_{ij})_{n\times n}\in M_{n\times n}(\mathbb{R})$가 다음 조건을 만족하면 A를 대각행렬(diagonal matrix)이라고 하고 $A=diag(a_{11},a_{22},\cdots,a_{nn})$으로 표시한다.

$$a_{ij}=0 \quad (i\neq j)$$

참고 정의에 의하여 정사각행렬 $A\in M_{n\times n}(\mathbb{R})$가 대각행렬이면 주 대각성분 이외의 성분들이 모두 0이다. 또한 대각행렬은 상삼각행렬이고 동시에 하삼각행렬이다.

예제 행렬 $I_2=\begin{pmatrix}1 & 0\\0 & 1\end{pmatrix}$와 $A=\begin{pmatrix}14 & 0 & 0\\0 & -8 & 0\\0 & 0 & 15\end{pmatrix}$는 대각행렬이고 $I_2=diag(1,1)$, $A=diag(14,-8,15)$이다.

다음은 두 행렬의 상등관계에 대하여 살펴보기로 한다.

정의

두 행렬 $A=(a_{ij})_{m\times n}$, $B=(b_{ij})_{m\times n}\in M_{m\times n}(\mathbb{R})$의 대응되는 모든 (i,j)-성분이 같으면, 즉, $a_{ij}=b_{ij}$ $(1\leq i\leq m,\ 1\leq j\leq n)$이면 행렬 A와 B는 같은 행렬이라고 하고 $A=B$로 나타낸다. 만일 A와 B가 같은 행렬이 아니면 $A\neq B$으로 나타낸다.

예제 두 행렬 $A=\begin{pmatrix} a_{11} & a_{12} \\ a_{21} & a_{22} \end{pmatrix}$와 $B=\begin{pmatrix} a_{11} & a_{12} & a_{13} \\ a_{21} & a_{22} & a_{23} \\ a_{31} & a_{32} & a_{33} \end{pmatrix}$는 서로 크기가 다르기 때문에 $A \neq B$이다.

예제 두 행렬 $A=\begin{pmatrix} 7 & 3 \\ 8 & 5 \end{pmatrix}$, $B=\begin{pmatrix} 7 & 3 \\ 8 & 0 \end{pmatrix}$ 에 대하여 A의 $(2,2)-$성분과 B의 $(2,2)-$성분은 서로 다르다. 따라서 $A \neq B$이다.

예제 두 행렬 $A=\begin{pmatrix} a & 0 \\ 8 & b-a \\ 3 & 10 \end{pmatrix}$, $B=\begin{pmatrix} 7 & 0 \\ 8 & 2 \\ 3 & 10 \end{pmatrix}$ 에 대하여 상등관계 $A=B$가 성립하기 위해서는 $a=7$, $b-a=2$이다. 따라서 $a=7$, $b=9$이다.

이제 집합 $M_{m\times n}(\mathbb{R})$에 속하는 행렬들 사이에서 정의되는 연산에 대하여 살펴보기로 하자.

정의

두 행렬 $A=(a_{ij})_{m\times n}$, $B=(b_{ij})_{m\times n} \in M_{m\times n}(\mathbb{R})$에 대하여 덧셈과 실수 $a\in\mathbb{R}$ 에 대한 스칼라곱을 다음과 같이 정의한다.

$$A+B=(a_{ij}+b_{ij})_{m\times n}, \quad aA=(aa_{ij})_{m\times n}$$

참고 덧셈연산의 정의에 의하여 두 개의 행렬이 크기가 같을 때 행렬의 덧셈을 정의한다는 것을 알 수 있다. 또한 행렬 $A+B$의 $(i, j)-$성분은 A의 $(i, j)-$성분과 B의 $(i, j)-$성분의 합 $a_{ij}+b_{ij}$로 정의되고 행렬 aA 의 $(i, j)-$성분은 a와 A의 $(i, j)-$성분을 곱한 aa_{ij}로 정의됨을 알 수 있다. 또한 정의에 의하여 두 행렬을 더하거나 어떤 행렬에 실수 배를 해도 행렬의 크기는 변하지 않는다는 사실을 알 수 있다. 즉, 집합 $M_{m\times n}(\mathbb{R})$은 덧셈과 스칼라 곱에 대하여 닫혀있는 집합이다.

예제 두 행렬 $A=\begin{pmatrix} 8 & 0 & 21 \\ 10 & 2 & 9 \end{pmatrix}$, $B=\begin{pmatrix} 11 & 0 & 0 \\ 3 & -25 & 11 \end{pmatrix}$ 에 대하여 $5A$, $A+B$, $3A-B$는 각각 다음과 같다.

$$5A=\begin{pmatrix} 5\times 8 & 5\times 0 & 5\times 21 \\ 5\times 10 & 5\times 2 & 5\times 9 \end{pmatrix}=\begin{pmatrix} 40 & 0 & 105 \\ 50 & 10 & 45 \end{pmatrix}$$

$$A+B=\begin{pmatrix} 8+11 & 0+0 & 21+0 \\ 10+3 & 2-25 & 9+11 \end{pmatrix}=\begin{pmatrix} 19 & 0 & 21 \\ 13 & -23 & 20 \end{pmatrix}$$

$$3A-B=\begin{pmatrix} 24-11 & 0-0 & 63-0 \\ 30-3 & 6+25 & 27-11 \end{pmatrix}=\begin{pmatrix} 13 & 0 & 63 \\ 27 & 31 & 16 \end{pmatrix}$$

예제 행렬 $A=(a_{ij})_{m\times n}\in M_{m\times n}(\mathbb{R})$에 대하여 $B=(b_{ij})_{m\times n}\in M_{m\times n}(\mathbb{R})$를 $b_{ij}=-a_{ij}$ $(1\le i\le m,\ 1\le j\le n)$로 정의하면

$$A+B=(a_{ij}+b_{ij})_{m\times n}=(a_{ij}-a_{ij})_{m\times n}=O_{m\times n}$$

이 된다. 따라서 행렬 B는 행렬 A의 덧셈에 대한 역원의 역할을 하는데 이를 $-A$로 표시한다. 실제로 $-A=(-1)A$ 임을 알 수 있다.

다음은 두 행렬의 곱에 대하여 살펴보기로 한다.

정의

두 행렬 $A=(a_{ij})_{m\times n}\in M_{m\times n}(\mathbb{R})$와 $B=(b_{ij})_{n\times t}\in M_{n\times t}(\mathbb{R})$의 곱을 다음과 같이 정의한다.

$$AB=(c_{ij})_{m\times t}\ ,\qquad c_{ij}=\sum_{k=1}^{n}a_{ik}b_{kj}$$

참고 정의에 의하여 두 개의 행렬 A, B의 곱 AB는 A의 열의 개수와 B의 행의 개수가 같을 때에만 정의됨을 알 수 있다.

예제 두 행렬 $A=\begin{pmatrix}1 & 0 & 2\\ 10 & 2 & 0\end{pmatrix}$, $B=\begin{pmatrix}11 & 0 & 5\\ 0 & -5 & 10\end{pmatrix}$에 대하여 A의 열의 개수는 3이고 B의 행의 개수는 2이므로 행렬의 곱 AB는 정의되지 않는다.

예제 두 행렬 $A=(15 \;\; 7 \;\; 2)$, $B=\begin{pmatrix}0\\ 2\\ 0\end{pmatrix}$에 대하여 AB는 다음과 같이 1×1 행렬이다.

$$AB=(15 \;\; 7 \;\; 2)\begin{pmatrix}0\\ 2\\ 0\end{pmatrix}=(15\times0+7\times2+2\times0)=(14)$$

예제 두 행렬 $A=\begin{pmatrix}2 & 0\\ 1 & 8\\ 0 & 4\end{pmatrix}$, $B=\begin{pmatrix}0 & 3 & 12\\ 1 & 0 & 3\end{pmatrix}$에 대하여 AB는 다음과 같다.

$$\begin{aligned}AB &= \begin{pmatrix}2\times0+0\times1 & 2\times3+0\times0 & 2\times12+0\times3\\ 1\times0+8\times1 & 1\times3+8\times0 & 1\times12+8\times3\\ 0\times0+4\times1 & 0\times3+4\times0 & 0\times12+4\times3\end{pmatrix}\\ &= \begin{pmatrix}0 & 6 & 24\\ 8 & 3 & 36\\ 4 & 0 & 12\end{pmatrix}\end{aligned}$$

다음 예제로부터 행렬의 곱은 실수의 곱과 다른 성질을 갖는다는 것을 알 수 있다.

예제 두 행렬 $A\in M_{m\times n}(\mathbb{R})$와 $B\in M_{n\times t}(\mathbb{R})$에 대하여 다음 명제가 성립하지 않음을 보여라.

"$AB=O$이면 $A=O$ 또는 $B=O$이다."

풀이 두 행렬 $A=\begin{pmatrix}1 & 0\\ 0 & 0\end{pmatrix}$와 $B=\begin{pmatrix}0 & 0\\ 1 & 0\end{pmatrix}$에 대하여 $AB=O$이지만 $A\neq O$이고 $B\neq O$이다.

정의

행렬 $A \in M_{m \times n}(\mathbb{R})$에 대하여 다음이 성립한다.

$$AI_n = A, \quad I_m A = A$$

증명 $A = (a_{ij})_{m \times n}$라 놓으면 항등행렬 $I_n = (\delta_{ij})_{n \times n}$에 대하여 행렬 AI_n의 (i, j)-성분은 $\sum_{k=1}^{n} a_{ik}\delta_{kj}$이고 $\delta_{kj} = \begin{cases} 1, & k = j \\ 0, & k \neq j \end{cases}$ 이므로 $\sum_{k=1}^{n} a_{ik}\delta_{kj} = a_{ij}$이다. 따라서 행렬 AI_n의 (i, j)-성분과 A의 (i, j)-성분이 같으므로 $AI_n = A$이다. 또한 항등행렬 $I_m = (\delta_{ij})_{m \times m}$에 대하여 행렬 $I_m A$의 (i, j)-성분은 $\sum_{k=1}^{m} \delta_{ik} a_{kj}$이고 $\delta_{ik} = \begin{cases} 1, & k = i \\ 0, & k \neq i \end{cases}$ 이므로 $\sum_{k=1}^{m} \delta_{ik} a_{kj} = a_{ij}$이다. 따라서 행렬 $I_m A$의 (i, j)-성분과 A의 (i, j)-성분이 같으므로 $I_m A = A$이다. ▣

참고 정리의 결과로부터 항등행렬은 행렬의 곱에 대하여 항등원의 역할을 한다는 것을 알 수 있다. 그런데 곱하여지는 항등행렬의 크기는 행렬 A의 크기에 따라서 달라진다는 것을 유의하여야 한다.

예제 행렬 $A = \begin{pmatrix} 31 & 6 & -2 \\ 5 & 0 & 17 \end{pmatrix}$ 에 대하여 AI_3과 I_2A는 각각 다음과 같다.

$$AI_3 = \begin{pmatrix} 31 & 6 & -2 \\ 5 & 0 & 17 \end{pmatrix}\begin{pmatrix} 1 & 0 & 0 \\ 0 & 1 & 0 \\ 0 & 0 & 1 \end{pmatrix} = \begin{pmatrix} 31 & 6 & -2 \\ 5 & 0 & 17 \end{pmatrix} = A,$$

$$I_2A = \begin{pmatrix} 1 & 0 \\ 0 & 1 \end{pmatrix}\begin{pmatrix} 31 & 6 & -2 \\ 5 & 0 & 17 \end{pmatrix} = \begin{pmatrix} 31 & 6 & -2 \\ 5 & 0 & 17 \end{pmatrix} = A.$$

MATLAB 활용하기

이 절에 속한 개념 중 MATLAB을 활용하여 해결할 수 있는 문제는 다음과 같다.

1. 행렬을 생성할 수 있다.

예제 행렬 $A=\begin{pmatrix} 3 & -2 \\ 5 & 3 \end{pmatrix}$는 다음과 같이 생성한다.

(1) $A=[3\ -2\ ;\ 5\ \ 3]$을 입력한다.

(2) Enter키를 누른다.

[결과] ans =

```
3  -2
5   3
```

[결과 해석] $A=\begin{pmatrix} 3 & -2 \\ 5 & 3 \end{pmatrix}$이다.

예제 n차의 항등행렬은 명령어 eye(n)을 이용할 수 있다. 즉, 2차의 항등행렬 $A=\begin{pmatrix} 1 & 0 \\ 0 & 1 \end{pmatrix}$는 다음과 같이 생성할 수도 있다.

(1) eye(2)를 입력한다.

(2) Enter키를 누른다.

[결과] ans =

```
1  0
0  1
```

[결과 해석] $A-\begin{pmatrix} 1 & 0 \\ 0 & 1 \end{pmatrix}$이다

예제 행렬 $A=\begin{pmatrix} 3 & -2 \\ 5 & 3 \end{pmatrix}$의 주 대각성분들로 이루어진 대각행렬은 다음과 같이 생성할 수 있다.

(1) $A=[3\ -2\ ;\ 5\ \ 3]$;을 입력한다.

(2) Enter키를 누른다.

(3) diag(diag(A))를 입력한다.

(4) Enter키를 누른다.

[결과] ans =

```
3   0
0   3
```

[결과 해석] 행렬 $A=\begin{pmatrix} 3 & -2 \\ 5 & 3 \end{pmatrix}$의 주 대각성분들로 이루어진 대각행렬은 $\begin{pmatrix} 3 & 0 \\ 0 & 3 \end{pmatrix}$이다.

2. 행렬의 크기를 구할 수 있다.

예제 행렬 $A=\begin{pmatrix} 3 & -2 \\ 5 & 3 \end{pmatrix}$의 크기는 다음과 같이 구한다.

(1) $A=[3\ -2\ ;\ 5\ \ 3]$; 을 입력한다.

(2) Enter키를 누른다.

(3) size(A)를 입력한다.

(4) Enter키를 누른다.

[결과] ans =

```
2   2
```

[결과 해석] 행렬 $A=\begin{pmatrix} 3 & -2 \\ 5 & 3 \end{pmatrix}$의 크기는 2×2이다.

예제 행렬 $A=\begin{pmatrix} 0 & 6 & -2 \\ 1 & 1 & 8 \end{pmatrix}$의 크기는 다음과 같이 구한다.

(1) $A=[0\ \ 6\ -2\ ;\ 1\ \ 1\ \ 8]$; 을 입력한다.

(2) Enter키를 누른다.

(3) size(A)를 입력한다.

(4) Enter키를 누른다.

[결과] ans =

```
2   3
```

[결과 해석] 행렬 $A=\begin{pmatrix} 0 & 6 & -2 \\ 1 & 1 & 8 \end{pmatrix}$의 크기는 2×3이다.

3\. 행렬의 (i,j)−성분을 구할 수 있다.

예제 행렬 $A=\begin{pmatrix} 3 & -2 \\ 5 & 3 \end{pmatrix}$의 (1,2)-성분은 다음과 같이 구한다.

(1) $A=[3\ -2\ ;\ 5\ \ 3];$ 을 입력한다.

(2) Enter키를 누른다.

(3) $A(1,2)$를 입력한다.

(4) Enter키를 누른다.

[결과] ans =

−2

[결과 해석] 행렬 $A=\begin{pmatrix} 3 & -2 \\ 5 & 3 \end{pmatrix}$이 (1, 2)-성분은 −2이다.

4\. 행렬의 i행을 구할 수 있다.

예제 행렬 $A=\begin{pmatrix} 3 & -2 \\ 5 & 3 \end{pmatrix}$의 2행은 다음과 같이 구한다.

(1) $A=[3\ -2\ ;\ 5\ \ 3];$ 을 입력한다.

(2) Enter키를 누른다.

(3) $A(2,:)$를 입력한다.

(4) Enter키를 누른다.

[결과] ans =

5 3

[결과 해석] 행렬 $A=\begin{pmatrix} 3 & -2 \\ 5 & 3 \end{pmatrix}$의 2행은 $Row_2(A)=(5\quad 3)$이다.

5\. 행렬의 j열을 구할 수 있다.

예제 행렬 $A=\begin{pmatrix} 3 & -2 \\ 5 & 3 \end{pmatrix}$의 1열은 다음과 같이 구한다.

(1) $A=[3\ -2\ ;\ 5\ \ 3];$ 을 입력한다.

(2) Enter키를 누른다.

(3) $A(:,1)$를 입력한다.

(4) Enter키를 누른다.

[결과] ans =

3
5

[결과 해석] 행렬 $A=\begin{pmatrix} 3 & -2 \\ 5 & 3 \end{pmatrix}$의 1열은 $Col_1(A)=\begin{pmatrix} 3 \\ 5 \end{pmatrix}$ 이다.

6. 행렬의 각 열을 구성하는 성분들의 합을 구할 수 있다.

예제 행렬 $A=\begin{pmatrix} 3 & -2 \\ 5 & 3 \end{pmatrix}$의 1열을 구성하는 성분들의 합과 2열을 구성하는 성분들의 합은 다음과 같이 구한다.

(1) $A=[3\ -2\ ;\ 5\ \ 3]$; 을 입력한다.

(2) Enter키를 누른다.

(3) sum(A)를 입력한다.

(4) Enter키를 누른다.

[결과] ans =

8 1

[결과 해석] 행렬 $A=\begin{pmatrix} 3 & -2 \\ 5 & 3 \end{pmatrix}$의 1열을 구성하는 성분들의 합은 8이고 2열을 구성하는 성분들의 합은 1이다.

7. 행렬의 각 행을 구성하는 성분들의 합을 구할 수 있다.

행렬의 각 행을 구성하는 성분들의 합은 다음 절에 소개될 전치행렬로 변형하여 각 열을 구성하는 성분들의 합을 구함으로써 얻을 수 있다.

8. 두 행렬의 합을 구할 수 있다.

예제 행렬 $A=\begin{pmatrix} 3 & -2 \\ 5 & 3 \end{pmatrix}$와 행렬 $B=\begin{pmatrix} 1 & 4 \\ -8 & 2 \end{pmatrix}$의 합은 다음과 같이 구할 수 있다.

(1) $A=[3\ -2\ ;\ 5\ \ 3]$;를 입력한다.

(2) Enter키를 누른다.

(3) $B=[1\ \ 4\ ;\ -8\ \ 2]$;를 입력한다.

(4) Enter키를 누른다.

(5) $A+B$를 입력한다.

(6) Enter키를 누른다.

[결과] ans =

```
     4   2
    -3   5
```

[결과 해석] 행렬 $A=\begin{pmatrix} 3 & -2 \\ 5 & 3 \end{pmatrix}$와 행렬 $B=\begin{pmatrix} 1 & 4 \\ -8 & 2 \end{pmatrix}$의 합은 $A+B=\begin{pmatrix} 4 & 2 \\ -3 & 5 \end{pmatrix}$이다.

9. 행렬의 스칼라 곱을 구할 수 있다.

예제 행렬 $A=\begin{pmatrix} 3 & -2 \\ 5 & 3 \end{pmatrix}$의 스칼라 곱 $2A$는 다음과 같이 구할 수 있다.

(1) $A=[3\ -2\ ;\ 5\ \ 3]$;를 입력한다.

(2) Enter키를 누른다.

(3) 2*A를 입력한다.

(4) Enter키를 누른다.

[결과] ans =

```
     6  -4
    10   6
```

[결과 해석] 행렬 $A=\begin{pmatrix} 3 & -2 \\ 5 & 3 \end{pmatrix}$의 스칼라 곱 $2A$는 $2A=\begin{pmatrix} 6 & -4 \\ 10 & 6 \end{pmatrix}$이다.

10. 두 행렬의 뺄셈을 구할 수 있다.

예제 행렬 $A=\begin{pmatrix} 3 & -2 \\ 5 & 3 \end{pmatrix}$와 행렬 $B=\begin{pmatrix} 1 & 4 \\ -8 & 2 \end{pmatrix}$의 뺄셈은 다음과 같이 구할 수 있다.

(1) $A=[3\ -2\ ;\ 5\ \ 3]$;를 입력한다.

(2) Enter키를 누른다.

(3) $B=[1\ \ 4\ ;\ -8\ \ 2]$;를 입력한다.

(4) Enter키를 누른다.

(5) $A-B$를 입력한다.

(6) Enter키를 누른다.

[결과] ans =

$$\begin{matrix} 4 & 2 \\ -3 & 5 \end{matrix}$$

[결과 해석] 행렬 $A=\begin{pmatrix} 3 & -2 \\ 5 & 3 \end{pmatrix}$와 행렬 $B=\begin{pmatrix} 1 & 4 \\ -8 & 2 \end{pmatrix}$의 뺄셈은 $A-B=\begin{pmatrix} 2 & -6 \\ 13 & 1 \end{pmatrix}$이다.

11. 두 행렬의 곱을 구할 수 있다.

예제 행렬 $A=\begin{pmatrix} 3 & -2 \\ 5 & 3 \end{pmatrix}$와 행렬 $B=\begin{pmatrix} 1 & 4 \\ -8 & 2 \end{pmatrix}$의 곱 AB는 다음과 같이 구할 수 있다.

(1) $A=[3\ -2\ ;\ 5\ \ 3]$;를 입력한다.

(2) Enter키를 누른다.

(3) $B=[1\ \ 4\ ;\ -8\ \ 2]$;를 입력한다.

(4) Enter키를 누른다.

(5) $A*B$를 입력한다.

(6) Enter키를 누른다.

[결과] ans =

$$\begin{matrix} 19 & 8 \\ -19 & 26 \end{matrix}$$

[결과 해석] 행렬 $A=\begin{pmatrix} 3 & -2 \\ 5 & 3 \end{pmatrix}$와 행렬 $B=\begin{pmatrix} 1 & 4 \\ -8 & 2 \end{pmatrix}$의 곱은 $AB=\begin{pmatrix} 19 & 8 \\ -19 & 26 \end{pmatrix}$이다.

12. 정사각행렬 A와 자연수 n에 대하여 A^n을 구할 수 있다.

예제 행렬 $A=\begin{pmatrix} 3 & -2 \\ 5 & 3 \end{pmatrix}$에 대하여 행렬 A^{12}을 구할 수 있다.

(1) $A=$[3 −2 ; 5 3];을 입력한다.

(2) Enter키를 누른다.

(3) A^12를 입력한다.

(4) Enter키를 누른다.

[결과] ans =

```
 -44717399     9244872
 -23112180   -44717399
```

[결과 해석] 행렬 $A=\begin{pmatrix} 3 & -2 \\ 5 & 3 \end{pmatrix}$에 대하여 $A^{12}=\begin{pmatrix} -44717399 & 9244872 \\ -23112180 & -44717399 \end{pmatrix}$이다.

연습 문제

1. 두 행렬 $A=\begin{pmatrix} 0 & 4 \\ 1 & 5 \end{pmatrix}$와 $B=\begin{pmatrix} 2 & 11 \\ 5 & -3 \end{pmatrix}$에 대하여 다음을 구하여라.

(1) $A+5B$ (2) $2A-3B$ (3) AB (4) $AB-BA$

2. 두 행렬 $A=\begin{pmatrix} 0 & 2 \\ 3 & 0 \end{pmatrix}$와 $B=\begin{pmatrix} 0 & 3 \\ -8 & 0 \end{pmatrix}$에 대하여 다음을 구하여라.

(1) A^8 (2) $AB-BA$ (3) A^2B-BA^2

3. 두 행렬 $A=\begin{pmatrix} -2 & 0 \\ 0 & 1 \end{pmatrix}$와 $B=\begin{pmatrix} 7 & 0 \\ 0 & 7 \end{pmatrix}$에 대하여 다음을 구하여라.

(1) A^6 (2) $AB-BA$ (3) A^2B-BA^2

4. 두 행렬 $A=\begin{pmatrix} 0 & 4 & 2 \\ 1 & 5 & 1 \\ -7 & 1 & 0 \end{pmatrix}$와 $B=\begin{pmatrix} 3 & 1 & 4 \\ -2 & -1 & 5 \\ 0 & 2 & 1 \end{pmatrix}$에 대하여 다음을 구하여라.

(1) $A+B$ (2) $A-7B$ (3) AB (4) $AB-BA$

5. 다음 식을 만족하는 실수 a, b, c를 구하여라.

$$\begin{pmatrix} a & 2 \\ 7 & -3 \end{pmatrix}+2\begin{pmatrix} 0 & b \\ 2 & 11 \end{pmatrix}=\begin{pmatrix} 3 & c \\ 11 & -c \end{pmatrix}$$

6. 모든 성분이 0과 1사이의 실수인 정사각행렬 $A=(a_{ij})_{n\times n}$의 각 열의 성분의 합이 1이면 즉, $\sum_{i=1}^{n} a_{ij}=1,\ (j=1,2,\cdots,n)$이면 A를 확률행렬(stochastic matrix)이라고 한다. 다음 행렬이 확률행렬이 될 수 있는지 판정하고 확률행렬이 될 수 있도록 하는 모든 실수 a, b, c의 값을 구하여라.

(1) $\begin{pmatrix} 0 & 0.8 & a \\ 0.9 & a & c \\ b & 4b & 0 \end{pmatrix}$ (2) $\begin{pmatrix} 0 & c & 0.7 \\ b+c & 0.2 & a-c \\ 0.3 & 2a & 0 \end{pmatrix}$

1.2 행렬의 연산에 대한 성질

이 절에서는 행렬들의 연산에 대한 기본적인 성질들에 대하여 살펴본다.

행렬들의 덧셈과 스칼라 곱셈, 그리고 상등관계의 정의에 의하여 집합 $M_{m\times n}(\mathbb{R})$내에서 다음과 같은 성질이 성립함을 알 수 있다.

정리

세 행렬 $A, B, C \in M_{m\times n}(\mathbb{R})$ 와 실수 a, b에 대하여 다음이 성립한다.

(1) $A+B = B+A$

(2) $(A+B)+C = A+(B+C)$

(3) $A+O_{m\times n} = A = O_{m\times n}+A$

(4) $A+(-A) = O_{m\times n} = (-A)+A$

(5) $(a+b)A = aA+bA$

(6) $a(A+B) = aA+aB$

(7) $(ab)A = a(bA)$

(8) $1A = A$ (여기서, $1\in\mathbb{R}$)

증명 행렬의 성분을 각각 $A=(a_{ij})_{m\times n}$, $B=(b_{ij})_{m\times n}$, $C=(c_{ij})_{m\times n}$로 놓으면 실수의 덧셈에 대한 교환법칙, 결합법칙, 항등원과 역원에 대한 성질, 곱에 대한 배분법칙, 결합법칙, 항등원에 대한 성질들을 이용하여 다음과 같이 증명할 수 있다.

(1) $A+B = (a_{ij}+b_{ij})_{m\times n} = (b_{ij}+a_{ij})_{m\times n} = B+A$

(2) $(A+B)+C = ((a_{ij}+b_{ij})+c_{ij})_{m\times n}$

$\qquad = (a_{ij}+(b_{ij}+c_{ij}))_{m\times n} = A+(B+C)$

(3) $A+O_{m\times n} = (a_{ij}+0)_{m\times n} = (a_{ij})_{m\times n} = (0+a_{ij})_{m\times n} = O_{m\times n}+A$

(4) $A+(-A) = (a_{ij}+(-a_{ij}))_{m\times n} = O_{m\times n} = ((-a_{ij})+a_{ij})_{m\times n} = (-A)+A$

(5) $(a+b)A = ((a+b)a_{ij})_{m\times n} = (aa_{ij}+ba_{ij})_{m\times n}$

$$= (aa_{ij})_{m\times n} + (ba_{ij})_{m\times n} = aA + bA$$

(6) $a(A+B) = (a(a_{ij}+b_{ij}))_{m\times n} = (aa_{ij}+ab_{ij})_{m\times n}$

$$= (aa_{ij})_{m\times n} + (ab_{ij})_{m\times n} = aA + aB$$

(7) $(ab)A = ((ab)a_{ij})_{m\times n} = (a(ba_{ij}))_{m\times n} = a(bA)$

(8) $1A = (1a_{ij})_{m\times n} = (a_{ij})_{m\times n} = A$ ▣

또한 행렬의 곱이 정의된다고 가정했을 때 실수에서 결합법칙과 배분법칙이 성립하는 것과 마찬가지로 곱에 대한 결합법칙과 배분법칙이 성립한다는 것을 다음 정리에 의하여 알 수 있다.

예제 두 행렬 $A = \begin{pmatrix} 1 & 70 & 0 \\ 10 & 2 & 33 \end{pmatrix}$, $B = \begin{pmatrix} 8 & 16 & 51 \\ 0 & -5 & 2 \end{pmatrix}$ 에 대하여

$A + B = \begin{pmatrix} 9 & 86 & 51 \\ 10 & -3 & 35 \end{pmatrix} = B + A$이다.

정리

행렬 $A, B \in M_{m\times n}(\mathbb{R})$와 $C \in M_{n\times t}(\mathbb{R})$에 대하여 다음이 성립한다.

$$(A+B)C = AC + BC$$

증명 행렬의 성분을 각각 $A = (a_{ij})_{m\times n}$, $B = (b_{ij})_{m\times n}$, $C = (c_{ij})_{n\times t}$ 로 놓으면 $A+B$의 (i, k)－성분은 $a_{ik}+b_{ik}$이므로 $(A+B)C$의 (i, j)－성분은 $\sum_{k=1}^{n}(a_{ik}+b_{ik})\,c_{kj}$ 이다.

또한, 행렬 AC의 (i,j)－성분은 $\sum_{k=1}^{n} a_{ik}\,c_{kj}$ 이고 BC의 (i, j)－성분은 $\sum_{k=1}^{n} b_{ik}\,c_{kj}$ 이므로 $AC+BC$의 (i, j)－성분은 $\sum_{k=1}^{n} a_{ik}\,c_{kj} + \sum_{k=1}^{n} b_{ik}\,c_{kj}$ 이다. 따라서 행렬 $(A+B)C$와 $AC+BC$의 (i, j)－성분이 모두 같기 때문에 등식이 성립한다. ▣

예제 행렬 $A=\begin{pmatrix}1 & 0 & 10\\0 & 2 & 3\end{pmatrix}$, $B=\begin{pmatrix}8 & 1 & 5\\0 & -2 & 2\end{pmatrix}$, $C=\begin{pmatrix}5 & 3\\0 & 7\\1 & 0\end{pmatrix}$ 에 대하여

$$(A+B)C=\begin{pmatrix}9 & 1 & 15\\0 & 0 & 5\end{pmatrix}\begin{pmatrix}5 & 3\\0 & 7\\1 & 0\end{pmatrix}=\begin{pmatrix}60 & 34\\5 & 0\end{pmatrix},$$

$$AC=\begin{pmatrix}1 & 0 & 10\\0 & 2 & 3\end{pmatrix}\begin{pmatrix}5 & 3\\0 & 7\\1 & 0\end{pmatrix}=\begin{pmatrix}15 & 3\\3 & 14\end{pmatrix},\quad BC=\begin{pmatrix}8 & 1 & 5\\0 & -2 & 2\end{pmatrix}\begin{pmatrix}5 & 3\\0 & 7\\1 & 0\end{pmatrix}=\begin{pmatrix}45 & 31\\2 & -14\end{pmatrix}$$

이다. 따라서 $(A+B)C=\begin{pmatrix}60 & 34\\5 & 0\end{pmatrix}=AC+BC$ 이다.

다음 정리는 위의 성리에 대한 증명과 유사한 방법으로 보일 수 있다.

정리

행렬 $A\in M_{m\times n}(\mathbb{R})$ 와 $B, C\in M_{n\times t}(\mathbb{R})$ 에 대하여 다음이 성립한다.

$$A(B+C) = AB+AC$$

증명 행렬의 성분을 각각 $A=(a_{ij})_{m\times n}$, $B=(b_{ij})_{n\times t}$, $C=(c_{ij})_{n\times t}$ 로 놓으면 $B+C$의 (k, j)−성분은 $b_{kj}+c_{kj}$이므로 $A(B+C)$의 (i, j)−성분은 $\sum_{k=1}^{n}a_{ik}(b_{kj}+c_{kj})$ 이다. 또한, 행렬 AB의 (i, j)−성분은 $\sum_{k=1}^{n}a_{ik}b_{kj}$ 이고 AC의 (i,j)−성분은 $\sum_{k=1}^{n}a_{ik}c_{kj}$ 이므로 $AB+AC$의 (i, j)−성분은 $\sum_{k=1}^{n}a_{ik}b_{kj}+\sum_{k=1}^{n}a_{ik}c_{kj}$ 이다. 따라서 행렬 $A(B+C)$와 $AB+AC$의 (i, j)−성분이 모두 같기 때문에 등식이 성립한다.■

예제 행렬 $A=\begin{pmatrix}1 & 0\\0 & 2\end{pmatrix}$, $B=\begin{pmatrix}5 & 1\\1 & -2\end{pmatrix}$, $C=\begin{pmatrix}4 & 3\\5 & 0\end{pmatrix}$ 에 대하여

$$A(B+C)=\begin{pmatrix}1 & 0\\0 & 2\end{pmatrix}\begin{pmatrix}9 & 4\\6 & -2\end{pmatrix}=\begin{pmatrix}9 & 4\\12 & -4\end{pmatrix},$$

$$AB+AC=\begin{pmatrix}5 & 1\\ 2 & -4\end{pmatrix}+\begin{pmatrix}4 & 3\\ 10 & 0\end{pmatrix}=\begin{pmatrix}9 & 4\\ 12 & -4\end{pmatrix}$$

이다. 따라서 $A(B+C)=\begin{pmatrix}9 & 4\\ 12 & -4\end{pmatrix}=AB+AC$ 이다.

또한, 행렬은 곱셈연산에 대하여 결합법칙이 성립한다는 것을 다음 정리로부터 알 수 있다.

정리

행렬 $A\in M_{m\times n}(\mathbb{R})$, $B\in M_{n\times t}(\mathbb{R})$, $C\in M_{t\times s}(\mathbb{R})$ 에 대하여 다음이 성립한다.

$$(AB)C = A(BC)$$

증명 각 행렬의 성분을 $A=(a_{ij})_{m\times n}$, $B=(b_{ij})_{n\times t}$, $C=(c_{ij})_{t\times s}$ 으로 놓으면 행렬 AB의 $(i,k)-$성분은 $\sum_{p=1}^{n}a_{ip}b_{pk}$ 이고 $(AB)C$ 의 $(i,j)-$성분은 $\sum_{k=1}^{t}\left(\sum_{p=1}^{n}a_{ip}b_{pk}\right)c_{kj}$ 이다. 또한, 행렬 BC의 $(p,j)-$성분은 $\sum_{k=1}^{t}b_{pk}c_{kj}$ 이므로 $A(BC)$ 의 $(i,j)-$성분은 $\sum_{p=1}^{n}a_{ip}\left(\sum_{k=1}^{t}b_{pk}c_{kj}\right)$ 이다. 그런데

$$\sum_{k=1}^{t}\left(\sum_{p=1}^{n}a_{ip}b_{pk}\right)c_{kj} = \sum_{p=1}^{n}a_{ip}\left(\sum_{k=1}^{t}b_{pk}c_{kj}\right)$$

이므로 행렬 $(AB)C$와 $A(BC)$ 의 모든 $(i,j)-$성분이 같다. 따라서 정리가 증명된다. ■

예제 행렬 $A=\begin{pmatrix}5 & 11\\ 0 & 2\end{pmatrix}$, $B=\begin{pmatrix}1 & 1\\ -1 & 0\end{pmatrix}$, $C=\begin{pmatrix}9 & 0\\ -5 & 0\end{pmatrix}$에 대하여

$$A(BC)=\begin{pmatrix}5 & 11\\ 0 & 2\end{pmatrix}\begin{pmatrix}4 & 0\\ -9 & 0\end{pmatrix}=\begin{pmatrix}-79 & 0\\ -18 & 0\end{pmatrix},\quad (AB)C=\begin{pmatrix}-6 & 5\\ -2 & 0\end{pmatrix}\begin{pmatrix}9 & 0\\ -5 & 0\end{pmatrix}=\begin{pmatrix}-79 & 0\\ -18 & 0\end{pmatrix}$$

이다. 따라서 $A(BC)=\begin{pmatrix}-79 & 0\\ -18 & 0\end{pmatrix}=(AB)C$ 이다.

실수에서는 곱에 대하여 교환법칙이 성립하지만 행렬은 곱에 대하여 교환법칙이 성립하지 않는다는 사실을 다음 예제를 통하여 알 수 있다.

예제 두 행렬 $A=\begin{pmatrix} -2 & 0 \\ 3 & 12 \end{pmatrix}$, $B=\begin{pmatrix} -1 & 0 \\ 0 & 1 \end{pmatrix}$에 대하여 AB, BA는 각각 다음과 같다.

$$AB = \begin{pmatrix} -2 & 0 \\ 3 & 12 \end{pmatrix}\begin{pmatrix} -1 & 0 \\ 0 & 1 \end{pmatrix} = \begin{pmatrix} 2 & 0 \\ -3 & 12 \end{pmatrix}$$

$$BA = \begin{pmatrix} -1 & 0 \\ 0 & 1 \end{pmatrix}\begin{pmatrix} -2 & 0 \\ 3 & 12 \end{pmatrix} = \begin{pmatrix} 2 & 0 \\ 3 & 12 \end{pmatrix}$$

따라서 $AB \neq BA$이다.

다음 정리에 의하여 크기가 큰 행렬의 곱을 구할 때 행렬을 작은 크기의 행렬로 나누어 구할 수 있다.

정리

행렬 $A_i, B_j\ (1 \le i,\ j \le 4)$에 대하여 연산 $A_pB_q + A_sB_t$이 정의될 때 다음이 성립한다.

$$\begin{pmatrix} A_1 & A_2 \\ A_3 & A_4 \end{pmatrix}\begin{pmatrix} B_1 & B_2 \\ B_3 & B_4 \end{pmatrix} = \begin{pmatrix} A_1B_1 + A_2B_3 & A_1B_2 + A_2B_4 \\ A_3B_1 + A_4B_3 & A_3B_2 + A_4B_4 \end{pmatrix}$$

증명 두 행렬의 좌변과 우변의 $(i,j)-$성분이 같다는 것을 보임으로써 두 행렬이 같다는 사실을 증명할 수 있다. 우선 행렬 A_1, A_2, B_1, B_3의 성분을 각각 $A_1 = (a_{ij})_{m\times n}$, $A_2 = (b_{ij})_{m\times t}$, $B_1 = (c_{ij})_{n\times s}$, $B_3 = (d_{ij})_{t\times s}$로 놓고 $1 \le i \le m$이고 $1 \le j \le s$인 i, j에 대하여 좌변과 우변에 있는 두 행렬의 $(i,j)-$성분이 같다는 것을 보이자. 행렬 $\begin{pmatrix} A_1 & A_2 \\ A_3 & A_4 \end{pmatrix}\begin{pmatrix} B_1 & B_2 \\ B_3 & B_4 \end{pmatrix}$의 $(i,j)-$성분은 $\sum_{p=1}^{n} a_{ip}c_{pj} + \sum_{q=1}^{t} b_{iq}d_{qj}$이다. 또한 행렬 $\begin{pmatrix} A_1B_1 + A_2B_3 & A_1B_2 + A_2B_4 \\ A_3B_1 + A_4B_3 & A_3B_2 + A_4B_4 \end{pmatrix}$의 $(i,j)-$성분은 행렬 $A_1B_1 + A_2B_3$의 $(i,j)-$성

분과 같으므로 $\sum_{p=1}^{n} a_{ip} c_{pj} + \sum_{q=1}^{t} b_{iq} d_{qj}$이다. 그러므로 두 행렬 $\begin{pmatrix} A_1 & A_2 \\ A_3 & A_4 \end{pmatrix}\begin{pmatrix} B_1 & B_2 \\ B_3 & B_4 \end{pmatrix}$와 $\begin{pmatrix} A_1B_1 + A_2B_3 & A_1B_2 + A_2B_4 \\ A_3B_1 + A_4B_3 & A_3B_2 + A_4B_4 \end{pmatrix}$의 $(i,j)-$성분은 같다.

다른 경우는 마찬가지 방법으로 보일 수 있다. ▣

예제 다음 두 행렬의 곱 AB를 구하여라.

$$A = \begin{pmatrix} 1 & 0 & -2 & 0 \\ 2 & 1 & 7 & 1 \\ 2 & -2 & 0 & 3 \\ 0 & 3 & 8 & 0 \end{pmatrix}, \qquad B = \begin{pmatrix} 0 & 7 & 1 & 0 \\ 2 & 0 & 0 & 5 \\ 1 & 0 & 0 & 0 \\ 0 & 2 & 0 & 4 \end{pmatrix}$$

풀이 행렬 $A_i, B_j \, (1 \le i,\, j \le 4)$을 각각 다음과 같이 놓자.

$$A_1 = \begin{pmatrix} 1 & 0 \\ 2 & 1 \end{pmatrix}, \quad A_2 = \begin{pmatrix} -2 & 0 \\ 7 & 1 \end{pmatrix}, \quad A_3 = \begin{pmatrix} 2 & -2 \\ 0 & 3 \end{pmatrix}, \quad A_4 = \begin{pmatrix} 0 & 3 \\ 8 & 0 \end{pmatrix}$$

$$B_1 = \begin{pmatrix} 0 & 7 \\ 2 & 0 \end{pmatrix}, \quad B_2 = \begin{pmatrix} 1 & 0 \\ 0 & 5 \end{pmatrix}, \quad B_3 = \begin{pmatrix} 1 & 0 \\ 0 & 2 \end{pmatrix}, \quad B_4 = \begin{pmatrix} 0 & 0 \\ 0 & 4 \end{pmatrix}$$

그러면

$$A_1B_1 + A_2B_3 = \begin{pmatrix} -2 & 7 \\ 9 & 28 \end{pmatrix}, \quad A_1B_2 + A_2B_4 = \begin{pmatrix} 1 & 0 \\ 2 & 9 \end{pmatrix}$$

$$A_3B_1 + A_4B_3 = \begin{pmatrix} -4 & 20 \\ 14 & 0 \end{pmatrix}, \quad A_3B_2 + A_4B_4 = \begin{pmatrix} 2 & 2 \\ 0 & 15 \end{pmatrix}$$

이다. 따라서 AB는 다음과 같다.

$$AB = \begin{pmatrix} A_1B_1 + A_2B_3 & A_1B_2 + A_2B_4 \\ A_3B_1 + A_4B_3 & A_3B_2 + A_4B_4 \end{pmatrix} = \begin{pmatrix} -2 & 7 & 1 & 0 \\ 9 & 28 & 2 & 9 \\ -4 & 20 & 2 & 2 \\ 14 & 0 & 0 & 15 \end{pmatrix}$$

MATLAB 활용하기

이 절에 속한 개념 중 MATLAB을 활용하여 해결할 수 있는 문제는 다음과 같다.

예제 행렬 $A=\begin{pmatrix} 3 & -2 \\ 5 & 3 \end{pmatrix}$와 행렬 $B=\begin{pmatrix} 1 & 4 \\ -8 & 2 \end{pmatrix}$에 대하여 $AB \neq BA$임을 다음과 같이 보일 수 있다.

(1) A = [3 −2 ; 5 3];를 입력한다.

(2) Entcr키를 누른다.

(3) B = [1 4 ; −8 2];를 입력한다.

(4) Enter 키를 누른다.

(5) A * B를 입력한다.

(6) Enter키를 누른다.

[결과] ans =

```
     19     8
    -19    26
```

(5) B * A를 입력한다.

(6) Enter키를 누른다.

[결과] ans =

```
     23    10
    -14    22
```

[결과 해석] $AB=\begin{pmatrix} 19 & 8 \\ -19 & 26 \end{pmatrix}$이고 $BA=\begin{pmatrix} 23 & 10 \\ -14 & 22 \end{pmatrix}$이다. 따라서 $AB \neq BA$이다.

연습 문제

1. 각 θ_1, θ_2와 두 행렬 $A = \begin{pmatrix} \cos\theta_1 & -\sin\theta_1 \\ \sin\theta_1 & \cos\theta_1 \end{pmatrix}$, $B = \begin{pmatrix} \cos\theta_2 & -\sin\theta_2 \\ \sin\theta_2 & \cos\theta_2 \end{pmatrix}$에 대하여 곱에 대한 교환법칙 $AB = BA$가 성립하는지를 판정하고 이유를 설명하여라.

2. 두 행렬 $A = \begin{pmatrix} 1 & 2 \\ 0 & -1 \\ 2 & 4 \end{pmatrix}$, $B = \begin{pmatrix} 0 & 8 & 1 \\ -1 & 4 & 3 \end{pmatrix}$에 대하여 곱에 대한 교환법칙 $AB = BA$가 성립하는지를 판정하고 이유를 설명하여라.

3. 두 행렬 $A = \begin{pmatrix} 2 & x \\ x & 1 \end{pmatrix}$와 $B = \begin{pmatrix} 1 & 1 \\ 1 & -y \end{pmatrix}$에 대하여 $AB = BA$를 만족하는 실수 x, y가 존재하면 모두 구하여라.

4. 다음 두 행렬의 곱 AB를 구하여라.

$$A = \begin{pmatrix} 2 & 0 & 1 & -5 \\ 1 & 4 & 5 & 1 \\ 8 & 3 & 0 & 0 \\ 0 & -1 & 0 & 0 \end{pmatrix}, \quad B = \begin{pmatrix} 0 & 8 & 2 & 0 \\ 1 & -1 & 0 & 2 \\ 7 & 0 & 1 & 3 \\ 0 & 7 & 4 & 0 \end{pmatrix}$$

1.3 행렬의 전치행렬과 대각 합

이 절에서는 행렬 $A \in M_{m\times n}(\mathbb{R})$의 전치행렬의 정의 및 기본적인 성질을 다룬다. 또한 대칭행렬과 교대행렬의 정의 및 기본적인 성질을 살펴보고 정사각행렬에서만 정의되는 개념인 대각합의 정의와 기본적인 성질들에 대하여 살펴본다.

정의

행렬 $A=(a_{ij})_{m\times n} \in M_{m\times n}(\mathbb{R})$의 행과 열을 바꾸어 얻은 행렬 $B=(b_{ij})_{n\times m} \in M_{n\times m}(\mathbb{R})$을 A의 전치행렬(transpose matrix)이라고 하고 A^T로 표시한다. (이때, $b_{ij}=a_{ji}$ 이다)

참고 정의에 의하여 A의 전치행렬은 A의 i행을 i열로 이동시켜 얻을 수 있다. 따라서 A의 크기가 $m\times n$이면 A^T의 크기는 $n\times m$이 된다.

예제 행렬 $A=\begin{pmatrix} 0 & 12 & 11 \\ -2 & 6 & 87 \\ 2 & 0 & 9 \end{pmatrix}$의 전치행렬은 $A^T=\begin{pmatrix} 0 & -2 & 2 \\ 12 & 6 & 0 \\ 11 & 87 & 9 \end{pmatrix}$이다.

전치행렬에 대하여 일반적으로 다음과 같은 성질이 성립함을 보일 수 있다.

정리

두 행렬 $A, B \in M_{m\times n}(\mathbb{R})$와 실수 $a \in \mathbb{R}$에 대하여 다음이 성립한다.

(1) $(A^T)^T = A$

(2) $(A+B)^T = A^T + B^T$

(3) $(aA)^T = aA^T$

증명 행렬의 성분을 각각 $A=(a_{ij})_{m\times n}$, $B=(b_{ij})_{m\times n}$으로 놓고 좌변과 우변에 놓인 행렬의 (i,j)-성분이 서로 같음을 보임으로써 상등관계를 증명할 수 있다.

(1) $(A^T)^T$의 (i,j)-성분은 A^T의 (j,i)-성분이고 이는 A의 (i,j)-성분이므로 $(A^T)^T=A$이다.

(2) $(A+B)^T$의 (i,j)-성분은 $A+B$의 (j,i)-성분이므로 $a_{ji}+b_{ji}$이다. 또한 A^T의 (i,j)-성분은 a_{ji}이고 B^T의 (i,j)-성분은 b_{ji}이므로 A^T+B^T의 (i,j)-성분은 $a_{ji}+b_{ji}$이다. 따라서 $(A+B)^T$의 (i,j)-성분과 A^T+B^T의 (i,j)-성분이 같으므로 $(A+B)^T=A^T+B^T$이다.

(3) $(aA)^T$의 (i,j)-성분은 aA의 (j,i)-성분이므로 aa_{ji}이다. 또한 aA^T의 (i,j)-성분은 aa_{ji}이므로 $(aA)^T=aA^T$이다. ▣

예제 두 행렬 $A=\begin{pmatrix}-2 & 0\\ 1 & 8\end{pmatrix}$, $B=\begin{pmatrix}3 & 4\\ 0 & -4\end{pmatrix}$와 실수 5에 대하여

$$A^T=\begin{pmatrix}-2 & 1\\ 0 & 8\end{pmatrix},\quad B^T=\begin{pmatrix}3 & 0\\ 4 & -4\end{pmatrix},\quad (A^T)^T=\begin{pmatrix}-2 & 0\\ 1 & 8\end{pmatrix},$$

$$A+B=\begin{pmatrix}1 & 4\\ 1 & 4\end{pmatrix},\quad (A+B)^T=\begin{pmatrix}1 & 1\\ 4 & 4\end{pmatrix},\quad A^T+B^T=\begin{pmatrix}1 & 1\\ 4 & 4\end{pmatrix},$$

$$(5A)^T=\begin{pmatrix}-10 & 5\\ 0 & 40\end{pmatrix},\quad 5A^T=\begin{pmatrix}-10 & 5\\ 0 & 40\end{pmatrix}$$

이므로

(1) $(A^T)^T=\begin{pmatrix}-2 & 0\\ 1 & 8\end{pmatrix}=A$

(2) $(A+B)^T=\begin{pmatrix}1 & 1\\ 4 & 4\end{pmatrix}=A^T+B^T$

(3) $(5A)^T=\begin{pmatrix}-10 & 5\\ 0 & 40\end{pmatrix}=5A^T$

정리

두 행렬 $A \in M_{m\times n}(\mathbb{R})$, $B \in M_{n\times t}(\mathbb{R})$ 에 대하여 다음이 성립한다.

$$(AB)^T = B^T A^T$$

증명 행렬의 성분을 각각 $A = (a_{ij})_{m\times n}$, $B = (b_{ij})_{n\times t}$ 로 놓으면 $(AB)^T$ 의 (i,j)-성분은 AB 의 (j,i)-성분이므로 $\sum_{k=1}^{n} a_{jk} b_{ki}$이다. 그런데
$Row_i(B^T) = (b_{1i}, b_{2i}, \cdots, b_{ni})$ 이고 $Col_j(A^T) = (a_{j1}, a_{j2}, \cdots, a_{jn})^T$이므로 $B^T A^T$ 의 (i,j)-성분은 $\sum_{k=1}^{n} b_{ki} a_{jk}$이다. 그런데 $\sum_{k=1}^{n} b_{ki} a_{jk} = \sum_{k=1}^{n} a_{jk} b_{ki}$이므로 $(AB)^T$ 의 (i,j)-성분과 $B^T A^T$ 의 (i,j)-성분은 서로 같다. 그러므로 $(AB)^T = B^T A^T$ 이 성립한다. ▣

예제 두 행렬 $A = \begin{pmatrix} 15 & 0 \\ -22 & 3 \end{pmatrix}$와 $B = \begin{pmatrix} 8 & -11 \\ 10 & -2 \end{pmatrix}$에 대하여

$$A^T = \begin{pmatrix} 15 & -22 \\ 0 & 3 \end{pmatrix}, \quad B^T = \begin{pmatrix} 8 & 10 \\ -11 & -2 \end{pmatrix}, \quad AB = \begin{pmatrix} 120 & -165 \\ -146 & 236 \end{pmatrix}$$

$$(AB)^T = \begin{pmatrix} 120 & -146 \\ -165 & 236 \end{pmatrix}, \quad B^T A^T = \begin{pmatrix} 120 & -146 \\ -165 & 236 \end{pmatrix}$$

이다. 따라서 $(AB)^T = B^T A^T$ 이다.

이 정리의 결과는 다음과 같이 일반화할 수 있다.

정리

자연수 m과 행렬 $A_i \in M_{n\times n}(\mathbb{R})$, $i = 1, 2, \cdots, m$에 대하여 다음이 성립한다.

$$(A_1 A_2 \cdots A_m)^T = A_m^T \cdots A_2^T A_1^T$$

증명 자연수 m에 대한 수학적 귀납법을 이용하여 다음과 같이 증명할 수 있다.

(1) $m=1$인 경우에 정리가 성립함은 당연하다.

(2) $m=k$일 때 정리가 성립한다고 가정하자. 즉, 등식

$(A_1A_2\cdots A_k)^T = A_k^T\cdots A_2^TA_1^T$이 성립한다고 가정하자.

(3) $m=k+1$인 경우에는

$$\begin{aligned}(A_1A_2\cdots A_{k+1})^T &= \{(A_1A_2\cdots A_k)A_{k+1}\}^T = A_{k+1}^T(A_1A_2\cdots A_k)^T \\ &= A_{k+1}^T\,A_k^T\cdots A_2^TA_1^T\end{aligned}$$

이므로 $m=k+1$인 경우에도 주어진 등식이 성립한다. 따라서 수학적 귀납법에 의하여 모든 자연수 m에 대하여 $(A_1A_2\cdots A_m)^T = A_m^T\cdots A_2^TA_1^T$이다. ▣

예제 정사각행렬 $A\in M_{n\times n}(\mathbb{R})$와 자연수 m에 대하여 $(A^m)^T = (A^T)^m$이다.

이제 정사각행렬 $A\in M_{n\times n}(\mathbb{R})$에 대하여 정의되는 대칭행렬 및 교대행렬에 대하여 살펴보자..

정의

정사각행렬 $A\in M_{n\times n}(\mathbb{R})$가 다음 조건을 만족하면 A를 **대칭행렬**(symmetric matrix)이라고 한다.

$$A^T = A$$

참고 대칭행렬 A는 주대각 성분들을 연결하는 선분을 기준으로 하여 서로 대칭인 성분들로 이루어져 있다.

예제 항등행렬 I_n의 전치행렬은 $I_n^T = I_n$이므로 I_n은 대칭행렬이다.

예제 행렬 $A=\begin{pmatrix}22 & 1\\ 0 & -5\end{pmatrix}$의 전치행렬은 $A^T=\begin{pmatrix}22 & 0\\ 1 & -5\end{pmatrix}\neq A$이므로 A는 대칭행렬이 아니다..

예제 행렬 $A=\begin{pmatrix}172 & 0 \\ 0 & -24\end{pmatrix}$의 전치행렬은 $A^T=\begin{pmatrix}172 & 0 \\ 0 & -24\end{pmatrix}=A$이므로 A는 대칭행렬이다.

예제 행렬 $A=\begin{pmatrix}5 & 0 & 8 \\ 0 & 8 & -25 \\ 8 & -25 & 10\end{pmatrix}$의 전치행렬은 $A^T=\begin{pmatrix}5 & 0 & 8 \\ 0 & 8 & -25 \\ 8 & -25 & 10\end{pmatrix}=A$이므로 A는 대칭행렬이다.

예제 행렬 $A \in M_{n\times n}(\mathbb{R})$가 대각행렬이면, 즉, $A=diag(a_{11},a_{22},\cdots,a_{nn})$, $a_{ii}\in\mathbb{R}$, $i=1,2,\cdots,n$이면 $A^T=A$이므로 A는 대칭행렬이다.

정리

정사각행렬 $A,B \in M_{n\times n}(\mathbb{R})$가 대칭행렬이면 실수 $a\in\mathbb{R}$에 대하여 행렬 $A+B$와 aA는 모두 대칭행렬이다.

증명 $(A+B)^T=A^T+B^T=A+B$이므로 $A+B$는 대칭행렬이다. 마찬가지로 $(aA)^T=aA^T=aA$이므로 aA는 대칭행렬이다. ▣

정의

정사각행렬 $A \in M_{n\times n}(\mathbb{R})$가 다음 조건을 만족하면 A를 **교대행렬**(alternating matrix)이라고 한다.

$$A^T=-A$$

참고 정사각행렬 $A=(a_{ij})_{n\times n}\in M_{n\times n}(\mathbb{R})$가 교대행렬이라면 $A^T=-A$이므로

$$a_{ii}=-a_{ii}\ ,\ i=1,2,\cdots,n$$

이 된다. 따라서

$$a_{ii}=0\ ,\ i=1,2,\cdots,n$$

임을 알 수 있다. 즉, 교대행렬 A의 주 대각성분은 모두 0이다. ▣

예제 행렬 $A=\begin{pmatrix} 0 & 12 \\ -12 & 0 \end{pmatrix}$의 전치행렬은 $A^T=\begin{pmatrix} 0 & -12 \\ 12 & 0 \end{pmatrix}=-A$이므로 A는 교대행렬이다.

예제 행렬 $A=\begin{pmatrix} 52 & -1 \\ 8 & 0 \end{pmatrix}$의 전치행렬은 $A^T=\begin{pmatrix} 52 & 8 \\ -1 & 0 \end{pmatrix}\neq -A$이므로 A는 교대행렬이 아니다.

예제 행렬 $A=\begin{pmatrix} 0 & 11 & 7 \\ -11 & 0 & -20 \\ -7 & 20 & 0 \end{pmatrix}$의 전치행렬은 $A^T=\begin{pmatrix} 0 & -11 & -7 \\ 11 & 0 & 20 \\ 7 & -20 & 0 \end{pmatrix}=-A$이므로 A는 교대행렬이다.

정리

정사각행렬 $A, B \in M_{n\times n}(\mathbb{R})$가 교대행렬이라면 실수 $a \in \mathbb{R}$에 대하여 행렬 $A+B$와 aA는 모두 교대행렬이다.

증명 $(A+B)^T=A^T+B^T=-A-B=-(A+B)$이므로 $A+B$는 교대행렬이다. 마찬가지로 $(aA)^T=aA^T=a(-A)=-aA$이므로 aA는 교대행렬이다. ▣

예제 정사각행렬 $A \in M_{n\times n}(\mathbb{R})$에 대하여 다음과 같은 방법을 이용하면 대칭행렬과 교대행렬을 항상 만들 수 있다. 우선 행렬 $C, D \in M_{n\times n}(\mathbb{R})$를 다음과 같이 정의하자.

$$C=A+A^T, \quad D=A-A^T.$$

그러면 다음과 같은 등식이 성립한다.

$$C^T = (A + A^T)^T = A^T + (A^T)^T = A^T + A = C$$

$$D^T = (A - A^T)^T = A^T - (A^T)^T = A^T - A = -D$$

따라서 $C^T = C$, $D^T = -D$ 가 되어 행렬 C는 대칭행렬이 되고 행렬 D는 교대행렬이 된다.

또한, 실수 a에 대하여 행렬 $aC = a(A + A^T)$ 와 행렬 $aD = a(A - A^T)$ 또한 각각 대칭행렬과 교대행렬이므로 이러한 성질을 이용하면 다음과 같이 임의의 정사각행렬 $A \in M_{n \times n}(\mathbb{R})$는 대칭행렬과 교대행렬의 합으로 항상 분해됨을 알 수 있다.

정리

정사각행렬 $A \in M_{n \times n}(\mathbb{R})$는 대칭행렬과 교대행렬의 합으로 항상 나타낼 수 있다.

증명 앞에서 살펴본 바와 같이 행렬 $\frac{1}{2}(A + A^T)$는 대칭행렬이고 행렬 $\frac{1}{2}(A - A^T)$는 교대행렬이다. 또한 행렬 A는

$$A = \frac{1}{2}(A + A^T) + \frac{1}{2}(A - A^T)$$

으로 나타내어지므로 정사각행렬 $A \in M_{n \times n}(\mathbb{R})$는 대칭행렬과 교대행렬의 합으로 항상 나타낼 수 있다. ▣

예제 행렬 $A = \begin{pmatrix} -8 & 1 \\ 2 & -2 \end{pmatrix}$ 에 대하여 $A^T = \begin{pmatrix} -8 & 2 \\ 1 & -2 \end{pmatrix}$이므로

$$\frac{1}{2}(A + A^T) = \frac{1}{2}\begin{pmatrix} -16 & 3 \\ 3 & -4 \end{pmatrix}, \qquad \frac{1}{2}(A - A^T) = \frac{1}{2}\begin{pmatrix} 0 & -1 \\ 1 & 0 \end{pmatrix}$$

이다. 따라서 행렬 A는 다음과 같이 대칭행렬과 교대행렬의 합으로 나타낼 수 있다.

$$A = \begin{pmatrix} -8 & 1 \\ 2 & -2 \end{pmatrix} = \frac{1}{2}\begin{pmatrix} -16 & 3 \\ 3 & -4 \end{pmatrix} + \frac{1}{2}\begin{pmatrix} 0 & -1 \\ 1 & 0 \end{pmatrix}$$

정사각행렬 A의 성분이 복소수일 때 다음과 같은 행렬을 정의할 수 있다. 복소수 a_{ij}의 켤레복소수를 $\overline{a_{ij}}$ 로 나타내기로 한다.

> **정의**
>
> 모든 성분이 복소수인 정사각행렬 $A=(a_{ij})_{n\times n}\in M_{n\times n}(\mathbb{C})$에 대하여 행렬 $\overline{A}=(\overline{a_{ij}})_{n\times n}\in M_{n\times n}(\mathbb{C})$를 행렬 A의 켤레행렬 (conjugate)이라고 한다. 또한 켤레행렬의 전치행렬 $(\overline{A})^T$를 A^*로 나타내고 $A^*=A$가 성립하면 행렬 A를 에르미트 행렬(Hermitian matrix)이라고 한다.

예제 행렬 $A=\begin{pmatrix}15 & 1+i\\ 1-i & 32\end{pmatrix}$ 에 대하여 $\overline{A}=\begin{pmatrix}15 & 1-i\\ 1+i & 32\end{pmatrix}$이고 $A^*=(\overline{A})^T=\begin{pmatrix}15 & 1+i\\ 1-i & 32\end{pmatrix}$이다. 따라서 $A^*=A$이므로 A는 에르미트 행렬이다.

예제 행렬 $A=\begin{pmatrix}2+i & 11\\ 37i & i-8\end{pmatrix}$에 대하여 $\overline{A}=\begin{pmatrix}2-i & 11\\ -37i & -i-8\end{pmatrix}$이고 $A^*=(\overline{A})^T=\begin{pmatrix}2-i & -37i\\ 11 & -i-8\end{pmatrix}$이다. 그러므로 $A^*\neq A$이고 A는 에르미트 행렬이 아니다.

예제 실수 a,b,c,d에 대하여 행렬 $A=\begin{pmatrix}a+bi & 37\\ 37 & c+di\end{pmatrix}$가 에르미트 행렬이라고 가정하면 $A^*=(\overline{A})^T=\begin{pmatrix}a-bi & 37\\ 37 & c-di\end{pmatrix}$이므로 $\begin{pmatrix}a+bi & 37\\ 37 & c+di\end{pmatrix}=\begin{pmatrix}a-bi & 37\\ 37 & c-di\end{pmatrix}$이다. 따라서 $a+bi=a-bi$ 이고 $c+di=c-di$ 이므로 $b=0=d$이다. 즉, $A=\begin{pmatrix}a & 37\\ 37 & c\end{pmatrix}$이다.

정사각행렬 $A=(a_{ij})_{n\times n}\in M_{n\times n}(\mathbb{C})$에 대하여 다음 성질이 성립한다.

정리

두 행렬 $A, B \in M_{n\times n}(\mathbb{C})$와 실수 $a \in \mathbb{R}$에 대하여 다음이 성립한다.

(1) $(A^*)^* = A$

(2) $(A+B)^* = A^* + B^*$

(3) $(aA)^* = aA^*$

증명 성질 $(\overline{A})^T = \overline{(A^T)}$와 $\overline{\overline{A}} = A$를 이용하여 다음과 같이 증명할 수 있다.

(1) $(A^*)^* = \overline{\{(\overline{A})^T\}}^{\,T} = \{\overline{(\overline{A})}^{\,T}\}^T = (A^T)^T = A.$

(2) $(A+B)^* = \overline{(A+B)}^{\,T} = (\overline{A}+\overline{B})^T = (\overline{A})^T + (\overline{B})^T = A^* + B^*.$

(3) $(aA)^* = \overline{(aA)}^{\,T} = (a\overline{A})^T = a(\overline{A})^T = aA^*.$ ▣

예제 두 행렬 $A = \begin{pmatrix} 2+i & 0 \\ -11i & 5i \end{pmatrix}$와 $B = \begin{pmatrix} 0 & 24i \\ 2-i & -10 \end{pmatrix}$와 실수 12에 대하여

$$A^* = \begin{pmatrix} 2-i & 11i \\ 0 & -5i \end{pmatrix}, \qquad B^* = \begin{pmatrix} 0 & 2+i \\ -24i & -10 \end{pmatrix},$$

$$(A^*)^* = \begin{pmatrix} 2+i & 0 \\ -11i & 5i \end{pmatrix}, \qquad A+B = \begin{pmatrix} 2+i & 24i \\ 2-12i & -10+5i \end{pmatrix},$$

$$(A+B)^* = \begin{pmatrix} 2-i & 2+12i \\ -24i & -10-5i \end{pmatrix}, \qquad A^*+B^* = \begin{pmatrix} 2-i & 2+12i \\ -24i & -10-5i \end{pmatrix},$$

$$(12A)^* = \begin{pmatrix} 24-12i & 132i \\ 0 & -60i \end{pmatrix}, \qquad 12A^* = \begin{pmatrix} 24-12i & 132i \\ 0 & -60i \end{pmatrix}$$

이다. 따라서

(1) $(A^*)^* = \begin{pmatrix} 2+i & 0 \\ -11i & 5i \end{pmatrix} = A.$

(2) $(A+B)^* = \begin{pmatrix} 2-i & 2+12i \\ -24i & -10-5i \end{pmatrix} = A^* + B^*.$

(3) $(12A)^* = \begin{pmatrix} 24-12i & 132i \\ 0 & -60i \end{pmatrix} = 12A^*.$

정리

두 정사각행렬 $A \in M_{n \times n}(\mathbb{C})$, $B \in M_{n \times n}(\mathbb{C})$ 에 대하여 다음이 성립한다.

$$(AB)^* = B^*A^*$$

증명 $\overline{AB} = \overline{A}\,\overline{B}$ 이므로 $(AB)^* = \overline{(AB)}^T = (\overline{A}\,\overline{B})^T = (\overline{B})^T(\overline{A})^T = B^*A^*$이다. 따라서 $(AB)^* = B^*A^*$이다. ▣

예제 두 행렬 $A = \begin{pmatrix} 2+i & 0 \\ -3i & 2i \end{pmatrix}$와 $B = \begin{pmatrix} 0 & i \\ 1+i & 5 \end{pmatrix}$에 대하여

$AB = \begin{pmatrix} 0 & -1+2i \\ -2+2i & 3+10i \end{pmatrix}$이므로 $(AB)^* = \begin{pmatrix} 0 & -2-2i \\ -1-2i & 3-10i \end{pmatrix}$이다. 한편,

$A^* = \begin{pmatrix} 2-i & 3i \\ 0 & -2i \end{pmatrix}$이고 $B^* = \begin{pmatrix} 0 & 1-i \\ -i & 5 \end{pmatrix}$이므로 , $B^*A^* = \begin{pmatrix} 0 & -2-2i \\ -1-2i & 3-10i \end{pmatrix}$이다.

따라서 $(AB)^* = B^*A^*$ 이다.

위 정리의 결과는 다음과 같이 일반화할 수 있다.

정리

자연수 m과 행렬 $A_i \in M_{n \times n}(\mathbb{C})$, $i = 1, 2, \cdots, m$에 대하여 다음이 성립한다.

$$(A_1A_2 \cdots A_m)^* = A_m^* \cdots A_2^*A_1^*$$

증명 자연수 m에 대한 수학적 귀납법을 이용하여 다음과 같이 증명할 수 있다.

(1) $m = 1$인 경우에 정리가 성립함은 당연하다.

(2) $m = k$일 때 정리가 성립한다고 가정하자. 즉, 등식 $(A_1A_2 \cdots A_k)^* = A_k^* \cdots A_2^*A_1^*$이 성립한다고 가정하자.

(3) $m = k+1$인 경우에는

$(A_1A_2 \cdots A_{k+1})^* = \{(A_1A_2 \cdots A_k)A_{k+1}\}^* = A_{k+1}^*(A_1A_2 \cdots A_k)^*$

$$= A_{k+1}^* A_k^* \cdots A_2^* A_1^*$$

이므로 $m = k+1$인 경우에도 주어진 등식이 성립한다. 따라서 수학적 귀납법에 의하여 모든 자연수 m에 대하여 $(A_1 A_2 \cdots A_m)^* = A_m^* \cdots A_2^* A_1^*$이다. ▣

예제 정사각행렬 $A \in M_{n\times n}(\mathbb{R})$와 자연수 m에 대하여 $(A^m)^* = (A^*)^m$이다.

다음은 정사각행렬 $A \in M_{n\times n}(\mathbb{R})$에서 정의되는 대각합의 개념에 대해서 살펴보자.

정의

정사각행렬 $A = (a_{ij})_{n\times n} \in M_{n\times n}(\mathbb{R})$에 대하여 다음과 같이 정의된 실수 $tr(A)$를 A의 대각합(trace)이라고 한다.

$$tr(A) = \sum_{i=1}^{n} a_{ii}$$

참고 행렬 A의 대각합은 정사각행렬들의 집합 $M_{n\times n}(\mathbb{R})$에서 다음과 같이 정의된 함수임을 알 수 있다.

$$f : M_{n\times n}(\mathbb{R}) \to \mathbb{R}, \quad f(A) = tr(A) = \sum_{i=1}^{n} a_{ii}$$

그런데 $f(O_n) = 0 = f(diag(1, -1, 0, \cdots, 0))$이고 $diag(1, -1, 0, \cdots, 0) \neq O_n$이므로 함수 f는 일대일함수가 아니다. 또한 실수 a에 대하여 $f(diag(a, 0, \cdots, 0)) = a$이므로 $f(M_{n\times n}(\mathbb{R})) = \mathbb{R}$이다. ▣

예제 행렬 $A = \begin{pmatrix} 52 & 981 \\ -7 & -37 \end{pmatrix}$의 대각합은 다음과 같다.

$$tr(A) = 52 + (-37) = 15$$

예제 행렬 $A=\begin{pmatrix} 72 & 2 & 0 \\ -4 & 8 & 0 \\ 3 & -11 & 15 \end{pmatrix}$의 대각합은 다음과 같다.

$$tr(A) = 72+8+15 = 85$$

예제 정사각행렬 $A=(a_{ij})_{n\times n} \in M_{n\times n}(\mathbb{R})$가 교대행렬이라면 $A^T=-A$이므로 $a_{ii}=0,\ i=1,2,\cdots,n$ 이다. 따라서 A의 대각합은 다음과 같다.

$$tr(A)=\sum_{i=1}^{n} a_{ii} = \sum_{i=1}^{n} 0 = 0$$

정사각행렬의 대각합은 다음 정리에서 알 수 있듯이 덧셈과 스칼라 곱셈을 유지시킨다.

정리

정사각행렬 $A, B \in M_{n\times n}(\mathbb{R})$와 실수 $a\in\mathbb{R}$에 대하여 다음이 성립한다.

(1) $tr(A+B) = tr(A)+tr(B)$

(2) $tr(aA) = a\,tr(A)$

증명 행렬의 성분을 각각 $A=(a_{ij})_{n\times n}$, $B=(b_{ij})_{n\times n}$ 로 놓으면 다음과 같이 증명할 수 있다.

(1) $tr(A+B) = \sum_{i=1}^{n}(a_{ii}+b_{ii}) = \sum_{i=1}^{n} a_{ii} + \sum_{i=1}^{n} b_{ii} = tr(A)+tr(B)$

(2) $tr(aA) = \sum_{i=1}^{n} a\,a_{ii} = a\sum_{i=1}^{n} a_{ii} = a\,tr(A)$ ▣

참고 대각합은 행렬 $A, B \in M_{n\times n}(\mathbb{R})$의 덧셈연산은 유지시키지만 곱셈연산은 유지시키지는 않는다. 즉,

$$tr(AB) \neq tr(A)\,tr(B).$$

예제 두 행렬 $A=\begin{pmatrix} 0 & 5 \\ 1 & 3 \end{pmatrix}$, $B=\begin{pmatrix} -1 & 2 \\ 1 & 1 \end{pmatrix}$ 에 대하여 AB는 다음과 같다.

$$AB = \begin{pmatrix} 0 & 5 \\ 1 & 3 \end{pmatrix}\begin{pmatrix} -1 & 2 \\ 1 & 1 \end{pmatrix} = \begin{pmatrix} 5 & 5 \\ 2 & 5 \end{pmatrix}$$

따라서

$$tr(AB) = 5+5 = 10 \neq 0 = 3\times 0 = tr(A)\,tr(B).$$

정리

정사각행렬 $A, B \in M_{n\times n}(\mathbb{R})$에 대하여 다음이 성립한다.

$$tr(AB) = tr(BA)$$

증명 행렬의 성분을 각각 $A=(a_{ij})_{n\times n}$, $B=(b_{ij})_{n\times n}$ 로 놓으면 다음 등식이 성립한다.

$$tr(AB) = \sum_{i=1}^{n}\sum_{k=1}^{n} a_{ik}b_{ki} = \sum_{k=1}^{n}\sum_{i=1}^{n} b_{ki}a_{ik} = tr(BA)$$

따라서 $tr(AB) = tr(BA)$ 이다. ▣

예제 두 행렬 $A=\begin{pmatrix} 0 & -13 \\ 8 & 0 \end{pmatrix}$, $B=\begin{pmatrix} -2 & 9 \\ 6 & 0 \end{pmatrix}$ 에 대하여

$$AB = \begin{pmatrix} -78 & 0 \\ -16 & 72 \end{pmatrix}, \quad BA = \begin{pmatrix} 72 & 26 \\ 0 & -78 \end{pmatrix}$$

이므로

$$tr(AB) = -78+72 = -6 = 72-78 = tr(BA).$$

정리

정사각행렬 $A \in M_{n\times n}(\mathbb{R})$에 대하여 다음이 성립한다.

$$tr(A^T) = tr(A)$$

증명 $A=(a_{ij})_{n\times n}$로 놓으면 A^T의 주 대각성분 $a_{11}, a_{22}, \cdots, a_{nn}$은 A의 주 대각성분 $a_{11}, a_{22}, \cdots, a_{nn}$과 같으므로 다음 등식이 성립한다.

$$tr(A^T) = \sum_{i=1}^{n} a_{ii} = tr(A)$$ ▣

예제 행렬 $A=\begin{pmatrix} 56 & 77 \\ -2 & 5 \end{pmatrix}$에 대하여 $A^T=\begin{pmatrix} 56 & -2 \\ 77 & 5 \end{pmatrix}$이므로

$$tr(A^T) = 56+5 = 61 = tr(A).$$

MATLAB 활용하기

이 절에 속한 개념 중 MATLAB을 활용하여 해결할 수 있는 문제는 다음과 같다.

1. 주어진 행렬의 전치행렬을 구할 수 있다.

예제 행렬 $A=\begin{pmatrix} 3 & -2 \\ 5 & 3 \end{pmatrix}$의 전치행렬 A^T는 다음과 같이 구할 수 있다.

(1) $A=[3\ -2\ ;\ 5\ \ 3]$;을 입력한다.

(2) Enter키를 누른다.

(3) A'를 입력한다.

(4) Enter키를 누른다.

[결과] ans =

```
     3     5
    -2     3
```

[결과 해석] $A^T=\begin{pmatrix} 3 & 5 \\ -2 & 3 \end{pmatrix}$이다.

2. 행렬의 주 대각성분을 구할 수 있다.

예제 행렬 $A=\begin{pmatrix} 3 & -2 \\ 5 & 3 \end{pmatrix}$의 주 대각성분은 다음과 같이 구할 수 있다.

(1) $A=[3\ -2\ ;\ 5\ \ 3]$; 을 입력한다.

(2) Enter키를 누른다.

(3) diag(A)를 입력한다.

(4) Enter키를 누른다.

[결과] ans =

```
     3
     3
```

[결과 해석] 행렬 $A=\begin{pmatrix} 3 & -2 \\ 5 & 3 \end{pmatrix}$의 주 대각성분은 $\begin{matrix} 3 & \\ & 3 \end{matrix}$ 이다.

3. 행렬의 대각합을 구할 수 있다.

예제 행렬 $A=\begin{pmatrix} 3 & -2 \\ 5 & 3 \end{pmatrix}$의 주 대각성분들의 합은 다음과 같이 구할 수 있다.

(1) $A=$[3 −2 ; 5 3]; 을 입력한다.

(2) Enter키를 누른다.

(3) sum(diag(A))을 입력한다.

(4) Enter키를 누른다.

[결과] ans =
6

[결과 해석] 행렬 $A=\begin{pmatrix} 3 & -2 \\ 5 & 3 \end{pmatrix}$의 대각 합은 6이다.

예제 행렬 $A=\begin{pmatrix} 3 & -2 \\ 5 & 3 \end{pmatrix}$와 $B=\begin{pmatrix} 1 & 7 \\ -8 & 0 \end{pmatrix}$에 대하여 $tr(2A+5B)$는 다음과 같이 구할 수 있다.

(1) $A=$[3 −2 ; 5 3];을 입력한다.

(2) Enter키를 누른다.

(3) $B=$[1 7 ; −8 0];을 입력한다.

(4) Enter키를 누른다.

(5) sum(diag($2A+5B$))을 입력한다.

[결과] ans =
17

[결과 해석] $tr(2A+5B)$ = 17이다.

4. 주어진 두 행렬의 합의 전치행렬을 구할 수 있다.

예제 행렬 $A=\begin{pmatrix} 3 & -2 \\ 5 & 3 \end{pmatrix}$와 $B=\begin{pmatrix} 1 & 7 \\ -8 & 0 \end{pmatrix}$에 대하여 $(A+B)^T$는 다음과 같이 구할 수 있다.

(1) $A=[3\ \ -2\ ;\ 5\ \ 3]$;을 입력한다.

(2) Enter키를 누른다.

(3) $B=[1\ \ 7\ ;\ -8\ \ 0]$;을 입력한다.

(4) Enter키를 누른다.

(5) $(A+B)'$을 입력한나.

[결과] ans =

```
4  -3
5   3
```

[결과 해석] $(A+B)^T=\begin{pmatrix} 4 & -3 \\ 5 & 3 \end{pmatrix}$이다.

5. 주어진 행렬이 대칭행렬임을 보일 수 있다.

예제 행렬 $A=\begin{pmatrix} 3 & -2 \\ 5 & 3 \end{pmatrix}$에 대하여 AA^T가 대칭행렬임을 다음과 같이 보일 수 있다.

(1) $A=[3\ \ -2\ ;\ 5\ \ 3]$을 입력한다.

(2) Enter키를 누른다.

(3) $A*A'$을 입력한다.

(4) Enter키를 누른다.

[결과] ans =

```
13   9
 9  34
```

[결과 해석] $AA^T=\begin{pmatrix} 13 & 9 \\ 9 & 34 \end{pmatrix}$이므로 AA^T는 대칭행렬이다.

연습 문제

1. 두 행렬 $A=\begin{pmatrix}-2 & 0\\ 0 & 8\end{pmatrix}$와 $B=\begin{pmatrix}3 & 4\\ 0 & -4\end{pmatrix}$에 대하여 다음을 구하여라.

(1) $(2B)^T$ (2) $(-A+3B)^T$

(3) $(AB)^T$ (4) $(A^3)^T-(A^T)^3$

2. 두 행렬 $A=\begin{pmatrix}5 & 3\\ 0 & 1\end{pmatrix}$와 $B=\begin{pmatrix}1 & 0\\ 1 & -3\end{pmatrix}$에 대하여 다음을 구하여라.

(1) $tr(A)$ (2) $tr(8A)$

(3) $tr(5A-3B)$ (4) $tr(AB)-tr(BA)$

3. 두 행렬 $A=\begin{pmatrix}0 & 4 & 2\\ 1 & 5 & 1\\ -7 & 1 & 0\end{pmatrix}$와 $B=\begin{pmatrix}3 & 1 & 4\\ -2 & -1 & 5\\ 0 & 2 & 1\end{pmatrix}$에 대하여 다음을 구하여라.

(1) $(A+B)^T$ (2) $A-(7B)^T$

(3) $tr(B-2A)$ (4) $tr(AB-BA)$

4. 행렬 $A\in M_{m\times n}(\mathbb{R})$와 실수 a에 대하여 aAA^T는 대칭행렬임을 증명하여라.

5. 두 행렬 $A, B\in M_{n\times n}(\mathbb{R})$에 대하여 $(AB)^T=A^TB^T$이 성립하는지를 판정하고 이유를 설명하여라.

6. 두 행렬 $A, B\in M_{n\times n}(\mathbb{R})$의 곱 AB가 대칭행렬이기 위한 필요충분조건은 $AB=BA$인지를 판정하고 이유를 설명하여라.

1.4 역행렬

이 절에서는 정사각행렬 $A \in M_{n \times n}(\mathbb{R})$에 적당한 행렬을 곱하여 항등행렬을 만들 수 있는 행렬에 대한 기본적인 성질에 대하여 살펴보기로 한다.

정의

정사각행렬 $A \in M_{n \times n}(\mathbb{R})$에 대하여 다음 성질을 만족시키는 행렬 $B \in M_{n \times n}(\mathbb{R})$가 존재하면 행렬 A를 정칙행렬(가역행렬, invertible matrix, nonsingular matrix)이라고 한다.

$$AB = I_n = BA$$

이 때 행렬 B를 행렬 A의 역행렬(inverse)이라고 하고 $B = A^{-1}$로 나타낸다.

참고 행렬 B가 행렬 A의 역행렬이면 행렬 A는 행렬 B의 역행렬이다. ▣

예제 행렬 $A = \begin{pmatrix} 3 & 2 \\ 2 & 1 \end{pmatrix}$, $B = \begin{pmatrix} -1 & 2 \\ 2 & -3 \end{pmatrix}$에 대하여

$$AB = \begin{pmatrix} 3 & 2 \\ 2 & 1 \end{pmatrix}\begin{pmatrix} -1 & 2 \\ 2 & -3 \end{pmatrix} = \begin{pmatrix} 1 & 0 \\ 0 & 1 \end{pmatrix} = \begin{pmatrix} -1 & 2 \\ 2 & -3 \end{pmatrix}\begin{pmatrix} 3 & 2 \\ 2 & 1 \end{pmatrix} = BA$$

이므로 $B = A^{-1}$이고 $A = B^{-1}$이다.

정칙행렬의 역행렬은 유일하게 존재한다는 사실을 다음 정리에서 보일 수 있다.

정리

정사각행렬 $A \in M_{n \times n}(\mathbb{R})$가 정칙행렬이면 A의 역행렬은 유일하게 존재한다.

증명 만일 $B, C \in M_{n\times n}(\mathbb{R})$가 A의 역행렬이라고 가정하면 $AB = I_n = BA$이고 $AC = I_n = CA$이다. 따라서 등식

$$B = BI_n = B(AC) = (BA)C = I_nC = C$$

이 성립하므로 $B = C$ 이다. 즉, A의 역행렬은 유일하게 존재한다. ▣

임의의 정사각행렬 A에 대하여 역행렬이 반드시 존재하는 것은 아니다. 다음의 예제를 살펴보자.

예제 행렬 $A = \begin{pmatrix} 1 & 23 \\ 0 & 0 \end{pmatrix}$의 역행렬이 존재한다고 가정하고 그 역행렬을 $B = \begin{pmatrix} a & b \\ c & d \end{pmatrix}$라고 하면 $AB = I_2$이므로 다음이 성립한다.

$$AB = \begin{pmatrix} 1 & 23 \\ 0 & 0 \end{pmatrix}\begin{pmatrix} a & b \\ c & d \end{pmatrix} = \begin{pmatrix} a+23c & b+23d \\ 0 & 0 \end{pmatrix} = \begin{pmatrix} 1 & 0 \\ 0 & 1 \end{pmatrix}$$

따라서

$$a+23c = 1,\ b+23d = 0,\ 0 = 1$$

이다. 그런데 이 식을 만족시키는 실수 a, b, c, d는 존재하지 않는다. 즉, 식 $AB = I_2$를 만족시키는 행렬 B가 존재하지 않는다. 따라서 행렬 B가 행렬 A의 역행렬이 된다는 사실에 모순이 되므로 행렬 A는 정칙행렬이 아니다.

행렬 $A, B \in M_{n\times n}(\mathbb{R})$가 정칙행렬일 때 $A+B$가 정칙행렬이라고 할 수 없다는 사실을 다음 예제를 통하여 알 수 있다.

예제 두 행렬 $A = \begin{pmatrix} -1 & 0 \\ 0 & 1 \end{pmatrix}$와 $B = \begin{pmatrix} 1 & 0 \\ 0 & -1 \end{pmatrix}$는 정칙행렬이지만 $A+B = O_2$이므로 $A+B$는 정칙행렬이 아니다. 따라서 임의의 두 정칙행렬의 합은 정칙행렬이라고 할 수 없다.

정리

정칙행렬 $A, B \in M_{n\times n}(\mathbb{R})$와 실수 $a \neq 0 \in \mathbb{R}$에 대하여 다음이 성립한다.

(1) $(A^{-1})^{-1} = A$

(2) $(AB)^{-1} = B^{-1}A^{-1}$

(3) $(aA)^{-1} = \frac{1}{a}A^{-1}$

증명 (1) $AA^{-1} = I_n = A^{-1}A$ 이므로 A는 A^{-1}의 역행렬이다. 따라서 $(A^{-1})^{-1} = A$ 이다.

(2) 행렬의 곱에 대한 결합법칙이 성립하므로

$$\begin{aligned}(AB)(B^{-1}A^{-1}) &= \{(AB)B^{-1}\}A^{-1} = \{A(BB^{-1})\}A^{-1} \\ &= (AI_n)A^{-1} = AA^{-1} = I_n \text{ 이고}\end{aligned}$$

$$\begin{aligned}(B^{-1}A^{-1})AB &= \{(B^{-1}A^{-1})A\}B = \{B^{-1}(A^{-1}A)\}B \\ &= (B^{-1}I_n)B = B^{-1}B = I_n\end{aligned}$$

이다. 따라서 $(AB)^{-1} = B^{-1}A^{-1}$이다.

(3) $(aA)^{-1} = \{(aI_n)A\}^{-1} = A^{-1}(aI_n)^{-1} = A^{-1}\left(\frac{1}{a}I_n\right) = \frac{1}{a}A^{-1}$ 이므로 등식이 성립한다. ▣

예제 두 행렬 $A = \begin{pmatrix} 1 & 5 \\ 0 & 2 \end{pmatrix}$와 $B = \begin{pmatrix} 2 & 0 \\ 1 & 1 \end{pmatrix}$는 정칙행렬이다. 또한

$$A^{-1} = \frac{1}{2}\begin{pmatrix} 2 & -5 \\ 0 & 1 \end{pmatrix}, \quad B^{-1} = \frac{1}{2}\begin{pmatrix} 1 & 0 \\ -1 & 2 \end{pmatrix}, \quad AB = \begin{pmatrix} 7 & 5 \\ 2 & 2 \end{pmatrix}$$

이므로

$$(A^{-1})^{-1} = \begin{pmatrix} 1 & 5 \\ 0 & 2 \end{pmatrix}, \quad (AB)^{-1} = \frac{1}{4}\begin{pmatrix} 2 & -5 \\ 2 & 7 \end{pmatrix}, \quad B^{-1}A^{-1} = \frac{1}{4}\begin{pmatrix} 2 & -5 \\ -2 & 7 \end{pmatrix}$$

이다. 따라서 $(A^{-1})^{-1} = A$이고 $(AB)^{-1} = B^{-1}A^{-1}$이 성립한다.

정리

자연수 m과 정칙행렬 $A_i \in M_{n\times n}(\mathbb{R})$, $i=1,2,\cdots,m$에 대하여 다음이 성립한다.

$$(A_1A_2\cdots A_m)^{-1} = A_m^{-1}\cdots A_2^{-1}A_1^{-1}$$

증명 자연수 m에 대한 수학적 귀납법을 이용하여 다음과 같이 증명할 수 있다.

(1) $m=1$인 경우에 정리가 성립함은 당연하다.

(2) $m=k$일 때 정리가 성립한다고 가정하자. 즉, 등식
$(A_1A_2\cdots A_k)^{-1} = A_k^{-1}\cdots A_2^{-1}A_1^{-1}$이 성립한다고 가정하자.

(3) $m=k+1$인 경우에는

$$\begin{aligned}(A_1A_2\cdots A_{k+1})^{-1} &= \{(A_1A_2\cdots A_k)A_{k+1}\}^{-1} = A_{k+1}^{-1}(A_1A_2\cdots A_k)^{-1}\\ &= A_{k+1}^{-1}A_k^{-1}\cdots A_2^{-1}A_1^{-1}\end{aligned}$$

이므로 $m=k+1$인 경우에도 주어진 등식이 성립한다. 따라서 수학적 귀납법에 의하여 모든 자연수 m에 대하여 $(A_1A_2\cdots A_m)^{-1} = A_m^{-1}\cdots A_2^{-1}A_1^{-1}$이다. ▣

예제 정칙행렬 $A\in M_{n\times n}(\mathbb{R})$와 자연수 m에 대하여 $(A^m)^{-1}=(A^{-1})^m$이다.

정리

정사각행렬 $A\in M_{n\times n}(\mathbb{R})$가 정칙행렬일 때 두 행렬 $B, C\in M_{n\times m}(\mathbb{R})$에 대하여 $AB=AC$이면 $B=C$이다.

증명 행렬의 곱에 대한 결합법칙을 이용하면 다음과 같이 증명할 수 있다.

$$\begin{aligned}AB=AC &\Rightarrow A^{-1}(AB) = A^{-1}(AC)\\ &\Rightarrow (A^{-1}A)B = (A^{-1}A)C\\ &\Rightarrow I_nB = I_nC\\ &\Rightarrow B = C\end{aligned}$$

▣

정리

정사각행렬 $A \in M_{n\times n}(\mathbb{R})$가 정칙행렬일 때 두 행렬 $B, C \in M_{m\times n}(\mathbb{R})$에 대하여 $BA = CA$ 이면 $B = C$ 이다.

증명 행렬의 곱에 대한 결합법칙을 이용하면 다음과 같이 증명할 수 있다.

$$\begin{aligned} BA = CA &\Rightarrow (BA)A^{-1} = (CA)A^{-1} \\ &\Rightarrow B(AA^{-1}) = C(AA^{-1}) \\ &\Rightarrow BI_n = CI_n \\ &\Rightarrow B = C \end{aligned}$$

■

정리

정사각행렬 $A \in M_{n\times n}(\mathbb{R})$가 정칙행렬이면 A^T는 정칙행렬이다. 또한 다음이 성립한다.

$$(A^T)^{-1} = (A^{-1})^T$$

증명 A가 정칙행렬이므로 $AA^{-1} = I_n = A^{-1}A$ 이다. 따라서, $(AA^{-1})^T = I_n$이고 $(A^{-1}A)^T = I_n$이다. 그런데 $(AA^{-1})^T = (A^{-1})^T A^T$ 이고 $(A^{-1}A)^T = A^T(A^{-1})^T$ 이므로

$$(A^{-1})^T A^T = I_n = A^T (A^{-1})^T$$

이다. 그러므로 A^T는 정칙행렬이고 $(A^T)^{-1} = (A^{-1})^T$ 이다. ■

예제 행렬 $A = \begin{pmatrix} 2 & 3 \\ 1 & 2 \end{pmatrix}$는 정칙행렬이고 역행렬은 $A^{-1} = \begin{pmatrix} 2 & -3 \\ -1 & 2 \end{pmatrix}$이다.

또한 $A^T = \begin{pmatrix} 2 & 1 \\ 3 & 2 \end{pmatrix}$는 정칙행렬이고 역행렬은 $(A^T)^{-1} = \begin{pmatrix} 2 & -1 \\ -3 & 2 \end{pmatrix}$이다. 따라서

$$(A^T)^{-1} = \begin{pmatrix} 2 & -1 \\ -3 & 2 \end{pmatrix} = (A^{-1})^T$$

이다.

정리

대칭행렬 $A \in M_{n \times n}(\mathbb{R})$가 정칙행렬이면 역행렬 A^{-1} 도 대칭행렬이다.

증명 A가 대칭행렬이므로 $A^T = A$이다. 그런데 $(A^{-1})^T = (A^T)^{-1}$이므로 $(A^{-1})^T = A^{-1}$ 이다. 따라서 A^{-1}는 대칭행렬이다. ▣

예제 행렬 $A = \begin{pmatrix} 5 & 1 \\ 1 & 2 \end{pmatrix}$에 대하여

$$A^T = \begin{pmatrix} 5 & 1 \\ 1 & 2 \end{pmatrix} = A, \qquad A^{-1} = \frac{1}{9}\begin{pmatrix} 2 & -1 \\ -1 & 5 \end{pmatrix}$$

이므로 A는 대칭행렬이고 정칙행렬이다. 또한

$$(A^{-1})^T = \frac{1}{9}\begin{pmatrix} 2 & -1 \\ -1 & 5 \end{pmatrix} = A^{-1}$$

이므로 A의 역행렬 A^{-1} 도 대칭행렬이다.

정리

교대행렬 $A \in M_{n \times n}(\mathbb{R})$가 정칙행렬이면 역행렬 A^{-1} 도 교대행렬이다.

증명 A가 교대행렬이므로 $A^T = -A$이다. 그런데 $(A^{-1})^T = (A^T)^{-1}$이므로 $(A^{-1})^T = (-A)^{-1}$ 이다. 또한 $(-A)^{-1} = -A^{-1}$ 이므로 $(A^{-1})^T = -A^{-1}$ 이다. 따라서 A^{-1}는 교대행렬이다. ▣

예제 행렬 $A=\begin{pmatrix}0 & 1\\ -1 & 0\end{pmatrix}$에 대하여

$$A^T=\begin{pmatrix}0 & -1\\ 1 & 0\end{pmatrix}=-A, \qquad A^{-1}=\begin{pmatrix}0 & -1\\ 1 & 0\end{pmatrix}$$

이므로 A는 교대행렬이고 정칙행렬이다. 또한

$$(A^{-1})^T=\begin{pmatrix}0 & 1\\ -1 & 0\end{pmatrix}=-A^{-1}$$

이므로 A의 역행렬 A^{-1}도 교대행렬이다.

정의

정사각행렬 $A\in M_{n\times n}(\mathbb{R})$가 다음 성질을 만족시키면 행렬 A를 직교행렬(orthogonal matrix)이라고 한다.

$$AA^T=I_n=A^TA$$

참고 행렬 A가 직교행렬이기 위한 필요충분조건은 $A^{-1}=A^T$이다. ▣

예제 행렬 $A=\begin{pmatrix}0 & 1\\ 1 & 0\end{pmatrix}$에 대하여 $A^T=\begin{pmatrix}0 & 1\\ 1 & 0\end{pmatrix}=A^{-1}$이므로 A는 직교행렬이다.

예제 행렬 $A=\begin{pmatrix}0 & 1 & 0\\ 1 & 0 & 0\\ 0 & 0 & 1\end{pmatrix}$에 대하여 $A^T=\begin{pmatrix}0 & 1 & 0\\ 1 & 0 & 0\\ 0 & 0 & 1\end{pmatrix}=A^{-1}$이므로 A는 직교행렬이다.

예제 대칭행렬 $A\in M_{n\times n}(\mathbb{R})$가 직교행렬이면 $A^{-1}=A$이다. 또한 교대행렬 $B\in M_{n\times n}(\mathbb{R})$가 직교행렬이면 $B^{-1}=-B$이다.

MATLAB 활용하기

이 절에 속한 개념 중 MATLAB을 활용하여 해결할 수 있는 문제는 다음과 같다.

1. 주어진 행렬이 정칙행렬임을 판정하고 역행렬을 구할 수 있다.

예제 행렬 $A=\begin{pmatrix} 3 & -2 \\ 5 & 3 \end{pmatrix}$의 역행렬 A^{-1}는 다음과 같이 구할 수 있다.

(1) $A=$[3 −2 ; 5 3];을 입력한다.

(2) Enter키를 누른다.

(3) inv(A)를 입력한다.

(4) Enter키를 누른다.

[결과] ans =

```
    0.1579    0.1053
   -0.2632    0.1579
```

[결과 해석] 행렬 $A=\begin{pmatrix} 3 & -2 \\ 5 & 3 \end{pmatrix}$은 정칙행렬이고 A의 역행렬은

$$A^{-1}=\begin{pmatrix} 0.1579 & 0.1053 \\ -0.2632 & 0.1579 \end{pmatrix}\text{이다.}$$

2. 주어진 행렬이 정칙행렬이 아님을 판정할 수 있다.

예제 행렬 $A=\begin{pmatrix} 3 & 1 \\ 12 & 4 \end{pmatrix}$가 정칙행렬이 아님을 다음 과정을 통하여 알 수 있다.

(1) $A=$[3 1 ; 12 4];을 입력한다.

(2) Enter키를 누른다.

(3) inv(A)를 입력한다.

(4) Enter키를 누른다.

[결과] Warning: Matrix is singular to working precision.

```
ans =
        Inf    Inf
        Inf    Inf
```

[결과 해석] 행렬 A는 정칙행렬이 아니다.

3. 주어진 두 행렬의 합이 정칙행렬임을 판정하고 역행렬을 구할 수 있다.

예제 행렬 $A=\begin{pmatrix} 3 & -2 \\ 5 & 3 \end{pmatrix}$와 $B=\begin{pmatrix} 1 & 7 \\ -8 & 0 \end{pmatrix}$에 대하여 $A+B$가 정칙행렬인지 다음과 같이 판정할 수 있다.

(1) A = [3 −2 ; 5 3];을 입력한다.
(2) Enter키를 누른다.
(3) B = [1 7 ; −8 0];을 입력한다.
(4) Enter키를 누른다.
(5) inv(A + B)를 입력한다.
(6) Enter키를 누른다.

[결과] ans =

```
        0.1111   -0.1852
        0.1111    0.1481
```

[결과 해석] 행렬 $A=\begin{pmatrix} 3 & -2 \\ 5 & 3 \end{pmatrix}$와 행렬 $B=\begin{pmatrix} 1 & 7 \\ -8 & 0 \end{pmatrix}$에 대하여 $A+B$는 정칙행렬이고 $A+B$의 역행렬은 $(A+B)^{-1}=\begin{pmatrix} 0.1111 & -0.1852 \\ 0.1111 & 0.1481 \end{pmatrix}$이다.

연습 문제

1. 다음 행렬 중 정칙행렬을 모두 고르고 역행렬을 구하여라.

(1) $\begin{pmatrix} -3 & 0 \\ 1 & 0 \end{pmatrix}$ (2) $\begin{pmatrix} 6 & 7 \\ -1 & 1 \end{pmatrix}$

(3) $\begin{pmatrix} 1 & 2 \\ -1 & 0 \end{pmatrix}$ (4) $\begin{pmatrix} -5 & 1 \\ -5 & 1 \end{pmatrix}$

2. 다음 행렬 중 정칙행렬을 모두 고르고 역행렬을 구하여라.

(1) $\begin{pmatrix} 1 & 0 & 0 \\ 0 & 3 & 0 \\ 0 & 0 & 6 \end{pmatrix}$ (2) $\begin{pmatrix} 1 & 0 & 0 \\ 0 & 1 & 0 \\ 0 & 7 & 1 \end{pmatrix}$

(3) $\begin{pmatrix} -2 & 1 & 0 \\ -1 & 1 & 0 \\ 8 & 0 & 0 \end{pmatrix}$ (4) $\begin{pmatrix} 4 & -1 & 2 \\ 0 & 3 & 5 \\ 1 & 0 & 1 \end{pmatrix}$

3. 행렬 $A = \begin{pmatrix} 5 & a \\ -1 & 0 \end{pmatrix}$가 정칙행렬이 되도록 하는 실수 a를 모두 구하여라.

4. 행렬 $A = \begin{pmatrix} \cos\theta & -\sin\theta \\ \sin\theta & \cos\theta \end{pmatrix}$가 정칙행렬임을 증명하고 역행렬 A^{-1}를 구하여라.

5. 두 행렬 $A, B \in M_{n\times n}(\mathbb{R})$에 대하여 행렬 A가 정칙행렬이고 $AB = O$이면 $B = O$임을 증명하여라.

6. 행렬 $A \in M_{n\times n}(\mathbb{R})$가 식 $A^2 + A + I_n = O$를 만족시키면 A는 정칙행렬이 됨을 증명하고 역행렬 A^{-1}를 구하여라.

7. 행렬 $A \in M_{n\times n}(\mathbb{R})$에 대하여 다음 명제를 증명하여라.

"$A^2 = A$이면 A가 정칙행렬이 아니거나 $A = I_n$이다"

1.5 행렬식의 정의

이 절에서는 n차의 정사각행렬들의 집합 $M_{n\times n}(\mathbb{R})$에서 정의되는 개념인 행렬식에 대하여 살펴보자. 행렬식의 개념은 주어진 행렬이 정칙행렬인지를 판단하는데 이용이 되고 연립방정식의 해를 구하는 데에도 이용되는 중요한 개념이다.

정의

정사각행렬 $A=(a_{ij})_{n\times n}\in M_{n\times n}(\mathbb{R})$에 대하여 다음과 같이 정의된 실수 $\det(A)$를 행렬 A의 행렬식(determinant)이라고 정의한다.

$$\det(A)=\sum_{\sigma}(-1)^{f(\sigma)}a_{1j_1}a_{2j_2}\cdots a_{nj_n}.$$

여기서, $\sigma: j_1, j_2, \cdots, j_n$은 $1, 2, \cdots, n$의 한 순열이고 $f(\sigma)$는 순열 σ에 속한 두 수의 위치를 바꾸어서 $1, 2, \cdots, n$로 변형시킬 때 필요한 최소 횟수이다. 또한 $\sum_{\sigma}$는 순열 $\sigma: j_1, j_2, \cdots, j_n$에 대한 항 $(-1)^{f(\sigma)}a_{1j_1}a_{2j_2}\cdots a_{nj_n}$들의 합이다.

참고 위 행렬식의 정의에서 순열 σ는 $n!$가지이므로 $\sum_{\sigma}$는 $n!$개의 항들의 합이다.

참고 행렬 A의 행렬식을 나타낼 때 $|A|$와 같은 표현을 사용하기도 한다. 따라서 $n=2$인 경우에는

$$|A| = \det\begin{pmatrix} a_{11} & a_{12} \\ a_{21} & a_{22} \end{pmatrix} = \begin{vmatrix} a_{11} & a_{12} \\ a_{21} & a_{22} \end{vmatrix}$$

이다. 이 교재에서는 A의 행렬식을 나타낼 때 $\det(A)$를 사용하기로 한다.

예제 행렬 $A=(a_{11})_{1\times 1}$의 행렬식을 구하기 위해서 순열 $\sigma: 1$을 생각하면 $f(\sigma)=0$이므로

$$\det(A)=\sum_{\sigma}(-1)^{f(\sigma)}a_{11}=(-1)^0a_{11}=a_{11}$$

이다. 따라서 행렬 $A=(37)_{1\times 1}$의 행렬식은 $\det(A)=37$이다.

예제 행렬 $A=\begin{pmatrix} a_{11} & a_{12} \\ a_{21} & a_{22} \end{pmatrix}$의 행렬식을 구하기 위하여 $2!$ 개의 순열 $\sigma_1: 1, 2$ 와 $\sigma_2: 2, 1$을 생각하면 $f(\sigma_1)=0$이고 $f(\sigma_2)=1$이다. 따라서 A의 행렬식은 다음과 같이 구할 수 있다.

$$\det(A)=\sum_{\sigma}(-1)^{f(\sigma)}a_{1j_1}a_{2j_2}=(-1)^{f(\sigma_1)}a_{11}a_{12}+(-1)^{f(\sigma_2)}a_{12}a_{21}$$
$$=(-1)^0 a_{11}a_{12}+(-1)^1 a_{12}a_{21}=a_{11}a_{12}-a_{12}a_{21}.$$

그러므로 행렬 $A=\begin{pmatrix} 8 & 13 \\ 0 & -3 \end{pmatrix}$의 행렬식은 $\det(A)=8\times(-3)-13\times 0=-24$이다.

예제 행렬 $A=\begin{pmatrix} a_{11} & a_{12} & a_{13} \\ a_{21} & a_{22} & a_{23} \\ a_{31} & a_{32} & a_{33} \end{pmatrix}$의 행렬식을 구하기 위하여 $3!$ 개의 순열

$$\sigma_1: 1,2,3\ ,\ \sigma_2: 1,3,2\ ,\ \sigma_3: 2,1,3\ ,\ \sigma_4: 2,3,1\ ,\ \sigma_5: 3,1,2\ ,\ \sigma_6: 3,2,1$$

을 생각하면

$$f(\sigma_1)=0,\ f(\sigma_2)=1,\ f(\sigma_3)=1,\ f(\sigma_4)=2,\ f(\sigma_5)=2,\ f(\sigma_6)=1$$

이다. 따라서 A의 행렬식은 다음과 같이 구할 수 있다.

$$\begin{aligned}\det(A)&=\sum_{\sigma}(-1)^{f(\sigma)}a_{1j_1}a_{2j_2}a_{3j_3}\\
&=(-1)^{f(\sigma_1)}a_{11}a_{12}a_{13}+(-1)^{f(\sigma_2)}a_{11}a_{23}a_{32}+(-1)^{f(\sigma_3)}a_{12}a_{21}a_{33}\\
&\qquad+(-1)^{f(\sigma_4)}a_{12}a_{13}a_{11}+(-1)^{f(\sigma_5)}a_{13}a_{21}a_{32}+(-1)^{f(\sigma_6)}a_{13}a_{22}a_{31}\\
&=(-1)^0 a_{11}a_{12}a_{13}+(-1)a_{11}a_{23}a_{32}+(-1)a_{12}a_{21}a_{33}\\
&\qquad+(-1)^2 a_{12}a_{13}a_{11}+(-1)^2 a_{13}a_{21}a_{32}+(-1)a_{13}a_{22}a_{31}\\
&=a_{11}a_{12}a_{13}-a_{11}a_{23}a_{32}-a_{12}a_{21}a_{33}+a_{12}a_{13}a_{11}+a_{13}a_{21}a_{32}-a_{13}a_{22}a_{31}\\
&=a_{11}a_{12}a_{13}+a_{12}a_{13}a_{11}+a_{13}a_{21}a_{32}-a_{11}a_{23}a_{32}-a_{12}a_{21}a_{33}-a_{13}a_{22}a_{31}\end{aligned}$$

이다.

그러므로 행렬 $A=\begin{pmatrix}28 & -5 & 10\\ 0 & 3 & 2\\ 11 & 8 & 0\end{pmatrix}$의 행렬식은

$\det(A)=28\times3\times0+(-5)\times2\times11+10\times0\times8-28\times2\times8-(-5)\times0\times0-10\times3\times11$
$=-888$ 이다.

정사각행렬 $A\in M_{n\times n}(\mathbb{R})$의 행렬식의 정의는 $n!$ 개의 순열 σ를 구하고 σ에 대응하는 $f(\sigma)$를 구하여 $n!$ 개의 항들을 더하는 과정이 필요하다. 이제부터는 크기가 $(n-1)\times(n-1)$인 행렬의 행렬식을 이용하여 크기가 $n\times n$인 행렬의 행렬식을 구하는 방법, 즉, 여인수를 이용하여 행렬식을 구하는 방법에 대해서 살펴보기로 한다.

정리

정사각행렬 $A\in M_{n\times n}(\mathbb{R})$의 p행과 q행을 바꾸어 얻는 행렬을 B라고 하면 $\det(B)=-\det(A)$이다.

증명 행렬의 성분을 각각 $A=(a_{ij})_{n\times n}$ $B=(b_{ij})_{n\times n}$이라고 하면 모든 j에 대하여 $b_{pj}=a_{qj}$이고 $b_{qj}=a_{pj}$이다. 그러므로

$$\begin{aligned}\det(B)&=\sum_\sigma(-1)^{f(\sigma)}\,b_{1j_1}b_{2j_2}\cdots b_{pj_p}\cdots b_{qj_q}\cdots b_{nj_n}\\&=\sum_\sigma(-1)^{f(\sigma)}\,a_{1j_1}a_{2j_2}\cdots a_{qj_p}\cdots a_{pj_q}\cdots a_{nj_n}\\&=\sum_\sigma(-1)^{f(\sigma)}\,a_{1j_1}a_{2j_2}\cdots a_{pj_q}\cdots a_{qj_p}\cdots a_{nj_n}\end{aligned}$$

이다. 그런데

$$\det(A)=\sum_\tau(-1)^{f(\tau)}\,a_{1j_1}a_{2j_2}\cdots a_{pj_q}\cdots a_{qj_p}\cdots a_{nj_n}$$

이고 $\tau: j_1, j_2, \cdots, j_q, \cdots, j_p, \cdots, j_n$이다. 한편 $\sigma: j_1, j_2, \cdots, j_p, \cdots, j_q, \cdots, j_n$에 대하여 $(-1)^{f(\sigma)}=-(-1)^{f(\tau)}$이므로

$$\begin{aligned}\det(B) &= \sum_{\sigma}(-1)^{f(\sigma)} a_{1j_1}a_{2j_2}\cdots a_{pj_q}\cdots a_{qj_p}\cdots a_{nj_n} \\ &= -\sum_{\tau}(-1)^{f(\tau)} a_{1j_1}a_{2j_2}\cdots a_{pj_q}\cdots a_{qj_p}\cdots a_{nj_n} \\ &= -\det(A)\end{aligned}$$

이 되어 정리가 증명된다. ▣

예제 행렬 $A=\begin{pmatrix}33 & 4 & 78\\ 0 & -1 & 0\\ 0 & 0 & -11\end{pmatrix}$와 $B=\begin{pmatrix}33 & 4 & 78\\ 0 & 0 & -11\\ 0 & -1 & 0\end{pmatrix}$에 대하여 행렬 B는 행렬 A의 2행과 3행을 바꾸어 얻는 행렬이다. 따라서 정리에 의하여 $\det(B)=-\det(A)$이다. 실제로 $\det(A)=363$이고 $\det(B)=-363$이다.

정의

정사각행렬 $A=(a_{ij})_{n\times n}\in M_{n\times n}(\mathbb{R})$에서 i행과 j열을 삭제한 후에 얻는 $(n-1)\times(n-1)$ 행렬의 행렬식을 a_{ij}의 **소행렬식**(minor)이라고 하고 M_{ij}로 표시한다. 또한 다음과 같이 정의된 실수 A_{ij}를 a_{ij}의 **여인수**(cofactor)라고 한다.

$$A_{ij} = (-1)^{i+j} M_{ij}$$

참고 위 정의에서 소행렬식과 여인수의 개념은 $n \geq 2$인 경우에만 성립한다.

예제 행렬 $A=\begin{pmatrix}51 & 9\\ -3 & 78\end{pmatrix}$에 대하여 $(1,2)-$성분인 9의 소행렬식 M_{12}과 여인수 A_{12}는 각각 다음과 같다.

$$M_{12} = -3$$

$$A_{12} = (-1)^{1+2} M_{12} = 3$$

예제 행렬 $A=\begin{pmatrix}33 & 4 & 78\\ 0 & -1 & 0\\ 0 & 0 & -11\end{pmatrix}$에 대하여 $(3,2)-$성분인 0의 소행렬식 M_{32}과

여인수 A_{32}는 각각 다음과 같다.

$$M_{32} = \det\begin{pmatrix} 33 & 78 \\ 0 & 0 \end{pmatrix} = 0$$

$$A_{32} = (-1)^{3+2} M_{32} = 0$$

다음은 정사각행렬 $A \in M_{n \times n}(\mathbb{R})$, $(n \geq 2)$의 한 행에 속한 성분의 여인수를 이용하여 행렬식을 구하는 방법에 대하여 살펴보자.

정리

$n \geq 2$인 자연수에 n대하여 정사각행렬 $A = (a_{ij})_{n \times n} \in M_{n \times n}(\mathbb{R})$의 행렬식은 다음과 같다.

$$\det(A) = \sum_{k=1}^{n} a_{ik} A_{ik} = \sum_{k=1}^{n} a_{ik} (-1)^{i+k} M_{ik}, \quad (1 \leq i \leq n)$$

증명 행렬식의 정의에 의하여 $\det(A) = \sum_{\sigma} (-1)^{f(\sigma)} a_{1j_1} a_{2j_2} \cdots a_{nj_n}$ 이다. 여기서 각 항 $a_{1j_1} a_{2j_2} \cdots a_{nj_n}$ 을 구성하고 있는 성분들은 행렬 A의 서로 다른 행과 서로 다른 열에서 중복되지 않게 선택된다. 이제 $\det(A)$를 이루고 있는 항들 중에서 a_{ik}를 포함하는 모든 항들의 합을 F_{ik}라고 하고 $F_{ik} = a_{ik} G_{ik}$, $k = 1, 2, \cdots, n$로 놓으면

$$\det(A) = F_{i1} + F_{i2} + \cdots + F_{in} = a_{i1} G_{i1} + a_{i2} G_{i2} + \cdots + a_{in} G_{in}$$

이다. 여기서 각 F_{ik}는 $(n-1)!$개의 항으로 이루어진다. 만일 모든 k에 대하여 $G_{ik} = A_{ik}$임을 보이면 정리가 증명이 된다. 우선 $i = 1$, $k = 1$인 경우에 $a_{11} G_{11} = a_{11} M_{11}$을 증명하기로 한다. a_{11}을 인수로 갖는 항들은 $(-1)^{f(\sigma)} a_{11} a_{2j_2} \cdots a_{nj_n}$과 같은 모양의 항뿐이다. 여기서 $\sigma : 1, j_2, j_3, \cdots, j_n$이고 $f(\sigma)$는 순열 σ에 속한 두 수의 위치를 바꾸어서 $1, 2, \cdots, n$로 변형시킬 때 필요한 최소 횟수이다. 즉, G_{11}을 구성하고 있는 항들은 순열 $\sigma : 1, j_2, j_3, \cdots, j_n$에 대하여 $(-1)^{f(\sigma)} a_{2j_2} \cdots a_{nj_n}$의 모양을 갖는 항뿐이다. 한편,

$M_{11} = \sum_{\tau}(-1)^{f(\tau)}a_{2j_2}\cdots a_{nj_n}$은 $\det(A)$의 항 중에서 a_{11}을 포함시키지 않는 항들로 구성이 되어 있다. 여기서 $f(\tau)$는 순열 $\tau: j_2, j_3, \cdots, j_n$에 속한 두 수의 위치를 바꾸어서 $2, \cdots, n$로 변형시킬 때 필요한 최소 횟수이다. 또한 M_{11}은 $(n-1)\times(n-1)$행렬의 행렬식이므로 $(n-1)!$개의 항들을 갖고 있다. 그런데 $f(\sigma)=f(\tau)$이므로 $G_{11} = M_{11}$이고 $a_{11}G_{11} = a_{11}M_{11}$이다.

이제 행렬 A의 $(i,k)-$성분 a_{ik}를 왼쪽으로 인접한 항과 $(i-1)$번, 위로 인접한 항과 $(k-1)$번 바꾸어 얻는 행렬을 B라고 놓자. 그러면

$$\det(B) = (-1)^{i-1+k-1}\det(A) = (-1)^{i+k}\det(A)$$

이다. 한편 $i=1,\ k=1$인 경우의 결과를 이용하면 $\det(B)$를 이루는 항들 중에서 a_{ik}를 포함하는 모든 항들의 합은 $a_{ik}M_{ik}$이다. 따라서 $\det(A)$를 구성하는 항들 중에서 a_{ik}를 포함하는 항들을 모두 더하면 $(-1)^{i+k}a_{ik}M_{ik}$이다. 따라서 $(-1)^{i+k}a_{ik}M_{ik} = a_{ik}G_{ik}$이다. 그런데 $(-1)^{i+k}M_{ik} = A_{ik}$이므로 $a_{ik}G_{ik} = a_{ik}A_{ik}$이다. 그러므로

$$\det(A) = a_{i1}G_{i1} + a_{i2}G_{i2} + \cdots + a_{in}G_{in} = a_{i1}A_{i1} + a_{i2}A_{i2} + \cdots + a_{in}A_{in}$$

이 되어 정리가 증명된다. ▣

예제 행렬 $A = \begin{pmatrix} a_{11} & a_{12} \\ a_{21} & a_{22} \end{pmatrix}$의 행렬식을 각 행에 대해서 구하면 다음과 같다.

(1) 1행에 대한 전개 :

$$A_{11} = (-1)^{1+1}M_{11} = a_{22}, \qquad A_{12} = (-1)^{1+2}M_{12} = -a_{21}$$

이므로

$$\det(A) = a_{11}A_{11} + a_{12}A_{12} = a_{11}a_{22} + a_{12}(-a_{21}) = a_{11}a_{22} - a_{12}a_{21}$$

이다.

(2) 2행에 대한 전개 :

$$A_{21} = (-1)^{2+1}M_{21} = -a_{12}, \qquad A_{22} = (-1)^{2+2}M_{22} = a_{11}$$

이므로

$$\det(A) = a_{21}A_{21} + a_{22}A_{22} = a_{21}(-a_{12}) + a_{22}a_{11} = a_{11}a_{22} - a_{12}a_{21}$$

이다.

따라서 주어진 행렬 A의 행렬식을 구하는데 어떤 행을 택하더라고 같은 결과를 얻는다는 사실을 알 수 있다.

예제 행렬 $A = \begin{pmatrix} 21 & -2 & 5 \\ 0 & 3 & 0 \\ 0 & 0 & -10 \end{pmatrix}$의 행렬식을 3행에 놓인 성분들의 여인수를 이용하면 $a_{31} = 0,\ a_{32} = 0,\ a_{33} = -10$이고 $A_{33} = (-1)^{3+3}\det\begin{pmatrix} 21 & -28 \\ 0 & 3 \end{pmatrix} = 63$ 이므로

$$\det(A) = a_{31}A_{31} + a_{32}A_{32} + a_{33}A_{33} = -630$$

이다.

정사각행렬 $A \in M_{n\times n}(\mathbb{R})$의 행렬식은 행렬의 한 열에 속한 성분의 여인수를 이용하여 다음과 같이 구할 수도 있다. 다음 정리는 앞 정리와 유사하게 증명할 수 있으므로 생략한다.

정리

$n \geq 2$인 자연수에 n대하여 정사각행렬 $A = (a_{ij})_{n\times n} \in M_{n\times n}(\mathbb{R})$의 행렬식은 다음과 같다.

$$\det(A) = \sum_{k=1}^{n} a_{kj}A_{kj} = \sum_{k=1}^{n} a_{kj}(-1)^{k+j}M_{kj}, \quad (1 \leq j \leq n)$$

예제 행렬 $A = \begin{pmatrix} a_{11} & a_{12} \\ a_{21} & a_{22} \end{pmatrix}$의 행렬식을 각 열에 대해서 구하면 다음과 같다.

(1) 1열에 대한 전개 : $A_{11} = (-1)^{1+1}M_{11} = a_{22}$, $\quad A_{21} = (-1)^{2+1}M_{21} = -a_{12}$ 이므로

$$\det(A) = a_{11}A_{11} + a_{21}A_{21} = a_{11}a_{22} + a_{21}(-a_{12}) = a_{11}a_{22} - a_{12}a_{21}$$

이다.

(2) 2열에 대한 전개 : $A_{12} = (-1)^{1+2}M_{12} = -a_{21}$, $\quad A_{22} = (-1)^{2+2}M_{22} = a_{11}$

이므로

$$\det(A) = a_{12}A_{12} + a_{22}A_{22} = a_{12}(-a_{21}) + a_{22}a_{11} = a_{11}a_{22} - a_{12}a_{21}$$

이다.

따라서 주어진 행렬 A의 행렬식을 구하는데 어떤 열을 택하더라고 같은 결과를 얻는다는 사실을 알 수 있다.

예제 행렬 $A = \begin{pmatrix} 21 & -2 & 5 \\ 0 & 3 & 0 \\ 0 & 0 & -10 \end{pmatrix}$의 행렬식을 2열에 놓인 성분들의 여인수를 이용하면 $a_{12} = -2$, $a_{22} = 3$, $a_{32} = 0$이고

$$A_{12} = (-1)^{1+2}\det\begin{pmatrix} 0 & 0 \\ 0 & -10 \end{pmatrix} = 0, \qquad A_{22} = (-1)^{2+2}\det\begin{pmatrix} 21 & 5 \\ 0 & -10 \end{pmatrix} = -210$$

이므로

$$\det(A) = a_{12}A_{12} + a_{22}A_{22} + a_{32}A_{32} = 3 \times (-210) = -630$$

이다.

참고 위 예제로부터 주어진 행렬에서 0의 성분이 많은 행이나 열을 택하면 그 성분에 대한 여인수를 구할 필요가 없으므로 좀 더 쉽게 행렬식을 구할 수 있다는 사실을 알 수 있다.

위와 같은 결과로 인하여 정사각행렬 $A \in M_{n\times n}(\mathbb{R})$의 행렬식을 다음과 같이 정의하기도 한다.

정의

정사각행렬 $A=(a_{ij})_{n\times n}\in M_{n\times n}(\mathbb{R})$의 행렬식(determinant)을 다음과 같이 정의하고 $\det(A)$로 나타낸다.

(1) $n=1$ 인 경우 : $\det(A)=a_{11}$

(2) $n\geq 2$ 인 경우 : $\det(A)=\sum_{j=1}^{n} a_{ij}A_{ij}=\sum_{j=1}^{n} a_{ij}(-1)^{i+j}M_{ij}$, $(1\leq i\leq n)$

참고 1. 다음과 같이 하나의 열을 택해서 행렬식을 정의할 수 있다.

$$\det(A)=\sum_{i=1}^{n} a_{ij}A_{ij}=\sum_{i=1}^{n} a_{ij}(-1)^{i+j}M_{ij}\,,\qquad (1\leq j\leq n)$$

2. 행렬 A의 행렬식은 i행 또는 j열을 임의로 택해서 전개해도 그 값이 일정하다. 그러므로 행렬식을 구할 때에는 0의 성분을 많이 포함하거나 계산이 쉬운 행이나 열을 택하여 구하면 된다.

정리

행렬 $A=(a_{ij})_{n\times n}\in M_{n\times n}(\mathbb{R})$가 삼각행렬이면 A의 행렬식은 다음과 같다.

$$\det(A)=a_{11}a_{22}\cdots a_{nn}$$

참고 삼각행렬의 행렬식은 모든 주대각선성분들의 곱과 같다.

증명 행렬 A가 하삼각행렬인 경우와 상삼각행렬인 경우로 나누어 증명하기로 한다.

우선 A가 하삼각행렬이라고 가정하자. 행렬 A의 크기 n에 대한 수학적 귀납법을 이용하면 다음과 같이 증명할 수 있다.

(1) $n=1$인 경우 : $\det(A)=a_{11}$이므로 성립한다.

(2) $n=k$인 경우에 정리가 성립한다고 가정하자. 즉, 임의의 하삼각행렬 $B=(b_{ij})_{k\times k}\in M_{k\times k}(\mathbb{R})$에 대해서 $\det(B)=b_{11}b_{22}\cdots b_{kk}$가 성립한다고 가정하자.

(3) $n=k+1$인 경우 : 행렬 A의 1행에 놓여 있는 성분 a_{1j}에 대한 소행렬식을 M_{1j}라 하고 행렬 A의 1행에 대하여 행렬식을 전개하면 다음과 같다.

$$\det(A)=\sum_{j=1}^{k+1} a_{1j}(-1)^{1+j}M_{1j} = a_{11}(-1)^{1+1}M_{11}$$

그런데 M_{11}은 크기가 $k\times k$인 하삼각행렬의 행렬식이므로 수학적 귀납법의 가정에 의하여

$$M_{11} = a_{22}a_{33}\cdots a_{k+1\,k+1}$$

이다. 따라서

$$\det(A)= a_{11}a_{22}a_{33}\cdots a_{k+1\,k+1}$$

이다. 그러므로 모든 n에 대하여

$$\det(A) = a_{11}a_{22}\cdots a_{nn}$$

이 성립한다.

이제 A가 상삼각행렬이라고 가정하자. 마찬가지로 행렬의 크기 n에 대한 수학적 귀납법을 이용하여 증명한다.

(1) $n=1$인 경우 : $\det(A)=a_{11}$이므로 성립한다.

(2) $n=k$인 경우에 정리가 성립한다고 가정하자. 즉, 임의의 상삼각행렬 $B=(b_{ij})_{k\times k}\in M_{k\times k}(\mathbb{R})$에 대해서 $\det(B)=b_{11}b_{22}\cdots b_{kk}$가 성립한다고 가정하자.

(3) $n=k+1$인 경우 : 행렬 A의 1열에 놓여 있는 성분 a_{i1}에 대한 소행렬식을 M_{i1}라 하고 행렬 A의 1열에 대하여 행렬식을 전개하면 다음과 같다.

$$\det(A)=\sum_{i=1}^{k+1} a_{i1}(-1)^{1+i}M_{i1} = a_{11}(-1)^{1+1}M_{11}$$

그런데 M_{11}은 크기가 $k\times k$인 상삼각행렬의 행렬식이므로 수학적 귀납법의 가정에 의하여

$$M_{11} = a_{22}a_{33}\cdots a_{k+1\,k+1}$$

이다. 따라서

$$\det(A)= a_{11}a_{22}a_{33}\cdots a_{k+1\,k+1}$$

이다. 그러므로 모든 n에 대하여

$$\det(A) = a_{11}a_{22}\cdots a_{nn}$$

이 성립한다. ▣

예제 행렬 $A=\begin{pmatrix}1&4&8\\0&-1&0\\0&0&5\end{pmatrix}$는 상삼각행렬이므로 행렬식은 다음과 같이 주대각선 성분들을 모두 곱한 결과와 같다.

$$\det(A)=1\times(-1)\times5=-5.$$

그런데 행렬식을 구하기 위해서 1열에 대하여 전개하면

$$A_{11}=(-1)^{1+1}M_{11}=\det\begin{pmatrix}-1&0\\0&5\end{pmatrix}=-5$$

이므로

$$\det(A)=1A_{11}+0A_{21}+0A_{31}=1\times(-5)=-5$$

이다.

예제 행렬 $A=\begin{pmatrix}2&0&0\\5&-1&0\\1&2&4\end{pmatrix}$는 하삼각행렬이므로 행렬식은 다음과 같이 주대각선 성분들을 모두 곱한 결과와 같다.

$$\det(A)=2\times(-1)\times4=-8.$$

한편 행렬식을 구하기 위해서 1행에 대하여 전개하면 다음과 같다.

$$A_{11}=(-1)^{1+1}M_{11}=\det\begin{pmatrix}-1&0\\2&4\end{pmatrix}=-4$$

이므로

$$\det(A)=2A_{11}+0A_{12}+0A_{13}=2\times(-4)=-8$$

이다.

평면에 놓여있는 세 점으로 결정되는 삼각형의 면적은 행렬식을 이용하여 다음과 같이 구할 수 있다.

정리

평면상의 세 점 $(a_1, b_1), (a_2, b_2), (a_3, b_3)$으로 결정되는 삼각형의 면적은 다음과 같이 구할 수 있다.

$$\text{면적} = |R|, \quad \left(\text{단, } R = \frac{1}{2}\det\begin{pmatrix} a_1 & b_1 & 1 \\ a_2 & b_2 & 1 \\ a_3 & b_3 & 1 \end{pmatrix} \text{ 이다}\right)$$

증명 삼각형이 1사분면에 놓여 있다고 가정하고 $a_1 < a_2 < a_3$이고 $b_1 < b_3 < b_2$라고 가정하자. 그러면 삼각형의 면적은 사다리꼴의 면적을 이용하여 다음과 같이 구할 수 있다.

$$\text{면적} = \frac{1}{2}(b_1 + b_2)(a_2 - a_1) + \frac{1}{2}(b_2 + b_3)(a_3 - a_2) - \frac{1}{2}(b_1 + b_3)(a_3 - a_1)$$

그런데 우변을 정리하면 다음을 얻는다.

$$\begin{aligned} \text{면적} &= -\frac{1}{2}(a_1b_2 + a_2b_3 + a_3b_1 - a_1b_3 - a_2b_1 - a_3b_2) \\ &= -\frac{1}{2}\det\begin{pmatrix} a_1 & b_1 & 1 \\ a_2 & b_2 & 1 \\ a_3 & b_3 & 1 \end{pmatrix} = -R = |R| \end{aligned}$$

다른 경우에도 마찬가지로 증명을 할 수 있다. ▣

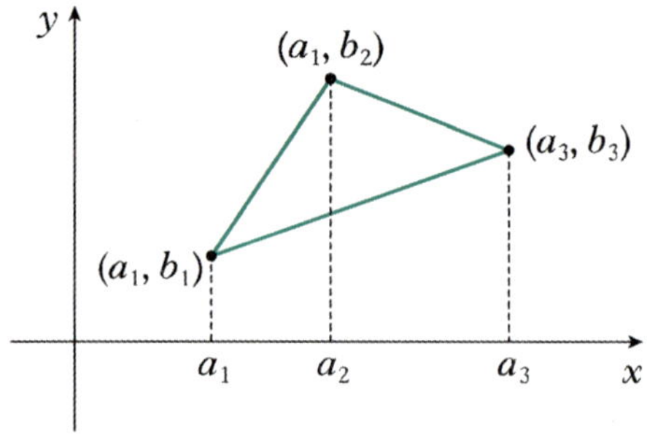

삼각형의 넓이

예제 세 점 $(1,1), (2,5), (3,2)$으로 결정되는 삼각형의 넓이를 구하여라.

풀이 정리를 이용하여 R의 값을 구하면 다음과 같다.

$$R = \frac{1}{2}\det\begin{pmatrix} 1 & 1 & 1 \\ 2 & 5 & 1 \\ 3 & 2 & 1 \end{pmatrix} = \frac{1}{2}\times(-7) = -\frac{7}{2}$$

따라서 삼각형의 면적은 다음과 같다.

$$\text{면적} = |R| = \frac{7}{2}$$

MATLAB 활용하기

이 절에 속한 개념 중 MATLAB을 활용하여 해결할 수 있는 문제는 다음과 같다.

1. 행렬의 행렬식을 구할 수 있다.

예제 행렬 $A=\begin{pmatrix} 3 & -2 \\ 5 & 3 \end{pmatrix}$의 행렬식 $\det(A)$는 다음과 같이 구할 수 있다.

(1) $A=$[3 −2 ; 5 3];을 입력한다.

(2) Enter키를 누른다.

(3) det(A)를 입력한다.

(4) Enter키를 누른다.

[결과] ans =
19

[결과 해석] 행렬 $A=\begin{pmatrix} 3 & -2 \\ 5 & 3 \end{pmatrix}$의 행렬식은 $\det(A)=19$ 이다.

예제 행렬 $A=\begin{pmatrix} 3 & 2 & 2 \\ 0 & -1 & 8 \\ 0 & 1 & 4 \end{pmatrix}$의 행렬식 $\det(A)$는 다음과 같이 구할 수 있다.

(1) $A=$[3 2 2; 0 −1 8; 0 1 4];을 입력한다.

(2) Enter키를 누른다.

(3) det(A)를 입력한다.

(4) Enter키를 누른다.

[결과] ans =
−36

[결과 해석] 행렬 $A=\begin{pmatrix} 3 & 2 & 2 \\ 0 & -1 & 8 \\ 0 & 1 & 4 \end{pmatrix}$의 행렬식은 $\det(A)=-36$ 이다.

연습 문제

1. 행렬 $A=\begin{pmatrix}-2 & 3 \\ 3 & 8\end{pmatrix}$의 행렬식을 다음에 제시된 방법으로 구하여라.

(1) 1행에 대한 전개　　(2) 2열에 대한 전개

2. 행렬 $A=\begin{pmatrix}0 & 4 & 2 \\ 4 & 2 & 0 \\ -7 & 9 & 0\end{pmatrix}$의 행렬식을 다음에 제시된 방법으로 구하여라.

(1) 3행에 대한 전개　　(2) 3열에 대한 전개

3. 다음에 주어진 2×2 행렬의 행렬식을 구하여라.

(1) $\begin{pmatrix}0 & 2 \\ 0 & 11\end{pmatrix}$　　(2) $\begin{pmatrix}8 & -5 \\ 0 & 1\end{pmatrix}$　　(3) $\begin{pmatrix}1 & 2 \\ 5 & 10\end{pmatrix}$

4. 다음에 주어진 3×3 행렬의 행렬식을 구하여라.

(1) $\begin{pmatrix}-2 & 4 & 0 \\ 0 & 2 & 0 \\ 11 & 0 & 0\end{pmatrix}$　　(2) $\begin{pmatrix}8 & 0 & 0 \\ 4 & 2 & 0 \\ 22 & -1 & 7\end{pmatrix}$　　(3) $\begin{pmatrix}-2 & 0 & 0 \\ 1 & 2 & 5 \\ 16 & 0 & 0\end{pmatrix}$

5. 행렬 $A=\begin{pmatrix}1 & 1 & 1 \\ a & b & c \\ a^2 & b^2 & c^2\end{pmatrix}$의 행렬식은 $\det(A)=(a-b)(b-c)(c-a)$임을 보여라.

6. 세 점 $(-1,-2)$, $(1,3)$, $(5,7)$으로 결정되는 삼각형의 넓이를 구하여라.

1.6 행렬식의 성질

이 절에서는 행렬을 다양하게 변형했을 때 행렬식이 어떻게 변형되는지에 대하여 살펴본다.

임의의 정사각행렬 $A \in M_{n \times n}(\mathbb{R})$의 한 행의 성분이 모두 0이면 행렬식이 0임을 다음 정리를 통해서 알 수 있다.

정리

정사각행렬 $A \in M_{n \times n}(\mathbb{R})$에 대하여 적당한 자연수 p $(1 \le p \le n)$가 존재하여 $Row_p(A) = O_{1 \times n}$이라면 $\det(A) = 0$이다.

증명 행렬 A의 성분을 $A = (a_{ij})_{n \times n}$라고 놓고 p번째 행에 대하여 행렬식을 전개하면

$$\det(A) = \sum_{j=1}^{n} a_{pj} A_{pj} = \sum_{j=1}^{n} (0 \times A_{pj}) = 0$$

이다. 따라서 $\det(A) = 0$이다. ▣

예제 행렬 $A = \begin{pmatrix} 5 & 72 & -20 \\ 3 & 22 & 6 \\ 0 & 0 & 0 \end{pmatrix}$에 대하여 $Row_3(A) = O_{1 \times 3}$ 이므로 $\det(A) = 0$ 이다. 실제로 A의 행렬식을 구하기 위하여 3행에 대한 행렬식을 전개하면

$$\det(A) = 0 \times A_{31} + 0 \times A_{32} + 0 \times A_{33} = 0$$

이다.

주어진 행렬 $A \in M_{n \times n}(\mathbb{R})$의 p번째 행에 실수 a를 곱한 행을 p번째 행으로 갖는 행렬을 B라고 하면 A의 행렬식과 B의 행렬식 사이에는 다음과 같은 관계가 있다.

정리

정사각행렬 $A \in M_{n\times n}(\mathbb{R})$와 실수 a에 대하여 행렬 B를 다음과 같이 정의하자.

$$Row_i(B) = \begin{cases} Row_i(A), & i \neq p \\ aRow_p(A), & i = p \end{cases} \qquad (1 \le p \le n)$$

그러면 $\det(B) = a\det(A)$이다.

증명 행렬의 성분을 각각 $A = (a_{ij})_{n\times n}$, $B = (b_{ij})_{n\times n}$라고 하자. 행렬 B의 $(i,j)-$성분 b_{ij}에 대한 여인수를 M_{ij}^B, 행렬 A의 $(i,j)-$성분 a_{ij}에 대한 여인수를 M_{ij}라고 놓으면 $b_{pj} = a\,a_{pj}$이고 $M_{pj}^B = M_{pj}$이다. 따라서 B의 행렬식을 p번째 행에 대해서 구하면 다음과 같다.

$$\begin{aligned}\det(B) &= \sum_{j=1}^{n} b_{pj}(-1)^{p+j}M_{pj}^B = \sum_{j=1}^{n}(a\,a_{pj})(-1)^{p+j}M_{pj} \\ &= a\sum_{j=1}^{n} a_{pj}(-1)^{p+j}M_{pj} = a\det(A).\end{aligned}$$

그러므로 $\det(B) = a\det(A)$이다. ▣

예제 행렬 $A = \begin{pmatrix} 3 & 17 & 5 \\ 6 & 18 & 58 \\ 0 & 0 & 2 \end{pmatrix}$의 1행의 성분에 2를 곱하여 얻은 행렬을 B라고 놓으면 $B = \begin{pmatrix} 6 & 34 & 10 \\ 6 & 18 & 58 \\ 0 & 0 & 2 \end{pmatrix}$이다. 이때 행렬식은 $\det(A) = -96$이고 $\det(B) = 192$이다. 따라서 $\det(B) = 2\det(A)$이다

정리

정사각행렬 $A \in M_{n \times n}(\mathbb{R})$와 실수 a에 대하여 aA의 행렬식은 다음과 같다.

$$\det(aA) = a^n \det(A)$$

증명 $A = (a_{ij})_{n \times n}$라고 놓으면 $aA = (aa_{ij})_{n \times n}$이다. 행렬의 크기 n에 대한 수학적 귀납법을 이용하면 다음과 같이 증명할 수 있다.

(1) $n = 1$인 경우 : $\det(aA) = aa_{11} = a\det(A)$이므로 성립한다.

(2) $n = k$인 경우에 정리가 성립한다고 가정하자. 즉, 임의의 행렬 $B \in M_{k \times k}(\mathbb{R})$에 대해서 $\det(aB) = a^k \det(B)$가 성립한다고 가정하자.

(3) $n = k+1$인 경우 : 행렬 aA의 1행에 놓여 있는 성분 aa_{1j}에 대한 소행렬식을 M_{1j}^{aA}라 하고 행렬 A의 1행에 놓여 있는 성분 a_{1j}에 대한 소행렬식을 M_{1j}라 하자. 그러면 수학적 귀납법의 가정에 의하여 $M_{1j}^{aA} = a^k M_{1j}$이다. 따라서 행렬 aA의 1행에 대하여 행렬식을 전개하면 다음과 같다.

$$\det(aA) = \sum_{j=1}^{k+1} aa_{1j}(-1)^{1+j} M_{1j}^{aA} = a\sum_{j=1}^{k+1} a_{1j}(-1)^{1+j} a^k M_{1j}$$

$$= a^{k+1} \sum_{j=1}^{k+1} a_{1j}(-1)^{1+j} M_{1j} = a^{k+1}\det(A)$$

따라서 $n = k+1$인 경우에도 정리가 성립한다. 그러므로 모든 n에 대하여 관계식

$$\det(aA) = a^n \det(A)$$

이 성립한다. ■

예제 행렬 $A = \begin{pmatrix} 5 & 0 & 0 \\ 0 & 1 & 5 \\ -12 & 8 & 3 \end{pmatrix}$와 $2A = \begin{pmatrix} 10 & 0 & 0 \\ 0 & 2 & 10 \\ -24 & 16 & 6 \end{pmatrix}$의 행렬식은 각각

$$\det(A) = -185, \quad \det(2A) = -1480 = 2^3 \times (-185)$$

이므로 $\det(2A) = 2^3 \det(A)$이다.

다음 정리는 앞에서 행렬식의 정의를 이용하여 증명하였는데 여인수를 이용한 수학적 귀납법으로 다음과 같이 증명할 수도 있다.

정리

정사각행렬 $A \in M_{n\times n}(\mathbb{R})$에 대하여 행렬 B를 다음과 같이 정의하자.

$$Row_i(B) = \begin{cases} Row_i(A), & i \neq p \text{ 이고 } j \neq q \\ Row_q(A), & i = p \\ Row_p(A), & i = q \end{cases} \qquad (1 \leq p \neq q \leq n)$$

그러면 $\det(B) = -\det(A)$이다.

증명 행렬 A의 성분을 $A=(a_{ij})_{n\times n}$라고 놓고 n에 대한 수학적 귀납법을 이용하여 증명하기로 하자.

(1) $n=2$인 경우 :

$$\det(A) = \det\begin{pmatrix} a_{11} & a_{12} \\ a_{21} & a_{22} \end{pmatrix} = a_{11}a_{22} - a_{12}a_{21}$$

$$\det(B) = \det\begin{pmatrix} a_{21} & a_{22} \\ a_{11} & a_{12} \end{pmatrix} = a_{12}a_{21} - a_{11}a_{22}$$

따라서 등식 $\det(B) = -\det(A)$ 이 성립한다.

(2) $n=k$인 경우에 주어진 관계식이 성립한다고 가정하자.

(3) $n=k+1$인 경우 : 이 경우에는 $n \geq 3$이므로 p행과 q행 이외의 한 행을 t행이라 하면 A의 행렬식은 다음과 같다.

$$\det(A) = \sum_{j=1}^{k+1} a_{tj}A_{tj} = \sum_{j=1}^{k+1} a_{tj}(-1)^{t+j}M_{tj}$$

그런데 행렬 B의 t행은 A의 t행과 같으므로 B에서 a_{tj}의 여인수와 소행렬식을 각각 B_{tj} , M_{tj}^B라고 놓으면 B의 행렬식은 다음과 같다.

$$\det(B) = \sum_{j=1}^{k+1} a_{tj} B_{tj} = \sum_{j=1}^{k+1} a_{tj} (-1)^{t+j} M_{tj}^{B} = \sum_{j=1}^{k+1} a_{tj} (-1)^{t+j} (-M_{tj})$$

$$= -\sum_{j=1}^{k+1} a_{tj} (-1)^{t+j} M_{tj} = -\det(A)$$

따라서, $n=k+1$인 경우에도 등식이 성립하므로 정리가 증명이 된다. ▣

예제 행렬 $A=\begin{pmatrix} 15 & 1 \\ -2 & 2 \end{pmatrix}$의 행렬식은 $\det(A)=32$이고 행렬 A의 1행과 2행을 서로 바꾸어 얻는 행렬 $B=\begin{pmatrix} -2 & 2 \\ 15 & 1 \end{pmatrix}$의 행렬식은 $\det(B)=-32$이다. 따라서 $\det(B)=-\det(A)$이다.

다음은 정사각행렬 $A \in M_{n\times n}(\mathbb{R})$의 서로 다른 두 행이 같은 경우에 행렬식을 구하는 방법에 대해 살펴보자.

정리

정사각행렬 $A \in M_{n\times n}(\mathbb{R})$와 서로 다른 두 자연수 p, q $(1 \le p, q \le n)$에 대하여

$$Row_p(A) = Row_q(A)$$

이면 $\det(A)=0$이다.

증명 행렬 A의 p번째 행과 q번째 행을 바꾸어 얻는 행렬을 B라고 놓으면 $\det(B)=-\det(A)$이다. 그런데 $Row_p(A)=Row_q(A)$이므로 $B=A$이다. 따라서 $\det(A)=-\det(A)$이고 $\det(A)=0$이다. ▣

예제 두 실수 a, b에 대하여 행렬 $A=\begin{pmatrix} a & b \\ a & b \end{pmatrix}$는 조건 $Row_1(A)=Row_2(A)$을 만족시키므로 $\det(A)=0$이다.

예제 행렬 $A=\begin{pmatrix} 220 & 0 & 58 \\ 2 & -31 & 0 \\ 2 & -31 & 0 \end{pmatrix}$는 조건 $Row_2(A)=Row_3(A)$를 만족시키므로 $\det(A)=0$이다.

예제 행렬 $A=\begin{pmatrix} 8 & 2 & 7 \\ -16 & -4 & -14 \\ 83 & -1 & 0 \end{pmatrix}$에 대하여 $Row_2(A)=(-2)\times Row_1(A)$이므로

$$\det\begin{pmatrix} 8 & 2 & 7 \\ -16 & -4 & -14 \\ 83 & -1 & 0 \end{pmatrix}=(-2)\times\det\begin{pmatrix} 8 & 2 & 7 \\ 8 & 2 & 7 \\ 83 & -1 & 0 \end{pmatrix}$$

이다. 그런데 행렬 $B=\begin{pmatrix} 8 & 2 & 7 \\ 8 & 2 & 7 \\ 83 & -1 & 0 \end{pmatrix}$는 조건 $Row_1(B)=Row_2(B)$를 만족시키므로 $\det(B)=0$이다. 따라서 행렬 A의 행렬식은 다음과 같다.

$$\det(A)=(-2)\times\det(B)=0.$$

또한 정사각행렬 $A\in M_{n\times n}(\mathbb{R})$의 서로 다른 두 행이 실수배의 관계가 있다고 할 때 행렬식을 다음과 같이 구할 수 있다.

정리

정사각행렬 $A\in M_{n\times n}(\mathbb{R})$와 서로 다른 두 자연수 p, q $(1\le p,\ q\le n)$에 대하여 실수 a가 존재해서

$$Row_q(A)=a\,Row_p(A)$$

이면 $\det(A)=0$이다.

증명 행렬 B를 다음과 같이 놓자.

$$Row_i(B)=\begin{cases} Row_i(A), & i\ne q \\ Row_p(A), & i=q \end{cases}$$

그러면 $Row_q(B)=Row_p(B)$이므로 행렬 B의 행렬식은 $\det(B)=0$이다. 그런데

위 정리에 의하여 $\det(A) = a\det(B)$ 이므로 결과적으로 $\det(A) = 0$ 이다. ▣

예제 행렬 $A = \begin{pmatrix} -21 & 2 \\ 84 & -8 \end{pmatrix}$는 조건 $Row_2(A) = (-4) \times Row_1(A)$를 만족시키므로 $\det(A) = 0$이다.

정리

정사각행렬 $A \in M_{n \times n}(\mathbb{R})$와 실수 a에 대하여 행렬 B를 다음과 같이 정의하자.

$$Row_i(B) = \begin{cases} Row_i(A), & i \neq q \\ aRow_p(A) + Row_q(A), & i = q \end{cases} \qquad (1 \leq p,\ q \leq n)$$

그러면 $\det(B) = \det(A)$이다.

증명 $A = (a_{ij})_{n \times n}$라고 놓고 B의 q번째 행에 대하여 행렬식을 구하면 다음과 같다.

$$\begin{aligned} \det(B) &= \sum_{j=1}^{n} (a\, a_{pj} + a_{qj})\, A_{qj} = a \sum_{j=1}^{n} a_{pj}\, A_{qj} + \sum_{j=1}^{n} a_{qj}\, A_{qj} \\ &= 0 + \det(A) = \det(A) \end{aligned}$$

▣

예제 행렬 $A = \begin{pmatrix} 2 & 2 \\ 6 & 1 \end{pmatrix}$에 대하여 행렬 B를

$$Row_i(B) = \begin{cases} Row_i(A), & i \neq 2 \\ 2Row_1(A) + Row_2(A), & i = 2 \end{cases}$$

로 정의하면 $B = \begin{pmatrix} 2 & 2 \\ 10 & 5 \end{pmatrix}$이다. 그런데 행렬 B의 행렬식은 행렬 A의 행렬식과 같고 $\det(A) = -10$이므로 $\det(B) = -10$이다.

예제 행렬 $A = \begin{pmatrix} 2 & 1 & 1 \\ -1 & 0 & 0 \\ 1 & 0 & 0 \end{pmatrix}$에 대하여 행렬 B를

$$Row_i(B) = \begin{cases} Row_i(A), & i \neq 3 \\ (-2) \times Row_1(A) + Row_3(A), & i = 3 \end{cases}$$

로 정의하면 $B = \begin{pmatrix} 2 & 1 & 1 \\ -1 & 0 & 0 \\ -3 & -2 & -2 \end{pmatrix}$이다. 그런데 행렬 B의 행렬식은 행렬 A의 행렬식과 같고 $\det(A) = 0$이므로 $\det(B) = 0$이다.

위와 같은 행렬식의 다양한 성질들을 종합적으로 이용하여 일반적인 행렬의 행렬식을 다음과 같이 구할 수 있다.

예제 행렬 $A = \begin{pmatrix} 2 & 0 & 6 \\ -1 & 0 & 2 \\ 1 & 1 & 2 \end{pmatrix}$의 행렬식을 구하여라.

풀이 A의 행렬식을 단계별로 구하면 다음과 같다.

(1 단계) 1행과 3행을 바꾸어 얻은 행렬을 A_1이라고 하면

$$A_1 = \begin{pmatrix} 1 & 1 & 2 \\ -1 & 0 & 2 \\ 2 & 0 & 6 \end{pmatrix}$$

이므로

$$\det(A) = -\det(A_1)$$

(2 단계) 1행에 1을 곱하여 2행에 더한 행을 2행과 대체한 행렬을 A_2라고 하면

$$A_2 = \begin{pmatrix} 1 & 1 & 2 \\ 0 & 1 & 4 \\ 2 & 0 & 6 \end{pmatrix}$$

이므로

$$\det(A) = -\det(A_1) = -\det(A_2)$$

(3 단계) 1행에 -2를 곱하여 3행에 더한 행을 3행과 대체한 행렬을 A_3라고 하면

$$A_3 = \begin{pmatrix} 1 & 1 & 2 \\ 0 & 1 & 4 \\ 0 & -2 & 2 \end{pmatrix}$$

이므로

$$\det(A) = -\det(A_1) = -\det(A_2) = -\det(A_3)$$

(4 단계) 2행에 2를 곱하여 3행에 더한 행을 3행과 대체한 행렬을 A_4라고 하면

$$A_4 = \begin{pmatrix} 1 & 1 & 2 \\ 0 & 1 & 4 \\ 0 & 0 & 10 \end{pmatrix}$$

이고 A_4는 상삼각행렬이므로 $\det(A_4) = 1 \times 1 \times 10 = 10$이다. 따라서 $\det(A)$는 다음과 같이 구할 수 있다.

$$\begin{aligned} \det(A) &= -\det(A_1) = -\det(A_2) \\ &= -\det(A_3) = -\det(A_4) \\ &= -10 \end{aligned}$$

정리

정사각행렬 $A \in M_{n\times n}(\mathbb{R})$에 대하여 $\det(A^T) = \det(A)$이다.

증명 행렬의 성분을 $A = (a_{ij})_{n\times n}$라고 놓고 n에 대한 수학적 귀납법으로 증명하기로 하자.

(1) $n=2$인 경우 : 행렬의 크기가 2×2인 경우에는 다음과 같다.

$$\det(A) = \det\begin{pmatrix} a_{11} & a_{12} \\ a_{21} & a_{22} \end{pmatrix} = a_{11}a_{22} - a_{12}a_{21}$$

$$\det(A^T) = \det\begin{pmatrix} a_{11} & a_{21} \\ a_{12} & a_{22} \end{pmatrix} = a_{11}a_{22} - a_{12}a_{21}$$

따라서, 등식 $\det(A^T) = \det(A)$ 이 성립한다.

(2) $n=k$인 경우에 정리가 성립한다고 가정하자.

(3) $n=k+1$인 경우 : 전치행렬 A^T에서 a_{tj}의 여인수와 소행렬식을 각각 $(A^T)_{tj}$, $(M^T)_{tj}$라고 놓고 A^T의 1행에 대하여 행렬식을 구하면 다음과 같다.

$$\det(A^T) = \sum_{i=1}^{k+1} a_{i1}(A^T)_{1i} = \sum_{i=1}^{k+1} a_{i1}(-1)^{i+1}(M^T)_{1i}$$

그런데 귀납적 가정에 의하여 $(M^T)_{1i} = M_{i1}$이므로 $\det(A^T)$는 다음과 같다.

$$\det(A^T) = \sum_{i=1}^{k+1} a_{i1}(-1)^{i+1} M_{i1}$$

그런데 행렬 A의 1열에 대하여 행렬식 전개를 하면

$$\det(A) = \sum_{i=1}^{k+1} a_{i1} A_{i1} = \sum_{i=1}^{k+1} a_{i1}(-1)^{i+1} M_{i1}$$

이므로 $\det(A^T) = \det(A)$이다. 따라서, $n = k+1$인 경우에도 성립하므로 정리가 증명이 된다. ▣

예제 행렬 $A = \begin{pmatrix} -20 & 8 \\ 1 & 0 \end{pmatrix}$에 대하여 $\det(A) = -8$이다. 정리의 결과에 의하여 $\det(A) = \det(A^T)$이다. 따라서 $\det(A^T) = -8$이다. 실제로 $A^T = \begin{pmatrix} -20 & 1 \\ 8 & 0 \end{pmatrix}$이므로 $\det(A^T) = -8$이다.

참고 앞에서 증명한 행들을 변형한 후 얻는 행렬의 행렬식에 대한 성질들은 정리의 결과를 이용하면 열에 대한 변형에 대해서도 자동적으로 성립함을 알 수 있다.

임의의 정사각행렬 $A \in M_{n\times n}(\mathbb{R})$의 한 열의 성분이 모두 0이면 행렬식이 0임을 다음 정리를 통해서 알 수 있다.

정리

정사각행렬 $A \in M_{n\times n}(\mathbb{R})$에 대하여 적당한 자연수 p $(1 \le p \le n)$가 존재하여 $Col_p(A) = O_{n\times 1}$이라면 $\det(A) = 0$이다.

증명 행렬 A의 전치행렬 A^T에 대하여 $Row_p(A^T) = O_{1\times n}$이므로 $\det(A^T) = 0$이다. 그런데 $\det(A) = \det(A^T)$이므로 $\det(A) = 0$이다. ▣

예제 임의의 실수 a, b와 행렬 $A = \begin{pmatrix} 0 & a \\ 0 & b \end{pmatrix}$에 대하여 $Col_1(A) = O_{2\times 1}$ 이므로 정리의 결과에 의하여 $\det(A) = 0$ 이다.

예제 행렬 $A = \begin{pmatrix} 1 & 0 & -20 \\ 8 & 0 & 6 \\ 0 & 0 & -11 \end{pmatrix}$에 대하여 $Col_2(A) = O_{3\times 1}$ 이므로 정리의 결과에 의하여 $\det(A) = 0$ 이다.

주어진 행렬 $A \in M_{n\times n}(\mathbb{R})$의 p번째 열에 실수 a를 곱한 열을 p번째 열으로 갖는 행렬을 B라고 하면 A의 행렬식과 B의 행렬식 사이에는 다음과 같은 관계가 있다.

정리

정사각행렬 $A \in M_{n\times n}(\mathbb{R})$와 실수 a에 대하여 행렬 B를 다음과 같이 정의하자.

$$Col_i(B) = \begin{cases} Col_i(A), & i \neq p \\ aCol_p(A), & i = p \end{cases} \qquad (1 \leq p \leq n)$$

그러면 $\det(B) = a\det(A)$이다.

증명 행렬 B의 전치행렬 B^T에 대하여

$$Row_i(B^T) = \begin{cases} Row_i(A^T), & i \neq p \\ aRow_p(A^T), & i = p \end{cases}$$

이다. 그러므로 $\det(B^T) = a\det(A^T)$이다. 그런데 $\det(A) = \det(A^T)$이고 $\det(B) = \det(B^T)$이므로 $\det(B) = a\det(A)$이다. ▣

예제 행렬 $A=\begin{pmatrix} 0 & 1 & 5 \\ 6 & 1 & 8 \\ 0 & 0 & 2 \end{pmatrix}$의 행렬식은 $\det(A)=-12$이다. 행렬. A의 2열의 성분에 2를 곱하여 얻은 행렬을 B라고 놓으면 $\det(B)=2\det(A)=2\times(-12)=-24$이다. 실제로 $B=\begin{pmatrix} 0 & 2 & 5 \\ 6 & 2 & 8 \\ 0 & 0 & 2 \end{pmatrix}$이고 $\det(B)=-24$이다.

정리

정사각행렬 $A\in M_{n\times n}(\mathbb{R})$에 대하여 행렬 B를 다음과 같이 정의하자.

$$Col_i(B)=\begin{cases} Col_i(A), & i\neq p \text{ 이고 } j\neq q \\ Col_q(A), & i=p \\ Col_p(A), & i=q \end{cases} \qquad (1\leq p\neq q\leq n)$$

그러면 $\det(B)=-\det(A)$이다.

증명 행렬 B의 전치행렬 B^T에 대하여

$$Row_i(B^T)=\begin{cases} Row_i(A^T), & i\neq p \text{ 이고 } j\neq q \\ Row_q(A^T), & i=p \\ Row_p(A^T), & i=q \end{cases}$$

이다. 그러므로 $\det(B^T)=-\det(A^T)$이다. 그런데 $\det(A)=\det(A^T)$이고 $\det(B)=\det(B^T)$이므로 $\det(B)=-\det(A)$이다. ▣

예제 행렬 $A=\begin{pmatrix} 0 & 1 & 5 \\ 6 & 1 & 8 \\ 0 & 0 & 2 \end{pmatrix}$의 행렬식은 $\det(A)=-12$이다. 행렬 A의 1열과 2열을 서로 바꾸어 얻는 행렬을 B라고 놓으면 $\det(B)=-\det(A)=12$이다. 실제로

$B=\begin{pmatrix} 1 & 0 & 5 \\ 1 & 6 & 8 \\ 0 & 0 & 2 \end{pmatrix}$이고 $\det(B)=12$이다.

정리

정사각행렬 $A \in M_{n\times n}(\mathbb{R})$와 서로 다른 두 자연수 p, q에 대하여

$$Col_p(A) = Col_q(A)$$

이면 $\det(A)=0$이다.

증명 행렬 A의 전치행렬 A^T에 대하여 $Row_p(A^T) = Row_q(A^T)$이다. 그러므로 $\det(A^T)=0$이다. 그런데 $\det(A)=\det(A^T)$이므로 $\det(A)=0$이다. ▣

예제 두 실수 a, b에 대하여 행렬 $A=\begin{pmatrix} a & a \\ b & b \end{pmatrix}$는 조건 $Col_1(A) = Col_2(A)$를 만족시키므로 $\det(A)=0$이다.

예제 행렬 $A=\begin{pmatrix} 20 & 0 & 20 \\ 11 & -31 & 11 \\ 35 & -31 & 35 \end{pmatrix}$는 조건 $Col_1(A) = Col_3(A)$를 만족시키므로 $\det(A)=0$이다.

정리

정사각행렬 $A\in M_{n\times n}(\mathbb{R})$와 서로 다른 두 자연수 p, q $(1 \le p,\ q \le n)$에 대하여 실수 a가 존재해서

$$Col_q(A) = a\,Col_p(A)$$

이면 $\det(A)=0$이다.

증명 행렬 A의 전치행렬 A^T에 대하여 $Row_q(A^T) = a\,Row_p(A^T)$이다. 그러므로

$\det(A^T)=0$이다. 그런데 $\det(A)=\det(A^T)$이므로 $\det(A)=0$이다. ▣

예제 행렬 $A=\begin{pmatrix} 5 & 1 & 23 \\ 5 & 1 & 8 \\ 10 & 2 & 34 \end{pmatrix}$는 조건 $Col_1(A)=5\,Col_2(A)$를 만족시키므로 $\det(A)=0$이다.

정리

정사각행렬 $A \in M_{n\times n}(\mathbb{R})$와 실수 a에 대하여 행렬 B를 다음과 같이 정의하자.

$$Col_i(B)=\begin{cases} Col_i(A), & i \neq q \\ a\,Col_p(A)+Col_q(A), & i=q \end{cases} \qquad (1 \le p,\, q \le n)$$

그러면 $\det(B)=\det(A)$이다.

증명 행렬 B의 전치행렬 B^T에 대하여

$$Row_i(B^T)=\begin{cases} Row_i(A^T), & i \neq q \\ a\,Row_p(A^T)+Row_q(A^T), & i=q \end{cases}$$

이다. 그러므로 $\det(B^T)=\det(A^T)$이다. 그런데 $\det(A)=\det(A^T)$이고 $\det(B)=\det(B^T)$이므로 $\det(B)=\det(A)$이다. ▣

예제 행렬 $A=\begin{pmatrix} 2 & 1 & 1 \\ -1 & 0 & 0 \\ 1 & 0 & 350 \end{pmatrix}$에 대하여 $\det(A)=0$이다. 행렬 B를

$$Col_i(B)=\begin{cases} Col_i(A), & i \neq 3 \\ (-2)\times Col_1(A)+Col_3(A), & i=3 \end{cases}$$

로 정의하면 $\det(B)=0$이다. 실제로 $B=\begin{pmatrix} 2 & 1 & -3 \\ -1 & 0 & 2 \\ 1 & 0 & 348 \end{pmatrix}$이고 $\det(B)=0$이다.

정리

홀수 n에 대하여 정사각행렬 $A \in M_{n \times n}(\mathbb{R})$가 교대행렬이면 $\det(A) = 0$이다.

증명 행렬 A가 교대행렬이므로 $A^T = -A$이다. 따라서

$$\det(A) = \det(A^T) = \det(-A) = (-1)^n \det(A)$$

이다. 그런데 n이 홀수이므로 $(-1)^n = -1$이고 $\det(A) = -\det(A)$이다. 그러므로 $\det(A) = 0$이다. ▣

예제 행렬 $A = \begin{pmatrix} 0 & -2 & 58 \\ 2 & 0 & 0 \\ -58 & 0 & 0 \end{pmatrix}$에 대하여 $A^T = \begin{pmatrix} 0 & 2 & -58 \\ -2 & 0 & 0 \\ 58 & 0 & 0 \end{pmatrix} = -A$이므로 행렬 A는 교대행렬이고 $\det(A) = 0$ 이다.

정리의 결과는 n이 짝수이면 성립하지 않음을 다음 예를 통하여 알 수 있다.

예제 행렬 $A = \begin{pmatrix} 0 & -11 \\ 11 & 0 \end{pmatrix}$에 대하여 $A^T = \begin{pmatrix} 0 & 11 \\ -11 & 0 \end{pmatrix} = -A$이므로 행렬 A는 교대행렬이다. 그렇지만 $\det(A) = 121 \neq 0$ 이다.

크기가 큰 정사각행렬 $A \in M_{n \times n}(\mathbb{R})$의 행렬식을 구할 때 다음 정리와 같이 특별한 경우에는 주어진 행렬을 작은 크기의 행렬로 나누고 나누어진 행렬의 행렬식을 구함으로써 A의 행렬식을 구할 수도 있다.

정리

행렬 $A_1 \in M_{m\times m}(\mathbb{R})$, $A_2 \in M_{t\times m}(\mathbb{R})$, $A_3 \in M_{t\times t}(\mathbb{R})$와 자연수 $n=m+t$에 대하여 정사각행렬 $A \in M_{n\times n}(\mathbb{R})$를 다음과 같이 정의하자.

$$A=\begin{pmatrix} A_1 & O \\ A_2 & A_3 \end{pmatrix}$$

이때 $\det(A) = \det(A_1)\det(A_3)$이다.

증명 행렬 A_1의 성분을 $A_1=(a_{ij})_{m\times m}$이라고 하고 m에 대한 수학적 귀납법을 이용하여 증명한다.

(1) $m=1$ 인 경우 : 행렬 A의 1행에 대해서 행렬식을 구하면

$$\det(A)=a_{11}(-1)^{1+1}\det(A_3)$$

이다. 그런데 $\det(A_1)=a_{11}$이므로 $\det(A)=\det(A_1)\det(A_3)$이 되어 등식이 성립한다.

(2) $m=k$ 인 경우에 정리가 성립한다고 가정하자.

(3) $m=k+1$ 인 경우 : 행렬 A의 1행에 대해서 행렬식을 생각해보자. 행렬 A에서 1행의 각 성분 a_{1j}에 대한 소행렬식을 M_{1j} 이라고 놓고 행렬 A_1에서 1행의 각 성분 a_{1j}에 대한 소행렬식을 $M_{1j}^{A_1}$ 이라고 놓자. 그러면 가정에 의하여

$$M_{1j} = M_{1j}^{A_1}\det(A_3)$$

이므로

$$\det(A)=\sum_{j=1}^{k+1} a_{1j}(-1)^{1+j} M_{1j} = \sum_{j=1}^{k+1} a_{1j}(-1)^{1+j} M_{1j}^{A_1}\det(A_3)$$

이다. 한편 $\det(A_1)=\sum_{j=1}^{k+1} a_{1j}(-1)^{1+j} M_{1j}^{A_1}$ 이므로 $\det(A)=\det(A_1)\det(A_3)$이 성립한다. 그러므로 $m=k+1$ 인 경우에도 등식이 성립하므로 수학적 귀납법에 의하여 정리가 증명된다. ■

예제 행렬 $A=\begin{pmatrix} -6 & 0 & 0 \\ 38 & 10 & -1 \\ 0 & 5 & -4 \end{pmatrix}$의 행렬식을 구하여라.

풀이 세 행렬 A_1, A_2, A_3을 각각 다음과 같이 놓자.

$$A_1 = (-6)_{1\times 1},\ A_2 = \begin{pmatrix} 38 \\ 0 \end{pmatrix},\ A_3 = \begin{pmatrix} 10 & -1 \\ 5 & -4 \end{pmatrix}$$

그러면

$$\det(A_1) = -6, \quad \det(A_3) = -40+5 = -35$$

이므로 정리에 의하여 A의 행렬식은 다음과 같다.

$$\det(A) = \det(A_1)\det(A_3) = (-6)\times(-35) = 210.$$

예제 행렬 $A=\begin{pmatrix} -8 & 2 \\ 11 & -3 \end{pmatrix}$에 대하여 행렬 $B=\begin{pmatrix} 5A & 0 \\ -A & 2A \end{pmatrix}$의 행렬식을 구하여라.

풀이 $\det(A) = 2$이므로

$$\det(B) = \det(5A)\det(2A) = 5^2\det(A)2^2\det(A) = 400$$

이다.

정리

행렬 $A_1 \in M_{m\times t}(\mathbb{R})$, $A_2 \in M_{m\times m}(\mathbb{R})$, $A_3 \in M_{t\times t}(\mathbb{R})$와 자연수 $n=m+t$에 대하여 정사각행렬 $A \in M_{n\times n}(\mathbb{R})$를 다음과 같이 정의하자.

$$A = \begin{pmatrix} A_1 & A_2 \\ A_3 & O \end{pmatrix}$$

이때 $\det(A) = (-1)^{m\times t}\det(A_2)\det(A_3)$이다.

증명 행렬 A_3의 성분을 $A_3 = (a_{ij})_{t\times t}$이라고 하고 t에 대한 수학적 귀납법을 이용하여 증명한다.

(1) $t=1$ 인 경우 : 행렬 A의 $m+1$행에 대해서 행렬식을 구하면 $\det(A) = a_{11}(-1)^{m+1+1}\det(A_2)$이다. 그런데 $(-1)^{m+1+1} = (-1)^{m\times 1}$이고

$\det(A_3) = a_{11}$ 이므로 $\det(A) = (-1)^{m \times 1}\det(A_2)\det(A_3)$이 되어 등식이 성립한다.

(2) $t = k$ 인 경우에 정리가 성립한다고 가정하자.

(3) $m = k+1$ 인 경우 : 행렬 A의 $m+1$행에 대해서 행렬식을 생각해보자. 행렬 A에서 $m+1$행의 각 성분 a_{1j}에 대한 소행렬식을 M_{m+1j} 이라고 놓고 행렬 A_3에서 1행의 각 성분 a_{1j}에 대한 소행렬식을 $M_{1j}^{A_3}$ 이라고 놓자. 그러면 수학적 귀납법의 가정에 의하여

$$M_{m+1j} = (-1)^{m \times k} M_{1j}^{A_3} \det(A_2)$$

이므로

$$\begin{aligned}\det(A) &= \sum_{j=1}^{k+1} a_{1j}(-1)^{m+1+j} M_{m+1j} \\ &= \sum_{j=1}^{k+1} a_{1j}(-1)^{m+1+j}(-1)^{m \times k} M_{1j}^{A_3} \det(A_2) \\ &= (-1)^{m \times k+m} \sum_{j=1}^{k+1} a_{1j}(-1)^{1+j} M_{1j}^{A_3} \det(A_2)\end{aligned}$$

이다. 한편 $\det(A_3) = \sum_{j=1}^{k+1} a_{1j}(-1)^{1+j} M_{1j}^{A_3}$ 이므로

$$\det(A) = (-1)^{m \times (k+1)} \det(A_2)\det(A_3)$$

이다. 그러므로 $t = k+1$ 인 경우에도 등식이 성립하므로 수학적 귀납법에 의하여 정리가 증명된다. ■

예제 행렬 $A = \begin{pmatrix} 1 & 9 & 1 \\ 1 & 2 & 2 \\ 12 & 0 & 0 \end{pmatrix}$의 행렬식을 구하여라.

풀이 세 행렬 A_1, A_2, A_3 을 각각 다음과 같이 놓자.

$$A_1 = \begin{pmatrix} 1 \\ 1 \end{pmatrix}, \qquad A_2 = \begin{pmatrix} 9 & 1 \\ 2 & 2 \end{pmatrix}, \qquad A_3 = (12)_{1 \times 1}$$

그러면

$$\det(A_2) = 16, \qquad \det(A_3) = 12$$

이므로 정리에 의하여 A의 행렬식은 다음과 같다.

$$\det(A) = (-1)^{2\times 1}\det(A_2)\det(A_3) = 16\times 12 = 192.$$

예제 행렬 $A=\begin{pmatrix}5 & 1\\7 & 2\end{pmatrix}$에 대하여 행렬 $B=\begin{pmatrix}11A & 3A\\A & O\end{pmatrix}$의 행렬식을 구하여라.

풀이 $\det(A)=3$이므로

$$\det(B)=(-1)^{2\times 2}\det(3A)\det(A)=(-1)^{2\times 2}3^2\det(A)\det(A)=81$$

이다.

다음 예를 통하여 두 행렬의 덧셈에 대한 행렬식은 각각의 행렬식의 합과 같지 않음을 알 수 있다.

예제 행렬 $A=\begin{pmatrix}12 & 1\\21 & 3\end{pmatrix}$, $B=\begin{pmatrix}-11 & 5\\0 & 0\end{pmatrix}$에 대하여 행렬식 $\det(A)$, $\det(B)$, $\det(A+B)$ 는 각각 다음과 같다.

$$\det(A)=15,\qquad \det(B)=0,\qquad \det(A+B)=-123.$$

따라서

$$\det(A+B)=-123 \neq 15 = \det(A)+\det(B)$$

이다.

그렇지만 두 행렬의 곱셈에 대한 행렬식은 각각의 행렬식의 곱과 같다는 것을 다음 정리로부터 알 수 있다.

정리

정사각행렬 $A, B\in M_{n\times n}(\mathbb{R})$에 대하여 다음이 성립한다.

$$\det(AB) = \det(A)\det(B)$$

증명 두 행렬 A, B의 성분을 각각 $A=(a_{ij})_{n\times n}$, $B=(b_{ij})_{n\times n}$으로 놓고 행렬 C를 다음과 같이 정의하자.

$$C = \begin{pmatrix} A & O \\ -I_n & B \end{pmatrix}.$$

그러면 $Col_{n+q}(C) = \begin{pmatrix} 0 \\ 0 \\ \vdots \\ 0 \\ b_{1q} \\ b_{2q} \\ \vdots \\ b_{nq} \end{pmatrix}$ 이고 $Col_{n+q}(C)$의 성분 $b_{1q}, b_{2q}, \cdots, b_{nq}$를 모두 0으로 변형시키기 위하여 행렬 C의 p열$(1 \le p \le n)$에 b_{pq}를 곱하여 $n+q$열에 더하는 과정을 시행한다. 이러한 과정을 통하여 얻는 $2n \times 2n$ 행렬을 D라고 하면 D의 $n+q$열은 다음과 같다.

$$Col_{n+q}(D) = \begin{pmatrix} b_{1q}Col_1(A) + b_{2q}Col_2(A) + \cdots + b_{nq}Col_n(A) \\ 0 \\ \vdots \\ 0 \end{pmatrix}$$

$$= \begin{pmatrix} b_{1q}a_{11} + b_{2q}a_{12} + \cdots + b_{nq}a_{1n} \\ b_{1q}a_{21} + b_{2q}a_{22} + \cdots + b_{nq}a_{2n} \\ \vdots \\ b_{1q}a_{n1} + b_{2q}a_{n2} + \cdots + b_{nq}a_{nn} \\ 0 \\ \vdots \\ 0 \end{pmatrix} = \begin{pmatrix} \sum_{p=1}^{n} a_{1p}b_{pq} \\ \sum_{p=1}^{n} a_{2p}b_{pq} \\ \vdots \\ \sum_{p=1}^{n} a_{np}b_{pq} \\ 0 \\ \vdots \\ 0 \end{pmatrix} = \begin{pmatrix} Col_q(AB) \\ 0 \\ \vdots \\ 0 \end{pmatrix}$$

그러므로

$$D = \begin{pmatrix} A & AB \\ -I_n & O \end{pmatrix}$$

이다. 따라서 행렬 D의 행렬식은 다음과 같다.

$$\begin{aligned} \det(D) &= (-1)^{n\times n}\det(AB)\det(-I_n) \\ &= (-1)^{n^2}\det(AB)(-1)^n\det(I_n) \\ &= (-1)^{n(n+1)}\det(AB) \\ &= \det(AB) \end{aligned}$$

한편 행렬식의 성질에 의하여 $\det(D)=\det(C)$이고 $\det(C) = \det(A)\det(B)$ 이므로 관계식

$$\det(AB) = \det(A)\det(B)$$

가 증명된다. ▣

예제 두 행렬 $A=\begin{pmatrix} 3 & 2 \\ 5 & 0 \end{pmatrix}$, $B=\begin{pmatrix} -3 & 4 \\ 0 & 1 \end{pmatrix}$에 대하여 $AB=\begin{pmatrix} -9 & 14 \\ -15 & 20 \end{pmatrix}$이다. 따라서 $\det(A)=-10$, $\det(B)=-3$, $\det(AB)=30$ 이므로

$$\det(AB)=30=(-10)\times(-3)=\det(A)\det(B)$$

이다.

예제 두 행렬 $A=\begin{pmatrix} 1 & 0 & 0 \\ 1 & 2 & 1 \\ 7 & 0 & 6 \end{pmatrix}$, $B=\begin{pmatrix} 2 & 0 & 0 \\ 6 & 1 & 2 \\ -8 & 0 & 11 \end{pmatrix}$에 대하여 $AB=\begin{pmatrix} 2 & 0 & 0 \\ 6 & 2 & 15 \\ -34 & 0 & 66 \end{pmatrix}$ 이다. 따라서 $\det(A)=12$, $\det(B)=22$, $\det(AB)=264$ 이므로

$$\det(AB) = 264 = 12\times 22 = \det(A)\det(B)$$

이다.

참고 두 행렬의 곱에 대한 행렬식은 각각의 행렬식의 곱과 같으므로 다음 등식을 얻는다.

$$\det(AB) = \det(A)\det(B) = \det(B)\det(A) = \det(BA)$$

즉, 두 행렬의 곱에 대한 교환법칙은 성립하지 않지만 행렬식의 값은 서로 같다. ▣

예제 두 행렬 $A=\begin{pmatrix}1&2\\5&0\end{pmatrix}$, $B=\begin{pmatrix}-2&4\\1&1\end{pmatrix}$ 에 대하여 $AB=\begin{pmatrix}0&6\\-10&20\end{pmatrix}$이고 $BA=\begin{pmatrix}18&-4\\6&2\end{pmatrix}$이다. 따라서 $\det(AB)=60=\det(BA)$이 성립한다.

행렬의 곱에 대한 행렬식의 성질을 이용하면 정칙행렬 A의 행렬식이 주어졌을 때 A^{-1}의 행렬식을 다음 정리를 이용하여 구할 수 있다.

정리

정사각행렬 $A\in M_{n\times n}(\mathbb{R})$가 정칙행렬이면 $\det(A)\neq 0$이고 나음이 성립한다.

$$\det(A^{-1})=\frac{1}{\det(A)}$$

증명 행렬 A가 정칙행렬이므로 $AA^{-1}=I_n$이다. 따라서

$$\det(A)\det(A^{-1})=\det(AA^{-1})=\det(I_n)=1$$

이다. 그러므로 $\det(A)\neq 0$ 이고 양변에 $\dfrac{1}{\det(A)}$를 곱하면 $\det(A^{-1})=\dfrac{1}{\det(A)}$ 이다. ■

예제 행렬 $A=\begin{pmatrix}11&1\\2&0\end{pmatrix}$는 정칙행렬이고 역행렬은 $A^{-1}=\frac{1}{2}\begin{pmatrix}0&1\\2&-11\end{pmatrix}$이다. 그런데 $\det(A)=-2$이고 $\det(A^{-1})=-\frac{1}{2}$이므로 $\det(A^{-1})=\dfrac{1}{\det(A)}$이 성립한다.

정리

정사각행렬 $A\in M_{n\times n}(\mathbb{R})$가 직교행렬이면 $\det(A)=1$ 또는 $\det(A)=-1$이다.

증명 행렬 $A\in M_{n\times n}(\mathbb{R})$가 직교행렬이므로 $A^{-1}=A^T$이다. 따라서

$$\frac{1}{\det(A)} = \det(A^{-1}) = \det(A^T) = \det(A)$$

이고 $\{\det(A)\}^2 = 1$이다. 그러므로 $\det(A) = 1$ 또는 $\det(A) = -1$이다. ▣

예제 행렬 $A = \begin{pmatrix} 0 & 1 \\ 1 & 0 \end{pmatrix}$에 대하여 $A^{-1} = \begin{pmatrix} 0 & 1 \\ 1 & 0 \end{pmatrix} = A^T$이다. 따라서 A는 직교행렬이다. 또한 $\det(A) = -1$ 이다.

MATLAB 활용하기

이 절에 속한 개념 중 MATLAB을 활용하여 해결할 수 있는 문제는 다음과 같다.

예제 행렬 $A=\begin{pmatrix} 3 & 2 & 2 \\ 0 & -1 & 8 \\ 0 & 0 & 4 \end{pmatrix}$의 행렬식 det$(A)$를 다음과 같이 구할 수 있다.

(1) $A=[3\ \ 2\ \ 2;0\ \ -1\ \ 8;0\ \ 0\ \ 4]$;을 입력한다.

(2) Enter키를 누른다.

(3) det(A)를 입력한다.

(4) Enter키를 누른다.

[결과] ans =
 −12

[결과 해석] 행렬 $A=\begin{pmatrix} 3 & 2 & 2 \\ 0 & -1 & 8 \\ 0 & 0 & 4 \end{pmatrix}$의 행렬식은 $\det(A)=-12=3\times(-1)\times 4$이다.

예제 행렬 $A=\begin{pmatrix} 3 & -2 \\ 5 & 3 \end{pmatrix}$에 대하여 행렬식 $\det(2A)=2^2\det(A)$임을 보일 수 있다.

(1) $A=[3\ -2\ ;\ 5\ \ 3]$;을 입력한다.

(2) Enter키를 누른다.

(3) det(A)를 입력한다.

(4) Enter키를 누른다.

[결과] ans =
 19

(5) det$(2*A)$를 입력한다.

(6) Enter키를 누른다.

[결과] ans =
 76

[결과 해석] 행렬 $A=\begin{pmatrix} 3 & -2 \\ 5 & 3 \end{pmatrix}$에 대하여 $\det(A)=19$이고

$$\det(2A) = 76 = 2^2 \times 19 = 2^2 \det(A) \text{ 이다.}$$

예제 행렬 $A = \begin{pmatrix} 3 & -2 \\ 5 & 3 \end{pmatrix}$와 $B = \begin{pmatrix} 1 & 7 \\ -8 & 0 \end{pmatrix}$에 대하여 $\det(A+B) \neq \det(A) + \det(B)$임을 보일 수 있다.

(1) A = [3 -2 ; 5 3];을 입력한다.

(2) Enter키를 누른다.

(3) A = [1 7 ; -8 0];을 입력한다.

(4) Enter키를 누른다.

(5) det(A + B) - det(A) - det(B)를 입력한다.

(6) Enter키를 누른다.

[결과] ans =
-48

[결과 해석] $A = \begin{pmatrix} 3 & -2 \\ 5 & 3 \end{pmatrix}$와 $B = \begin{pmatrix} 1 & 7 \\ -8 & 0 \end{pmatrix}$에 대하여 $\det(A+B) - \det(A) - \det(B) \neq 0$이므로 $\det(A+B) \neq \det(A) + \det(B)$ 이다.

예제 행렬 $A = \begin{pmatrix} 3 & -2 \\ 5 & 3 \end{pmatrix}$와 $B = \begin{pmatrix} 1 & 7 \\ -8 & 0 \end{pmatrix}$에 대하여 $\det(AB) = \det(A)\det(B)$임을 보일 수 있다.

(1) A = [3 -2 ; 5 3];을 입력한다.

(2) Enter키를 누른다.

(3) A = [1 7 ; -8 0];을 입력한다.

(4) Enter키를 누른다.

(5) det(A*B) - det(A)*det(B)를 입력한다.

(6) Enter키를 누른다.

[결과] ans =
0

[결과 해석] $A = \begin{pmatrix} 3 & -2 \\ 5 & 3 \end{pmatrix}$와 $B = \begin{pmatrix} 1 & 7 \\ -8 & 0 \end{pmatrix}$에 대하여 $\det(AB) - \det(A)\det(B) = 0$이므로 $\det(AB) = \det(A)\det(B)$이다.

예제 행렬 $A=\begin{pmatrix} 3 & -2 \\ 5 & 3 \end{pmatrix}$와 $B=\begin{pmatrix} 1 & 7 \\ -8 & 0 \end{pmatrix}$에 대하여 $\det(AB)=\det(BA)$임을 보일 수 있다.

(1) $A=[3\ -2\ ;\ 5\ \ 3];$을 입력한다.

(2) Enter키를 누른다.

(3) $A=[1\ \ 7\ ;-8\ \ 0];$을 입력한다.

(4) Enter키를 누른다.

(5) $\det(A*B)-\det(B*A)$를 입력한다.

(6) Enter키를 누른다.

[결과] ans =

0

[결과 해석] $A=\begin{pmatrix} 3 & -2 \\ 5 & 3 \end{pmatrix}$와 $B=\begin{pmatrix} 1 & 7 \\ -8 & 0 \end{pmatrix}$에 대하여 $\det(AB)-\det(BA)=0$

이므로 $\det(AB)=\det(BA)$ 이다.

예제 행렬 $A=\begin{pmatrix} 3 & -2 \\ 5 & 3 \end{pmatrix}$에 대하여 행렬식 $\det(A^{12})=\det(A)^{12}$임을 보일 수 있다.

(1) $A=[3\ -2\ ;\ 5\ \ 3];$을 입력한다.

(2) Enter키를 누른다.

(3) det(A^12) − det(A)^12를 입력한다.

(4) Enter키를 누른다.

[결과] ans =

0

[결과 해석] 행렬 $A=\begin{pmatrix} 3 & -2 \\ 5 & 3 \end{pmatrix}$에 대하여 $\det(A^{12})-\det(A)^{12}=0$이므로

$\det(A^{12})=\det(A)^{12}$ 이다.

연습 문제

1. 다음에 주어진 2×2 행렬의 행렬식을 구하여라.

(1) $\begin{pmatrix} 0 & 0 \\ 4 & 1 \end{pmatrix}$ (2) $\begin{pmatrix} 1 & -5 \\ -1 & 10 \end{pmatrix}$

(3) $\begin{pmatrix} 0 & 7 \\ -2 & 0 \end{pmatrix}$ (4) $\begin{pmatrix} 3 & 2 \\ 1 & 8 \end{pmatrix}$

2. 다음에 주어진 3×3 행렬의 행렬식을 구하여라.

(1) $\begin{pmatrix} 8 & 4 & 2 \\ -2 & 2 & 11 \\ 0 & 0 & 0 \end{pmatrix}$ (2) $\begin{pmatrix} 7 & 0 & 2 \\ 1 & 0 & 2 \\ 4 & 0 & 5 \end{pmatrix}$

(3) $\begin{pmatrix} -2 & 0 & 0 \\ 1 & 2 & -3 \\ 4 & 6 & 0 \end{pmatrix}$ (4) $\begin{pmatrix} 1 & 1 & 2 \\ 4 & 7 & -8 \\ 2 & 2 & 4 \end{pmatrix}$

3. 행렬 $A = \begin{pmatrix} a & b \\ c & d \end{pmatrix}$ 의 행렬식이 $\det(A) = 12$라고 가정할 때 다음 행렬의 행렬식을 구하여라.

(1) $\begin{pmatrix} c & d \\ a & b \end{pmatrix}$ (2) $\begin{pmatrix} a+c & b+d \\ c & d \end{pmatrix}$

(3) $\begin{pmatrix} 2a & 2b \\ c & d \end{pmatrix}$ (4) $\begin{pmatrix} a & b \\ c-2a & d-2b \end{pmatrix}$

4. 행렬 $A \in M_{n \times n}(\mathbb{R})$에 대하여 $\det(A) = -1$일 때 $\det(A^{25})$의 값을 구하여라.

5. 두 행렬 $A, B \in M_{n \times n}(\mathbb{R})$에 대하여 $\det(A) = 2$이고 $\det(B) = -7$일 때 행렬 $C = A^{-5}B^2$ 의 행렬식을 구하여라.

6. 행렬 $A=\begin{pmatrix}-6 & 8 \\ 1 & -1\end{pmatrix}$에 대하여 행렬 $B=\begin{pmatrix}7A & 0 \\ -8A & A\end{pmatrix}$의 행렬식을 구하여라.

7. 행렬 $A=\begin{pmatrix}1 & 11 \\ 0 & 6\end{pmatrix}$에 대하여 행렬 $B-\begin{pmatrix}7A & A \\ -2A & O\end{pmatrix}$의 행렬식을 구하여라.

1.7 여인수행렬과 수반행렬

이 절에서는 정사각행렬 $A \in M_{n \times n}(\mathbb{R})$의 수반행렬의 정의와 수반행렬을 이용하여 역행렬을 구하는 방법에 대하여 살펴본다.

정의

정사각행렬 $A \in M_{n \times n}(\mathbb{R})$의 여인수 A_{ij}를 성분으로 갖는 다음과 같은 행렬을 A의 여인수행렬(cofactor matrix)이라고 한다.

$$\begin{pmatrix} A_{11} & A_{12} \cdots & A_{1n} \\ A_{21} & A_{22} \cdots & A_{2n} \\ \vdots & \vdots \cdots & \vdots \\ A_{n1} & A_{n2} \cdots & A_{nn} \end{pmatrix}$$

또한, A의 여인수행렬의 전치행렬을 A의 수반행렬(adjoint matrix)이라고 하고 간단히 $adj(A)$로 나타낸다. 즉, $adj(A)$는 다음과 같은 $n \times n$행렬이다.

$$adj(A) = \begin{pmatrix} A_{11} & A_{21} \cdots & A_{n1} \\ A_{12} & A_{22} \cdots & A_{n2} \\ \vdots & \vdots \cdots & \vdots \\ A_{1n} & A_{2n} \cdots & A_{nn} \end{pmatrix}$$

예제 행렬 $A = \begin{pmatrix} 2 & 4 & 3 \\ 0 & 1 & -1 \\ 3 & 5 & 7 \end{pmatrix}$의 수반행렬을 구하여라.

풀이 행렬 A의 여인수를 모두 구하면 다음과 같다.

$A_{11} = (-1)^{1+1}M_{11} = 12$, $\quad A_{12} = (-1)^{1+2}M_{12} = -3$,

$A_{13} = (-1)^{1+3}M_{13} = -3$, $\quad A_{21} = (-1)^{2+1}M_{21} = -13$,

$A_{22} = (-1)^{2+2}M_{22} = 5$, $\quad A_{23} = (-1)^{2+3}M_{23} = 2$,

$A_{31} = (-1)^{3+1}M_{31} = -7$, $\quad A_{32} = (-1)^{3+2}M_{32} = 2$,

$A_{33} = (-1)^{3+3}M_{33} = 2$

따라서 행렬 A의 수반행렬은 다음과 같다.

$$adj(A) = \begin{pmatrix} 12 & -13 & -7 \\ -3 & 5 & 2 \\ -3 & 2 & 2 \end{pmatrix}$$

다음은 행렬 $A \in M_{n \times n}(\mathbb{R})$가 정칙행렬일 때 A의 행렬식과 여인수행렬을 이용하여 A의 역행렬을 구하는 방법에 대하여 살펴보기로 한다.

정리

정사각행렬 $A \in M_{n \times n}(\mathbb{R})$에 대하여 다음이 성립한다.

$$A\, adj(A) = \det(A) I_n = adj(A) A$$

증명 행렬 $A\,adj(A)$의 (i,j)-성분은 $\sum_{k=1}^{n} a_{ik} A_{jk}$ 이다. 이제 행렬 B를 j행의 성분은 A의 i행의 성분과 같고 나머지 성분은 모두 행렬 A의 성분과 같은 행렬이라고 하면 행렬 B는 다음과 같은 행렬이다.

$$B = \begin{pmatrix} a_{11} & a_{12} & \cdots & a_{1n} \\ \vdots & \vdots & \cdots & \vdots \\ a_{i1} & a_{i2} & \cdots & a_{in} \\ \vdots & \vdots & \cdots & \vdots \\ a_{i1} & a_{i2} & \cdots & a_{in} \\ \vdots & \vdots & \cdots & \vdots \\ a_{n1} & a_{n2} & \cdots & a_{nn} \end{pmatrix}$$

따라서 $i=j$인 경우에는 $B=A$이고 $i \neq j$인 경우에는 행렬 B의 i행과 j행은 동일한 성분으로 이루어져 있으므로 행렬식은 다음과 같다.

$$\det(B) = \begin{cases} \det(A), & i = j \\ 0, & i \neq j \end{cases}$$

그런데 행렬 B의 행렬식을 B의 j행에 대하여 전개를 하면

$$\det(B) = \sum_{k=1}^{n} a_{ik} A_{jk}$$

이 되므로 다음 관계를 얻는다.

$$\sum_{k=1}^{n} a_{ik} A_{jk} = \begin{cases} \det(A), & i = j \\ 0 & , i \neq j \end{cases}$$

즉, 행렬 $A\,adj(A)$의 (i,j)-성분은 $i=j$일 때 $\det(A)$이고 $i \neq j$일 때 0이 되어 식

$$A\,adj(A) = \det(A) I_n$$

이 성립한다.

마찬가지 방법으로 식 $\det(A) I_n = adj(A) A$ 이 성립함을 증명할 수 있다. ▣

예제 앞의 예제에서 구한 행렬 $A = \begin{pmatrix} 2 & 4 & 3 \\ 0 & 1 & -1 \\ 3 & 5 & 7 \end{pmatrix}$의 수반행렬을 이용하여 정리가 성립함을 다음과 같이 보일 수 있다.

우선 행렬 A의 수반행렬은 $adj(A) = \begin{pmatrix} 12 & -13 & -7 \\ -3 & 5 & 2 \\ -3 & 2 & 2 \end{pmatrix}$이므로

$$A\,adj(A) = \begin{pmatrix} 2 & 4 & 3 \\ 0 & 1 & -1 \\ 3 & 5 & 7 \end{pmatrix}\begin{pmatrix} 12 & -13 & -7 \\ -3 & 5 & 2 \\ -3 & 2 & 2 \end{pmatrix} = \begin{pmatrix} 3 & 0 & 0 \\ 0 & 3 & 0 \\ 0 & 0 & 3 \end{pmatrix} = 3I_3$$

$$adj(A)\,A = \begin{pmatrix} 12 & -13 & -7 \\ -3 & 5 & 2 \\ -3 & 2 & 2 \end{pmatrix}\begin{pmatrix} 2 & 4 & 3 \\ 0 & 1 & -1 \\ 3 & 5 & 7 \end{pmatrix} = \begin{pmatrix} 3 & 0 & 0 \\ 0 & 3 & 0 \\ 0 & 0 & 3 \end{pmatrix} = 3I_3$$

이다. 그런데 $\det(A) = 3$이므로 관계식

$$A\,adj(A) = \det(A) I_n = adj(A) A$$

이 성립한다.

다음 정리는 행렬식을 이용하여 주어진 행렬이 정칙행렬임을 판정하는데 중요하게 이용이 되는 성질이다.

정리

정사각행렬 $A \in M_{n\times n}(\mathbb{R})$가 정칙행렬이기 위한 필요충분조건은 다음과 같다.

$$\det(A) \neq 0$$

증명 정사각행렬 A가 정칙행렬이라면 $AA^{-1} = I_n$이므로

$$\det(A)\det(A^{-1}) = \det(AA^{-1}) = \det(I_n) = 1$$

이다. 따라서 $\det(A) \neq 0$이다. 역으로 $\det(A) \neq 0$이라고 가정하자. 정리에 의하여

$$A\,adj(A) = \det(A)I_n = adj(A)A$$

이므로 양변에 $\dfrac{1}{\det(A)}$를 곱하여

$$A\left(\frac{1}{\det(A)}adj(A)\right) = I_n = \left(\frac{1}{\det(A)}adj(A)\right)A$$

을 얻는다. 따라서 행렬 A는 정칙행렬이고 A의 역행렬은 다음과 같다.

$$A^{-1} = \frac{1}{\det(A)}adj(A)$$ ▣

예제 행렬 $A = \begin{pmatrix} 2 & -2 \\ 1 & 4 \end{pmatrix}$ 의 행렬식은 $\det(A) = 10 \neq 0$ 이므로 A는 정칙행렬이다. 또한 A의 여인수는

$$A_{11} = (-1)^{1+1}M_{11} = 4, \quad A_{12} = (-1)^{1+2}M_{12} = -1$$

$$A_{21} = (-1)^{2+1}M_{21} = 2, \quad A_{22} = (-1)^{2+2}M_{22} = 2$$

이므로 A의 수반행렬은 $adj(A) = \begin{pmatrix} 4 & 2 \\ -1 & 2 \end{pmatrix}$이다. 따라서 A의 역행렬은 다음과 같다.

$$A^{-1} = \frac{1}{\det(A)}adj(A) = \frac{1}{10}\begin{pmatrix} 4 & 2 \\ -1 & 2 \end{pmatrix}$$

일반적으로 2×2 정칙행렬의 역행렬은 다음 예제에서 알 수 있는 것과 같이 공식화되어서 사용되고 있다.

예제 행렬 $A=\begin{pmatrix} a & b \\ c & d \end{pmatrix}$가 정칙행렬일 때 A의 역행렬은 다음과 같이 구할 수 있다. 우선 A의 여인수는

$$A_{11}=(-1)^{1+1}M_{11}=d, \quad A_{12}=(-1)^{1+2}M_{12}=-c$$

$$A_{21}=(-1)^{2+1}M_{21}=-b, \quad A_{22}=(-1)^{2+2}M_{22}=a$$

이므로 A의 수반행렬은 $adj(A)=\begin{pmatrix} d & -b \\ -c & a \end{pmatrix}$이다. 또한 $\det(A)=ad-bc\neq 0$이므로 A의 역행렬은 다음과 같이 구할 수 있다.

$$A^{-1}=\frac{1}{\det(A)}adj(A)=\frac{1}{ad-bc}\begin{pmatrix} d & -b \\ -c & a \end{pmatrix}$$

예제 행렬 $A=\begin{pmatrix} 2 & 4 & 3 \\ 0 & 1 & -1 \\ 3 & 5 & 7 \end{pmatrix}$가 정칙행렬임을 보이고 역행렬 A^{-1}를 구하여라.

풀이 $\det(A)=3\neq 0$이므로 A는 정칙행렬이다. 또한 행렬 A의 수반행렬은

$$adj(A)=\begin{pmatrix} 12 & -13 & -7 \\ -3 & 5 & 2 \\ -3 & 2 & 2 \end{pmatrix}$$

이므로 A의 역행렬 A^{-1}는 다음과 같다.

$$A^{-1}=\frac{1}{\det(A)}adj(A)=\frac{1}{3}\begin{pmatrix} 12 & -13 & -7 \\ -3 & 5 & 2 \\ -3 & 2 & 2 \end{pmatrix}$$

정리

정사각행렬 $A, B \in M_{n\times n}(\mathbb{R})$에 대하여 $AB = I_n$이면 다음이 성립한다.

$$A^{-1} = B \text{ 이고 } B = A^{-1}$$

증명 $AB = I_n$이므로

$$\det(A)\det(B) = \det(AB) = \det(I_n) = 1$$

이다. 따라서 $\det(A) \neq 0$이므로 행렬 A는 정칙행렬이다. 또한 $AB = I_n$이므로

$$B = (A^{-1}A)B = A^{-1}(AB) = A^{-1}I_n = A^{-1}$$

이다. 즉, $A^{-1} = B$이다. 마찬가지 방법으로 $\det(B) \neq 0$이므로 행렬 B는 정칙행렬이다. 또한 $AB = I_n$이므로

$$A = A(BB^{-1}) = (AB)B^{-1} = I_nB^{-1} = B^{-1}$$

이다. 즉, $B = A^{-1}$이다. ■

연습 문제

1. 다음에 주어진 2×2행렬의 여인수행렬과 수반행렬을 구하여라.

(1) $\begin{pmatrix} 1 & 2 \\ 0 & 0 \end{pmatrix}$ (2) $\begin{pmatrix} 3 & 2 \\ -5 & 10 \end{pmatrix}$

(3) $\begin{pmatrix} 3 & 2 \\ 0 & 4 \end{pmatrix}$ (4) $\begin{pmatrix} -2 & 0 \\ 0 & 7 \end{pmatrix}$

2. 다음에 주어진 3×3행렬의 여인수행렬과 수반행렬을 구하여라.

(1) $\begin{pmatrix} 3 & 4 & 2 \\ -1 & 2 & 1 \\ 0 & 3 & 0 \end{pmatrix}$ (2) $\begin{pmatrix} 6 & 1 & 2 \\ 0 & -2 & -1 \\ 0 & 0 & 3 \end{pmatrix}$

(3) $\begin{pmatrix} -2 & 0 & 0 \\ -3 & 5 & 0 \\ 4 & 7 & 0 \end{pmatrix}$

3. 정사각행렬 $A \in M_{n\times n}(\mathbb{R})$가 정칙행렬이기 위한 필요충분조건은 A의 역행렬 A^{-1}가 정칙행렬임을 행렬식의 성질을 이용하여 증명하여라.

4. 정칙행렬 $A \in M_{n\times n}(\mathbb{R})$에 대한 다음 명제의 참, 거짓을 판정하고 이유를 설명하여라.

(1) $adj(A^2) = (adj(A))^2$

(2) $adj(A)$는 정칙행렬이다.

(3) $\det(adj(A)) = (\det(A))^{n-1}$

(4) $adj(adj(A)) = (\det(A))^{n-2}A \quad (n \geq 3)$

5. 정사각행렬 $A \in M_{n\times n}(\mathbb{R})$가 정칙행렬이 아니면 $A(adj(A)) = O$임을 증명하여라.

만약

다른 사람도

나와 마찬가지로

심각하게 그리고 지속적으로

수학 진리를 사고하였다면

그들도

나와 같은

발명을 하였을 것이다.

-- 가우스--

CHAPTER 2

일차연립방정식

2.1 일차연립방정식의 해

이 절에서는 일차연립방정식의 해를 구하는 방법에 대하여 살펴보기로 한다.

다음과 같이 실수 $a_{ij}\,(1 \le i \le m,\ 1 \le j \le n)$, $b_k\ (1 \le k \le m)$와 n개의 미지수 $x_1, x_2, \cdots, x_n$으로 이루어진 일차연립방정식을 생각해 보자.

$$\begin{cases} a_{11}x_1 + a_{12}x_2 + \cdots + a_{1n}x_n = b_1 \\ a_{21}x_1 + a_{22}x_2 + \cdots + a_{2n}x_n = b_2 \\ \qquad\qquad\vdots \\ a_{m1}x_1 + a_{m2}x_2 + \cdots + a_{mn}x_n = b_m \end{cases}$$

이 때, m개의 일차방정식을 동시에 만족시키는 미지수 $x_1, x_2, \cdots, x_n$의 값을 일차연립방정식의 해라고 한다.

이제 간단한 일차연립방정식의 해를 구해보자.

예제 다음 일차연립방정식의 해를 구하여라.

$$\begin{cases} x_1 - 3x_2 = -1 \\ 2x_1 + x_2 = 5 \end{cases}$$

풀이 첫 번째 방정식에 -2를 곱하여 두 번째 방정식에 더하여 얻은 방정식을 두 번째 방정식과 대체하면 다음과 같은 일차연립방정식을 얻는다.

$$\begin{cases} x_1 - 3x_2 = -1 \\ \qquad 7x_2 = 7 \end{cases}$$

두 번째 방정식에 $\frac{1}{7}$을 곱하여 얻은 방정식을 두 번째 방정식과 대체하면 다음과 같은 일차연립방정식을 얻는다.

$$\begin{cases} x_1 - 3x_2 = -1 \\ \qquad\ \ x_2 = 1 \end{cases}$$

두 번째 방정식에 3을 곱하여 첫 번째 방정식에 더하여 얻은 새로운 방정식을 첫 번째 방정식과 대체한다. 즉, 다음과 같은 새로운 일차연립방정식을 얻을 수 있고 구하고자 하는 해가 됨을 알 수 있다.

$$\begin{cases} x_1 = 2 \\ x_2 = 1 \end{cases}$$

참고 위 예제에서 두 방정식은 각각 직선을 나타내고 두 직선은 한 점 $(2, 1)$에서 만나는 것을 알 수 있다.

예제 다음 일차연립방정식의 해를 구하여라.

$$\begin{cases} x_1 - 2x_2 = 2 \\ 4x_1 - 8x_2 = 8 \end{cases}$$

풀이 두 번째 방정식은 첫 번째 방정식 $x_1 - 2x_2 = 2$의 양변에 4를 곱하여 얻을 수 있으므로 두 방정식은 서로 같은 방정식을 나타낸다. 따라서 임의의 실수 t에 대하여 $x_2 = t$로 놓으면 $x_1 = 2t + 2$을 얻을 수 있고 주어진 일차연립방정식의 해는 다음과 같다.

$$x_1 = 2t + 2, \qquad x_2 = t \qquad (t \in \mathbb{R})$$

즉, 주어진 연립방정식은 실수값 t에 따라서 무한히 많은 해가 존재함을 알 수 있다.

참고 위 예제에서 두 방정식은 각각 직선을 나타내고 두 직선은 일치하는 것을 알 수 있다.

예제 다음 일차연립방정식의 해를 구하여라.

$$\begin{cases} 3x_1 + 4x_2 = 0 \\ 3x_1 + 4x_2 = 1 \end{cases}$$

풀이 두 실수 $3x_1$과 $4x_2$의 덧셈이 동시에 0이고 1인 것은 불가능하다. 따라서 두 방정식을 동시에 만족하는 실수 x_1과 x_2는 존재하지 않는다. 즉, 주어진 연립방정식의 해는 존재하지 않는다.

참고 위 예제에서 두 방정식은 각각 직선을 나타내고 두 직선은 평행하는 것을 알 수 있다.

다음은 미지수와 방정식이 각각 3개로 이루어진 연립방정식을 살펴보자.

예제 다음 일차연립방정식의 해를 구하여라.

$$\begin{cases} x_1 - 3x_2 + x_3 = 0 \\ -x_1 + x_2 - x_3 = 4 \\ 2x_1 + 8x_2 + 3x_3 = 2 \end{cases}$$

풀이 첫 번째 방정식과 두 번째 방정식을 더하여 얻는 방정식을 두 번째 방정식과 대체하고 첫 번째 방정식에 -2를 곱하여 세 번째 방정식에 더하여 얻는 방정식을 세 번째 방정식과 대체하면 다음 연립방정식을 얻는다.

$$\begin{cases} x_1 - 3x_2 + x_3 = 0 \\ -2x_2 = 4 \\ 14x_2 + x_3 = 2 \end{cases}$$

두 번째 식으로부터 $x_2 = -2$를 얻고 세 번째 식에 대입하여 $x_3 = 30$을 얻는다. 따라서 x_2, x_3값을 첫 번째 식에 대입하여 $x_1 = -36$을 얻는다. 즉, 주어진 일차연립방정식의 해는 다음과 같다.

$$x_1 = -36, \quad x_2 = -2, \quad x_3 = 30$$

주어진 일차연립방정식은 행렬을 이용하여 간단하게 나타낼 수 있는데 다음과 같은 용어를 사용한다.

정의

일차연립방정식에서 각 미지수 x_i의 계수들을 성분으로 갖는 크기가 $m \times n$인 행렬 $A = (a_{ij})_{m \times n} \in M_{m \times n}(\mathbb{R})$을 일차연립방정식의 계수행렬(coefficient matrix)이라고 한다. 또한 $B = (b_1, b_2, \cdots, b_m)^T$를 상수행렬이라고 한다.

만일 미지수로 이루어진 행렬을 $X = (x_1, x_2, \cdots, x_n)^T$ 로 놓으면 일차연립방정식은 다음과 같이 간단하게 나타낼 수 있다.

$$AX = B$$

다음 정리로부터 만일 계수행렬 A가 정칙행렬이라면 일차연립방정식은 유일한 해를 갖는다는 사실을 알 수 있다.

정리

일차연립방정식 $AX = B$의 계수행렬 $A \in M_{n \times n}(\mathbb{R})$가 정칙행렬이라면 일차연립방정식은 다음과 같은 유일한 해를 갖는다.

$$X = A^{-1}B$$

증명 계수행렬 $A \in M_{n \times n}(\mathbb{R})$가 정칙행렬이므로 $AX = B$의 양변에 역행렬 A^{-1}를 곱하면

$$X = I_n X = (A^{-1}A)X = A^{-1}(AX) = A^{-1}B$$

이다. 따라서 일차연립방정식의 해는 $X = A^{-1}B$ 이고 이 해는 유일하다. ▣

예제 다음 일차연립방정식의 해를 구하여라.

$$\begin{cases} 2x_1 - 3x_2 = 7 \\ 6x_1 + x_2 = 2 \end{cases}$$

풀이 행렬 A, X, B를 각각

$$A = \begin{pmatrix} 2 & -3 \\ 6 & 1 \end{pmatrix}, \quad X = \begin{pmatrix} x_1 \\ x_2 \end{pmatrix}, \quad B = \begin{pmatrix} 7 \\ 2 \end{pmatrix}$$

으로 놓으면 주어진 연립방정식은

$$AX = B \quad \Leftrightarrow \quad \begin{pmatrix} 2 & -3 \\ 6 & 1 \end{pmatrix}\begin{pmatrix} x_1 \\ x_2 \end{pmatrix} = \begin{pmatrix} 7 \\ 2 \end{pmatrix}$$

로 표현할 수 있다. 그런데

$$\det(A) = 2\times1-(-3)\times6 = 20 \neq 0$$

이므로 A는 정칙행렬이고 따라서 양변에 A의 역행렬

$$A^{-1} = \frac{1}{20}\begin{pmatrix} 1 & 3 \\ -6 & 2 \end{pmatrix}$$

를 곱하여 다음을 얻는다.

$$\begin{pmatrix} x_1 \\ x_2 \end{pmatrix} = \frac{1}{20}\begin{pmatrix} 1 & 3 \\ -6 & 2 \end{pmatrix}\begin{pmatrix} 2 & -3 \\ 6 & 1 \end{pmatrix}\begin{pmatrix} x_1 \\ x_2 \end{pmatrix} = \frac{1}{20}\begin{pmatrix} 1 & 3 \\ -6 & 2 \end{pmatrix}\begin{pmatrix} 7 \\ 2 \end{pmatrix} = \frac{1}{20}\begin{pmatrix} 13 \\ -38 \end{pmatrix}$$

따라서 주어진 일차연립방정식의 해는 다음과 같다.

$$x_1 = \frac{13}{20}, \quad x_2 = -\frac{38}{20}$$

참고 위 예제에서 두 방정식은 각각 직선을 나타내고 두 직선은 한 점 $\left(\frac{13}{20}, -\frac{38}{20}\right)$에서 만나는 것을 알 수 있다.

연습 문제

1. 다음 일차연립방정식의 해를 구하여라.

(1) $\begin{cases} x_1 - 2x_2 = -5 \\ 2x_1 + 7x_2 = 0 \end{cases}$ (2) $\begin{cases} 3x_1 - x_2 = 4 \\ x_1 + x_2 = -2 \end{cases}$

(3) $\begin{cases} (\sin\theta)x_1 + (\cos\theta)x_2 = 0 \\ (\cos\theta)x_1 - (\sin\theta)x_2 = 0 \end{cases}$

2. 다음 일차연립방정식의 해를 구하여라.

(1) $\begin{cases} x_1 - x_2 = 2 \\ x_1 + x_3 = 5 \\ x_2 - 3x_3 = 1 \end{cases}$ (2) $\begin{cases} x_1 - 2x_2 + x_3 = 0 \\ 2x_1 + x_2 = 3 \\ x_2 + 4x_3 = 5 \end{cases}$

3. 다음 일차연립방정식이 유일한 해를 갖기 위한 실수 t의 값을 모두 구하여라.

$$\begin{cases} x_1 - tx_2 = 2 \\ 2x_1 + 4x_2 = 0 \end{cases}$$

4. 다음 일차연립방정식이 무한히 많은 해를 갖기 위한 실수 t의 값을 모두 구하여라.

$$\begin{cases} 2x_1 - x_2 = 0 \\ tx_1 + 8x_2 = 0 \end{cases}$$

5. 다음 일차연립방정식이 해를 갖지 않기 위한 실수 t의 값을 모두 구하여라.

$$\begin{cases} 2x_1 + x_2 = t \\ 10x_1 + 5x_2 = 0 \end{cases}$$

2.2 Gauss-Jordan 소거법

이 절에서는 일차연립방정식의 해를 구하는 방법 중의 하나인 Gauss-Jordan 소거법에 대하여 살펴보기로 한다. 우선 행사다리꼴행렬과 기약행사다리꼴행렬의 정의에 대하여 알아보자.

정의

행렬 $A \in M_{m \times n}(\mathbb{R})$가 다음의 세 조건을 모두 만족시킬 때 행렬 A를 행사다리꼴(row - echelon form)행렬이라고 한다.

(1) 각 행에서 처음으로 0 이 아닌 성분은 1 이다.

(2) 조건 (1)의 1은 행의 수가 커질수록 더 오른쪽에 놓여있다.

(3) 성분이 모두 0 으로 이루어진 행은 다른 행보다 뒤에 놓여 있다.

이때 조건 (1)에서 성분 1을 선행성분(leading entry)이라고 한다.

예제 두 행렬

$$A = \begin{pmatrix} 1 & 7 \\ 0 & 1 \\ 0 & 0 \end{pmatrix}, \quad B = \begin{pmatrix} 0 & 1 & 7 \\ 1 & 0 & 3 \end{pmatrix}$$

에 대하여, 행렬 A는 조건 (1),(2),(3)을 만족시키므로 행사다리꼴행렬이지만 행렬 B는 조건 (2)를 만족시키지 않으므로 행사다리꼴행렬이 아니다.

정의

행사다리꼴행렬 $A \in M_{m \times n}(\mathbb{R})$가 다음 조건을 만족하면 기약행사다리꼴(reduced row echelon form)행렬이라고 한다.

(4) 행사다리꼴행렬의 정의에서 선행성분 1을 포함하고 있는 열에 놓여 있는 다른 성분들은 모두 0이다.

예제 두 행렬

$$A=\begin{pmatrix}1 & 0\\ 0 & 1\\ 0 & 0\end{pmatrix},\quad B=\begin{pmatrix}1 & -5 & 0\\ 0 & 1 & 3\\ 0 & 0 & 1\end{pmatrix}$$

에 대하여, 행렬 A는 조건 (1),(2),(3),(4)를 모두 만족시키므로 기약행사다리꼴행렬이지만 행렬 B는 조건 (4)를 만족시키지 않으므로 기약행사다리꼴행렬이 아니다.

이제 행사다리꼴행렬과 기약행사다리꼴행렬을 이용하여 주어진 일차연립방정식의 해를 구하는 방법에 대하여 살펴보기로 한다.

정의

일차연립방정식 $AX=B$에서 계수행렬 $A\in M_{m\times n}(\mathbb{R})$와 상수행렬 $B\in M_{m\times 1}(\mathbb{R})$를 다음과 같이 덧붙여서 만든 행렬 $(A\ B)$를 덧붙인 행렬(augmented matrix)이라고 한다.

$$(A\ B)=\begin{pmatrix}a_{11} & a_{12} & \cdots & a_{1n} & b_1\\ a_{21} & a_{22} & \cdots & a_{2n} & b_2\\ \vdots & \vdots & \cdots & \vdots & \vdots\\ a_{m1} & a_{m2} & \cdots & a_{mn} & b_m\end{pmatrix}$$

참고 주어진 일차연립방정식의 해를 구하기 위하여 기본적으로 시행하는 과정은 다음과 같다.

(1) 어떤 방정식에 0 이 아닌 실수를 곱한다.
(2) 어떤 방정식에 다른 방정식의 실수 배를 더한다.
(3) 두 개의 방정식의 순서를 바꾼다.

이제 계수행렬에 상수행렬을 덧붙인 행렬을 이용하여 일차연립방정식의 해를 구하는 방법에 대하여 알아보자.

주어진 일차연립방정식에 참고와 같은 과정을 시행하여 얻는 새로운 일차연립방정식의 해는 변함이 없으므로 일차연립방정식의 계수행렬과 상수행렬을 첨가하여 얻은 덧붙인 행렬에 위와 같은 변형들을 적용시키면 다음과 같은 대응되는 과정을 얻을 수 있다.

(1) 어떤 행에 0 이 아닌 실수를 곱한다.
(2) 어떤 행에 다른 행의 실수 배를 더한다.
(3) 두 개의 행의 순서를 바꾼다.

이러한 과정을 통하여 주어진 일차연립방정식을 간단하게 변형한 후에 해를 구할 수 있다. 다음 예제를 살펴보자.

예제 일차연립방정식

$$\begin{cases} x - 3y = -1 \\ 2x + y = 5 \end{cases}$$

의 해는 일차연립방정식의 계수행렬과 상수행렬을 첨가하여 얻은 덧붙인 행렬

$$\begin{pmatrix} 1 & -3 & -1 \\ 2 & 1 & 5 \end{pmatrix}$$

을 이용한 다음 과정을 통하여 구할 수 있다.

(1단계) 1행에 실수 -2를 곱하여 2행에 더하여 얻은 새로운 행을 2행과 대체한다. 즉, 다음과 같은 새로운 덧붙인 행렬을 얻는다.

$$\begin{pmatrix} 1 & -3 & -1 \\ 0 & 7 & 7 \end{pmatrix}$$

(2단계) 2행에 실수 $\frac{1}{7}$을 곱하여 얻은 새로운 행을 2행과 대체한다. 즉, 다음과 같은 새로운 덧붙인 행렬을 얻는다.

$$\begin{pmatrix} 1 & -3 & -1 \\ 0 & 1 & 1 \end{pmatrix}$$

(3단계) 2행에 실수 3을 곱하여 1행에 더하여 얻은 새로운 행을 1행과 대체한다. 즉, 다음과 같은 새로운 덧붙인 행렬을 얻을 수 있다.

$$\begin{pmatrix} 1 & 0 & 2 \\ 0 & 1 & 1 \end{pmatrix}$$

(4단계) 3단계에서 얻은 덧붙인 행렬에 대응하는 일차연립방정식을 구한다.

$$\begin{cases} x = 2 \\ y = 1 \end{cases}$$

정의

일차연립방정식 $AX = B$ 의 해를 구하기 위해서 계수행렬 $A \in M_{m \times n}(\mathbb{R})$와 상수행렬 $B \in M_{m \times 1}(\mathbb{R})$를 덧붙여서 만든 행렬 $(A\ B)$에 시행한 다음과 같은 세 가지 변형을 기본행변형(elementary row operation)이라고 한다.

(1) 어떤 행에 0이 아닌 실수를 곱한다.
(2) 어떤 행에 다른 행의 실수 배를 더한다.
(3) 두 개의 행의 순서를 바꾼다.

다음 정리는 행사다리꼴행렬을 이용하여 주어진 일차연립방정식의 해를 구하는 방법이다.

정의 (Gauss 소거법)

일차연립방정식 $AX = B$ 의 계수행렬 $A \in M_{m \times n}(\mathbb{R})$와 상수행렬 $B \in M_{m \times 1}(\mathbb{R})$를 덧붙여서 만든 행렬 $(A\ B)$에 기본행변형을 시행하여 행사다리꼴행렬로 변형한 후에 연립방정식의 해를 구하는 방법을 가우스 소거법(Gaussian elimination)이라고 한다.

예제 가우스 소거법을 이용하여 다음 일차연립방정식의 해를 구하여라.

$$\begin{cases} x - y + 3z = 8 \\ x + z = 3 \\ 3y + 2z = 1 \end{cases}$$

풀이 주어진 일차연립방정식의 해는 일차연립방정식의 계수행렬과 상수행렬을 첨가하여 얻은 덧붙인 행렬

$$\begin{pmatrix} 1 & -1 & 3 & 8 \\ 1 & 0 & 1 & 3 \\ 0 & 3 & 2 & 1 \end{pmatrix}$$

을 다음 과정을 통하여 행사다리꼴행렬로 변형한 후에 구할 수 있다.

(1단계) 1행에 실수 -1을 곱하여 2행에 더하여 얻은 새로운 행을 2행과 대체한다. 즉, 다음과 같은 새로운 덧붙인 행렬을 얻는다.

$$\begin{pmatrix} 1 & -1 & 3 & 8 \\ 0 & 1 & -2 & -5 \\ 0 & 3 & 2 & 1 \end{pmatrix}$$

(2단계) 2행에 실수 -3을 곱하여 3행에 더하여 얻은 새로운 행을 3행과 대체한다. 즉, 다음과 같은 새로운 덧붙인 행렬을 얻는다.

$$\begin{pmatrix} 1 & -1 & 3 & 8 \\ 0 & 1 & -2 & -5 \\ 0 & 0 & 8 & 16 \end{pmatrix}$$

(3단계) 3행에 실수 $\frac{1}{8}$을 곱하여 얻은 새로운 행을 3행과 대체한다. 즉, 다음과 같은 새로운 덧붙인 행렬을 얻는다.

$$\begin{pmatrix} 1 & -1 & 3 & 8 \\ 0 & 1 & -2 & -5 \\ 0 & 0 & 1 & 2 \end{pmatrix}$$

(4단계) 3단계에서 얻은 덧붙인 행렬에 대응하는 일차연립방정식을 구한다.

$$\begin{cases} x - y + 3z = 8 \\ \quad\; y - 2z = -5 \\ \qquad\quad z = 2 \end{cases}$$

(5단계) 대입법을 이용하여 주어진 일차연립방정식의 해를 구한다.

$$z = 2$$

$$y = 2z - 5 = -1$$

$$x = y - 3z + 8 = 1$$

결과적으로 주어진 일차연립방정식의 해는 다음과 같다.

$$x = 1, \quad y = -1, \quad z = 2$$

다음 정리는 기약행사다리꼴행렬을 이용하여 주어진 일차연립방정식의 해를 구하는 방법이다.

정의 (Gauss - Jordan 소거법)

일차연립방정식 $AX = B$의 계수행렬 $A \in M_{m \times n}(\mathbb{R})$와 상수행렬 $B \in M_{m \times 1}(\mathbb{R})$를 덧붙여서 만든 행렬 $(A \; B)$에 기본행변형을 시행하여 기약행사다리꼴행렬로 변형한 후에 연립방정식의 해를 구하는 방법을 가우스-조르단 소거법(Gauss-Jordan elimination)이라고 한다.

예제 가우스-조르단 소거법을 이용하여 일차연립방정식

$$\begin{cases} x - y + 3z = 8 \\ x \quad + \quad z = 3 \\ \quad 3y + 2z = 1 \end{cases}$$

의 해를 구하여라.

풀이 주어진 일차연립방정식의 계수행렬과 상수행렬을 첨가하여 얻은 덧붙인 행렬

$$\begin{pmatrix} 1 & -1 & 3 & 8 \\ 1 & 0 & 1 & 3 \\ 0 & 3 & 2 & 1 \end{pmatrix}$$

을 행사다리꼴행렬로 변형하면 행렬

$$\begin{pmatrix} 1 & -1 & 3 & 8 \\ 0 & 1 & -2 & -5 \\ 0 & 0 & 1 & 2 \end{pmatrix}$$

을 얻을 수 있고 다음의 추가 과정을 통하여 기약행사다리꼴행렬로 변형한 후에 해를 구할 수 있다.

(단계 1) 2행에 실수 1을 곱하여 1행에 더하여 얻은 새로운 행을 1행과 대체한다. 즉, 다음과 같은 새로운 덧붙인 행렬을 얻을 수 있다.

$$\begin{pmatrix} 1 & 0 & 1 & 3 \\ 0 & 1 & -2 & -5 \\ 0 & 0 & 1 & 2 \end{pmatrix}$$

(단계 2) 3행에 실수 -1을 곱하여 1행에 더하여 얻은 새로운 행을 1행과 대체한다. 즉, 다음과 같은 새로운 덧붙인 행렬을 얻을 수 있다.

$$\begin{pmatrix} 1 & 0 & 0 & 1 \\ 0 & 1 & -2 & -5 \\ 0 & 0 & 1 & 2 \end{pmatrix}$$

(단계 3) 3행에 실수 2을 곱하여 2행에 더하여 얻은 새로운 행을 2행과 대체한다. 즉, 다음과 같은 새로운 덧붙인 행렬을 얻을 수 있다.

$$\begin{pmatrix} 1 & 0 & 0 & 1 \\ 0 & 1 & 0 & -1 \\ 0 & 0 & 1 & 2 \end{pmatrix}$$

(단계 4) (단계 3)에서 얻은 덧붙인 행렬에 대응하는 일차연립방정식은 다음과 같다.

$$\begin{cases} x = 1 \\ y = -1 \\ z = 2 \end{cases}$$

따라서 일차연립방정식의 해는 다음과 같다.

$$x = 1, \quad y = -1, \quad z = 2$$

예제 Gauss-Jordan 소거법을 이용하여 일차연립방정식

$$\begin{cases} x + 2y + 5z = 0 \\ x + y - 2z = 6 \end{cases}$$

의 해를 구하여라.

풀이 주어진 일차연립방정식의 계수행렬과 상수행렬을 첨가한 덧붙인 행렬

$$\begin{pmatrix} 1 & 2 & 5 & 0 \\ 1 & 1 & -2 & 6 \end{pmatrix}$$

에 다음 단계별 기본행변형을 시행하여 해를 구할 수 있다.

(단계 1) 1행에 실수 -1을 곱하여 2행에 더하여 얻은 새로운 행을 2행과 대체한다. 즉, 다음과 같은 새로운 덧붙인 행렬을 얻을 수 있다.

$$\begin{pmatrix} 1 & 2 & 5 & 0 \\ 0 & -1 & -7 & 6 \end{pmatrix}$$

(단계 2) 2행에 실수 -1을 곱하여 얻은 새로운 행을 2행과 대체한다. 즉, 다음과 같은 새로운 덧붙인 행렬을 얻을 수 있다.

$$\begin{pmatrix} 1 & 2 & 5 & 0 \\ 0 & 1 & 7 & -6 \end{pmatrix}$$

(단계 3) 2행에 실수 -2을 곱하여 1행에 더하여 얻은 새로운 행을 1행과 대체한다. 즉, 다음과 같은 새로운 덧붙인 행렬을 얻을 수 있다.

$$\begin{pmatrix} 1 & 0 & -9 & 12 \\ 0 & 1 & 7 & -6 \end{pmatrix}$$

(단계 4) (단계 3)에서 얻은 덧붙인행렬에 대응하는 일차연립방정식은 다음과 같다.

$$\begin{cases} x \qquad - 9z = 12 \\ \qquad y + 7z = -6 \end{cases}$$

따라서 $z = t$라고 놓으면 $x = 12 + 9t$, $y = -6 - 7t$ 이므로 일차연립방정식의 해는 다음과 같다.

$$\begin{pmatrix} x \\ y \\ z \end{pmatrix} = \begin{pmatrix} 12 \\ -6 \\ 0 \end{pmatrix} + \begin{pmatrix} 9 \\ -7 \\ 1 \end{pmatrix} t, \qquad (t \in \mathbb{R})$$

정의

주어진 일차연립방정식 $AX = B$의 모든 해를 나타낸 식을 일차연립방정식의 **일반해**(general solution)라고 하고 각각의 해를 일차연립방정식의 **특수해**(particular solution)라고 한다.

참고 일차연립방정식 $\begin{cases} x + 2y + 5z = 0 \\ x + y - 2z = 6 \end{cases}$ 의 일반해는

$$\begin{pmatrix} x \\ y \\ z \end{pmatrix} = \begin{pmatrix} 12 \\ -6 \\ 0 \end{pmatrix} + \begin{pmatrix} 9 \\ -7 \\ 1 \end{pmatrix} t, \qquad (t \in \mathbb{R})$$

이고 특수해는 특정한 실수 t값을 대입했을 때의 x, y, z값이다. 즉, $t = 1$일 때는

$$x = 21, \quad y = -13, \quad z = 1$$

이 특수해가 된다.

MATLAB 활용하기

이 절에 속한 개념 중 MATLAB을 활용하여 해결할 수 있는 문제는 다음과 같다.

1. 일차연립방정식의 계수행렬에 상수행렬을 덧붙인 행렬을 구할 수 있다.

예제 일차연립방정식 $\begin{cases} 3x - 2y = 1 \\ 5x + 3y = 2 \end{cases}$ 의 계수행렬 $A = \begin{pmatrix} 3 & -2 \\ 5 & 3 \end{pmatrix}$에 상수행렬 $B = \begin{pmatrix} 1 \\ 2 \end{pmatrix}$을 덧붙인 행렬 $(A \quad B)$은 다음과 같이 구할 수 있다.

(1) A = [3 -2 ; 5 3];을 입력한다.

(2) Enter키를 누른다.

(3) B = [1 ; 2];을 입력한다.

(4) Enter키를 누른다.

(5) Aug = [A B]을 입력한다.

(6) Enter키를 누른다.

[결과] Aug =

```
    3   -2    1
    5    3    2
```

[결과 해석] 덧붙인 행렬은 $(A \quad B) = \begin{pmatrix} 3 & -2 & 1 \\ 5 & 3 & 2 \end{pmatrix}$이다.

2. 일차연립방정식의 계수행렬에 상수행렬을 덧붙인 행렬에 기본행변형을 시행하여 행사다리꼴행렬과 기약행사다리꼴행렬로 변형할 수 있다.

예제 일차연립방정식 $\begin{cases} 3x - 2y = 1 \\ 5x + 3y = 2 \end{cases}$ 의 계수행렬 $A = \begin{pmatrix} 3 & -2 \\ 5 & 3 \end{pmatrix}$에 상수행렬 $B = \begin{pmatrix} 1 \\ 2 \end{pmatrix}$을 덧붙인 행렬 $(A \quad B)$을 행사다리꼴행렬과 기약행사다리꼴행렬로 다음과 같이 변형할 수 있다.

(1) A = [3 -2 ; 5 3];을 입력한다.

(2) Enter키를 누른다.

(3) $B=[1\ ;\ 2]$;을 입력한다.

(4) Enter키를 누른다.

(5) Aug=[A B]을 입력한다.

(6) Enter키를 누른다.

```
[결과] Aug =
        3   -2   1
        5    3   2
```

(7) Aug(1, :) = (1/3)*Aug(1, :)을 입력한다.

(8) Enter키를 누른다.

```
[결과] ans =
        1.0000   -0.6667   0.3333
        5.0000    3.0000   2.0000
```

(9) Aug(2, :) = (−5)*Aug(1, :) + Aug(2, :)을 입력한다.

(10) Enter키를 누른다.

```
[결과] ans =
        1.0000   -0.6667   0.3333
          0       6.3333   0.3333
```

(11) Aug(2, :) = (1/6.3333)*Aug(2, :)을 입력한다.

(12) Enter키를 누른다.

```
[결과] ans =
        1.0000   -0.6667   0.3333
          0         1      0.0526
```

(13) Aug(1, :) = (0.6667)*Aug(2, :) + Aug(1, :)을 입력한다.

(14) Enter키를 누른다.

```
[결과] ans =
        1.0000      0      0.3684
          0       1.0000   0.0526
```

[결과 해석] 덧붙인 행렬 $(A\quad B)=\begin{pmatrix} 3 & 5 & 1 \\ -2 & 3 & 2 \end{pmatrix}$의 행사다리꼴행렬과 기약행사다리꼴행렬은 각각 다음과 같다.

$$\begin{pmatrix} 1 & -0.6667 & 0.3333 \\ 0 & 1 & 0.0526 \end{pmatrix}, \qquad \begin{pmatrix} 1 & 0 & 0.3684 \\ 0 & 1 & 0.0526 \end{pmatrix}$$

3. 덧붙인 행렬 $(A \quad B)$을 다음과 같이 간단히 기약행사다리꼴행렬로 변형할 수 있다.

예제 일차연립방정식 $\begin{cases} 3x - 2y = 1 \\ 5x + 3y = 2 \end{cases}$ 의 계수행렬 $A = \begin{pmatrix} 3 & -2 \\ 5 & 3 \end{pmatrix}$에 상수행렬 $B = \begin{pmatrix} 1 \\ 2 \end{pmatrix}$을 덧붙인 행렬 $(A \quad B)$을 다음과 같이 간단히 기약행사다리꼴행렬로 변형할 수 있다.

(1) A = [3 −2 ; 5 3];을 입력한다.

(2) Enter키를 누른다.

(3) B = [1 ; 2];을 입력한다.

(4) Enter키를 누른다.

(5) rref([A B])을 입력한다.

(6) Enter키를 누른다.

[결과] ans =

```
    1.0000         0    0.3684
         0    1.0000    0.0526
```

[결과 해석] 덧붙인 행렬 $(A \quad B) = \begin{pmatrix} 3 & 5 & 1 \\ -2 & 3 & 2 \end{pmatrix}$의 기약행사다리꼴행렬은 다음과 같다.

$$\begin{pmatrix} 1 & 0 & 0.3684 \\ 0 & 1 & 0.0526 \end{pmatrix}$$

4. 일차연립방정식의 해를 구할 수 있다.

예제 일차연립방정식 $\begin{cases} 3x - 2y = 1 \\ 5x + 3y = 2 \end{cases}$ 의 해를 다음과 같이 행사다리꼴행렬 또는 기약행사다리꼴행렬을 이용하여 구할 수 있다.

(1) 행사다리꼴행렬 이용 : 계수행렬 $A = \begin{pmatrix} 3 & -2 \\ 5 & 3 \end{pmatrix}$에 상수행렬 $B = \begin{pmatrix} 1 \\ 2 \end{pmatrix}$을 덧붙인 행렬$(A \quad B)$의 행사다리꼴행렬은 $\begin{pmatrix} 1 & -0.6667 & 0.3333 \\ 0 & 1 & 0.0526 \end{pmatrix}$이므로 대응되는 일차연립방정식은

$$\begin{cases} x - 0.6667\,y = 0.3333 \\ \qquad\qquad\;\; y = 0.0526 \end{cases}$$

이다. 따라서 $x = 0.3333 + 0.6667 \times 0.0526 = 0.3684$ 이고 $y = 0.0526$이다.

(2) 기약행사다리꼴행렬 이용 : 계수행렬 $A = \begin{pmatrix} 3 & -2 \\ 5 & 3 \end{pmatrix}$에 상수행렬 $B = \begin{pmatrix} 1 \\ 2 \end{pmatrix}$을 덧붙인 행렬 $(A \;\; B)$의 기약행사다리꼴행렬은 $\begin{pmatrix} 1 & 0 & 0.3684 \\ 0 & 1 & 0.0526 \end{pmatrix}$이므로 대응되는 일차연립방정식은

$$\begin{cases} x = 0.3684 \\ y = 0.0526 \end{cases}$$

이고 해는 $x = 0.3684$, $y = 0.0526$이다.

연습 문제

1. 다음 행렬을 행사다리꼴행렬과 기약행사다리꼴행렬로 변형하여라.

(1) $\begin{pmatrix} 2 & 2 \\ -1 & 5 \end{pmatrix}$ (2) $\begin{pmatrix} 0 & 1 & 3 \\ -2 & 7 & 0 \end{pmatrix}$ (3) $\begin{pmatrix} 1 & 2 \\ 3 & 4 \\ -2 & 0 \end{pmatrix}$ (4) $\begin{pmatrix} 4 & -3 & 0 \\ 0 & 0 & -8 \\ 1 & 4 & 1 \end{pmatrix}$

2. Gauss 소거법과 Gauss-Jordan 소거법을 각각 이용하여 다음 일차연립방정식의 해를 구하여라.

(1) $\begin{cases} 7x_1 - x_2 = 0 \\ x_1 + 7x_2 = 0 \end{cases}$ (2) $\begin{cases} 3x_1 - 3x_2 = 4 \\ 5x_1 + x_2 = -1 \end{cases}$

(3) $\begin{cases} x_1 - 2x_2 + 3x_3 = -6 \\ 2x_1 - 5x_2 = 0 \\ x_2 - 10x_3 = 3 \end{cases}$ (4) $\begin{cases} 3x_1 - x_2 + 3x_3 = 0 \\ x_1 - x_2 - x_3 = 2 \\ 2x_1 + 5x_2 - x_3 = 4 \end{cases}$

3. Gauss-Jordan 소거법을 이용하여 다음 일차연립방정식의 일반해를 구하여라.

(1) $\begin{cases} 2x - y + 5z = 1 \\ x + 2y - z = 0 \end{cases}$ (2) $\begin{cases} x + y + 5z = 3 \\ 6x + 3y - z = 2 \end{cases}$

2.3 기본행렬

이 절에서는 행렬 $A \in M_{n \times n}(\mathbb{R})$가 정칙행렬일때 기본행변형을 이용하여 A의 역행렬을 구하는 방법에 대하여 알아보기로 한다. 우선 기본행렬의 정의에 대하여 살펴보자.

정의

항등행렬 I_n에 다음 기본행변형을 단 한 번 시행하여 얻은 행렬을 기본행렬(elementary matrix)이라고 한다.

(1) 어떤 행에 0 이 아닌 실수를 곱한다.

(2) 어떤 행에 다른 행의 실수 배를 더한다.

(3) 두 개의 행의 순서를 바꾼다.

예제 다음 행렬은 항등행렬 I_2에 기본행변형을 단 한 번 시행하여 얻은 기본행렬이다.

$$\begin{pmatrix} 5 & 0 \\ 0 & 1 \end{pmatrix}, \quad \begin{pmatrix} 1 & 0 \\ -3 & 1 \end{pmatrix}, \quad \begin{pmatrix} 0 & 1 \\ 1 & 0 \end{pmatrix}$$

정리

행렬 $A \in M_{n \times n}(\mathbb{R})$에 기본행렬 E을 곱하여 얻은 행렬 EA는 항등행렬 I_n으로부터 기본행렬 E를 얻기 위해 시행했던 기본행변형을 행렬 A에 직접 시행하여 얻은 행렬과 같다.

증명 $A = (a_{ij})_{m \times n}$라고 하면 기본행렬 $E = (e_{ij})_{m \times m}$의 종류에 따라 다음과 같이 세 가지 경우로 구분하여 증명할 수 있다.

(1) E가 항등행렬 I_m의 i행에 영이 아닌 실수 k를 곱해서 얻은 기본행렬인 경우 : EA의 (s,t)-성분은

$$\sum_{p=1}^{m} e_{sp}\, a_{pt} = \begin{cases} a_{st}, & s \neq i \\ ka_{st}, & s = i \end{cases}$$

이고 A 의 i 행에 영이 아닌 실수 k를 곱해서 얻은 행렬의 (s,t)−성분은

$$\begin{cases} a_{st}\ , & s \neq i \\ ka_{st}\ , & s = i \end{cases}$$

이다. 즉, EA 는 A 의 i 행에 영이 아닌 실수 k를 곱해서 얻은 행렬과 같다.

(2) E가 항등행렬 I_m 의 i 행에 실수 k를 곱해서 j 행에 더하여 얻은 기본행렬인 경우 : EA 의 (s,t)−성분은

$$\sum_{p=1}^{m} e_{sp}\, a_{pt} = \begin{cases} a_{st}, & s \neq j \\ a_{st} + ka_{it}, & s = j \end{cases}$$

이고 A 의 i 행에 실수 k를 곱해서 j 행에 더하여 얻은 행렬의 (s,t)−성분은

$$\begin{cases} a_{st} & , \ s \neq j \\ a_{st} + ka_{it}\ , & s = j \end{cases}$$

이다. 즉, EA 는 A 의 i 행에 실수 k를 곱해서 j 행에 더하여 얻은 행렬과 같다.

(3) E가 항등행렬 I_m 의 i 행과 j 행을 바꾸어 얻은 기본행렬인 경우 : EA의 i 행은 A의 j 행과 일치하고 EA의 j 행은 A의 i 행과 일치한다. 따라서 EA는 A의 i 행과 j 행을 바꾸어 얻은 행렬과 같다. ▣

모든 기본행렬은 역행렬이 존재하는 정칙행렬임을 다음 정리를 통하여 증명할 수 있다.

정리

정사각행렬 $E \in M_{n \times n}(\mathbb{R})$가 기본행렬이면 E는 정칙행렬이다.

증명 세 가지 유형의 기본행렬이 각각 정칙행렬임을 보이면 된다.

(1) E를 항등행렬 I_n 의 i행에 0이 아닌 실수 k를 곱해서 얻은 행렬이라고 하자. B를 항등행렬 I_n 의 i행에 실수 $\frac{1}{k}$를 곱해서 얻은 행렬이라고 하면 $EB = I_n = BE$ 가 성립한다. 따라서 E는 정칙행렬이다.

(2) E를 항등행렬 I_n 의 i행에 0이 아닌 실수 k를 곱해서 j행에 더하여 얻은 기본행렬이라고 하자. C를 항등행렬 I_n 의 i행에 0이 아닌 실수 $-k$를 곱해서 j행에 더하여 얻은 기본행렬이라고 하면 $EC = I_n = CE$ 가 성립한다. 따라서 E는 정칙행렬이다.

(3) E를 항등행렬 I_n 의 i행과 j행을 바꾸어 얻은 기본행렬이라고 하자. D를 항등행렬 I_n 의 i행과 j행을 바꾸어 얻은 기본행렬이라고 하면 $ED = I_n = DE$ 가 성립한다. 따라서 E는 정칙행렬이다. ▣

예제 다음과 같은 기본행렬은 정칙행렬이다.

$$A = \begin{pmatrix} 0 & 1 \\ 1 & 0 \end{pmatrix}, \quad B = \begin{pmatrix} 5 & 0 \\ 0 & 1 \end{pmatrix}, \quad C = \begin{pmatrix} 1 & 0 \\ -3 & 1 \end{pmatrix}$$

실제로 각각의 역행렬은 다음과 같다.

$$A^{-1} = \begin{pmatrix} 0 & 1 \\ 1 & 0 \end{pmatrix}, \quad B^{-1} = \frac{1}{5}\begin{pmatrix} 1 & 0 \\ 0 & 5 \end{pmatrix}, \quad C^{-1} = \begin{pmatrix} 1 & 0 \\ 3 & 1 \end{pmatrix}$$

다음은 기본행변형을 이용하여 주어진 행렬이 정칙행렬인지를 판정하는 방법에 대한 정리이다.

정리

행렬 $A \in M_{n \times n}(\mathbb{R})$에 대하여 다음은 서로 동치이다.

(1) A는 정칙행렬이다.

(2) A에 기본행변형을 시행하여 항등행렬 I_n으로 변형시킬 수 있다.

증명 (1) ⇒ (2) : A가 정칙행렬이라고 가정하고 기본행변형을 이용하여 A를 변형시

켰을때 얻는 기약행사다리꼴 행렬을 B라고 놓으면 적당한 실수 $a \neq 0$가 존재해서 $\det(B) = a\det(A)$가 성립한다. 만일 행렬 B의 1행의 선행성분이 1열에 놓여있지 않다면 $Row_n(B) = O$이 되므로 $\det(B) = 0$이다. 따라서 $\det(A) = 0$이 되어 행렬 A가 정칙행렬이라는 가정에 모순이 된다. 그러므로 행렬 B의 1행의 선행성분은 1열에 놓여있고 마찬가지 이유로 인하여 행렬 B의 i행의 선행성분은 i열에 놓여있다. 결과적으로 행렬 B의 주 대각성분은 모두 각 행의 선행성분이 되어야 한다. 즉, A에 기본행변형을 시행하여 항등행렬로 변형시킬 수 있다.

(2) ⇒ (1) : 행렬 A에 기본행변형을 시행하여 항등행렬 I_n으로 변형시킬 수 있다고 가정하면 기본행변형에 대응되는 기본행렬들을 A의 왼쪽에 차례로 곱해서 항등행렬을 얻을 수 있다. 즉, 적당한 기본행렬 $E_1, E_2, \ldots, E_k$이 존재하여

$$E_k \cdots E_2 E_1 A = I_n$$

이 성립한다. 그런데 기본행렬 $E_1, E_2, \ldots, E_k$은 모두 정칙행렬이므로 $E_k \cdots E_2 E_1$은 정칙행렬이고 양변에 $E_k \cdots E_2 E_1$의 역행렬을 곱하면

$$A = (E_k \cdots E_2 E_1)^{-1} I_n = (E_k \cdots E_2 E_1)^{-1} = E_1^{-1} E_2^{-1} \cdots E_k^{-1}$$

이다. 그런데 행렬 $E_1^{-1} E_2^{-1} \cdots E_k^{-1}$는 정칙행렬이므로 A는 정칙행렬이다. ▣

참고 위 정리에 의하여 A가 정칙행렬이면 A는 적당한 기본행렬들의 곱으로 나타낼 수 있다는 사실을 알 수 있다.

예제 정칙행렬 $A = \begin{pmatrix} 3 & 6 \\ 1 & 3 \end{pmatrix}$를 다음과 같은 과정을 통하여 항등행렬 I_2로 변형시킬 수 있다.

(단계 1) A의 1행과 2행을 바꾸어 행렬 A_1을 얻는다.

$$A = \begin{pmatrix} 3 & 6 \\ 1 & 3 \end{pmatrix} \quad \rightarrow \quad A_1 = \begin{pmatrix} 1 & 3 \\ 3 & 6 \end{pmatrix} = \begin{pmatrix} 0 & 1 \\ 1 & 0 \end{pmatrix} \begin{pmatrix} 3 & 6 \\ 1 & 3 \end{pmatrix} = \begin{pmatrix} 0 & 1 \\ 1 & 0 \end{pmatrix} A$$

(단계 2) A_1의 1행에 실수 -3을 곱하여 2행에 더하여 행렬 A_2를 얻는다.

$$A_1=\begin{pmatrix}1&3\\3&6\end{pmatrix} \quad\rightarrow\quad A_2=\begin{pmatrix}1&3\\0&-3\end{pmatrix}=\begin{pmatrix}1&0\\-3&1\end{pmatrix}\begin{pmatrix}1&3\\3&6\end{pmatrix}=\begin{pmatrix}1&0\\-3&1\end{pmatrix}A_1$$

(단계 3) A_2의 2행에 실수 $-\frac{1}{3}$을 곱하여 행렬 A_3을 얻는다.

$$A_2=\begin{pmatrix}1&3\\0&-3\end{pmatrix} \rightarrow A_3=\begin{pmatrix}1&3\\0&1\end{pmatrix}=\begin{pmatrix}1&0\\0&-\frac{1}{3}\end{pmatrix}\begin{pmatrix}1&3\\0&-3\end{pmatrix}=\begin{pmatrix}1&0\\0&-\frac{1}{3}\end{pmatrix}A_2$$

(단계 4) A_3의 2행에 실수 -3을 곱한 후 1행에 더하여 행렬 A_4를 얻는다.

$$A_3=\begin{pmatrix}1&3\\0&1\end{pmatrix} \rightarrow A_4=\begin{pmatrix}1&0\\0&1\end{pmatrix}=\begin{pmatrix}1&-3\\0&1\end{pmatrix}\begin{pmatrix}1&3\\0&1\end{pmatrix}=\begin{pmatrix}1&-3\\0&1\end{pmatrix}A_3$$

따라서 행렬 A에 기본행변형을 시행하여 항등행렬 I_2로 변형이 됨을 알 수 있다. 또한 (단계 4)로부터

$$\begin{pmatrix}1&0\\0&1\end{pmatrix}=\begin{pmatrix}1&-3\\0&1\end{pmatrix}\begin{pmatrix}1&0\\0&-\frac{1}{3}\end{pmatrix}\begin{pmatrix}1&0\\-3&1\end{pmatrix}\begin{pmatrix}0&1\\1&0\end{pmatrix}A$$

로 나타낼 수 있으므로 행렬 A는 다음과 같이 기본행렬들의 곱으로 나타내어진다.

$$\begin{aligned}A&=\begin{pmatrix}0&1\\1&0\end{pmatrix}^{-1}\begin{pmatrix}1&0\\-3&1\end{pmatrix}^{-1}\begin{pmatrix}1&0\\0&-\frac{1}{3}\end{pmatrix}^{-1}\begin{pmatrix}1&-3\\0&1\end{pmatrix}^{-1}\\&=\begin{pmatrix}0&1\\1&0\end{pmatrix}\begin{pmatrix}1&0\\3&1\end{pmatrix}\begin{pmatrix}1&0\\0&-3\end{pmatrix}\begin{pmatrix}1&3\\0&1\end{pmatrix}\end{aligned}$$

또한 A의 역행렬은

$$A^{-1}=\begin{pmatrix}1&-3\\0&1\end{pmatrix}\begin{pmatrix}1&0\\0&-\frac{1}{3}\end{pmatrix}\begin{pmatrix}1&0\\-3&1\end{pmatrix}\begin{pmatrix}0&1\\1&0\end{pmatrix}$$

이다.

이와 같은 성질을 이용하면 다음과 같은 결과를 얻을 수 있다.

참고 행렬 $A\in M_{n\times n}(\mathbb{R})$가 정칙행렬이면 A에 적당한 기본행렬 $E_1, E_2, \dots, E_m$이 존

재하여 $E_m \cdots E_2 E_1 A = I_n$이므로 $A^{-1} = E_m \cdots E_2 E_1 = E_m \cdots E_2 E_1 I_n$ 이다. 따라서 A와 I_n을 덧붙인 행렬 $(A \ \ I_n)$에 기본행렬을 곱하여 $(I_n \ \ B)$로 변형이 되었다고 가정하면 즉 $E_m \cdots E_2 E_1 (A \ \ I_n) = (I_n \ \ B)$ 이라면 $B = A^{-1}$ 이 됨을 알 수 있다.

이제 다음과 같은 예제를 살펴보자.

예제 정칙행렬 $A = \begin{pmatrix} 3 & 6 \\ 1 & 3 \end{pmatrix}$의 역행렬을 다음과 같은 과정을 통하여 구할 수 있다.

(단계 1) A와 I_2을 덧붙인 행렬 $(A \ \ I_2)$에 기본행렬 $\begin{pmatrix} 0 & 1 \\ 1 & 0 \end{pmatrix}$을 곱하여 행렬 C_1을 얻는다.

$$C_1 = \begin{pmatrix} 0 & 1 \\ 1 & 0 \end{pmatrix}\begin{pmatrix} 3 & 6 & 1 & 0 \\ 1 & 3 & 0 & 1 \end{pmatrix} = \begin{pmatrix} 1 & 3 & 0 & 1 \\ 3 & 6 & 1 & 0 \end{pmatrix}$$

(단계 2) 행렬 C_1에 기본행렬 $\begin{pmatrix} 1 & 0 \\ -3 & 1 \end{pmatrix}$을 곱하여 행렬 C_2를 얻는다.

$$C_2 = \begin{pmatrix} 1 & 0 \\ -3 & 1 \end{pmatrix}\begin{pmatrix} 1 & 3 & 0 & 1 \\ 3 & 6 & 1 & 0 \end{pmatrix} = \begin{pmatrix} 1 & 3 & 0 & 1 \\ 0 & -3 & 1 & -3 \end{pmatrix}$$

(단계 3) 행렬 C_2에 기본행렬 $\begin{pmatrix} 1 & 0 \\ 0 & -\frac{1}{3} \end{pmatrix}$을 곱하여 행렬 C_3를 얻는다.

$$C_3 = \begin{pmatrix} 1 & 0 \\ 0 & -\frac{1}{3} \end{pmatrix}\begin{pmatrix} 1 & 3 & 0 & 1 \\ 0 & -3 & 1 & -3 \end{pmatrix} = \begin{pmatrix} 1 & 3 & 0 & 1 \\ 0 & 1 & \frac{1}{3} & 1 \end{pmatrix}$$

(단계 4) 행렬 C_3에 기본행렬 $\begin{pmatrix} 1 & 3 \\ 0 & 1 \end{pmatrix}$을 곱하여 행렬 C_4를 얻는다.

$$C_4 = \begin{pmatrix} 1 & -3 \\ 0 & 1 \end{pmatrix}\begin{pmatrix} 1 & 3 & 0 & 1 \\ 0 & 1 & -\frac{1}{3} & 1 \end{pmatrix} = \begin{pmatrix} 1 & 0 & 1 & -2 \\ 0 & 1 & -\frac{1}{3} & 1 \end{pmatrix}$$

따라서 (단계 4)에 의하여 $A^{-1} = \begin{pmatrix} 1 & -2 \\ -\frac{1}{3} & 1 \end{pmatrix}$이다.

예제 정칙행렬 $A = \begin{pmatrix} 1 & 2 & 4 \\ 1 & 3 & 8 \\ 2 & 4 & 6 \end{pmatrix}$의 역행렬을 다음과 같이 덧붙인행렬과 기본행변형을 이용하여 구할 수 있다.

(단계 1) A와 I_3을 덧붙인 행렬 $(A \;\; I_3)$의 1행에 -1을 곱하여 2행에 더하면 행렬 D_1을 얻는다.

$$(A \;\; I_3) = \begin{pmatrix} 1 & 2 & 4 & 1 & 0 & 0 \\ 1 & 3 & 8 & 0 & 1 & 0 \\ 2 & 4 & 6 & 0 & 0 & 1 \end{pmatrix} \quad \rightarrow \quad D_1 = \begin{pmatrix} 1 & 2 & 4 & 1 & 0 & 0 \\ 0 & 1 & 4 & -1 & 1 & 0 \\ 2 & 4 & 6 & 0 & 0 & 1 \end{pmatrix}$$

(단계 2) 행렬 D_1의 1행에 -2을 곱하여 3행에 더하면 행렬 D_2를 얻는다.

$$D_2 = \begin{pmatrix} 1 & 2 & 4 & 1 & 0 & 0 \\ 0 & 1 & 4 & -1 & 1 & 0 \\ 0 & 0 & -2 & -2 & 0 & 1 \end{pmatrix}$$

(단계 3) 행렬 D_2의 2행에 -2을 곱하여 1행에 더하면 행렬 D_3을 얻는다.

$$D_3 = \begin{pmatrix} 1 & 0 & -4 & 3 & -2 & 0 \\ 0 & 1 & 4 & -1 & 1 & 0 \\ 0 & 0 & -2 & -2 & 0 & 1 \end{pmatrix}$$

(단계 4) 행렬 D_3의 3행에 $-\frac{1}{2}$을 곱하여 행렬 D_4를 얻는다.

$$D_4 = \begin{pmatrix} 1 & 0 & -4 & 3 & -2 & 0 \\ 0 & 1 & 4 & -1 & 1 & 0 \\ 0 & 0 & 1 & 1 & 0 & -\frac{1}{2} \end{pmatrix}$$

(단계 5) 행렬 D_4의 3행에 4을 곱하고 1행에 더하여 행렬 D_5를 얻는다.

$$D_5 = \begin{pmatrix} 1 & 0 & 0 & 7 & -2 & -2 \\ 0 & 1 & 4 & -1 & 1 & 0 \\ 0 & 0 & 1 & 1 & 0 & -\frac{1}{2} \end{pmatrix}$$

(단계 6) 행렬 D_5의 3행에 -4을 곱하여 2행에 더하면 행렬 D_6를 얻는다.

$$D_6 = \begin{pmatrix} 1 & 0 & 0 & 7 & -2 & -2 \\ 0 & 1 & 0 & -5 & 1 & 2 \\ 0 & 0 & 1 & 1 & 0 & -\frac{1}{2} \end{pmatrix}$$

따라서 행렬 $A = \begin{pmatrix} 1 & 2 & 4 \\ 1 & 3 & 8 \\ 2 & 4 & 6 \end{pmatrix}$ 의 역행렬은 $A^{-1} = \begin{pmatrix} 7 & -2 & -2 \\ -5 & 1 & 2 \\ 1 & 0 & -\frac{1}{2} \end{pmatrix}$ 이다.

MATLAB 활용하기

이 절에 속한 개념 중 MATLAB을 활용하여 해결할 수 있는 문제는 다음과 같다.

1. 주어진 행렬이 정칙행렬임을 판정하고 역행렬을 구할 수 있다.

예제 행렬 $A=\begin{pmatrix} 3 & -2 \\ 5 & 3 \end{pmatrix}$에 항등행렬 $B=\begin{pmatrix} 1 & 0 \\ 0 & 1 \end{pmatrix}$을 덧붙인 행렬 $(A \;\; B)$의 기약행사다리꼴행렬을 이용하여 A의 역행렬을 다음과 같이 구할 수 있다.

(1) A = [3 −2 ; 5 3];을 입력한다.

(2) Enter키를 누른다.

(3) B = [1 0; 0 1];을 입력한다.

(4) Enter키를 누른다.

(5) rref([A B])을 입력한다.

(6) Enter키를 누른다.

[결과] ans =

```
1.0000         0     0.1579    0.1053
     0    1.0000    -0.2632    0.1579
```

[결과 해석] A를 항등행렬 I_2로 변형할 수 있으므로 A는 정칙행렬이고 역행렬은 $A^{-1}=\begin{pmatrix} 0.1579 & 0.1053 \\ -0.2632 & 0.1579 \end{pmatrix}$이다.

2. 주어진 행렬이 정칙행렬이 아님을 판정할 수 있다.

예제 행렬 $A=\begin{pmatrix} 2 & 1 \\ 6 & 3 \end{pmatrix}$에 항등행렬 $B=\begin{pmatrix} 1 & 0 \\ 0 & 1 \end{pmatrix}$을 덧붙인 행렬 $(A \;\; B)$의 기약행사다리꼴행렬을 이용하여 A가 정칙행렬이 아님을 다음과 같이 보일 수 있다.

(1) A = [2 1 ; 6 3];을 입력한다.

(2) Enter키를 누른다.

(3) B = [1 0; 0 1];을 입력한다.

(4) Enter키를 누른다.

(5) rref([A B])을 입력한다.

(6) Enter키를 누른다.

[결과] ans =

```
    1.0000    0.5000         0    0.1667
         0         0    1.0000   -0.3333
```

[결과 해석] A를 I_2로 변형할 수 없으므로 A는 정칙행렬이 아니다.

연습 문제

1. 다음 행렬에 기본행변형을 시행하여 역행렬을 구하여라.

(1) $\begin{pmatrix} 1 & 2 \\ -1 & 0 \end{pmatrix}$　　(2) $\begin{pmatrix} 3 & 1 \\ -5 & 1 \end{pmatrix}$

(3) $\begin{pmatrix} 1 & 1 & 0 \\ -2 & 8 & 0 \\ 0 & 4 & 1 \end{pmatrix}$　　(4) $\begin{pmatrix} 1 & -4 & 0 \\ 0 & 8 & 8 \\ 1 & 1 & 1 \end{pmatrix}$

2. 다음 행렬을 기본행렬의 곱으로 나타낼 수 있는지 판정하고 가능한 경우에는 기본행렬의 곱으로 나타내어라.

(1) $\begin{pmatrix} -3 & 0 \\ 1 & 0 \end{pmatrix}$　　(2) $\begin{pmatrix} 6 & 7 \\ -1 & 1 \end{pmatrix}$

(3) $\begin{pmatrix} -2 & 1 & 0 \\ -1 & 1 & 0 \\ 8 & 0 & 0 \end{pmatrix}$　　(4) $\begin{pmatrix} 4 & -1 & 2 \\ 0 & 3 & 5 \\ 1 & 0 & 1 \end{pmatrix}$

3. 행렬 $A = \begin{pmatrix} 1 & 1 & 0 \\ -2 & 8 & 0 \\ 0 & 4 & 1 \end{pmatrix}$와 세 기본행렬 $E_1 = \begin{pmatrix} 0 & 1 & 0 \\ 1 & 0 & 0 \\ 0 & 0 & 1 \end{pmatrix}$, $E_2 = \begin{pmatrix} -3 & 0 & 0 \\ 0 & 1 & 0 \\ 0 & 0 & 1 \end{pmatrix}$, $E_3 = \begin{pmatrix} 1 & 0 & 0 \\ 0 & 1 & 0 \\ 0 & 5 & 1 \end{pmatrix}$에 대하여 다음을 구하고 행렬 A와 비교해 보아라.

(1) $E_1 A$　　(2) $E_2 A$　　(3) $E_3 A$

(4) $A E_1$　　(5) $A E_2$　　(6) $A E_3$

4. 기본행렬 $E_1, E_2 \in M_{n \times n}(\mathbb{R})$에 대하여 다음 명제의 참, 거짓을 판정하고 이유를 설명하여라.

(1) $E_1 + E_2$는 기본행렬이다.

(2) 임의의 실수 k에 대하여 kE_1은 기본행렬이다.

(3) $E_1 E_2$는 기본행렬이다.

2.4 LU-분해

이 절에서는 주어진 정사각행렬 $A \in M_{n \times n}(\mathbb{R})$를 하삼각행렬 $L \in M_{n \times n}(\mathbb{R})$과 상삼각행렬 $U \in M_{n \times n}(\mathbb{R})$의 곱으로 나타내는 방법에 대하여 살펴본다.

우선 다음과 같은 예제를 살펴보자.

예제 행렬 $A = \begin{pmatrix} 1 & 0 \\ -8 & 1 \end{pmatrix}$는 다음과 같이 하삼각행렬과 상삼각행렬의 곱으로 나타내어진다.

$$\begin{pmatrix} 1 & 0 \\ -8 & 1 \end{pmatrix} = \begin{pmatrix} 1 & 0 \\ -8 & 1 \end{pmatrix}\begin{pmatrix} 1 & 0 \\ 0 & 1 \end{pmatrix}$$

예제 행렬 $A = \begin{pmatrix} 1 & 2 \\ 2 & 1 \end{pmatrix}$는 다음과 같이 하삼각행렬과 상삼각행렬의 곱으로 나타내어진다.

$$\begin{pmatrix} 1 & 2 \\ 2 & 1 \end{pmatrix} = \begin{pmatrix} 1 & 0 \\ 2 & 1 \end{pmatrix}\begin{pmatrix} 1 & 2 \\ 0 & -3 \end{pmatrix}$$

정리

정사각행렬 $A, B \in M_{n \times n}(\mathbb{R})$가 상삼각행렬이면 AB는 상삼각행렬이다.

증명 행렬 A, B, AB의 성분을 각각 $A = (a_{ij})_{n \times n}$, $B = (b_{ij})_{n \times n}$, $AB = (c_{ij})_{n \times n}$라고 놓고 $i > j$인 모든 i, j에 대하여 $c_{ij} = \sum_{k=1}^{n} a_{ik}b_{kj} = 0$임을 보이면 된다. 그런데 A가 상삼각행렬이므로 $i > k$인 모든 i, k에 대하여 $a_{ik} = 0$이고 $c_{ij} = \sum_{k=i}^{n} a_{ik}b_{kj}$이다. 또

한 B가 상삼각행렬이므로 $k > j$인 모든 k, j에 대하여 $b_{kj} = 0$이다. 즉, $c_{ij} = \sum_{k=i}^{n} a_{ik} b_{kj} = 0$이다. 따라서 $i > j$인 모든 i, j에 대하여 $c_{ij} = \sum_{k=i}^{n} a_{ik} b_{kj} = 0$이므로 AB는 상삼각행렬이다. ▣

예제 상삼각행렬 $A = \begin{pmatrix} 2 & 0 & 3 \\ 0 & 1 & -1 \\ 0 & 0 & 0 \end{pmatrix}$와 상삼각행렬 $B = \begin{pmatrix} 2 & 5 & 0 \\ 0 & 1 & 1 \\ 0 & 0 & 7 \end{pmatrix}$의 곱은 $AB = \begin{pmatrix} 4 & 10 & 21 \\ 0 & 1 & -6 \\ 0 & 0 & 0 \end{pmatrix}$으로 상삼각행렬이다.

정리

정사각행렬 $A, B \in M_{n \times n}(\mathbb{R})$가 하삼각행렬이면 AB는 하삼각행렬이다.

증명 행렬 A, B, AB의 성분을 각각 $A = (a_{ij})_{n \times n}$, $B = (b_{ij})_{n \times n}$, $AB = (c_{ij})_{n \times n}$라고 놓고 $i < j$인 모든 i, j에 대하여 $c_{ij} = \sum_{k=1}^{n} a_{ik} b_{kj} = 0$임을 보이면 된다. 그런데 A가 하삼각행렬이므로 $i < k$인 모든 i, k에 대하여 $a_{ik} = 0$이고 $c_{ij} = \sum_{k=1}^{i} a_{ik} b_{kj}$이다. 또한 B가 하삼각행렬이므로 $k < j$인 모든 k, j에 대하여 $b_{kj} = 0$이다. 즉, $c_{ij} = \sum_{k=1}^{i} a_{ik} b_{kj} = 0$이다. 따라서 $i < j$인 모든 i, j에 대하여 $c_{ij} = \sum_{k=i}^{n} a_{ik} b_{kj} = 0$이므로 AB는 하삼각행렬이다. ▣

예제 하삼각행렬 $A = \begin{pmatrix} -5 & 0 & 0 \\ 23 & 1 & 0 \\ 0 & 8 & 0 \end{pmatrix}$와 하삼각행렬 $B = \begin{pmatrix} 1 & 0 & 0 \\ 0 & 53 & 0 \\ 67 & 0 & -1 \end{pmatrix}$의 곱은 $AB = \begin{pmatrix} -5 & 0 & 0 \\ 23 & 53 & 0 \\ 0 & 424 & 0 \end{pmatrix}$으로 하삼각행렬이다.

다음은 하삼각행렬과 상삼각행렬의 곱으로 나타낼 수 있는 정사각행렬에 대한 정리이다

정리

정사각행렬 $A \in M_{n\times n}(\mathbb{R})$를 i행에 상수 배를 하여 j행$(i<j)$에 너하는 기본행변형만을 시행하여 상삼각행렬로 변형시킬 수 있다고 가정하자. 그러면 A는 적당한 하삼각행렬 $L\in M_{n\times n}(\mathbb{R})$과 상삼각행렬 $U\in M_{n\times n}(\mathbb{R})$의 곱 $A=LU$로 나타낼 수 있다.

증명 행렬 A의 i행에 상수 배를 하여 j행$(i<j)$에 더하는 기본행변형만을 t번 시행하여 상삼각행렬 U로 변형시킬 수 있다고 가정하자. 시행한 기본행변형에 대응되는 기본행렬을 차례로 $E_1, E_2, \cdots, E_t$라 놓으면

$$E_t \cdots E_2 E_1 A = U$$

이다. 따라서

$$A = (E_t \cdots E_2 E_1)^{-1} U = E_1^{-1} E_2^{-1} \cdots E_t^{-1} U$$

이다. 그런데 E_k를 항등행렬 I_n의 i행에 상수 a배를 하여 j행$(i<j)$에 더하여 얻는 기본행렬이라고 하면 E_k^{-1}는 항등행렬 I_n의 i행에 상수 $(-a)$배를 하여 j행$(i<j)$에 더하여 얻는 기본행렬이므로 모든 E_k^{-1}는 하삼각행렬이다. 그런데 하삼각행렬들의 곱은 하삼각행렬이므로 행렬 $L = E_1^{-1}E_2^{-1}\cdots E_t^{-1}$은 하삼각행렬이다. 따라서 행렬 A는 하삼각행렬 L과 상삼각행렬 U의 곱으로 $A = LU$와 같이 나타낼 수 있다. ▣

정의

정사각행렬 $A\in M_{n\times n}(\mathbb{R})$가 하삼각행렬 $L\in M_{n\times n}(\mathbb{R})$과 상삼각행렬 $U\in M_{n\times n}(\mathbb{R})$의 곱 $A=LU$로 나타내어지면 $A=LU$를 A의 **LU-분해**(LU factorization)라고 한다.

예제 행렬 $A=\begin{pmatrix}1 & -1 & 2\\ 0 & 3 & 5\\ 4 & 0 & 1\end{pmatrix}$를 LU-분해하여라.

풀이 행렬 $A=\begin{pmatrix}1 & -1 & 2\\ 0 & 3 & 5\\ 4 & 0 & 1\end{pmatrix}$는 두 개의 기본행렬 $E_1=\begin{pmatrix}1 & 0 & 0\\ 0 & 1 & 0\\ -4 & 0 & 1\end{pmatrix}$과

$E_2=\begin{pmatrix}1 & 0 & 0\\ 0 & 1 & 0\\ 0 & -\frac{4}{3} & 1\end{pmatrix}$에 대하여 다음과 같이 나타내어진다.

$$E_2E_1A=\begin{pmatrix}1 & 0 & 0\\ 0 & 1 & 0\\ 0 & -\frac{4}{3} & 1\end{pmatrix}\begin{pmatrix}1 & 0 & 0\\ 0 & 1 & 0\\ -4 & 0 & 1\end{pmatrix}\begin{pmatrix}1 & -1 & 2\\ 0 & 3 & 5\\ 4 & 0 & 1\end{pmatrix}=\begin{pmatrix}1 & -1 & 2\\ 0 & 3 & 5\\ 0 & 0 & -\frac{41}{3}\end{pmatrix}$$

따라서 $A=E_1^{-1}E_2^{-1}\begin{pmatrix}1 & -1 & 2\\ 0 & 3 & 5\\ 0 & 0 & -\frac{41}{3}\end{pmatrix}$이고 $E_1^{-1}E_2^{-1}=\begin{pmatrix}1 & 0 & 0\\ 0 & 1 & 0\\ 4 & \frac{4}{3} & 1\end{pmatrix}$이므로 A는 다음과 같이 하삼각행렬과 상삼각행렬의 곱으로 나타내어진다.

$$A=\begin{pmatrix}1 & 0 & 0\\ 0 & 1 & 0\\ 4 & \frac{4}{3} & 1\end{pmatrix}\begin{pmatrix}1 & -1 & 2\\ 0 & 3 & 5\\ 0 & 0 & -\frac{41}{3}\end{pmatrix}$$

즉, A는 행렬 $L=\begin{pmatrix}1 & 0 & 0\\ 0 & 1 & 0\\ 4 & \frac{4}{3} & 1\end{pmatrix}$과 $U=\begin{pmatrix}1 & -1 & 2\\ 0 & 3 & 5\\ 0 & 0 & -\frac{41}{3}\end{pmatrix}$에 대하여 LU-분해된다.

연습 문제

1. 다음 행렬을 LU-분해하여라.

(1) $\begin{pmatrix} 1 & 1 \\ -1 & 1 \end{pmatrix}$ (2) $\begin{pmatrix} 2 & 0 \\ 7 & 6 \end{pmatrix}$ (3) $\begin{pmatrix} 1 & 2 \\ -1 & 0 \end{pmatrix}$

2. 다음 행렬을 LU-분해하여라.

(1) $\begin{pmatrix} 3 & 0 & 0 \\ 0 & 1 & 0 \\ 0 & 0 & 0 \end{pmatrix}$ (2) $\begin{pmatrix} 1 & 0 & 0 \\ 0 & 1 & 0 \\ 0 & -4 & 4 \end{pmatrix}$ (3) $\begin{pmatrix} 1 & 0 & 0 \\ 4 & 1 & -2 \\ 6 & 0 & 2 \end{pmatrix}$

3. 정사각행렬 $A \in M_{n \times n}(\mathbb{R})$를 LU-분해하였을 때 L이 정칙행렬이 되는지를 판정하고 이유를 설명하여라.

4. 정사각행렬 $A \in M_{n \times n}(\mathbb{R})$를 LU-분해하였을 때 U가 정칙행렬이 되는지를 판정하고 이유를 설명하여라.

2.5 Cramer의 법칙

이 절에서는 주어진 일차연립방정식

$$\begin{cases} a_{11}x_1 + a_{12}x_2 + \cdots + a_{1n}x_n = b_1 \\ a_{21}x_1 + a_{22}x_2 + \cdots + a_{2n}x_n = b_2 \\ \qquad\qquad\vdots \\ a_{n1}x_1 + a_{n2}x_2 + \cdots + a_{nn}x_n = b_n \end{cases}$$

에서 계수행렬 $A=(a_{ij})_{n\times n}$가 정칙행렬일 때 해를 구하는 방법인 Cramer의 법칙에 대하여 살펴보기로 한다. Cramer의 법칙은 미지수가 적은 일차연립방정식에서 유용하게 쓰이는 방법이다.

정리 (Cramer의 법칙)

행렬 $A\in M_{n\times n}(\mathbb{R})$가 정칙행렬일 때 일차연립방정식 $AX=B$의 해는 다음과 같이 구할 수 있다.

$$x_i = \frac{\det(H_i)}{\det(A)}, \qquad i=1,2,\cdots,n$$

여기서,

$$Col_j(H_i)=\begin{cases} Col_j(A), & j\neq i \\ B, & j=i \end{cases}$$

이다.

증명 행렬 $A\in M_{n\times n}(\mathbb{R})$가 정칙행렬이므로 $AX=B$의 양변에 역행렬 A^{-1}을 곱하면 다음을 얻는다.

$$X = A^{-1}B = \frac{1}{\det(A)}adj(A)B$$

그런데

$$adj(A)B = \begin{pmatrix} A_{11} & A_{21} & \cdots & A_{n1} \\ A_{12} & A_{22} & \cdots & A_{n2} \\ \vdots & \vdots & \cdots & \vdots \\ A_{1n} & A_{2n} & \cdots & A_{nn} \end{pmatrix} \begin{pmatrix} b_1 \\ b_2 \\ \vdots \\ b_n \end{pmatrix}$$

$$= \begin{pmatrix} b_1A_{11} + b_2A_{21} + \cdots + b_nA_{n1} \\ b_1A_{12} + b_2A_{22} + \cdots + b_nA_{n2} \\ \vdots \\ b_1A_{1n} + b_2A_{2n} + \cdots + b_nA_{nn} \end{pmatrix}$$

이므로

$$x_i = \frac{b_1A_{1i} + b_2A_{2i} + \cdots + b_nA_{ni}}{\det(A)}, \quad i = 1, 2, \cdots, n$$

이다. 또한 모든 $i = 1, 2, \cdots, n$ 에 대하여

$$b_1A_{1i} + b_2A_{2i} + \cdots + b_nA_{ni} = \det(H_i)$$

이므로 결과적으로 $x_i = \dfrac{\det(H_i)}{\det(A)}, \quad i = 1, 2, \cdots, n$ 이다.

예제 Cramer의 법칙을 이용하여 다음 일차연립방정식의 해를 구하여라.

$$\begin{cases} x_1 - 3x_2 = 5 \\ 2x_1 + x_2 = -1 \end{cases}$$

풀이 행렬 A, B, H_1, H_2는 각각

$$A = \begin{pmatrix} 1 & -3 \\ 2 & 1 \end{pmatrix}, \ B = \begin{pmatrix} 5 \\ -1 \end{pmatrix}, \ H_1 = \begin{pmatrix} 5 & -3 \\ -1 & 1 \end{pmatrix}, \ H_2 = \begin{pmatrix} 1 & 5 \\ 2 & -1 \end{pmatrix}$$

이므로 $\det(A) = 7$, $\det(H_1) = 2$, $\det(H_2) = -11$ 이다. 따라서 일차연립방정식의 해는 다음과 같다.

$$x_1 = \frac{2}{7}, \quad x_2 = -\frac{11}{7}$$

예제 Cramer의 법칙을 이용하여 다음 일차연립방정식의 해를 구하여라.

$$\begin{cases} x_1 + 2x_2 - 7x_3 = 0 \\ 3x_1 - x_2 + 4x_3 = 5 \\ -2x_1 + 3x_2 + x_3 = 10 \end{cases}$$

풀이 행렬 A, B, H_1, H_2, H_3는 각각

$$A = \begin{pmatrix} 1 & 2 & -7 \\ 3 & -1 & 4 \\ -2 & 3 & 1 \end{pmatrix}, \quad B = \begin{pmatrix} 0 \\ 5 \\ 10 \end{pmatrix},$$

$$H_1 = \begin{pmatrix} 0 & 2 & -7 \\ 5 & -1 & 4 \\ 10 & 3 & 1 \end{pmatrix}, \quad H_2 = \begin{pmatrix} 1 & 0 & -7 \\ 3 & 5 & 4 \\ -2 & 10 & 1 \end{pmatrix}, \quad H_3 = \begin{pmatrix} 1 & 2 & 0 \\ 3 & -1 & 5 \\ -2 & 3 & 10 \end{pmatrix}$$

이므로

$$\det(A) = -84, \quad \det(H_1) = -105, \quad \det(H_2) = -315, \quad \det(H_3) = -105$$

이다. 따라서 주어진 일차연립방정식의 해는 다음과 같다.

$$x_1 = \frac{105}{84}, \quad x_2 = \frac{315}{84}, \quad x_3 = \frac{105}{84}$$

MATLAB 활용하기

이 절에 속한 개념 중 MATLAB을 활용하여 해결할 수 있는 문제는 다음과 같다.

1. Cramer의 법칙을 이용하여 일차연립방정식의 해를 구할 수 있다.

예제 Cramer 의 법칙을 이용하여 일차연립방정식 $\begin{cases} 3x - 2y = 1 \\ 5x + 3y = 2 \end{cases}$ 의 해를 다음과 같이 구할 수 있다.

(1) $A = [3\ -2\ ;\ 5\ \ 3]$;을 입력한다.

(2) Enter키를 누른다.

(3) $H_1 = [1\ -2;\ 2\ \ 3]$;을 입력한다.

(4) Enter키를 누른다.

(5) $H_2 = [3\ \ 1;\ 5\ \ 2]$;을 입력한다.

(6) Enter키를 누른다.

(7) $\det(H_1)/\det(A)$을 입력한다.

(8) Enter키를 누른다.

[결과] ans =
0.3684

(9) $\det(H_2)/\det(A)$을 입력한다.

(10) Enter키를 누른다.

[결과] ans =
0.0526

[결과 해석] 주어진 일차연립방정식의 해는 $x = 0.3684$, $y = 0.0526$이다.

연습 문제

1. Cramer 의 법칙을 이용하여 다음 일차연립방정식의 해를 구하여라.

(1) $\begin{cases} 7x_1 - 2x_2 = 0 \\ 3x_1 + x_2 = 0 \end{cases}$ (2) $\begin{cases} 3x_1 - x_2 = -1 \\ 4x_1 + x_2 = -2 \end{cases}$

(3) $\begin{cases} 2x_1 - x_2 + x_3 = -2 \\ 2x_1 - 5x_2 + x_3 = 0 \\ 10x_1 + x_2 - x_3 = 1 \end{cases}$ (4) $\begin{cases} x_1 - x_2 + 7x_3 = 0 \\ 7x_1 - 3x_2 - x_3 = 0 \\ x_1 + 6x_2 - 12x_3 = 0 \end{cases}$

2. 다음 일차연립방정식의 해를 구하기 위해서 Cramer의 법칙을 이용할 수 있는지 판정하고 이유를 설명하여라.

(1) $\begin{cases} x_1 - 2x_2 = 7 \\ 2x_1 - 4x_2 = 0 \end{cases}$ (2) $\begin{cases} x_1 - 3x_2 + x_3 = -2 \\ 12x_1 - 2x_2 + x_3 = -5 \\ -3x_1 + 9x_2 - 3x_3 = 1 \end{cases}$

내가 푼 문제는

이후

나른 문제를 푸는 데

도움이 되는 규칙이 되었다.

-- 데카르트 --

C·H·A·P·T·E·R 3

벡터공간

3.1 평면벡터와 공간벡터

이 절에서는 우선 평면 $\mathbb{R}^2$와 공간 $\mathbb{R}^3$에서의 벡터의 정의, 덧셈, 스칼라곱셈, 내적, 외적 등의 연산에 대하여 살펴보고 직선의 방정식, 평면의 방정식에 대하여 기본적인 성질들을 다룬다. 이 교재에서 영벡터는 항상 O으로 표시하기로 한다.

평면 $\mathbb{R}^2$상에서 도형의 평행이동은 그 도형상의 점 A가 점 B로 이동했다고 할 때, A에서 B로 향하는 방향과 A에서 B까지 거리로써 완전히 결정된다. 따라서 이 평행이동은 점 A에서 점 B로 향하는 선분에 화살표를 붙인 유향선분으로써 나타내어진다.

정의

평면 $\mathbb{R}^2$상의 점 A에서 점 B로 향하는 유향선분을 $\overrightarrow{AB}$ 로 나타내고 A를 시점(initial point), B를 종점(terminal point)이라고 한다. 벡터 $\overrightarrow{AB}$의 크기는 점 A에서 점 B사이의 선분의 길이로 정의한다.

방향과 크기를 갖는 유향선분으로 나타낼 수 있는 양을 벡터(vector)라고 하고, 크기만으로 나타낼 수 있는 양을 스칼라(scalar)라고 한다.

참고 평면 $\mathbb{R}^2$상의 모든 벡터는 시점이 원점인 벡터라고 가정한다. 따라서 임의의 벡터 u는 실수의 순서쌍 $u = (a_1, a_2)$로 나타낼 수 있다.

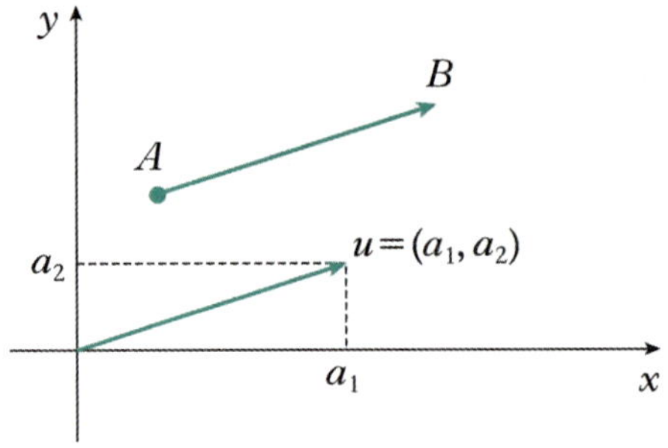

시점이 원점인 벡터

참고 벡터를 한 문자만으로 나타낼 경우에는 u, v, w등과 같은 문자를 이용하여 나타낸다.

예제 속도, 가속도 등은 벡터이고 질량, 부피 등은 스칼라이다.

예제 평면상의 두 점 $A=(a_1, a_2)$, $B=(b_1, b_2)$에 대하여 A를 시점 B를 종점으로 갖는 벡터 $u=\overrightarrow{AB}$는 다음과 같다.

$$u=\overrightarrow{AB}=(b_1-a_1, b_2-a_2)$$

정의

벡터 $u=(0, 0)$를 영벡터(zero vector)라 하고 O으로 표시한다.

정의

$i=(1, 0)$, $j=(0, 1)$이라고 놓으면, 평면상의 임의의 벡터 $u=(a_1, a_2)$는 $u=a_1 i+a_2 j$ 로 유일하게 표현된다. 이 때 a_1을 u의 수평성분이라고 하고 a_2를 u의 수직성분이라고 한다. 또한 벡터 u는 수평성분 a_1과 수직성분 a_2로 분해된다고 한다.

정의

두 벡터 $u=(a_1, a_2)$, $v=(b_1, b_2)$에 대하여 $a_1=b_1$이고 $a_2=b_2$일 때 두 벡터는 같다고 하고 $u=v$로 나타낸다.

예제 두 벡터 $u=(a, b-2)$, $v=(-5, 7)$에 대하여 $u=v$이기 위한 a, b값을 구하여라.

풀이 정의에 의하여 $u=v$이기 위해서는 $a=-5$, $b-2=7$ 이다. 따라서 $a=-5$이고 $b=9$이다.

정의

평면 $\mathbb{R}^2$상의 벡터 $u=(a_1, a_2)$에 대하여 두 실수 a_1, a_2를 각각 벡터 u의 $x-$성분, $y-$성분이라고 한다. 또한, 벡터 u의 크기(norm)는 $\|u\|$로 표시한다. 따라서

$$\|u\| = \sqrt{a_1^2 + a_2^2}$$

이다.

예제 벡터 $u=(2, -4)$의 크기를 구하여라.

풀이 벡터 u의 크기는

$$\|u\| = \sqrt{2^2+(-4)^2} = \sqrt{20} = 2\sqrt{5}$$

이다.

정의

벡터 $u=(a_1, a_2)$의 크기가 1일 때, 즉 $\|u\| = \sqrt{a_1^2 + a_2^2} = 1$일 때 u를 단위벡터(unit vector)라고 한다.

예제 임의의 벡터 $u=(a_1, a_2) \neq (0,0)$에 대하여 벡터 $v=\left(\dfrac{a_1}{\|u\|}, \dfrac{a_2}{\|u\|}\right)$가 단위벡터가 됨을 보여라.

풀이 v의 크기는 다음과 같다.

$$\|v\| = \sqrt{\left(\frac{a_1}{\|u\|}\right)^2 + \left(\frac{a_2}{\|u\|}\right)^2} = \sqrt{\frac{a_1^2+a_2^2}{\|u\|^2}} = \sqrt{\frac{\|u\|^2}{\|u\|^2}} = 1$$

따라서 v는 단위벡터이다.

참고 위 예제를 이용하면 영벡터가 아닌 임의의 벡터 $u \in \mathbb{R}^2$를 이용하여 같은 방향의 단위벡터를 항상 만들어낼 수 있다.

정의

벡터 $u=(a_1, a_2)$의 방향은 x의 양의 축으로부터 시계 반대방향으로의 각 θ라디안(radian)$(0 \le \theta < 2\pi)$으로 정의한다. 따라서 $\tan\theta = \dfrac{a_2}{a_1}$를 이용하여, 주어진 벡터 u의 방향 θ를 구할 수 있다.

참고 벡터 u가 방향이 θ인 단위벡터라고 할 때 $u=(\cos\theta, \sin\theta)$로 표현된다.

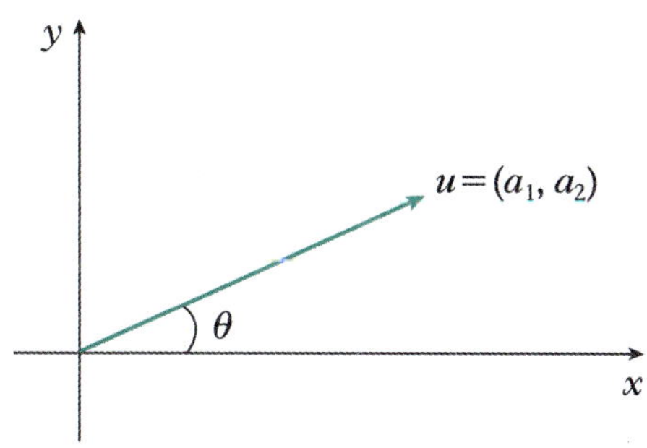

벡터의 방향

예제 벡터 $u=(2\sqrt{3}, 2)$의 크기와 방향을 구하여라.

풀이 벡터 u의 크기는

$$\| u \| = \sqrt{(2\sqrt{3})^2+2^2} = \sqrt{16} = 4$$

이고 u의 방향은

$$\theta = \tan^{-1}\left(\frac{2}{2\sqrt{3}}\right) = \tan^{-1}\left(\frac{1}{\sqrt{3}}\right) = \frac{\pi}{6}$$

이다.

예제 벡터 $u=(2, -1)$와 같은 방향을 갖는 단위벡터를 구하여라.

풀이 벡터 u의 크기는

$$\| u \| = \sqrt{2^2+(-1)^2} = \sqrt{5}$$

이므로

$$\left(\frac{2}{\| u \|},\ \frac{-1}{\| u \|}\right) = \left(\frac{2}{\sqrt{5}},\ -\frac{1}{\sqrt{5}}\right)$$

이 구하고자 하는 벡터이다.

평면 $\mathbb{R}^2$에 속하는 벡터에 대한 연산을 다음과 같이 정의한다.

정의

평면 $\mathbb{R}^2$상의 두 벡터 $u = (a_1, a_2)$, $v = (b_1, b_2)$ 와 실수 α에 대하여 벡터 덧셈(vector addition), 스칼라 곱셈(scalar multiplication)을 다음과 같이 정의한다.

$$u + v = (a_1 + b_1,\ a_2 + b_2), \qquad \alpha u = (\alpha a_1, \alpha a_2)$$

참고 $u + v = (a_1 + b_1,\ a_2 + b_2)$는 u와 v로 이루어지는 평행사변형에서 벡터 u와 시점이 같고 평행사변형의 대각선의 길이를 크기로 갖는 벡터가 된다. 또한, αu는 α가 양수일 때 u와 같은 방향을 갖고 α가 음수일 때 u와 π 각을 이루는 벡터가 됨을 알 수 있다.

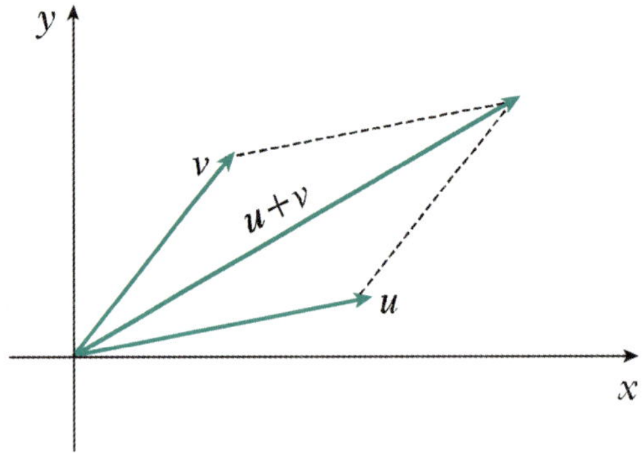

벡터의 덧셈

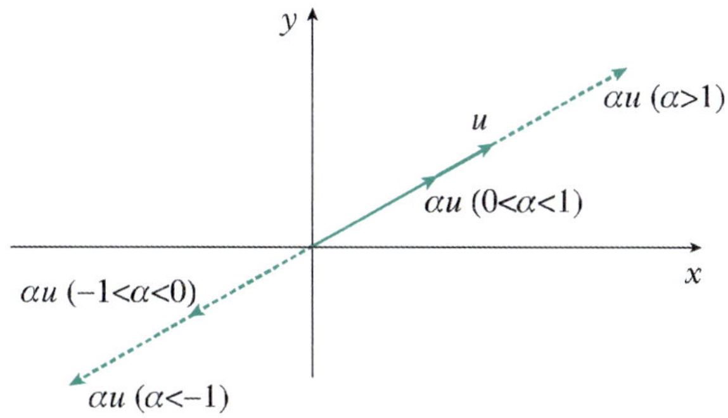

벡터의 스칼라 곱셈

참고 두 벡터 $u=(a_1, a_2)$, $v=(b_1, b_2)$에 대하여 $u-v$는 다음과 같이 정의되는 벡터이다.

$$u-v=u+(-v)=(a_1-b_1,\ a_2-b_2)$$

즉, $u-v$는 v의 종점을 시점으로 갖고 u의 종점을 종점으로 갖는 벡터가 된다.

예제 $u=(2,-3)$, $v=(-5,1)$일 때, $2u+3v$는 다음과 같이 구할 수 있다.

$$2u+3v = 2(2,\ -3)+3(-5,\ 1) = (4,\ -6)+(-15,\ 3) = (-11,\ -3)$$

공간 $\mathbb{R}^3$에 속하는 임의의 벡터 u는 실수의 세 순서쌍 $u=(a_1, a_2, a_3)$으로 나타낼 수 있고 덧셈과 스칼라 곱셈은 $\mathbb{R}^2$에서와 마찬가지로 다음과 같이 정의된다.

정의

$\mathbb{R}^3$상의 두 벡터 $u=(a_1, a_2, a_3)$, $v=(b_1, b_2, b_3)$와 실수 α에 대하여 벡터 덧셈(vector addition), 스칼라 곱셈(scalar multiplication)을 다음과 같이 정의한다.

$$u+v=(a_1+b_1,\ a_2+b_2,\ a_3+b_3), \qquad \alpha u=(\alpha a_1, \alpha a_2, \alpha a_3)$$

참고 $i=(1,0,0)$, $j=(0,1,0)$, $k=(0,0,1)$이라고 놓으면, $\mathbb{R}^3$상의 임의의 벡터 $u=(a_1, a_2, a_3)$는 $u=a_1 i+a_2 j+a_3 k$로 유일하게 표현된다.

참고 두 벡터 $A=(a_1, a_2, a_3)$, $B=(b_1, b_2, b_3)$에 대하여 벡터 $\overrightarrow{AB}$는 다음과 같다.

$$\overrightarrow{AB} = (b_1 - a_1 , b_2 - a_2 , b_3 - a_3)$$

정의

$\mathbb{R}^3$상의 임의의 벡터 $u = (a_1, a_2, a_3)$ 의 크기(norm)를 다음과 같이 정의한다.

$$\| u \| = \sqrt{a_1^2 + a_2^2 + a_3^2}$$

예제 벡터 $u = (7, 0, -1)$에 대하여

$$\| u \| = \sqrt{7^2 + 0^2 + (-1)^2} = \sqrt{50} = 5\sqrt{2}$$

이므로 벡터 u의 크기는 $\| u \| = 5\sqrt{2}$ 이다.

평면 $\mathbb{R}^2$상의 벡터들의 덧셈과 스칼라 곱셈의 정의에 의하여 다음 정리가 성립함을 알 수 있다. 이 정리에 대한 증명은 실수의 덧셈에 대한 교환법칙, 결합법칙, 배분법칙 등을 이용하여 쉽게 얻을 수 있으므로 독자에게 맡긴다.

정리

평면 $\mathbb{R}^2$상의 임의의 벡터 u, v, w와 실수 α, β에 대하여 다음이 성립한다.

(1) $u + v \in \mathbb{R}^2$

(2) $(u + v) + w = u + (v + w)$

(3) $u + v = v + u$

(4) 영벡터 $O = (0,0) \in \mathbb{R}^2$ 가 존재하여 $u + O = u = O + u$

(5) 벡터 $-u \in \mathbb{R}^2$가 존재하여 $u + (-u) = O = (-u) + u$

(6) $\alpha u \in \mathbb{R}^2$

(7) $\alpha(u + v) = \alpha u + \alpha v$

(8) $(\alpha + \beta)u = \alpha u + \beta u$

(9) $(\alpha \beta)u = \alpha(\beta u)$

(10) $1u = u \ (1 \in \mathbb{R})$

참고 이 정리는 공간 $\mathbb{R}^3$상의 벡터들에 대해서도 성립한다.

증명 덧셈에 대한 교환법칙과 덧셈에 대한 항등원에 대한 성질을 증명하고 나머지 성질에 대한 증명은 독자들에게 맡긴다. 벡터 u, v를 $u=(a_1, a_2)$, $v=(b_1, b_2)$라 놓으면

(3) $u+v = (a_1+b_1, a_2+b_2) = (b_1+a_1, b_2+a_2) = v+u$.

(5) $-u = (-a_1, -a_2) \in \mathbb{R}^2$이고 $u+(-u) = (a_1-a_1, a_2-a_2) = (0, 0) = O$이므로 성질 (3)을 이용하면 $u+(-u) = O = (-u)+u$ 이 성립한다. ▣

정리

평면 $\mathbb{R}^2$상의 임의의 벡터 $u=(a_1, a_2)$와 실수 α에 대하여 다음이 성립한다.

(1) $\alpha O = O$

(2) $0u = O$

(3) $\alpha u = O$ 이면 $\alpha = 0$ 또는 $u = O$

(4) $\| \alpha u \| = |\alpha| \, \| u \|$

참고 이 정리는 $\mathbb{R}^3$상에서도 성립한다.

증명 (1) $\alpha O = \alpha(0,0) = (\alpha \times 0, \alpha \times 0) = (0,0) = O$ 이므로 $\alpha O = O$ 이다.

(2) $0u = 0(a_1, a_2) = (0 \times a_1, 0 \times a_2) = (0,0) = O$ 이므로 $0u = O$ 이다.

(3) $\alpha \neq 0$ 이라고 가정하자. $\alpha u = O$ 의 양변에 α^{-1}를 곱하면 좌변은

$$\alpha^{-1}(\alpha u) = (\alpha^{-1}\alpha)u = 1u = u$$

이고 우변은 $\alpha^{-1} O = O$ 이다. 따라서 $u = O$ 이다.

(4) $\| \alpha u \| = \| (\alpha a_1, \alpha a_2) \| = \sqrt{\alpha^2(a_1^2 + a_2^2)} = |\alpha| \, \| u \|$ 이므로 $\| \alpha u \| = |\alpha| \, \| u \|$ 이 성립한다. ▣

이제 벡터들의 곱에 해당하는 내적의 정의에 대하여 살펴보자.

정의

평면 $\mathbb{R}^2$상의 두 벡터 $u=(a_1, a_2)$, $v=(b_1, b_2)$의 내적(dot product)은 $u \cdot v$로 나타내고 다음과 같이 정의한다.

$$u \cdot v = a_1 b_1 + a_2 b_2$$

예제 평면 $\mathbb{R}^2$상의 두 벡터 $u=(1, -1)$, $v=(4, 2)$의 내적은 다음과 같다.

$$u \cdot v = 1 \times 4 + (-1) \times 2 = 2$$

공간 $\mathbb{R}^3$상의 내적도 평면 $\mathbb{R}^2$상의 내적과 같은 방법으로 정의된다.

정의

공간 $\mathbb{R}^3$상의 두 벡터 $u=(a_1, a_2, a_3)$, $v=(b_1, b_2, b_3)$의 내적(dot product)은 $u \cdot v$로 나타내고 다음과 같이 정의한다.

$$u \cdot v = a_1 b_1 + a_2 b_2 + a_3 b_3$$

참고 평면 $\mathbb{R}^2$(또는 공간 $\mathbb{R}^3$)상의 두 벡터의 내적은 실수가 됨을 알 수 있다.

예제 공간 $\mathbb{R}^3$상의 두 벡터 $u=(2, -1, 6)$, $v=(0, 3, 1)$의 내적은 다음과 같다.

$$u \cdot v = 2 \times 0 + (-1) \times 3 + 6 \times 1 = 3$$

평면 $\mathbb{R}^2$(또는 공간 $\mathbb{R}^3$)상의 벡터들의 내적의 정의에 의하여 다음 정리가 성립함을 쉽게 증명할 수 있다.

정리

평면 $\mathbb{R}^2$ (또는 공간 $\mathbb{R}^3$)상의 임의의 벡터 u, v, w와 스칼라 α에 대하여 다음이 성립한다.

(1) $u \cdot v = v \cdot u$

(2) $(u+v) \cdot w = u \cdot w + v \cdot w$

(3) $(\alpha u) \cdot v = \alpha(u \cdot v)$

(4) $\| u \| = \sqrt{u \cdot u}$

증명 여기서는 $\mathbb{R}^2$상에서 증명하기로 한다.

세 벡터의 성분을 각각 $u=(a_1, a_2)$, $v=(b_1, b_2)$, $w=(c_1, c_2)$라 놓으면 다음과 같이 증명할 수 있다.

(1) $u \cdot v = a_1b_1 + a_2b_2 = b_1a_1 + b_2a_2 = v \cdot u$

(2) $(u+v) \cdot w = (a_1+b_1, a_2+b_2) \cdot (c_1, c_2) = (a_1+b_1)c_1 + (a_2+b_2)c_2$

$$= (a_1c_1 + b_1c_1) + (a_2c_2 + b_2c_2) = (a_1c_1 + a_2c_2) + (b_1c_1 + b_2c_2)$$

$$= u \cdot w + v \cdot w$$

(3) $(\alpha u) \cdot v = (\alpha a_1, \alpha a_2) \cdot (b_1, b_2) = (\alpha a_1)b_1 + (\alpha a_2)b_2$

$$= \alpha(a_1b_1) + \alpha(a_2b_2) = \alpha(u \cdot v)$$

(4) $\| u \| = \sqrt{a_1^2 + a_2^2} = \sqrt{u \cdot u}$ ▣

정의

평면 $\mathbb{R}^2$ (또는 공간 $\mathbb{R}^3$)상의 영벡터가 아닌 두 벡터 u, v 사이의 각 θ는 두 벡터가 결정하는 두 개의 각 중에서 작은 각으로 정의한다. $\theta = 0$ 또는 $\theta = \pi$일 때 두 벡터는 서로 평행(parallel)하다고 하며, $\theta = \frac{\pi}{2}$인 때 두 벡터는 서로 직교(수직, perpendicular)한다고 한다.

참고 평면 $\mathbb{R}^2$ (또는 공간 $\mathbb{R}^3$)상의 두 벡터 u, v가 서로 평행하기 위한 필요충분조건은 $u = kv$ 인 실수 $k \neq 0$가 존재하는 것이다.

실제적으로 영벡터가 아닌 두 벡터 u, v 사이의 각 θ는 다음 정리를 이용하여 구할 수 있다.

정리

평면 $\mathbb{R}^2$ (또는 공간 $\mathbb{R}^3$)상의 영벡터가 아닌 두 벡터 u, v 사이의 각을 $\theta(\theta \neq 0, \theta \neq \pi)$라고 놓으면 다음이 성립한다.

$$\cos\theta = \frac{u \cdot v}{\| u \| \ \| v \|}$$

증명 $\| u \|, \| v \|, \| u-v \|$ 를 세 변으로 하는 삼각형에서 코사인법칙을 이용하면 다음을 얻는다.

$$\| u-v \|^2 = \| u \|^2 + \| v \|^2 - 2 \| u \| \ \| v \| \cos\theta$$

그런데

$$\begin{aligned} \| u-v \|^2 &= (u-v) \cdot (u-v) = u \cdot u - u \cdot v - v \cdot u + v \cdot v \\ &= \| u \|^2 - 2u \cdot v + \| v \|^2 \end{aligned}$$

이므로

$$2 \| u \| \ \| v \| \cos\theta = 2u \cdot v$$

이다. 따라서 식 $\cos\theta = \dfrac{u \cdot v}{\| u \| \ \| v \|}$가 성립한다. ▣

이 정리를 이용하여 두 벡터가 이루는 각 θ를 구할 수 있다.

예제 두 벡터 $u = (1, 0)$, $v = (2, \sqrt{3})$가 이루는 각 θ를 구하여라.

풀이 두 벡터의 내적과 두 벡터의 크기는 각각 다음과 같다.

$$u \cdot v = 1 \times 2 + 0 \times \sqrt{3} = 2,$$

$$\| u \| = \sqrt{1^2 + 0^2} = 1, \quad \| v \| = \sqrt{2^2 + (\sqrt{3})^2} = \sqrt{7}$$

따라서 정리에 의하여

$$\cos\theta = \frac{u \cdot v}{\| u \| \ \| v \|} = \frac{2}{\sqrt{7}}$$

이므로 $\theta = \cos^{-1}\left(\frac{2}{\sqrt{7}}\right)$를 얻는다.

정리

평면 $\mathbb{R}^2$(또는 공간 $\mathbb{R}^3$)상의 영벡터가 아닌 두 벡터 u, v가 서로 직교하기 위한 필요충분조건은 다음과 같다.

$$u \cdot v = 0$$

증명 두 벡터 u, v가 이루는 각을 θ라 하고 u, v가 서로 직교한다고 가정하면 $\theta = \frac{\pi}{2}$이다. 그런데 $\cos\frac{\pi}{2} = 0$이므로 $u \cdot v = \| u \| \ \| v \| \cos\frac{\pi}{2} = 0$이다. 역으로 $u \cdot v = 0$라 가정하자. 두 벡터 u, v는 모두 영벡터가 아니므로 $\| u \| \neq 0$ 이고 $\| v \| \neq 0$이다. 따라서 $\cos\theta = 0$이고 $\theta = \frac{\pi}{2}$이다. 그러므로 두 벡터 u, v는 서로 직교한다. ▣

예제 두 벡터 $u = (1, -2)$, $v = (4, 2)$는 서로 직교함을 보여라.

풀이 두 벡터의 내석은

$$u \cdot v = 1 \times 4 + (-2) \times 2 = 0$$

이다. 따라서 두 벡터 $u = (1, -2)$, $v = (4, 2)$는 서로 직교한다.

예제 두 벡터 $u = (1, 5)$, $v = (0, 12)$에 대하여

$$u \cdot v = 1 \times 0 + 5 \times 12 = 60 \neq 0$$

이므로 두 벡터 $u=(1,5)$, $v=(0,12)$는 서로 직교하지 않다.

예제 두 벡터 $u=(8,1,0)$, $v=(-1,8,0)$는 서로 직교함을 보여라.

풀이 두 벡터의 내적은

$$u \cdot v = 8\times(-1)+1\times 8+0\times 0=0$$

이다. 따라서 두 벡터 $u=(8,1,0)$, $v=(-1,8,0)$는 서로 직교한다.

평면 $\mathbb{R}^2$ (또는 공간 $\mathbb{R}^3$)상의 영벡터가 아닌 두 벡터 u, v가 서로 평행하기 위한 필요충분조건은 $u=kv$ 인 실수 $k\neq 0$가 존재하는 것이라는 사실을 이용하여 직선의 방정식을 다음과 같이 유도할 수 있다.

(1) 점 $P(x_1, y_1)$를 지나고 벡터 $u=(a,b)$에 평행한 직선의 방정식 : 구하고자 하는 직선상의 한 점을 $Q(x,y)$라고 놓으면 적당한 실수 $k\neq 0$가 존재하여 $\overrightarrow{PQ}=ku$를 만족한다. 따라서 $(x-x_1, y-y_1)=k(a,b)$이므로

$$x=x_1+ka, \quad y=y_1+kb$$

이다. 여기서 $a\neq 0, b\neq 0$인 경우에 k를 소거하면 다음 식을 얻는다.

$$\frac{x-x_1}{a}=\frac{y-y_1}{b}$$

(2) 점 $P(x_1, y_1, z_1)$를 지나고 벡터 $u=(a,b,c)$에 평행한 직선의 방정식 : 구하고자 하는 직선상의 한 점을 $Q(x,y,z)$라고 놓으면 적당한 실수 $k\neq 0$가 존재하여 $\overrightarrow{PQ}=ku$를 만족한다. 따라서 $(x-x_1, y-y_1, z-z_1)=k(a,b,c)$이므로

$$x=x_1+ka, \quad y=y_1+kb, \quad z=z_1+kc$$

이다. 여기서 $a\neq 0, b\neq 0, c\neq 0$인 경우에 k를 소거하면 다음 식을 얻는다.

$$\frac{x-x_1}{a}=\frac{y-y_1}{b}=\frac{z-z_1}{c}$$

예제 점 $P(1,0,6)$를 지나고 벡터 $u=(-1,2,5)$에 평행한 직선의 방정식을 구하여라.

풀이 $x_1 = 1,\ y_1 = 0,\ z_1 = 6$이고 $a = -1,\ b = 2,\ c = 5$이므로 구하고자 하는 직선의 방정식은 다음과 같다.

$$\frac{x-1}{-1} = \frac{y}{2} = \frac{z-6}{5}$$

참고 평면 $\mathbb{R}^2$ (또는 공간 $\mathbb{R}^3$)상의 두 벡터 u, v가 서로 직교하기 위한 필요충분조건은 $u \cdot v = 0$ 이라는 사실을 이용하여 직선의 방정식과 평면의 방정식을 다음과 같이 유도할 수 있다.

(1) 점 $P(x_1, y_1)$를 지나고 벡터 $u = (a, b)$에 수직인 직선의 방정식 : 구하고자 하는 직선상의 한 점을 $Q(x, y)$라고 놓으면 $\overrightarrow{PQ} \cdot u = 0$이다. 따라서

$$a(x - x_1) + b(y - y_1) = 0$$

이므로 직선의 방정식은 다음과 같다.

$$ax + by - ax_1 - by_1 = 0$$

(2) 점 $P(x_1, y_1, z_1)$를 지나고 벡터 $u = (a, b, c)$에 수직인 평면의 방정식 : 구하고자 하는 평면상의 한 점을 $Q(x, y, z)$라고 놓으면 $\overrightarrow{PQ} \cdot u = 0$이다. 따라서 평면의 방정식은

$$a(x - x_1) + b(y - y_1) + c(z - z_1) = 0$$

또는

$$ax + by + cz - ax_1 - by_1 - cz_1 = 0$$

이다.

예제 점 $P(1, 0, 6)$를 지나고 벡터 $u = (-1, 2, 5)$에 수직인 평면의 방정식을 구하여라.

풀이 $x_1 = 1,\ y_1 = 0,\ z_1 = 6$이고 $a = -1,\ b = 2,\ c = 5$이므로 구하고자 하는 평면의 방정식은

$$-(x - 1) + 2(y - 0) + 5(z - 6) = 0$$

또는

$$-x+2y+5z = 29$$

이다.

다음 정리는 Cauchy-Schwarz의 부등식으로 증명은 노름의 정의에 의하여 쉽게 증명할 수 있다.

정리 (Cauchy−Schwarz 부등식)

평면 $\mathbb{R}^2$ (또는 공간 $\mathbb{R}^3$)상의 임의의 두 벡터 u, v 에 대하여 다음 부등식이 성립한다.

$$|u \cdot v| \le \|u\| \, \|v\|$$

증명 (1) $u=O$ 또는 $v=O$ 인 경우 : $|u \cdot v|=0$ 이고 $\|u\| \, \|v\|=0$ 이므로 주어진 부등식이 성립한다.

(2) $u \ne O$ 이고 $v \ne O$ 인 경우 : $|\cos\theta| \le 1$ 이므로 식 $\cos\theta = \dfrac{u \cdot v}{\|u\| \, \|v\|}$ 으로부터

$$|u \cdot v| = \|u\| \, \|v\| \, |\cos\theta| \le \|u\| \, \|v\|$$

이 성립한다. ▣

정리 (삼각 부등식)

평면 $\mathbb{R}^2$ (또는 공간 $\mathbb{R}^3$)상의 임의의 두 벡터 u, v에 대하여 다음 부등식이 성립한다.

$$\|u+v\| \le \|u\| + \|v\|$$

증명 Canchy−Schwarz의 부등식을 이용하면

$$\begin{aligned}\| u + v \|^2 &= (u+v) \cdot (u+v) \\ &= u \cdot u + u \cdot v + v \cdot u + v \cdot v \\ &= \| u \|^2 + 2u \cdot v + \| v \|^2 \\ &\le \| u \|^2 + 2\| u \| \| v \| + \| v \|^2 \\ &= (\| u \| + \| v \|)^2\end{aligned}$$

이다. 그런데 $\| u+v \| \ge 0$, $\| u \| \ge 0$, $\| v \| \ge 0$이므로 양변에 제곱근을 취하여 부등식 $\| u + v \| \le \| u \| + \| v \|$을 얻을 수 있다.

참고 삼각형 부등식의 증명과정에서 알 수 있듯이 평면 $\mathbb{R}^2$ (또는 공간 $\mathbb{R}^3$)상의 임의의 두 벡터 u, v에 대하여 다음 등식

$$\| u + v \|^2 = \| u \|^2 + \| v \|^2$$

이 성립하기 위한 필요충분조건은 u와 v가 서로 직교하는 것임을 알 수 있다. 즉, $u \cdot v = 0$임을 알 수 있다.

이제 공간 $\mathbb{R}^3$상에서만 정의되는 두 벡터의 곱인 외적의 정의에 대하여 살펴보자.

정의

공간 $\mathbb{R}^3$상의 두 벡터 $u = (a_1, a_2, a_3)$, $v = (b_1, b_2, b_3)$에 대하여 $u \times v$는 다음과 같이 정의되고 이를 두 벡터 u와 v의 **외적**(cross product) 또는 **벡터 곱**(vector product)이라고 한다.

$$u \times v = (a_2b_3 - a_3b_2,\ a_3b_1 - a_1b_3,\ a_1b_2 - a_2b_1)$$

참고 공간 $\mathbb{R}^3$상의 두 벡터의 내적은 실수이고 외적은 $\mathbb{R}^3$에 속하는 벡터가 된다는 사실에 유의하여야 한다.

예제 두 벡터 $u = (-2, 0, 3)$, $v = (0, 5, -1)$에 대하여 외적 $u \times v$을 구하여라.

풀이 외적의 정의에 의하여 $u \times v$은 다음과 같다.

$$u \times v = (0\times(-1)-3\times5,\quad 3\times0-(-2)\times(-1),\quad (-2)\times5-0\times0)$$
$$= (-15, -2, -10)$$

예제 벡터의 외적에 대하여 교환법칙이 성립하지 않는다는 것을 다음과 같이 보일 수 있다.

$$i\times j = k \neq -k = j\times i$$

예제 벡터의 외적에 대하여 결합법칙이 성립하지 않는다는 것을 다음과 같이 보일 수 있다. 벡터 i와 j에 대하여

$$i\times(j\times j) = i\times O = O$$
$$(i\times j)\times j = k\times j = -i$$

이다. 따라서 $i\times(j\times j) \neq (i\times j)\times j$ 이다.

외적의 정의에 의하여 다음 정리가 성립함을 쉽게 증명할 수 있다.

정리

공간 $\mathbb{R}^3$상의 두 벡터 u, v와 실수 α에 대하여 다음이 성립한다.

(1) $u\times O = O = O\times u$

(2) $u\times v = -(v\times u)$

(3) $(\alpha u)\times v = \alpha(u\times v)$

(4) $u \cdot (u\times v) = v \cdot (u\times v) = 0$

증명 벡터의 성분을 $u=(a_1, a_2, a_3)$, $v=(b_1, b_2, b_3)$이라 하면 다음과 같이 증명할 수 있다.

(1) $u \times O = (a_2 \times 0 - a_3 \times 0,\ a_3 \times 0 - a_1 \times 0,\ a_1 \times 0 - a_2 \times 0) = (0, 0, 0) = O$

$O \times u = (0 \times b_3 - 0 \times b_2,\ 0 \times b_1 - 0 \times b_3,\ 0 \times b_2 - 0 \times b_1) = (0, 0, 0) = O$

(2) $u \times v = (a_2 b_3 - a_3 b_2,\ a_3 b_1 - a_1 b_3,\ a_1 b_2 - a_2 b_1)$

$= -(b_2 a_3 - b_3 a_2,\ b_3 a_1 - b_1 a_3,\ b_1 a_2 - b_2 a_1)$

$= -(v \times u)$

(3) $(\alpha u) \times v = ((\alpha a_2) b_3 - (\alpha a_3) b_2,\ (\alpha a_3) b_1 - (\alpha a_1) b_3,\ (\alpha a_1) b_2 - (\alpha a_2) b_1)$

$= \alpha (a_2 b_3 - a_3 b_2,\ a_3 b_1 - a_1 b_3,\ a_1 b_2 - a_2 b_1)$

$= \alpha (u \times v)$

(4) $u \cdot (u \times v) = a_1 (a_2 b_3 - a_3 b_2) + a_2 (a_3 b_1 - a_1 b_3) + a_3 (a_1 b_2 - a_2 b_1) = 0$

$v \cdot (u \times v) = b_1 (a_2 b_3 - a_3 b_2) + b_2 (a_3 b_1 - a_1 b_3) + b_3 (a_1 b_2 - a_2 b_1) = 0$

▣

참고 위 정리의 성질 (4)에 의하여 u, v의 외적 $u \times v$ 는 두 벡터 u, v 와 각각 직교하는 벡터라는 것을 알 수 있다.

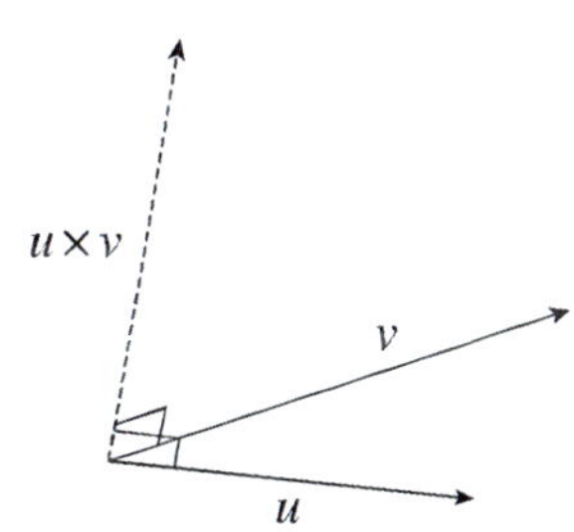

벡터의 외적

예제 두 벡터 $u = (-2, 0, 3)$, $v = (0, 5, -1)$와 외적 $u \times v = (-15, -2, -10)$과의 내적은 각각

$$u \cdot (u \times v) = (-2) \times (-15) + 0 \times (-2) + 3 \times (-10) = 0$$

$$v \cdot (u \times v) = 0 \times (-15) + 5 \times (-2) + (-1) \times (-10) = 0$$

이다.

예제 두 벡터 $u = (-2, 0, 3)$, $v = (0, 5, -1)$와 모두 수직인 단위벡터를 구하여라.

풀이 두 벡터의 외적 $u \times v = (-15, -2, -10)$은 두 벡터 u, v와 모두 수직인 벡터이고

$$\| u \times v \| = \sqrt{(-15)^2 + (-2)^2 + (10)^2} = \sqrt{329}$$

이다. 따라서 구하는 단위벡터는 다음과 같다.

$$\frac{u \times v}{\| u \times v \|} = \frac{1}{\sqrt{329}}(-15, -2, -10)$$

그런데 방향이 반대인 단위벡터도 생각할 수 있으므로 벡터

$$-\frac{u \times v}{\| u \times v \|} = \frac{1}{\sqrt{329}}(15, 2, 10)$$

또한 두 벡터 u, v와 모두 수직인 단위벡터가 됨을 알 수 있다.

정리

공간 $\mathbb{R}^3$상의 두 벡터 u, v에 대하여 다음이 성립한다.

$$\| u \times v \|^2 = \| u \|^2 \| v \|^2 - (u \cdot v)^2$$

증명 두 벡터의 성분을 $u = (a_1, a_2, a_3)$, $v = (b_1, b_2, b_3)$라고 놓으면

$$\begin{aligned} \| u \times v \|^2 &= (a_2 b_3 - a_3 b_2)^2 + (a_3 b_1 - a_1 b_3)^2 + (a_1 b_2 - a_2 b_1)^2 \\ &= (a_1^2 + a_2^2 + a_3^2)(b_1^2 + b_2^2 + b_3^2) - (a_1 b_1 + a_2 b_2 + a_3 b_3)^2 \\ &= \| u \|^2 \| v \|^2 - (u \cdot v)^2 \end{aligned}$$

이 되어 정리가 성립한다. ■

정리

공간 $\mathbb{R}^3$상의 두 벡터 u, v가 이루는 각을 θ라 하면 다음이 성립한다.

$$\| u \times v \| = \| u \| \| v \| \sin\theta$$

증명 두 벡터 u, v의 내적은 $u \cdot v = \|u\| \|v\| \cos\theta$ 이므로 다음 관계식이 성립한다.

$$\begin{aligned}\|u\times v\|^2 &= \|u\|^2\|v\|^2 - (u \cdot v)^2 \\ &= \|u\|^2\|v\|^2 - \|u\|^2\|v\|^2\cos^2\theta \\ &= \|u\|^2\|v\|^2(1-\cos^2\theta) \\ &= \|u\|^2\|v\|^2\sin^2\theta\end{aligned}$$

그런데 $\sin\theta \geq 0$이므로 $\|u\times v\| = \|u\| \|v\| \sin\theta$이 성립한다. ▣

참고 $\|u\| \|v\| \sin\theta$의 값은 두 변 $\|u\|$와 $\|v\|$가 이루는 평행사변형의 면적이므로 위 정리의 결과에 의하여 $\|u\times v\|$는 영벡터가 아닌 두 벡터 u, v를 두 변으로 하는 평행사변형의 면적과 같음을 알 수 있다.

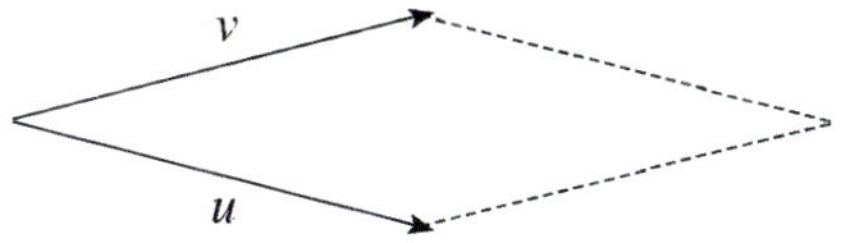

평행사변형의 면적

예제 두 벡터 $u = (-2, 0, 3)$, $v = (0, 5, -1)$가 이루는 평행사변형의 면적을 구하여라.

풀이 두 벡터의 외적은 $u \times v = (-15, -2, -10)$이므로 평행사변형의 면적은 다음과 같다.

$$\|u \times v\| = \sqrt{(-15)^2 + (-2)^2 + (10)^2} = \sqrt{320}$$

예제 세 꼭지점이 $A(2, -1, 0)$, $B(3, 0, 1)$, $C(0, 2, -1)$인 평행사변형의 면적을 구하여라.

풀이 $\overrightarrow{AB} = (1, 1, 1)$, $\overrightarrow{AC} = (-2, 3, -1)$이므로 $\overrightarrow{AB} \times \overrightarrow{AC} = (-4, -1, 5)$이다. 따라서 구하는 평행사변형의 면적은 다음과 같다.

$$\|\overrightarrow{AB} \times \overrightarrow{AC}\| = \|(-4, -1, 5)\| = \sqrt{42}$$

다음은 공간 $\mathbb{R}^3$상의 영벡터가 아닌 세 벡터 u, v, w로 결정되는 평행육면체의 체적을 구하는 방법에 대하여 살펴보자.

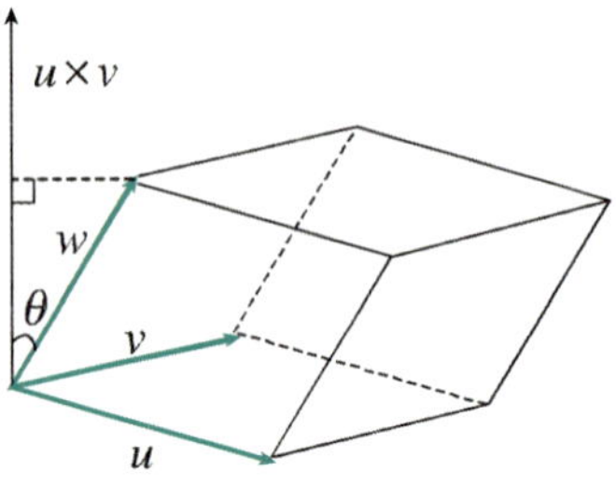

평행육면체의 체적

정리

공간 $\mathbb{R}^3$상의 영벡터가 아닌 세 벡터 u, v, w로 결정되는 평행육면체의 체적은 다음과 같이 구할 수 있다.

$$(u \times v) \cdot w$$

증명 두 벡터 $u \times v$와 w가 이루는 각을 θ라고 놓으면

$$(u \times v) \cdot w = \| u \times v \| \; \| w \| \cos\theta$$

이다. 그런데 $\| u \times v \|$는 u, v를 두 변으로 하는 평행사변형의 면적과 같고 $\| w \| \cos\theta$ 는 평행육면체의 높이가 되므로 $\| u \times v \| \; \| w \| \cos\theta$ 는 세 벡터 u, v, w로 결정되는 평행육면체의 체적이 된다. ▣

정의

공간 $\mathbb{R}^3$상의 세 벡터 u, v, w에 대하여 $(u \times v) \cdot w$ 를 스칼라삼중적(scalar triple product)이라고 한다.

정리

공간 $\mathbb{R}^3$상의 세 벡터 u, v, w의 스칼라 삼중적은 다음과 같이 u, v, w를 각각 1, 2, 3행으로 하는 행렬의 행렬식과 같다.

$$(u \times v) \cdot w = \det\begin{pmatrix} u \\ v \\ w \end{pmatrix}$$

증명 벡터의 성분을 $u = (a_1, a_2, a_3)$, $v = (b_1, b_2, b_3)$, $w = (c_1, c_2, c_3)$라 놓으면 스칼라 삼중적은

$$(u \times v) \cdot w = (a_2 b_3 - a_3 b_2)c_1 + (a_3 b_1 - a_1 b_3)c_2 + (a_1 b_2 - a_2 b_1)c_3$$

이다. 또한 우변의 행렬식을 구하기 위하여 3행에 대한 행렬식 전개를 하면

$$\det\begin{pmatrix} u \\ v \\ w \end{pmatrix} = \det\begin{pmatrix} a_1 & a_2 & a_3 \\ b_1 & b_2 & b_3 \\ c_1 & c_2 & c_3 \end{pmatrix} = c_1(a_2 b_3 - a_3 b_2) + c_2(a_3 b_1 - a_1 b_3) + c_3(a_1 b_2 - a_2 b_1)$$

이다. 따라서 정리가 증명된다. ▣

스칼라 삼중적 사이에는 다음과 같은 관계가 성립한다.

정리

공간 $\mathbb{R}^3$상의 세 벡터 u, v, w에 대하여 다음이 성립한다.

$$(u \times v) \cdot w = (w \times u) \cdot v = (v \times w) \cdot u$$

증명 위 관계식을 이용하면

$$(w \times u) \cdot v = \det\begin{pmatrix} w \\ u \\ v \end{pmatrix}, \quad (v \times w) \cdot u = \det\begin{pmatrix} v \\ w \\ u \end{pmatrix}$$

이다. 그런데

$$\det\begin{pmatrix} u \\ v \\ w \end{pmatrix} = \det\begin{pmatrix} w \\ u \\ v \end{pmatrix} = \det\begin{pmatrix} v \\ w \\ u \end{pmatrix}$$

이므로 정리가 증명된다. ▣

정의

공간 $\mathbb{R}^3$상의 세 벡터 u, v, w에 대하여 $u \times (v \times w)$를 벡터삼중적(vector triple product)이라고 한다.

예제 세 벡터 $i = (1, 0, 0)$, $j = (0, 1, 0)$, $k = (0, 0, 1)$의 벡터삼중적은 다음과 같다.

$$i \times (j \times k) = i \times i = O$$

$$j \times (k \times i) = j \times j = O$$

$$k \times (i \times j) = k \times k = O$$

다음은 $\mathbb{R}^2$(또는 $\mathbb{R}^3$)상의 두 벡터에 대하여 한 벡터를 다른 벡터에 사영할 때 얻어지는 벡터에 대하여 살펴보자.

정의

$\mathbb{R}^2$(또는 $\mathbb{R}^3$)상의 두 벡터 u, v에 대하여 $\text{Proj}_v(u) = \dfrac{u \cdot v}{\| v \|^2} v$를 u에서 v위로의 직교정사영(orthogonal projection)이라고 한다.

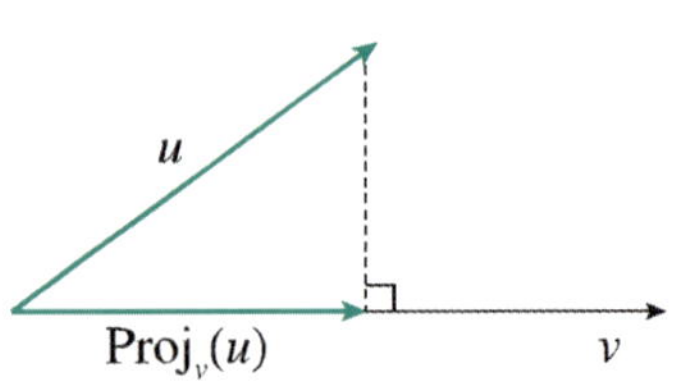

직교정사영

예제 벡터 $u = (1, 6)$에서 $v = (-8, 1)$위로의 직교정사영을 구하여라.

풀이 정의에 의하여 $\mathrm{Proj}_{v}(u) = \dfrac{u \cdot v}{\| v \|^{2}} v = \dfrac{-2}{\sqrt{65}}(-8, 1)$ 이다.

예제 벡터 $u = (-2, 0, 3)$에서 $v = (0, 5, -1)$위로의 직교정사영을 구하여라.

풀이 정의에 의하여 $\mathrm{Proj}_{v}(u) = \dfrac{u \cdot v}{\| v \|^{2}} v = \dfrac{-3}{\sqrt{26}}(0, 5, -1)$ 이다.

MATLAB 활용하기

이 절에 속한 개념 중 MATLAB을 활용하여 해결할 수 있는 문제는 다음과 같다.

1. $\mathbb{R}^2$에 속하는 평면벡터의 크기(노름)를 구할 수 있다.

예제 벡터 $u=(2, 5)$의 크기를 다음과 같이 구할 수 있다.

(1) $u=[2\quad 5]$;을 입력한다.

(2) Enter키를 누른다.

(3) norm(u)를 입력한다.

(4) Enter키를 누른다.

[결과] ans =
5.3852

[결과 해석] $\|u\|=5.3852$이다.

2. $\mathbb{R}^3$에 속하는 공간벡터의 크기(노름)를 구할 수 있다.

예제 벡터 $u=(7, 0, -2)$의 크기를 다음과 같이 구할 수 있다.

(1) $u=[7\quad 0\quad -2]$;을 입력한다.

(2) Enter키를 누른다.

(3) norm(u)를 입력한다.

(4) Enter키를 누른다.

[결과] ans =
7.2801

[결과 해석] $\|u\|=7.2801$이다.

3. $\mathbb{R}^2$에 속하는 두 벡터의 거리를 구할 수 있다.

예제 두 벡터 $u=(2, 5)$, $v=(8, -1)$ 사이의 거리 $\|u-v\|$를 다음과 같이 구할 수 있다.

(1) $u=[2 \quad 5]$;을 입력한다.
(2) Enter키를 누른다.
(3) $v=[8 \quad -1]$;을 입력한다.
(4) Enter키를 누른다.
(5) norm$(u-v)$를 입력한다.
(6) Enter키를 누른다.

[결과] ans =
8.4853

[결과 해석] $\|u-v\|=8.4853$이다.

4. $\mathbb{R}^3$에 속하는 두 벡터의 거리를 구할 수 있다.

예제 두 벡터 $u=(7, 0, -2)$, $v=(1, 4, 1)$ 사이의 거리 $\|u-v\|$를 다음과 같이 구할 수 있다.

(1) $u=[7 \quad 0 \quad -2]$;을 입력한다.
(2) Enter키를 누른다.
(3) $v=[1 \quad 4 \quad 1]$;을 입력한다.
(4) Enter키를 누른다.
(5) norm$(u-v)$를 입력한다.
(6) Enter키를 누른다.

[결과] ans =
7.8102

[결과 해석] $\|u-v\|=7.8102$이다.

5. $\mathbb{R}^2$에 속하는 두 벡터의 내적을 구할 수 있다.

예제 두 벡터 $u=(2, 5)$, $v=(8, -1)$의 내적 $u \cdot v$를 다음과 같이 구할 수 있다.

(1) u = [2 5];을 입력한다.

(2) Enter키를 누른다.

(3) v = [8 −1];을 입력한다.

(4) Enter키를 누른다.

(5) dot(u, v)를 입력한다.

(6) Enter키를 누른다.

[결과] ans =
11

[결과 해석] $u \cdot v = 11$ 이다.

6. $\mathbb{R}^3$에 속하는 두 벡터의 내적을 구할 수 있다.

예제 두 벡터 $u=(7, 0, -2)$, $v=(1, 4, 1)$의 내적 $u \cdot v$을 다음과 같이 구할 수 있다.

(1) u = [7 0 −2];을 입력한다.

(2) Enter키를 누른다.

(3) v = [1 4 1];을 입력한다.

(4) Enter키를 누른다.

(5) dot(u, v)를 입력한다.

(6) Enter키를 누른다.

[결과] ans =
5

[결과 해석] $u \cdot v = 5$ 이다.

7. $\mathbb{R}^2$에 속하는 두 벡터의 사이각을 구할 수 있다.

예제 두 벡터 $u=(2, 5)$, $v=(8, -1)$의 사이각 θ를 다음과 같이 구할 수 있다.

(1) u=[2 5];을 입력한다.

(2) Enter키를 누른다.

(3) v=[8 −1];을 입력한다.

(4) Enter키를 누른다.

(5) acos(dot(u, v)/(norm(u)*norm(v)))를 입력한다.

(6) Enter키를 누른다.

[결과] ans =
1.3146

[결과 해석] θ = 1.3146 (라디안)이다.

8. $\mathbb{R}^3$에 속하는 두 벡터의 사이각을 구할 수 있다.

예제 두 벡터 $u=(7, 0, -2)$, $v=(1, 4, 1)$의 사이각 θ를 다음과 같이 구할 수 있다.

(1) u=[7 0 −2];을 입력한다.

(2) Enter키를 누른다.

(3) v=[1 4 1];을 입력한다.

(4) Enter키를 누른다.

(5) acos(dot(u, v)/(norm(u)*norm(v)))를 입력한다.

(6) Enter키를 누른다.

[결과] ans =
1.4082

[결과 해석] θ = 1.4082 (라디안)이다.

9. $\mathbb{R}^3$에 속하는 두 벡터의 외적을 구할 수 있다.

예제 두 벡터 $u=(7, 0, -2)$, $v=(1, 4, 1)$의 외적을 다음과 같이 구할 수 있다.

(1) u=[7 0 -2];을 입력한다.

(2) Enter키를 누른다.

(3) v=[1 4 1];을 입력한다.

(4) Enter키를 누른다.

(5) cross(u,v)를 입력한다.

(6) Enter키를 누른다.

[결과] ans =
8 9 28

[결과 해석] 두 벡터 $u=(7, 0, -2)$, $v=(1, 4, 1)$의 외적은 $u \times v = (8, 9, 28)$이다.

10. $\mathbb{R}^3$에 속하는 두 벡터가 이루는 평행사변형의 면적을 구할 수 있다.

예제 두 벡터 $u=(7, 0, -2)$, $v=(1, 4, 1)$가 이루는 평행사변형의 면적을 다음과 같이 구할 수 있다.

(1) u=[7 0 -2];을 입력한다.

(2) Enter키를 누른다.

(3) v=[1 4 1];을 입력한다.

(4) Enter키를 누른다.

(5) norm(cross(u,v))를 입력한다.

(6) Enter키를 누른다.

[결과] ans =
30.4795

[결과 해석] 두 벡터 $u=(7, 0, -2)$, $v=(1, 4, 1)$가 이루는 평행사변형의 면적은 30.4795이다.

11. $\mathbb{R}^3$에 속하는 세 벡터의 스칼라 삼중적을 구할 수 있다.

예제 세 벡터 $u=(7,0,-2)$, $v=(1,4,1)$, $w=(0,6,3)$의 스칼라삼중적을 다음과 같이 구할 수 있다.

(1) A = [7 0 -2; 1 4 1; 0 6 3];을 입력한다.

(2) Enter키를 누른다.

(3) det(A)을 입력한다.

(4) Enter키를 누른다.

[결과] ans =
30

[결과 해석] 세 벡터 $u=(7,0,-2)$, $v=(1,4,1)$, $w=(0,6,3)$의 스칼라삼중적은 $(u\times v)\cdot w=30$이다.

12. $\mathbb{R}^3$에 속하는 세 벡터의 벡터 삼중적을 구할 수 있다.

예제 세 벡터 $u=(7,0,-2)$, $v=(1,4,1)$, $w=(0,6,3)$의 벡터삼중적을 다음과 같이 구할 수 있다.

(1) cross([7 0 -2],cross([1 4 1],[0 6 3]))을 입력한다.

(2) Enter키를 누른다.

[결과] ans =
-6 -54 -21

[결과 해석] 세 벡터 $u=(7,0,-2)$, $v=(1,4,1)$, $w=(0,6,3)$의 벡터삼중적은 $u\times(v\times w)=(-6,-54,\ \ 21)$이다.

13. $\mathbb{R}^2$에 속하는 한 벡터 u의 다른 벡터 v위로의 직교정사영 $\mathrm{proj}_v(u)$을 구할 수 있다.

예제 벡터 $u=(2,5)$에서 벡터 $v=(8,-1)$위로의 직교정사영 $\mathrm{proj}_v(u)$을 다음과 같이 구할 수 있다.

(1) $u = [2 \quad 5]$;을 입력한다.

(2) Enter키를 누른다.

(3) $v = [8 \quad -1]$;을 입력한다.

(4) Enter키를 누른다.

(5) dot(u, v)*v/norm(v)^2을 입력한다.

(6) Enter키를 누른다.

[결과] ans =

1.3538 −0.1692

[결과 해석] $\text{proj}_v(u) = \dfrac{u \cdot v}{\| v \|^2} v = (1.3538, -0.1692)$이다.

14. $\mathbb{R}^3$에 속하는 한 벡터 u의 다른 벡터 v위로의 직교정사영 $\text{proj}_v(u)$을 구할 수 있다.

예제 벡터 $u = (7, 0, -2)$에서 벡터 $v = (1, 4, 1)$위로의 직교정사영 $\text{proj}_v(u)$을 다음과 같이 구할 수 있다.

(1) $u = [7 \quad 0 \quad -2]$;을 입력한다.

(2) Enter키를 누른다.

(3) $v = [1 \quad 4 \quad 1]$;을 입력한다.

(4) Enter키를 누른다.

(5) dot(u, v)*v/norm(v)^2을 입력한다.

(6) Enter키를 누른다.

[결과] ans =

0.2778 1.1111 0.2778

[결과 해석] $\text{proj}_v(u) = \dfrac{u \cdot v}{\| v \|^2} v = (0.2778, 1.1111, 0.2778)$이다.

15. $\mathbb{R}^3$상에 놓여있는 두 평면의 교점들이 한 직선을 이루는지를 판정할 수 있다.

예제 두 평면 $x + 2y - z = 1$, $x - y + 2z = 0$의 교점들은 한 직선을 이룸을 보여라.

(1) $u = [1 \quad 2 \quad -1]$;을 입력한다.

(2) Enter키를 누른다.

(3) $v=[1 \quad -1 \quad 2]$;을 입력한다.

(4) Enter키를 누른다.

(5) cross(u,v)를 입력한다.

(6) Enter키를 누른다.

[결과] ans =

3 −3 −3

[결과 해석] 두 평면과 각각 수직인 벡터 $u=(1,2,-1)$, $v=(1,-1,2)$의 외적이 $u\times v=(3,-3,-3)\neq O$이므로 주어진 두 평면은 한 직선에서 만난다.

16. $\mathbb{R}^3$상에 놓여있는 두 평면이 평행한지를 판정할 수 있다.

예제 두 평면 $x+2y-z=1$, $2x+4y-2z=0$은 서로 평행한 위치에 놓여 있음을 보여라.

(1) $u=[1 \quad 2 \quad -1]$;을 입력한다.

(2) Enter키를 누른다.

(3) $v=[2 \quad 4 \quad -2]$;을 입력한다.

(4) Enter키를 누른다.

(5) cross(u,v)를 입력한다.

(6) Enter키를 누른다.

[결과] ans =

0 0 0

[결과 해석] 두 평면과 각각 수직인 벡터 $u=(1,2,-1)$, $v=(2,4,-2)$의 외적이 $u\times v=(0,0,0)$이므로 주어진 두 평면은 서로 평행한 위치에 놓여 있다.

연습 문제

1. 두 벡터 $u=(-3,5)$, $v=(1,8)$에 대하여 다음을 구하여라.

(1) $2u$ (2) $u-7v$ (3) $\| v \|$ (4) $\| 4v-3u \|$

2. 두 벡터 $u=(1,0,4)$, $v=(10,3,-1)$에 대하여 다음을 구하여라.

(1) $-5v$ (2) $2u+v$ (3) $\| 3u \|$ (4) $\| 12u-6v \|$

3. 다음에 주어진 벡터 u와 v에 대하여 내적 $u \cdot v$와 $(2u-v) \cdot u$을 각각 구하여라.

(1) $u=(4,0)$, $v=(0,-12)$ (2) $u=(-1,4)$, $v=(-8,7)$

4. 벡터 $u=(2,0,-3)$, $v=(-1,2,4)$에 대하여 다음을 구하여라.

(1) $u \cdot v$ (2) $u \times v$
(3) $(2u \times v) \cdot u$ (4) $(u \times v) \times (-5v)$

5. 벡터 $u=(-2,4)$에 대하여 다음 물음에 답하여라.

(1) u와 방향이 같고 크기가 1인 단위벡터를 구하여라.
(2) u와 수직이고 크기가 7인 벡터를 구하여라.

6. 두 벡터 $u=(6,0,-1)$와 $v=(-1,2,-1)$에 대하여 다음 물음에 답하여라.

(1) u와 이루는 각이 180°이고 크기가 1인 단위벡터를 구하여라.
(2) u와 직교하고 크기가 2인 벡터를 구하여라.
(3) 두 벡터 u, v가 이루는 평행사변형의 면적을 구하여라.

7. 다음에 주어진 두 벡터 u, v가 이루는 각을 θ라 할 때 $\cos\theta$와 $\sin\theta$를 구하여라.

(1) $u=(1,2)$, $v=(3,2)$ (2) $u=(1,1,-3)$, $v=(0,0,1)$

8. 벡터 $u=(7,1,0)$, $v=(-1,1,1)$에 대하여 Cauchy-Schwarz 부등식과 삼각부등식이 성립함을 보여라.

9. 공간 $\mathbb{R}^3$상에서 크기가 1인 단위벡터는 무수히 많이 존재함을 증명하여라.

10. 공간 $\mathbb{R}^3$상의 벡터 u, v에 대하여 다음 등식이 성립함을 증명하여라.

(1) $u \cdot v = \frac{1}{4}\|u+v\|^2 - \frac{1}{4}\|u-v\|^2$

(2) $\|u+v\|^2 + \|u-v\|^2 = 2\|u\|^2 + 2\|v\|^2$

11. 공간 $\mathbb{R}^3$상의 두 벡터 u, v에 대하여 다음 등식이 성립하기 위한 u, v의 조건을 구하여라.

$$\|u+v\| = \|u\| + \|v\|$$

12. 점 $P(-3,2)$를 지나고 벡터 $u=(0,7)$에 평행한 직선의 방정식을 구하여라.

13. 점 $P(-5,5)$를 지나고 벡터 $u=(2,6)$에 수직인 직선의 방정식을 구하여라.

14. 점 $P(2,1,2)$를 지나고 벡터 $u=(0,5,-1)$에 평행한 직선의 방정식을 구하여라.

15. 점 $P(7,0,-1)$를 지나고 벡터 $u=(8,1,1)$에 수직인 평면의 방정식을 구하여라.

16. 다음 두 평면이 이루는 직선의 방정식을 구하여라.

$$x+2y-z=1, \qquad x-y+2z=0$$

17. 점 $P(0,2,4)$를 지나고 직선 $\frac{x+2}{2} = \frac{y+5}{2} = \frac{z-1}{5}$에 수직인 평면의 방정식을 구하여라.

3.2 벡터공간

이 절에서는 일반적으로 체 위에서 벡터공간을 정의하고 부분공간, 일차종속, 일차독립, 기저, 차원 등 벡터공간에 관한 기본적인 성질에 대하여 살펴보기로 한다.

다음은 체라고 하는 대수적 구조에 대한 정의이다.

정의

집합 F가 덧셈연산 "+"과 곱셈연산 "·"에 대하여 다음 성질을 만족할 때 F를 **체**(field)라고 한다.

임의의 원소 $a, b, c \in F$에 대하여,

(1) $a+b \in F$, $a \cdot b \in F$

(2) $(a+b)+c = a+(b+c)$

(3) $a+b = b+a$

(4) 적당한 원소 $0 \in F$이 존재하여 $a+0 = a = 0+a$

(5) 적당한 원소 $-a \in F$가 존재하여 $a+(-a) = 0 = (-a)+a$

(6) $a \cdot (b \cdot c) = (a \cdot b) \cdot c$

(7) $a \cdot b = b \cdot a$

(8) 적당한 원소 $1 \in F$이 존재하여 $a \cdot 1 = a = 1 \cdot a$

(9) $a \neq 0$일 때 적당한 원소 $a^{-1} \in F$가 존재하여 $a \cdot a^{-1} = 1 = a^{-1} \cdot a$

(10) $a \cdot (b+c) = a \cdot b + a \cdot c$, $(a+b) \cdot c = a \cdot c + b \cdot c$

참고 조건 (4)의 원소 $0 \in F$을 덧셈에 대한 항등원이라 하고 조건 (5)의 원소 $-a \in F$를 원소 $a \in F$의 덧셈에 대한 역원이라고 한다.
조건 (8)의 원소 $1 \in F$을 곱셈에 대한 항등원이라 하고 조건 (9)의 원소 $a^{-1} \in F$를 원소 $a \neq 0 \in F$의 곱셈에 대한 역원이라고 한다.

참고 원소 $a, b \in F$의 곱셈연산을 ab로 나타내기도 한다.

예제 정수 5에 대하여 $5a=1$를 만족시키는 정수 a가 존재하지 않으므로 정수 전체의 집합 $\mathbb{Z}$는 체가 아니다.

예제 체의 예로는 유리수 전체의 집합 $\mathbb{Q}$, 실수 전체의 집합 $\mathbb{R}$, 복소수 전체의 집합 $\mathbb{C}$ 등이 있다. 이들을 각각 유리수체, 실수체, 복소수체라고 한다.

체 F위에서 벡터공간을 일반적으로 정의하면 다음과 같다.

정의

집합 V에 덧셈연산 "+"이 정의되어 있고 체 F의 원소와 V의 원소 사이에 스칼라 곱이 정의되어 있을 때 다음 조건을 만족하면 V를 체 F위에서 정의된 **벡터공간**(vector space)이라고 하고 벡터공간 V에 속하는 원소를 **벡터**(vector)라 한다.

임의의 원소 $u, v, w \in V$와 $\alpha, \beta \in F$ 에 대하여,

(1) $u+v \in V$

(2) $(u+v)+w = u+(v+w)$

(3) $u+v = v+u$

(4) 적당한 원소 $O \in V$가 존재하여 $u+O = u = O+u$

(5) 적당한 원소 $-u \in V$가 존재하여 $u+(-u) = O = (-u)+u$

(6) $\alpha u \in V$

(7) $\alpha(u+v) = \alpha u + \alpha v$

(8) $(\alpha+\beta)u = \alpha u + \beta u$

(9) $(\alpha\beta)u = \alpha(\beta u)$

(10) $1u = u$ $(1 \in F)$

참고 조건 (4)를 만족시키는 벡터 O를 영벡터라고 한다. 또한 조건 (5)를 만족시키는 벡터 $-u$를 u의 덧셈에 대한 역원이라고 한다.

참고 벡터공간을 정의할 때는 체의 역할이 중요하다. 같은 집합이라도 체에 따라서 벡터공간의 구조를 가질 수도 있고 벡터공간의 구조를 갖지 못할 수도 있다.

예제 (1) $F = \mathbb{Q}$ 일 때, $V = \mathbb{Q}$ 는 F위에서 정의된 벡터공간이다.
(2) $F = \mathbb{R}$ 일 때, $V = \mathbb{Q}$ 는 F위에서 정의된 벡터공간이 아니다. 왜냐하면

$$\sqrt{2} \times 3 = 3\sqrt{2} \notin \mathbb{Q}$$

이 되어 스칼라 곱이 정의되지 않는다.

예제 집합 $\mathbb{R}^n = \mathbb{R} \times \mathbb{R} \times \cdots \times \mathbb{R} = \{(a_1, a_2, \cdots, a_n) \mid a_i \in \mathbb{R},\ i = 1, 2, \cdots, n\}$ 에 속하는 임의의 두 원소 $u = (a_1, a_2, \cdots, a_n)$, $v = (b_1, b_2, \cdots, b_n)$의 상등관계를

$$\text{“}u = v \iff a_i = b_i, \qquad i = 1, 2, \cdots, n\text{”}$$

로 정의하자. 임의의 두 원소 u, v와 실수 α에 대하여 연산을

$$\text{“}u + v = (a_1 + b_1, a_2 + b_2, \cdots, a_n + b_n), \quad \alpha u = (\alpha a_1, \alpha a_2, \cdots, \alpha a_n)\text{”}$$

로 정의하면 $\mathbb{R}^n$은 $\mathbb{R}$ 위에서 정의된 벡터공간이 된다.

예제 $F = \mathbb{R}$ 일 때, 임의의 $A = (a_{ij})_{m \times n}$, $B = (b_{ij})_{m \times n} \in M_{m \times n}(F)$와 실수 α에 대하여 연산을

$$\text{“}A + B = (a_{ij} + b_{ij})_{m \times n}, \quad \alpha A = (\alpha a_{ij})_{m \times n}\text{”}$$

로 정의하면 $V = M_{m \times n}(F)$는 F위에서 정의된 벡터공간이다.

예제 $V = C[a, b]$를 폐구간 $[a, b]$에서 연속인 모든 함수로 이루어진 집합이라 하자. 두 연속함수 f, $g \in C[a, b]$와 실수 α에 대하여 연산 $f + g$, αf 를

$$\text{“}(f + g)(x) = f(x) + g(x), \qquad (\alpha f)(x) = \alpha f(x) \quad (x \in [a, b])\text{”}$$

로 정의하면 $V = C[a, b]$는 $F = \mathbb{R}$ 위에서 정의된 벡터공간이 된다.

예제 n차 이하 다항식 전체의 집합 $V = \mathbb{R}_n[x] = \left\{ \sum_{i=0}^{n} a_i x^i \mid a_i \in \mathbb{R},\ i = 0, 1, \cdots, n \right\}$

의 두 원소 $\sum_{i=0}^{n} a_i x^i$, $\sum_{i=0}^{n} b_i x^i$ 와 실수 α에 대하여 연산을

$$“\sum_{i=0}^{n} a_i x^i + \sum_{i=0}^{n} b_i x^i = \sum_{i=0}^{n} (a_i + b_i) x^i, \qquad \alpha \sum_{i=0}^{n} a_i x^i = \sum_{i=0}^{n} (\alpha a_i) x^i ”$$

로 정의하면 $V = \mathbb{R}_n[x]$는 체 $F = \mathbb{R}$ 위에서 정의된 벡터공간이다.

참고 다음의 예제에서 볼 수 있듯이 같은 집합이라도 정의된 연산에 따라서 벡터공간이 될 수도 있고 안 될 수도 있다.

예제 (1) $F = \mathbb{R}$ 일 때, $V = \mathbb{R}^2$의 원소 $u = (a_1, a_2)$, $v = (b_1, b_2)$와 $\alpha \in F$에 대하여 연산을 다음과 같이 정의하면 $V = \mathbb{R}^2$는 F위에서 정의된 벡터공간이다.

$$“u + v = (a_1 + b_1,\ a_2 + b_2), \qquad \alpha u = (\alpha a_1, \alpha a_2)”$$

(2) $F = \mathbb{R}$ 일 때, $V = \mathbb{R}^2$의 원소 $u = (a_1, a_2)$, $v = (b_1, b_2)$와 $\alpha \in F$에 대하여 연산을 다음과 같이 정의하면 $V = \mathbb{R}^2$는 F위에서 정의된 벡터공간이 아니다.

$$“u + v = (a_1 + b_1,\ a_1 a_2 + b_2), \qquad \alpha u = (\alpha a_1, \alpha a_2)”$$

왜냐하면 다음과 같이 교환법칙이 성립하지 않기 때문이다.

$$u + v = (a_1 + b_1,\ a_1 a_2 + b_2) \neq (b_1 + a_1,\ b_1 b_2 + a_2) = v + u$$

주의 이제부터 연산에 대하여 특별한 언급이 없으면 주어진 벡터공간에서 일반적인 연산이 주어졌다고 가정하기로 한다.

두 벡터의 뺄셈연산은 덧셈연산을 이용하여 다음과 같이 정의한다.

정의

벡터공간 V에 속하는 두 벡터 u, v의 뺄셈은 다음과 같이 정의한다.

$$u - v = u + (-v)$$

벡터공간에 대하여 다음 정리가 성립함을 쉽게 알 수 있다.

정리

V가 체 F위에서 정의된 벡터공간이면 임의의 벡터 $u \in V$와 스칼라 $\alpha \in F$에 대하여 다음이 성립한다.

(1) $\alpha O = O$

(2) $0u = O$

(3) $\alpha u = O$ 이면 $\alpha = 0$ 또는 $u = O$

(4) $(-1)u = -u$

증명 (1) $\alpha O = \alpha(O + O) = \alpha O + \alpha O$ 이므로 양변에 벡터 $-\alpha O$를 더하고 결합법칙을 이용하면

$$\begin{aligned} O &= \alpha O + (-\alpha O) = (\alpha O + \alpha O) + (-\alpha O) \\ &= \alpha O + (\alpha O + (-\alpha O)) = \alpha O + O \\ &= \alpha O \end{aligned}$$

이다. 따라서 $\alpha O = O$이 성립한다.

(2) $0u = (0+0)u = 0u + 0u$ 이므로 양변에 벡터 $-0u$를 더하고 결합법칙을 이용하면

$$\begin{aligned} 0u &= 0u + O = 0u + (0u + (-0u)) \\ &= (0u + 0u) + (-0u) = 0u + (-0u) = O \end{aligned}$$

이다. 따라서 $0u = O$이 성립한다.

(3) $\alpha \neq 0$이라고 가정하자. $\alpha u = O$ 이므로 양변에 α^{-1}를 곱하여

$$u = 1u = (\alpha^{-1}\alpha)u = \alpha^{-1}(\alpha u) = \alpha^{-1}O = O$$

를 얻는다. 따라서 $u = O$ 이다.

(4) $u + (-1)u = 1u + (-1)u = (1 + (-1))u = 0u = O$ 이므로 $(-1)u = -u$ 이다. ■

연습 문제

1. 다음에 주어진 집합 $V \subseteq \mathbb{R}^2$가 정의된 연산에 대하여 실수체 위에서 벡터공간이 되는지를 판정하고 이유를 설명하여라.

(1) 집합 : $V = \{(a, a) \mid a \in \mathbb{R}\}$
연산 : 임의의 원소 $u = (a, a)$, $v = (b, b)$와 실수 α에 대하여

$$\text{“}u + v = (a + b, a + b), \quad \alpha u = (\alpha a, \alpha a)\text{”}$$

(2) 집합 : $V = \{(a, -a) \mid a \in \mathbb{R}\}$
연산 : 임의의 원소 $u = (a, -a)$, $v = (b, -b)$와 실수 α에 대하여

$$\text{“}u + v = (a + b, -a - b), \quad \alpha u = (\alpha a, -\alpha a)\text{”}$$

(3) 집합 : $V = \{(a, a) \mid a \in \mathbb{R}\}$
연산 : 임의의 원소 $u = (a, a)$, $v = (b, b)$와 실수 α에 대하여

$$\text{“}u + v = (ab, ab), \quad \alpha u = (\alpha a, \alpha a)\text{”}$$

(4) 집합 : $V = \{(a, b) \mid a, b \in \mathbb{R},\ a \geq 2\}$
연산 : 임의의 원소 $u = (a_1, b_1)$, $v = (a_2, b_2)$와 실수 α에 대하여

$$\text{“}u + v = (a_1 + a_2, b_1 + b_2), \quad \alpha u = (\alpha a_1, \alpha a_1)\text{”}$$

2. 다음에 주어진 집합 $V \subseteq \mathbb{R}^3$가 정의된 연산에 대하여 실수체 위에서 벡터공간이 되는지를 판정하고 이유를 설명하여라.

(1) 집합 : $V = \{(a, a, -a) \mid a \in \mathbb{R}\}$
연산 : 임의의 원소 $u = (a, a, -a)$, $v = (b, b, -b)$와 실수 α에 대하여

$$\text{“}u + v = (a + b, a + b, -a - b), \quad \alpha u = (\alpha a, \alpha a, -\alpha a)\text{”}$$

(2) 집합 : $V = \{(a, b, 1) \mid a, b \in \mathbb{R}\}$
연산 : 임의의 원소 $u = (a, b, 1)$, $v = (c, d, 1)$와 실수 α에 대하여

$$\text{“}u + v = (a + c, b + d, 1), \quad \alpha u = (\alpha a, \alpha b, 1)\text{”}$$

3. 다음에 주어진 집합 $V \subseteq M_{2\times 2}(\mathbb{R})$가 정의된 연산에 대하여 실수체 위에서 벡터공간이 되는지를 판정하고 이유를 설명하여라.

(1) 집합 : $V = \left\{ \begin{pmatrix} a & b \\ 0 & a \end{pmatrix} \mid a, b \in \mathbb{R} \right\}$

연산 : 임의의 원소 $u = \begin{pmatrix} a & b \\ 0 & a \end{pmatrix}$, $v = \begin{pmatrix} c & d \\ 0 & c \end{pmatrix}$와 실수 α에 대하여

$$\text{“}u + v = \begin{pmatrix} a+c & b+d \\ 0 & a+c \end{pmatrix}, \quad \alpha u = \begin{pmatrix} \alpha a & \alpha b \\ 0 & \alpha a \end{pmatrix}\text{”}$$

(2) 집합 : $V = \left\{ \begin{pmatrix} a & b \\ 1 & -a \end{pmatrix} \mid a, b \in \mathbb{R} \right\}$

연산 : 임의의 원소 $u = \begin{pmatrix} a & b \\ 1 & -a \end{pmatrix}$, $v = \begin{pmatrix} c & d \\ 1 & -c \end{pmatrix}$와 실수 α에 대하여

$$\text{“}u + v = \begin{pmatrix} a+c & bd \\ 1 & -a-c \end{pmatrix}, \quad \alpha u = \begin{pmatrix} \alpha a & \alpha b \\ 1 & -\alpha a \end{pmatrix}\text{”}$$

3.3 부분공간

이 절에서는 벡터공간의 부분집합으로서 벡터공간에서 정의된 연산에 대하여 벡터공간의 대수적 구조를 갖는 집합에 대한 기본적인 성질들을 살펴본다.

정의

체 F위에서 정의된 벡터공간 V의 부분집합 W가 V에서 정의된 연산에 대하여 체 F위의 벡터공간이 되면 W를 V의 부분공간(subspace)이라고 한다.

다음 정리는 체 F위에서 정의된 벡터공간 V의 부분집합 W가 V의 부분공간이 되기 위한 동치명제를 나타낸다. 이 정리를 이용하여 W가 V의 부분공간이 되는지를 쉽게 판단할 수 있다.

정리

체 F위에서 정의된 벡터공간 V의 부분집합 W가 다음 조건을 만족하면 W는 체 F위에서 정의된 벡터공간 V의 부분공간이 된다.

"임의의 벡터 $u, v \in W$와 $\alpha \in F$ 에 대하여 $u + v \in W$, $\alpha u \in W$ "

증명 벡터공간 V의 부분집합 W가 부분공간이 되기 위한 조건 중에서 다음 조건은 가정에 의하여 만족한다.

$$u + v \in V, \qquad \alpha u \in V$$

따라서 영벡터의 존재성과 덧셈에 대한 역원의 존재성만을 증명하면 충분하다.

(영벡터의 존재성) 가정에 의하여 $\alpha = 0 \in F$일 때 $\alpha u \in W$이고 $0u = O$이므로 $O \in W$이다.

(역원의 존재성) 가정에 의하여 $\alpha = -1 \in F$일 때 $\alpha u = (-1)u \in W$이고

$(-1)u = -u$이므로 $-u \in W$이다.
그러므로 W는 체 F위에서 정의된 벡터공간 V의 부분공간이 된다. ▣

참고 만일 W가 체 F위에서 정의된 벡터공간 V의 부분공간이면 위 정리의 가정 "임의의 벡터 $u, v \in W$와 $\alpha \in F$ 에 대하여 $u+v \in W$, $\alpha u \in W$"을 만족시킨다. 따라서 위 정리의 명제는 동치명제이다.

예제 체 F위에서 정의된 벡터공간 V의 부분집합 $W = V$는 V의 부분공간이다.

예제 체 F위에서 정의된 벡터공간 V의 부분집합 $W = \{O\}$는 V의 부분공간이다.

예제 체 $\mathbb{Q}$ 위에서 정의된 벡터공간 $\mathbb{R}$ 의 부분집합 $\mathbb{Q}$ 는 $\mathbb{R}$ 의 부분공간이다.

예제 체 $\mathbb{R}$ 위에서 정의된 벡터공간 $V = \mathbb{R}^3$의 부분집합

$$W = \{(a, b, 0) \in \mathbb{R}^3 \mid a,\ b \in \mathbb{R}\}$$

는 V의 부분공간이 됨을 보여라.

풀이 W에 속하는 임의의 두 벡터 $u = (a_1, a_2, 0)$, $v = (b_1, b_2, 0)$와 실수 $\alpha \in \mathbb{R}$ 에 대하여

$$u + v = (a_1 + b_1, a_2 + b_2, 0) \in W, \qquad \alpha u = (\alpha a_1, \alpha a_2, 0) \in W$$

이므로 W 는 V의 부분공간이다.

예제 체 $\mathbb{R}$ 위에서 정의된 벡터공간 $V = \mathbb{R}^3$의 부분집합

$$W = \{(a, b, 1) \in \mathbb{R}^3 \mid a,\ b \in \mathbb{R}\}$$

는 V의 부분공간이 아님을 보여라.

풀이 W에 속하는 두 벡터 $u = (a_1, a_2, 1)$, $v = (b_1, b_2, 1)$에 대하여

$$u + v = (a_1 + b_1, a_2 + b_2, 2) \notin W$$

이므로 W 는 V의 부분공간이 아니다.

예제 체 $\mathbb{R}$ 위에서 정의된 벡터공간 $V = M_{m\times n}(\mathbb{R})$의 부분집합 $W = M_{m\times n}(\mathbb{Q})$는 V의 부분공간이 아님을 보여라.

풀이 W에 속하는 임의의 벡터 $A = (a_{ij})_{m\times n} \neq O$ 와 $\sqrt{2} \in \mathbb{R}$ 에 대하여

$$\sqrt{2}A = (\sqrt{2}a_{ij})_{m\times n} \notin M_{m\times n}(\mathbb{Q})$$

이므로 W는 V의 부분공간이 아니다.

예제 체 $\mathbb{R}$ 위에서 정의된 벡터공간 $V = C[a,b]$의 부분집합

$$W = \{f \in V \mid f\text{는 구간 } (a,b)\text{에서 미분가능한 함수}\}$$

는 V의 부분공간이 됨을 보여라.

풀이 W에 속하는 임의의 두 벡터 f, g와 $\alpha \in \mathbb{R}$ 에 대하여 $f+g$, αf는 구간 (a,b)에서 미분가능한 함수이므로 $f+g \in W$이고 $\alpha f \in W$이다. 따라서 W 는 V의 부분공간이다.

예제 5차 이하 다항식 전체의 집합 $V = \mathbb{R}_5[x] = \left\{ \sum_{i=0}^{5} a_i x^i \mid a_i \in \mathbb{R},\ i = 0, 1, \cdots, 5 \right\}$

의 부분집합

$$W = \left\{ \sum_{i=0}^{2} a_i x^i \mid a_i \in \mathbb{R},\ i = 0, 1, 2 \right\}$$

는 V의 부분공간이 됨을 보여라.

풀이 W에 속하는 임의의 두 벡터 $\sum_{i=0}^{2} a_i x^i$, $\sum_{i=0}^{2} b_i x^i$ 와 실수 α에 대하여

$$\sum_{i=0}^{2} a_i x^i + \sum_{i=0}^{2} b_i x^i = \sum_{i=0}^{2} (a_i + b_i) x^i \in W, \qquad \alpha \sum_{i=0}^{2} a_i x^i = \sum_{i=0}^{2} (\alpha a_i) x^i \in W$$

이므로 W 는 V의 부분공간이다.

다음은 체 F위에서 정의된 벡터공간 V의 두 부분공간 U, W를 이용하여 새로운 부분공간을 만드는 방법에 대하여 살펴본다.

정리

체 F위에서 정의된 벡터공간 V의 부분공간 U, W에 대하여 V의 부분집합

$$U+W=\{u+w \mid u \in U,\ w \in W\}$$

는 벡터공간 V의 부분공간이다.

증명 임의의 벡터 $u_1, u_2 \in U,\ w_1, w_2 \in W$와 $\alpha \in F$ 에 대하여

$$(u_1+w_1)+(u_2+w_2)=(u_1+u_2)+(w_1+w_2) \in U+W$$

$$\alpha(u_1+w_1)=\alpha u_1+\alpha w_1 \in U+W$$

이므로 $U+W$ 는 체 F위에서 벡터공간 V의 부분공간이다. ▣

정리

U, W가 V의 부분공간일 때 V의 부분공간 S에 대하여 $U \subset S$이고 $W \subset S$이면 $U+W \subset S$ 이다.

증명 $U \subset S$ 이고 $W \subset S$ 이므로

$$U+W \subset S+S=S$$

이다. 따라서 $U+W \subset S$ 이다. ▣

참고 위 정리에 의하여 $U+W$는 U와 W를 포함하는 V의 부분공간 중에서 가장 작은 부분공간이다.

예제 체 $F=\mathbb{R}$ 위에서 정의된 벡터공간 $V=\mathbb{R}^3$ 의 부분공간

$$U=\{(a,0,0) \mid a \in \mathbb{R}\}, \qquad W=\{(0,b,0) \mid b \in \mathbb{R}\}$$

에 대하여 $U+W$는 다음과 같다.

$$U+W=\{(a,b,0) \mid a, b \in \mathbb{R}\}.$$

예제 체 F위에서 정의된 벡터공간 V의 n개의 부분공간 $U_1, U_2, \cdots, U_n$에 대하여 V의 부분집합

$$W = U_1 + U_2 + \cdots + U_n = \{u_1 + u_2 + \cdots + u_n \mid u_i \in U_i,\ i = 1, 2, \cdots, n\}$$

는 체 F위에서 벡터공간 V의 부분공간이 됨을 보여라.

풀이 임의의 벡터 $u_i, v_i \in U_i,\ i = 1, 2, \cdots, n$ 와 $\alpha \in F$ 에 대하여

$$\begin{aligned}(u_1 + u_2 + \cdots + u_n) + (v_1 + v_2 + \cdots + v_n) &= (u_1 + v_1) + (u_2 + v_2) + \cdots + (u_n + v_n) \\ &\in U_1 + U_2 + \cdots + U_n\end{aligned}$$

$$\alpha(u_1 + u_2 + \cdots + u_n) = \alpha u_1 + \alpha u_2 + \cdots + \alpha u_n \in U_1 + U_2 + \cdots + U_n$$

이므로 W는 벡터공간 V의 부분공간이다.

정리

체 F위에서 정의된 벡터공간 V의 부분공간 U, W에 대하여 V의 부분집합

$$U \cap W = \{v \in V \mid v \in U \text{ 이고 } v \in W\}$$

는 벡터공간 V의 부분공간이다.

증명 임의의 두 벡터 $v_1, v_2 \in U \cap W$ 와 $\alpha \in F$ 에 대하여 $v_1 + v_2 \in U$, $\alpha v_1 \in U$이고 $v_1 + v_2 \in W$, $\alpha v_1 \in W$이므로

$$v_1 + v_2 \subset U \cap W, \qquad \alpha v_1 \subset U \cap W$$

이다. 따라서 $U \cap W$는 벡터공간 V의 부분공간이 된다. ▣

정리

U, W가 V의 두 부분공간일 때 V의 부분공간 T가 U와 W에 포함된다면 T는 $U \cap W$에 포함된다.

증명 $T \subseteq U$, $T \subseteq W$ 이므로

$$T = T \cap T \subseteq U \cap W$$

이다. 따라서 정리가 성립한다. ▣

참고 위 정리에 의하여 $U \cap W$는 U와 W에 포함되는 V의 부분공간 중에서 가장 큰 부분공간이다.

예제 체 $F = \mathbb{R}$ 위에서 정의된 벡터공간 $V = \mathbb{R}^3$의 부분공간 $U = \{(a,\ 0,\ 0) \mid a \in \mathbb{R}\}$와 $W = \{(0, b, 0) \mid b \in \mathbb{R}\}$에 대하여 $U \cap W$는 다음과 같다.

$$U \cap W = \{(0,0,0)\}$$

예제 체 F위에서 정의된 벡터공간 V의 n개의 부분공간 $U_1, U_2, \cdots, U_n$에 대하여 V의 부분집합

$$\bigcap_{i=1}^{n} U_i = \{v \in V \mid v \in U_i\ ,\ \ i = 1,2, \cdots, n\}$$

는 벡터공간 V의 부분공간이 된다.

참고 체 F위에서 정의된 벡터공간 V의 부분공간 U, W에 대하여 V의 부분집합

$$U \cup W = \{v \in V \mid v \in U \text{ 또는 } v \in W\}$$

는 일반적으로 벡터공간 V의 부분공간이 아니다. 예를 들면,
체 $F = \mathbb{R}$ 위에서 정의된 벡터공간 $V = \mathbb{R}^3$의 부분공간 $U = \{(a,\ 0,\ 0) \mid a \in \mathbb{R}\}$와 $W = \{(0,\ b,\ 0) \mid b \in \mathbb{R}\}$에 대하여 $U \cup W$는 다음과 같다.

$$U \cup W = \{(a, 0, 0) \mid a \in \mathbb{R}\} \cup \{(0, b, 0) \mid b \in \mathbb{R}\}$$

그런데 두 벡터 $(1,0,0), (0,1,0) \in U \cup W$에 대하여

$$(1,0,0) + (0,1,0) = (1,1,0) \notin U \cup W$$

이므로 $U \cup W$는 V의 부분공간이 아니다.

정리

체 F의 원소를 성분으로 갖는 행렬 $A \in M_{m \times n}(F)$에 대하여 일차연립방정식 $AX = O$의 해집합

$$W = \{X \in F^n \mid AX = O\}$$

은 F^n의 부분공간이다.

증명 해집합에 속하는 두 벡터 $X, Y \in W$와 스칼라 $\alpha \in F$에 대하여

$$A(X+Y) = AX + AY = O + O = O$$
$$A(\alpha X) = \alpha(AX) = \alpha O = O$$

이므로 $X + Y \in W$, $\alpha X \in W$이다. 따라서 W는 F^n의 부분공간이다. ▣

정의

체 F의 원소를 성분으로 갖는 행렬 $A \in M_{m \times n}(F)$에 대하여 일차연립방정식 $AX = O$의 해집합으로 이루어진 F^n의 부분공간

$$W = \{X \in F^n \mid AX = O\}$$

를 행렬 A의 영공간(null space)이라고 한다. 그리고 A의 영공간을 $N(A)$로 나타내기로 한다.

예제 행렬 $A = \begin{pmatrix} 1 & -1 \\ 0 & 5 \end{pmatrix} \in M_{2 \times 2}(\mathbb{R})$의 영공간 $N(A)$을 구하여라.

풀이 행렬 A의 영공간 $N(A)$는 다음과 같다.

$$N(A) = \{X \in \mathbb{R}^2 \mid AX = O\} = \left\{\begin{pmatrix} x_1 \\ x_2 \end{pmatrix} \in \mathbb{R}^2 \;\middle|\; \begin{pmatrix} x_1 - x_2 \\ 5x_2 \end{pmatrix} = \begin{pmatrix} 0 \\ 0 \end{pmatrix}\right\} = \left\{\begin{pmatrix} 0 \\ 0 \end{pmatrix}\right\}$$

예제 행렬 $A=\begin{pmatrix}2 & 1\\ 0 & 0\end{pmatrix}\in M_{2\times 2}(\mathbb{R})$의 영공간 $N(A)$을 구하여라.

풀이 행렬 A의 영공간 $N(A)$는 다음과 같다.

$$\begin{aligned} N(A) &= \left\{\begin{pmatrix}x_1\\ x_2\end{pmatrix}\in\mathbb{R}^2 \mid \begin{pmatrix}2 & 1\\ 0 & 0\end{pmatrix}\begin{pmatrix}x_1\\ x_2\end{pmatrix}=\begin{pmatrix}0\\ 0\end{pmatrix}\right\} \\ &= \left\{\begin{pmatrix}x_1\\ x_2\end{pmatrix}\in\mathbb{R}^2 \mid 2x_1+x_2=0\right\} \\ &= \left\{\begin{pmatrix}t\\ -2t\end{pmatrix}\in\mathbb{R}^2 \mid t\in\mathbb{R}\right\} \end{aligned}$$

정의

체 F위에서 정의된 벡터공간 V의 두 부분공간 U, W에 대하여 $U\cap W=\{O\}$이면 V의 부분공간 $U+W$를 U와 W의 직합(direct sum)이라고 하고 $U\oplus W$로 나타낸다.

예제 체 $F=\mathbb{R}$ 위에서 정의된 벡터공간 $V=\mathbb{R}^2$의 두 부분공간을 $U=\{(a,0)\mid a\in\mathbb{R}\}$와 $W=\{(0,b)\mid b\in\mathbb{R}\}$라고 하자. 그러면 두 부분공간의 교집합은 $U\cap W=\{(0,0)\}$이므로 $U+W=U\oplus W$이다. 또한 $\mathbb{R}^2=U+W$이므로 $\mathbb{R}^2=U\oplus W$이다.

참고 벡터공간 V에 대하여 $V=U\oplus W$를 만족시키는 부분공간 U, W는 유일하지 않음을 다음의 예로부터 알 수 있다.

예제 체 $F=\mathbb{R}$ 위에서 정의된 벡터공간 $V=\mathbb{R}^2$의 세 부분공간을 각각

$$U=\{(a,0)\mid a\in\mathbb{R}\},\quad W_1=\{(0,b)\mid b\in\mathbb{R}\},\quad W_2=\{(c,2c)\mid c\in\mathbb{R}\}$$

라고 하자. 그러면

$$U\cap W_1=\{O\},\qquad U\cap W_2=\{O\}$$

이다. 또한

$$\mathbb{R}^2 = U + W_1, \qquad \mathbb{R}^2 = U + W_2$$

따라서

$$V = U \oplus W_1 = U \oplus W_2$$

이므로 $V = U \oplus W$ 를 만족시키는 부분공간 U, W는 유일하지 않음을 알 수 있다.

정리

체 F위에서 정의된 벡터공간 V의 두 부분공간을 U, W라고 할 때 $V = U \oplus W$이기 위한 필요충분조건은 임의의 벡터 $v \in V$에 대하여 다음과 같이 유일하게 표시되는 벡터 $u \in U$, $w \in W$가 존재하는 것이다.

$$v = u + w$$

증명 $V = U \oplus W$이라고 가정하면 임의의 벡터 $v \in V$에 대하여 벡터 $u \in U$, $w \in W$가 존재하여 $v = u + w$으로 표시된다. 유일성을 증명하기 위하여 벡터 $u_1, u_2 \in U$, $w_1, w_2 \in W$에 대하여

$$v = u_1 + w_1 = u_2 + w_2$$

이라면 $u_1 - u_2 = w_2 - w_1$ 이고 $u_1 - u_2 \in U$, $w_2 - w_1 \in W$ 이므로

$$u_1 - u_2 = w_2 - w_1 \in U \cap W = \{O\}$$

이다. 따라서 $u_1 = u_2$, $w_1 = w_2$이 되어 유일성이 증명된다.

역으로, 임의의 벡터 $v \in V$에 대하여 벡터 $u \in U$, $w \in W$가 존재하여 $v = u + w$으로 유일하게 표시된다고 가정하자. $V = U \oplus W$임을 증명하기 위하여 $U \cap W = \{O\}$임을 보이면 된다. 임의의 벡터 $v \in U \cap W$는 $v \in U$이고 $v \in W$이다. 또한 $v \in U \cap W$는

$$v = v + O = O + v$$

로 표시되는데 가정에 의하여 이 표현방법은 유일하므로 $v = O$이다. 따라서 $U \cap W = \{O\}$이 증명된다. 결과적으로 $V = U \oplus W$이 성립한다. ▣

예제 체 F위에서 정의된 벡터공간 $M_{n\times n}(F)$의 두 부분공간

$$U=\{A\in M_{n\times n}(F) \mid A^T=A\},\quad W=\{A\in M_{n\times n}(F) \mid A^T=-A\}$$

에 대하여 $M_{n\times n}(F)=U\oplus W$ 임을 보여라.

풀이 임의의 $A\in M_{n\times n}(F)$는 다음과 같이 나타낼 수 있다.

$$A=\frac{A+A^T}{2}+\frac{A-A^T}{2}$$

그런데 $\frac{A+A^T}{2}\in U$ 이고 $\frac{A-A^T}{2}\in W$ 이므로 임의의 $A\in M_{n\times n}(F)$는 U와 W에 속하는 벡터의 합으로 나타낼 수 있다. 이제 유일성을 보이기 위하여

$$A=B_1+C_1=B_2+C_2,\quad (B_1,B_2\in U,\quad C_1,C_2\in W)$$

이라고 가정하면

$$B_1-B_2=C_2-C_1\in U\cap W$$

이다. 따라서

$$(B_1-B_2)^T=B_1-B_2 \text{이고 } (B_1-B_2)^T=-(B_1-B_2)=-B_1+B_2$$

이다. 즉, $B_1-B_2=-B_1+B_2$ 이 되어 $2B_1=2B_2$ 이므로 $B_1=B_2$ 이다. 마찬가지로

$$(C_1-C_2)^T=C_1-C_2 \text{이고 } (C_1-C_2)^T=-(C_1-C_2)=-C_1+C_2$$

이다. 즉, $C_1-C_2=-C_1+C_2$ 이 되어 $2C_1=2C_2$ 이므로 $C_1=C_2$ 이다. 그러므로 표현방법의 유일성이 증명되고 위 정리에 의하여 $M_{n\times n}(F)=U\oplus W$ 이다.

연습 문제

1. 체 $F=\mathbb{R}$ 위에서 정의된 벡터공간 $V\subseteq\mathbb{R}^2$의 부분집합 W가 다음과 같이 정의된 연산에 대하여 부분공간이 되는지를 판정하고 이유를 설명하여라.

(1) 벡터공간 : $V=\{(a,a)\mid a\in\mathbb{R}\}$
연산 : 임의의 원소 $u=(a,a)$, $v=(b,b)$와 실수 α에 대하여

$$\text{“}u+v=(a+b,a+b),\quad \alpha u=(\alpha a,\alpha a)\text{”}$$

부분집합 : $W=\{(a,a)\mid a\in\mathbb{Q}\}$

(2) 벡터공간 : $V=\{(a,b)\mid a,b\in\mathbb{R}\}$
연산 : 임의의 원소 $u=(a,b)$, $v=(c,d)$와 실수 α에 대하여

$$\text{“}u+v=(a+c,b+d),\quad \alpha u=(\alpha a,\alpha b)\text{”}$$

부분집합 : $W=\{(a,0)\mid a\in\mathbb{Z}\}$

2. 체 $F=\mathbb{R}$ 위에서 정의된 벡터공간 $V\subseteq\mathbb{R}^3$의 부분집합 W가 다음과 같이 정의된 연산에 대하여 부분공간이 되는지를 판정하고 이유를 설명하여라.

(1) 벡터공간 : $V=\{(a,a,-a)\mid a\in\mathbb{R}\}$
연산 : 임의의 원소 $u=(a,a,-a)$, $v=(b,b,-b)$와 실수 α에 대하여

$$\text{“}u+v=(a+b,a+b,-a-b),\quad \alpha u=(\alpha a,\alpha a,-\alpha a)\text{”}$$

부분집합 : $W=\{(a,a,-a)\mid a\in\mathbb{Q}\}$

(2) 벡터공간 : $V=\mathbb{R}^3$
연산 : 임의의 원소 $u=(u_1,u_2,u_3)$, $v=(b_1,b_2,b_3)$와 실수 α에 대하여

$$\text{“}u+v=(a_1+b_1,\ a_2+b_2,\ a_3+b_3),\quad \alpha u=(\alpha a_1,\alpha a_2,\alpha a_3)\text{”}$$

부분집합 : $W=\{(1,b,c)\mid b,c\in\mathbb{R}\}$

3. 체 $F=\mathbb{R}$ 위에서 정의된 벡터공간 $V\subseteq M_{2\times 2}(\mathbb{R})$의 부분집합 W가 다음과 같이 정의된 연산에 대하여 부분공간이 되는지를 판정하고 이유를 설명하여라.

벡터공간 : $V = \left\{\begin{pmatrix} a & b \\ 0 & a \end{pmatrix} \mid a, b \in \mathbb{R}\right\}$

연산 : 임의의 원소 $u = \begin{pmatrix} a & b \\ 0 & a \end{pmatrix}$, $v = \begin{pmatrix} c & d \\ 0 & c \end{pmatrix}$와 실수 α에 대하여

$$\text{“}u + v = \begin{pmatrix} a+c & b+d \\ 0 & a+c \end{pmatrix}, \quad \alpha u = \begin{pmatrix} \alpha a & \alpha b \\ 0 & \alpha a \end{pmatrix}\text{”}$$

부분집합 : $W = \left\{\begin{pmatrix} a & a \\ 0 & a \end{pmatrix} \mid a \in \mathbb{Q}\right\}$

4. 체 $F = \mathbb{R}$ 위에서 다음과 같이 정의된 벡터공간 V의 부분공간 U와 W를 포함하는 V의 부분공간 중에서 가장 작은 부분공간을 구하여라.

(1) $V = \mathbb{R}^2$, $U = \{(a, 0) \mid a \in \mathbb{R}\}$, $W = \{(b, b) \mid b \in \mathbb{R}\}$

(2) $V = \mathbb{R}^3$, $U = \{(a, b, 0) \mid a, b \in \mathbb{R}\}$, $W = \{(a, 0, -a) \mid a \in \mathbb{R}\}$

(3) $V = M_{2\times 2}(\mathbb{R})$, $U = \left\{\begin{pmatrix} a & b \\ 0 & a \end{pmatrix} \mid a, b \in \mathbb{R}\right\}$, $W = \left\{\begin{pmatrix} a & b \\ -b & a \end{pmatrix} \mid a, b \in \mathbb{R}\right\}$

5. 체 $F = \mathbb{R}$ 위에서 다음과 같이 정의된 벡터공간 V의 부분공간 U와 W에 포함되는 V의 부분공간 중에서 가장 큰 부분공간을 구하여라.

(1) $V = \mathbb{R}^2$, $U = \{(a, 0) \mid a \in \mathbb{R}\}$, $W = \{(b, b) \mid b \in \mathbb{R}\}$

(2) $V = \mathbb{R}^3$, $U = \{(a, b, 0) \mid a, b \in \mathbb{R}\}$, $W = \{(a, 0, -a) \mid a \in \mathbb{R}\}$

(3) $V = M_{2\times 2}(\mathbb{R})$, $U = \left\{\begin{pmatrix} a & b \\ 0 & a \end{pmatrix} \mid a, b \in \mathbb{R}\right\}$, $W = \left\{\begin{pmatrix} a & b \\ -b & a \end{pmatrix} \mid a, b \in \mathbb{R}\right\}$

6. 체 $F = \mathbb{R}$ 위에서 정의된 다음 벡터공간 V의 부분공간 U와 W에 대하여 직합 $U \oplus W$를 구하여라.

(1) $V = \mathbb{R}^2$, $U = \{(a, -a) \mid a \in \mathbb{R}\}$, $W = \{(b, b) \mid b \in \mathbb{R}\}$

(2) $V = \mathbb{R}^3$, $U = \{(0, a, b) \mid a, b \in \mathbb{R}\}$, $W = \{(a, 0, -a) \mid a \in \mathbb{R}\}$

(3) $V = M_{2\times 2}(\mathbb{R})$, $U = \left\{\begin{pmatrix} a & b \\ 0 & -a \end{pmatrix} \mid a, b \in \mathbb{R}\right\}$, $W = \left\{\begin{pmatrix} a & b \\ -b & a \end{pmatrix} \mid a, b \in \mathbb{R}\right\}$

7. 체 $F = \mathbb{R}$ 위에서 정의된 벡터공간 $V = M_{2\times 2}(\mathbb{R})$에 속하는 행렬 A에 대하여 V

의 부분집합 W를 다음과 같이 놓을 때 W가 V의 부분공간이 됨을 보여라.

$$W = \{B \in V \mid AB = BA\}$$

8. 체 $F = \mathbb{R}$ 위에서 정의된 벡터공간 $V = C[a,b]$의 부분집합 W를 다음과 같이 놓을 때 W가 V의 부분공간이 됨을 보여라.

(1) $W = \{f \in V \mid f$는 구간 $[a,b]$에서 적분가능한 함수$\}$

(2) $W = \{f \in V \mid f(-x) = f(x),\ x \in [a,b]\}$

9. 체 $F = \mathbb{R}$ 위에서 정의된 벡터공간 $V = M_{n \times n}(\mathbb{R})$의 부분집합 W가 다음과 같을 때 W가 V의 부분공간이 되는지 판정하고 이유를 설명하여라.

(1) $W = \{A \in V \mid tr(A) = 0\}$

(2) $W = \{A \in V \mid A^T = A\}$

(3) $W = \{A \in V \mid A^T = -A\}$

(4) $W = \{A \in V \mid A^2 = O\}$

(5) $W = \{A \in V \mid A^2 = A\}$

(6) $W = \{A \in V \mid \det(A) = 0\}$

(7) $W = \{A \in V \mid \det(A) = 5\}$

3.4 일차독립, 일차종속

이 절에서는 벡터공간의 기저를 정의하는데 필요한 벡터들 사이의 관계에 대한 개념인 일차독립과 일차종속의 정의와 이에 대한 기본적인 성질들에 대하여 살펴본다.

정의

체 F 위에서 정의된 벡터공간 V에 속하는 벡터 $v_1, v_2, \cdots, v_n$가 스칼라 $a_i \in F$, $i = 1, 2, \cdots, n$에 대하여 다음 조건을 만족하면 $v_1, v_2, \cdots, v_n$를 일차독립(linearly independent)이라고 한다.

$$\sum_{i=1}^{n} a_i v_i = O \quad \Rightarrow \quad a_i = 0, \quad i = 1, 2, \cdots, n$$

만일 $v_1, v_2, \cdots, v_n$이 일차독립이 아니면 일차종속(linearly dependent)이라고 한다.

참고 1. 정의에 의하여 적어도 하나는 영이 아닌 스칼라 $a_i \in F$, $i = 1, 2, \cdots, n$가 존재하여 $\sum_{i=1}^{n} a_i v_i = O$이면 벡터 $v_1, v_2, \cdots, v_n$는 일차종속이 된다.

2. 일차 종속과 일차 독립의 성질은 벡터들을 나열하는 순서와는 무관하다는 것을 정의에 의하여 알 수 있다.

예제 체 $F = \mathbb{R}$ 위에서 정의된 벡터공간 $V = \mathbb{R}$에 속하는 벡터 2가 일차독립인 벡터임을 다음과 같이 보일 수 있다. 실수 a에 대하여

$$a \times 2 = 0 \quad \Rightarrow \quad a = 0$$

예제 체 $F = \mathbb{R}$ 위에서 정의된 벡터공간 $V = \mathbb{R}^2$에 속하는 두 벡터 $(1, -2)$, $(2, 1)$이 일차독립인 벡터임을 다음과 같이 보일 수 있다. 실수 a, b에 대하여

$$a(1, -2) + b(2, 1) = (0, 0) \quad \Rightarrow \quad a + 2b = 0, \ -2a + b = 0 \quad \Rightarrow \quad a = 0 = b$$

예제 체 $F=\mathbb{R}$ 위에서 정의된 벡터공간 $V=\mathbb{R}^2$에 속하는 두 벡터 $(1,-2)$, $(-4,8)$은 일차종속인 벡터임을 보여라.

풀이 실수 $a=4$, $b=1$에 대하여

$$a(1,-2)+b(-4,8) = 4(1,-2)+(-4,8) = (0,0)$$

이므로 두 벡터 $(1,-2), (-4,8)$은 일차종속이다.

예제 체 $F=\mathbb{R}$ 위에서 정의된 벡터공간 $V=\mathbb{R}^3$에 속하는 세 벡터 $(1,\ 1,\ 1)$, $(1,\ 0,\ 1)$, $(0,\ 1,\ 1)$은 일차독립인 벡터임을 보여라.

풀이 실수 $a,\ b,\ c$에 대하여

$$a(1,\ 1,\ 1)+b(1,\ 0,\ 1)+c(0,\ 1,\ 1) = (0,\ 0,\ 0)$$

이라고 가정하면

$$\begin{cases} a+b = 0 \\ a+c = 0 \\ a+b+c = 0 \end{cases}$$

이다. 따라서 $a=b=c=0$ 이 되어 세 벡터 $(1,1,1), (1,0,1), (0,1,1)$은 일차독립이다.

예제 체 $F=\mathbb{R}$ 위에서 정의된 벡터공간

$$V=\mathbb{R}_2[x]=\left\{\sum_{i=0}^{2} a_i x^i \mid a_i \in \mathbb{R},\ i=0,1,2\right\}$$

에 속하는 세 벡터 $1,\ x,\ x^2$은 일차독립임을 보여라.

풀이 실수 a,b,c에 대하여 $a1+bx+cx^2=0$이라 가정하자. 양변을 미분하면 $b+2cx=0$이고 한 번 더 미분하면 $2c=0$이다. 따라서 $a=b=c=0$이므로 세 벡터 $1,\ x,\ x^2$은 일차독립이다.

정리

체 F 위에서 정의된 벡터공간 V에 속하는 벡터 $v_1, v_2, \cdots, v_n$ 중에 영벡터 O가 포함되어 있으면 $v_1, v_2, \cdots, v_n$는 일차종속이다.

증명 가정에 의하여 $v_j = O$ 이라고 하고 $a_i \in F$ 를 다음과 같이 정의하자.

$$a_i = \begin{cases} 0, & i \neq j \\ 1, & i = j \end{cases}$$

그러면 $a_j \neq 0$에 대하여 $\sum_{i=1}^{n} a_i v_i = O$ 이 되어 $v_1, v_2, \cdots, v_n$ 는 일차종속이다. ▣

정리

체 F 위에서 정의된 벡터공간 V에 속하는 두 벡터 $u, v \in V$가 일차 종속일 필요충분조건은 적당한 $\alpha \neq 0 \in F$가 존재하여 $u = \alpha v$ (또는 $v = \alpha u$)인 것이다.

증명 두 벡터 $u, v \in V$ 가 일차 종속이라고 가정하면 적어도 하나는 0이 아닌 스칼라 $a, b \in F$가 존재하여 $au + bv = O$ 이다. 이때 $a \neq 0$이라 하면 $u = -(a^{-1}b)v$이므로 $\alpha = -(a^{-1}b)$에 대하여 $u = \alpha v$ 이다. 만일 $b \neq 0$이라 하면 $v = -(b^{-1}a)u$이므로 $\alpha = -(b^{-1}a)$에 대하여 $v = \alpha u$ 이다.

역으로 적당한 $\alpha \in F$가 존재하여 $u = \alpha v$이면 $u + (-\alpha)v = O$이므로 두 벡터 u, v는 일차 종속이다. 마찬가지로 만일 $v = \alpha u$이면 $(-\alpha)u + v = O$이므로 두 벡터 u, v는 일차 종속이다. ▣

예제 체 $F = \mathbb{R}$ 위에서 정의된 벡터공간 $V = \mathbb{R}^2$에 속하는 두 벡터 $(2, -8)$, $(-1, 4)$는 일차종속인 벡터임을 보여라.

풀이 실수 $\alpha = -2$에 대하여

$$(2, -8) = (-2)(-1, 4)$$

이므로 정리에 의하여 두 벡터 $(1, -2)$, $(-4, 8)$은 일차종속이다.

예제 체 $F = \mathbb{R}$ 위에서 정의된 벡터공간 $V = \mathbb{R}_2[x]$에 속하는 두 벡터 $1, x$에 대하여 $1 = \alpha x$ 를 만족시키는 $\alpha \in \mathbb{R}$ 가 존재하지 않는다. 또한 $x = \alpha 1$을 만족시키는 $\alpha \in \mathbb{R}$ 가 존재하지 않는다. 따라서 정리에 의하여 두 벡터 $1, x$는 일차독립이다.

정의

체 F 위에서 정의된 벡터공간 V에 속하는 벡터 $v_1, v_2, \cdots, v_n$와 스칼라 $a_i \in F$, $i = 1, 2, \cdots, n$에 대하여 $\sum_{i=1}^{n} a_i v_i$를 벡터 $v_1, v_2, \cdots, v_n$의 일차결합(linear combination)이라고 한다.

참고 벡터 $v \in V$를 V에 속하는 벡터들의 일차결합으로 나타내는 방법은 유일하지 않다.

예제 체 $F = \mathbb{R}$ 위에서 정의된 벡터공간 $V = \mathbb{R}^2$에 속하는 벡터 $(3, 7)$은 두 벡터 $(1, 0)$, $(0, 1)$의 일차결합으로 다음과 같이 나타낼 수 있다.

$$(3, 7) = 3(1, 0) + 7(0, 1)$$

또한 벡터 $(3, 7)$은 두 벡터 $(1, 1)$, $(-2, 1)$의 일차결합으로 다음과 같이 나타낼 수 있다.

$$(3, 7) = \frac{17}{3}(1, 1) + \frac{4}{3}(-2, 1)$$

따라서 벡터 $(3, 7)$를 일차결합으로 나타낼 수 있는 방법은 유일하지 않다.

예제 체 $F = \mathbb{R}$ 위에서 정의된 벡터공간 $V = \mathbb{R}_2[x]$에 속하는 벡터 $2 + x$는 두 벡터 1, x의 일차결합으로 다음과 같이 나타낼 수 있다.

$$2 + x = 2 \times 1 + 1 \times x$$

또한 벡터 $2 + x$는 두 벡터 8, $2 + 2x$의 일차결합으로 다음과 같이 나타낼 수 있다.

$$2 + x = \left(\frac{1}{8}\right) \times 8 + \left(\frac{1}{2}\right) \times (2 + 2x)$$

따라서 벡터 $2 + x$를 일차결합으로 나타낼 수 있는 방법은 유일하지 않다.

정리

체 F 위에서 정의된 벡터공간 V에 속하는 벡터 $v_1, v_2, \cdots, v_n$에 대하여 집합

$$S = \left\{ \sum_{i=1}^{n} a_i v_i \mid a_i \in F,\ i = 1, 2, \cdots, n \right\}$$

는 V의 부분공간이다.

증명 임의의 두 벡터 $\sum_{i=1}^{n} a_i v_i, \sum_{i=1}^{n} b_i v_i \in S$ $(a_i, b_i \in F,\ i = 1, 2, \cdots, n)$와 스칼라 $\alpha \in F$에 대하여

$$\sum_{i=1}^{n} a_i v_i + \sum_{i=1}^{n} b_i v_i = \sum_{i=1}^{n} (a_i + b_i) v_i \in S,$$

$$\alpha \sum_{i=1}^{n} a_i v_i = \sum_{i=1}^{n} (\alpha a_i) v_i \in S$$

이므로 S는 V의 부분공간이다. ▣

예제 체 $F = \mathbb{R}$ 위에서 정의된 벡터공간 $V = \mathbb{R}^2$에 속하는 벡터 $(2, 10)$에 대하여 집합

$$S = \{ a(2, 10) \mid a \in \mathbb{R} \}$$

는 $\mathbb{R}^2$의 부분공간이다. 기하학적으로 S는 좌표평면 위에 원점 $(0, 0)$을 지나고 기울기가 5인 직선 $y = 5x$상의 모든 점을 나타낸다.

예제 체 $F = \mathbb{R}$ 위에서 정의된 벡터공간 $V = \mathbb{R}_2[x]$에 속하는 벡터 12에 대하여 집합

$$S = \{ a \times 12 \mid a \in \mathbb{R} \}$$

는 $\mathbb{R}^2[x]$의 부분공간이다. 실제로 $S = \mathbb{R}$이므로 $\mathbb{R}$는 $\mathbb{R}^2[x]$의 부분공간이다.

정의

체 F 위에서 정의된 벡터공간 V에 속하는 벡터 $v_1, v_2, \cdots, v_n$의 일차결합 전체의 집합으로 이루어진 V의 부분공간

$$S = \left\{ \sum_{i=1}^{n} a_i v_i \mid a_i \in F,\ i = 1, 2, \cdots, n \right\}$$

를 벡터 $v_1, v_2, \cdots, v_n$으로 생성된 부분공간이라고 하고 $span\{v_1, v_2, \cdots, v_n\}$으로 나타낸다. 이 때, $v_1, v_2, \cdots, v_n$는 부분공간 S를 생성한다고 한다.

참고 $X = \{v_1, v_2, \cdots, v_n\}$일 때 간단히 $span\{v_1, v_2, \cdots, v_n\} = span(X)$로 나타내기도 한다.

예제 체 $F = \mathbb{R}$ 위에서 정의된 벡터공간 $V = \mathbb{R}^2$에 대하여

$$span\{(1,0),(0,1)\} = \mathbb{R}^2$$

이다. 따라서 $\mathbb{R}^2$는 벡터 $(1,0), (0,1)$에 의하여 생성된다. 또한

$$span\{(1,0),(0,1)\} = \mathbb{R}^2 = span\{(1,1),(-1,1)\}$$

이다. 즉, $\mathbb{R}^2$를 생성하는 벡터는 유일하지 않다.

예제 체 $F = \mathbb{R}$ 위에서 정의된 벡터공간 $V = \mathbb{R}^3$에 대하여

$$\mathbb{R}^3 = span\{(1,0,0),(0,1,0),(0,0,1)\}$$

이므로 세 벡터 $(1,0,0), (0,1,0), (0,0,1)$은 벡터공간 $\mathbb{R}^3$를 생성한다.

예제 체 $F = \mathbb{R}$ 위에서 정의된 벡터공간 $V = \mathbb{R}_2[x]$에 대하여

$$\mathbb{R}_2[x] = span\{1,\ x,\ x^2\}$$

이므로 $V = \mathbb{R}_2[x]$는 $1, x, x^2$에 의하여 생성된다.

예제 체 $F=\mathbb{R}$ 위에서 정의된 벡터공간 $V=M_{2\times 2}(\mathbb{R})$에 대하여

$$M_{2\times 2}(\mathbb{R})=span\left\{\begin{pmatrix}1&0\\0&0\end{pmatrix},\begin{pmatrix}0&1\\0&0\end{pmatrix},\begin{pmatrix}0&0\\1&0\end{pmatrix},\begin{pmatrix}0&0\\0&1\end{pmatrix}\right\}$$

이므로 벡터공간 $V=M_{2\times 2}(\mathbb{R})$는 4개의 벡터 $\begin{pmatrix}1&0\\0&0\end{pmatrix},\begin{pmatrix}0&1\\0&0\end{pmatrix},\begin{pmatrix}0&0\\1&0\end{pmatrix},\begin{pmatrix}0&0\\0&1\end{pmatrix}$에 의하여 생성된다.

MATLAB 활용하기

이 절에 속한 개념 중 MATLAB을 활용하여 해결할 수 있는 문제는 다음과 같다.

1. $\mathbb{R}^2$에 속하는 두 벡터가 일차독립임을 판정할 수 있다.

예제 두 벡터 $u=(2, 5)$, $v=(8, -1)$가 일차독립임을 다음과 같이 판정할 수 있다.

(1) rref([2 5;8 −1])을 입력한다.

(2) Enter키를 누른다.

[결과] ans =

```
 1  0
 0  1
```

[결과 해석] 행렬 $\begin{pmatrix} 2 & 5 \\ 8 & -1 \end{pmatrix}$의 기약행사다리꼴 행렬이 $\begin{pmatrix} 1 & 0 \\ 0 & 1 \end{pmatrix}$이므로 두 벡터는 일차독립이다.

2. $\mathbb{R}^2$에 속하는 두 벡터가 일차종속임을 판정할 수 있다.

예제 두 벡터 $u=(2, 5)$, $v=(4, 10)$가 일차종속임을 다음과 같이 판정할 수 있다.

(1) rref([2 5;4 10])을 입력한다.

(2) Enter키를 누른다.

[결과] ans =

```
 1.0000   2.5000
      0        0
```

[결과 해석] 행렬 $\begin{pmatrix} 2 & 5 \\ 4 & 10 \end{pmatrix}$의 기약행사다리꼴 행렬이 $\begin{pmatrix} 1 & 2.5 \\ 0 & 0 \end{pmatrix}$이므로 둘째 행의 성분이 모두 0이 되어 두 벡터는 일차종속이다.

3. $\mathbb{R}^3$에 속하는 두 벡터가 일차독립임을 판정할 수 있다.

예제 세 벡터 $u=(7, 0, -2)$, $v=(1, 4, 1)$, $w=(0, 6, 3)$가 일차독립임을 다음과 같이 판정할 수 있다.

(1) rref([7 0 −2;1 4 1;0 6 3])을 입력한다.

(2) Enter키를 누른다.

[결과] ans =

```
1 0 0
0 1 0
0 0 1
```

[결과 해석] 행렬 $\begin{pmatrix} 7 & 0 & -2 \\ 1 & 4 & 1 \\ 0 & 6 & 3 \end{pmatrix}$의 기약행사다리꼴 행렬이 $\begin{pmatrix} 1 & 0 & 0 \\ 0 & 1 & 0 \\ 0 & 0 & 1 \end{pmatrix}$이므로 세 벡터는 일차독립이다.

4. $\mathbb{R}^3$에 속하는 두 벡터가 일차종속임을 판정할 수 있다.

예제 세 벡터 $u=(7, 0, -2)$, $v=(1, 4, 1)$, $w=(2, 8, 2)$가 일차종속임을 다음과 같이 판정할 수 있다.

(1) rref([7 0 −2;1 4 1;2 8 2])을 입력한다.

(2) Enter키를 누른다.

[결과] ans =

```
1.0000        0   -0.2857
     0   1.0000    0.3214
     0        0         0
```

[결과 해석] 행렬 $\begin{pmatrix} 7 & 0 & -2 \\ 1 & 4 & 1 \\ 2 & 8 & 2 \end{pmatrix}$의 기약행사다리꼴 행렬이 $\begin{pmatrix} 1 & 0 & -0.2857 \\ 0 & 1 & 0.3214 \\ 0 & 0 & 0 \end{pmatrix}$이므로 셋 째 행의 성분이 모두 0이 되어 세 벡터는 일차종속이다.

5. $\mathbb{R}^2$에 속하는 두 벡터가 $\mathbb{R}^2$를 생성함을 판정할 수 있다.

예제 두 벡터 $u=(2, 5)$, $v=(8, -1)$가 $\mathbb{R}^2$를 생성함을 다음과 같이 판정할 수 있다.

(1) rref([2 5;8 −1])을 입력한다.

(2) Enter키를 누른다.

[결과] ans =

```
1  0
0  1
```

[결과 해석] 행렬 $\begin{pmatrix} 2 & 5 \\ 8 & -1 \end{pmatrix}$의 기약행사다리꼴 행렬이 $\begin{pmatrix} 1 & 0 \\ 0 & 1 \end{pmatrix}$이므로 두 벡터는 $\mathbb{R}^2$를 생성한다. 즉, $span((2,5),(8,-1)) = \mathbb{R}^2$이다.

6. $\mathbb{R}^3$에 속하는 세 벡터가 $\mathbb{R}^3$를 생성함을 판정할 수 있다.

예제 세 벡터 $u=(7,0,-2), v=(1,4,1), w=(0,6,3)$가 $\mathbb{R}^3$를 생성함을 다음과 같이 판정할 수 있다.

(1) rref([7 0 -2;1 4 1;0 6 3])을 입력한다.

(2) Enter키를 누른다.

[결과] ans =

```
1  0  0
0  1  0
0  0  1
```

[결과 해석] 행렬 $\begin{pmatrix} 7 & 0 & -2 \\ 1 & 4 & 1 \\ 0 & 6 & 3 \end{pmatrix}$의 기약행사다리꼴 행렬이 $\begin{pmatrix} 1 & 0 & 0 \\ 0 & 1 & 0 \\ 0 & 0 & 1 \end{pmatrix}$이므로 세 벡터는 $\mathbb{R}^3$를 생성한다. 즉, $span\{(7,0,-2),(1,4,1),(0,6,3)\} = \mathbb{R}^3$이다.

연습 문제

1. 체 $F=\mathbb{R}$ 위에서 정의된 벡터공간 $V=\mathbb{R}^2$에 속하는 다음 벡터들이 일차독립인지, 일차종속인지를 판정하고 이유를 설명하여라.

   (1) $(12,0)$ (2) $(3,2), (-7,4)$
   (3) $(2,5), (8,20)$ (4) $(0,0), (-5,2)$
   (5) $(0,1), (-5,1), (7,7)$

2. 체 $F=\mathbb{R}$ 위에서 정의된 벡터공간 $V=\mathbb{R}^3$에 속하는 다음 벡터들이 일차독립인지, 일차종속인지를 판정하고 이유를 설명하여라.

   (1) $(5,0,-1)$ (2) $(4,1,2), (9,-2,2)$
   (3) $(3,0,-2), (0,-1,7), (5,-7,5)$ (4) $(0,-2,6), (0,0,0), (10,-1,1)$
   (5) $(-1,6,5), (0,0,24), (2,-12,-10)$
   (6) $(1,0,1), (0,-5,5), (21,7,0), (3,-2,0)$

3. 체 $F=\mathbb{R}$ 위에서 정의된 벡터공간 $V=M_{2\times 2}(\mathbb{R})$에 속하는 다음 벡터들이 일차독립인지, 일차종속인지를 판정하고 이유를 설명하여라.

   (1) $\begin{pmatrix} 0 & 1 \\ 0 & 4 \end{pmatrix}, \begin{pmatrix} 4 & 2 \\ 1 & 0 \end{pmatrix}$ (2) $\begin{pmatrix} -2 & 2 \\ 7 & 7 \end{pmatrix}, \begin{pmatrix} 0 & 6 \\ 10 & 8 \end{pmatrix}$
   (3) $\begin{pmatrix} 0 & 0 \\ 0 & 0 \end{pmatrix}, \begin{pmatrix} -11 & 2 \\ 8 & 1 \end{pmatrix}, \begin{pmatrix} 5 & -1 \\ 1 & 1 \end{pmatrix}$ (4) $\begin{pmatrix} 1 & 2 \\ -4 & 2 \end{pmatrix}, \begin{pmatrix} -1 & 1 \\ 12 & 1 \end{pmatrix}, \begin{pmatrix} 15 & -4 \\ 15 & -4 \end{pmatrix}$
   (5) $\begin{pmatrix} 3 & 4 \\ 3 & 4 \end{pmatrix}, \begin{pmatrix} -6 & -8 \\ -6 & -8 \end{pmatrix}, \begin{pmatrix} 1 & 5 \\ -1 & -2 \end{pmatrix}, \begin{pmatrix} 3 & 0 \\ 0 & -2 \end{pmatrix}$
   (6) $\begin{pmatrix} 2 & -3 \\ -3 & 2 \end{pmatrix}, \begin{pmatrix} 1 & -2 \\ -1 & 0 \end{pmatrix}, \begin{pmatrix} 0 & 16 \\ -1 & 0 \end{pmatrix}, \begin{pmatrix} 7 & 5 \\ 2 & 0 \end{pmatrix}, \begin{pmatrix} -1 & 0 \\ 2 & 6 \end{pmatrix}$

4. 체 $F=\mathbb{R}$ 위에서 정의된 벡터공간 $V=\mathbb{R}_2[x]$에 속하는 다음 벡터들이 일차독립인지, 일차종속인지를 판정하고 이유를 설명하여라.

   (1) $1-x,\ 1-x^2$ (2) $x,\ x+2x^2$ (3) $2,\ -5+x,\ -3+x-x^2$

5. 체 $F=\mathbb{R}$ 위에서 정의된 벡터공간 $V=\mathbb{R}^2$에 속하는 다음 벡터들로 생성되는 부분공간 $span(X)$를 구하여라.

(1) $X=\{(5,2)\}$
(2) $X=\{(1,0),(-8,0)\}$
(3) $X=\{(1,-2),(-2,0)\}$
(4) $X=\{(7,-2),(1,6),(0,5)\}$

6. 체 $F=\mathbb{R}$ 위에서 정의된 벡터공간 $V=\mathbb{R}^3$에 속하는 다음 벡터들로 생성되는 부분공간 $span(X)$를 구하여라.

(1) $X=\{(0,2,-1)\}$
(2) $X=\{(1,0,1),(3,7,1)\}$
(3) $X=\{(1,-1,1),(-2,2,4),(0,0,1)\}$
(4) $X=\{(1,1,1),(0,1,5),(2,2,2)\}$
(5) $X=\{(0,1,-1),(1,1,0),(-1,1,0),(1,0,-1)\}$

7. 체 $F=\mathbb{R}$ 위에서 정의된 벡터공간 $V=\mathbb{R}_2[x]$에 속하는 다음 벡터들로 생성되는 부분공간 $span(X)$를 구하여라.

(1) $X=\{x\}$
(2) $X=\{8,\ 2x^2\}$
(3) $X=\{4,\ 4-2x,\ 4+2x+x^2\}$

8. 체 $F=\mathbb{R}$ 위에서 정의된 벡터공간 $V=M_{2\times 2}(\mathbb{R})$에 속하는 다음 벡터들로 생성되는 부분공간 $span(X)$를 구하여라.

(1) $X=\left\{\begin{pmatrix}1 & -1\\ 0 & 0\end{pmatrix}\right\}$
(2) $X=\left\{\begin{pmatrix}-8 & 0\\ 0 & 0\end{pmatrix},\begin{pmatrix}0 & -1\\ 0 & 0\end{pmatrix}\right\}$
(3) $X=\left\{\begin{pmatrix}1 & 0\\ 0 & 0\end{pmatrix},\begin{pmatrix}0 & 0\\ 7 & 0\end{pmatrix},\begin{pmatrix}0 & 0\\ 0 & -5\end{pmatrix}\right\}$
(4) $X=\left\{\begin{pmatrix}2 & 1\\ 0 & 0\end{pmatrix},\begin{pmatrix}0 & 0\\ 1 & 2\end{pmatrix},\begin{pmatrix}1 & 0\\ 2 & 0\end{pmatrix},\begin{pmatrix}0 & 2\\ 0 & 1\end{pmatrix}\right\}$

3.5 기저와 차원

이 절에서는 벡터공간을 생성하는 기저의 정의와 기저의 기본적인 성질에 대하여 살펴본다. 또한 벡터공간의 차원의 정의 및 차원에 대한 성질에 대하여 살펴본다.

정의

체 F 위에서 정의된 벡터공간 V의 부분집합 $\mathcal{B}=\{v_1, v_2, \cdots, v_n\}$가 다음 두 조건을 만족시키면 $\mathcal{B}$를 벡터공간 V의 기저(basis)라고 한다.

(1) $v_1, v_2, \cdots, v_n$는 일차독립이다.

(2) $V = span\{v_1, v_2, \cdots, v_n\}$

만일 $V=\{O\}$이면 V의 기저는 $\mathcal{B}=\varnothing$으로 정의한다.

참고 벡터공간의 기저는 유일하지 않다.

예제 체 $F=\mathbb{R}$ 위에서 정의된 벡터공간 $V=\mathbb{R}$에 대하여 벡터 2는 일차독립이고

$$\mathbb{R} = span\{2\}$$

이다. 따라서 $\mathcal{B}_1=\{2\}$는 $\mathbb{R}$의 기저이다.
한편 벡터 $\sqrt{5}$는 일차독립이고

$$\mathbb{R} = span\{\sqrt{5}\}$$

이다. 따라서 $\mathcal{B}_2=\{\sqrt{5}\}$ 또한 $\mathbb{R}$의 기저이다. 그러므로 $\mathbb{R}$의 기저는 유일하지 않음을 알 수 있다.

예제 체 $F=\mathbb{R}$ 위에서 정의된 벡터공간 $V=\mathbb{R}^2$에 속하는 두 벡터 $(1,0), (0,1)$은 일차독립이고

$$\mathbb{R}^2 = span\{(1,0), (0,1)\}$$

이므로 $\mathscr{B}_1 = \{(1,0),(0,1)\}$는 $\mathbb{R}^2$의 기저이다.
한편 두 벡터 $(1,1),(-1,1)$은 일차독립이고

$$\mathbb{R}^2 = span\{(1,1),(-1,1)\}$$

이므로 $\mathscr{B}_2 = \{(1,1),(-1,1)\}$ 또한 $\mathbb{R}^2$의 기저이다. 그러므로 $\mathbb{R}^2$의 기저는 유일하지 않음을 알 수 있다.

예제 체 $F=\mathbb{R}$ 위에서 정의된 벡터공간 $V=\mathbb{R}^3$에 속하는 세 벡터 $(1,0,0)$, $(0,1,0)$, $(0,0,1)$는 일차독립이고

$$\mathbb{R}^3 = span\{(1,0,0),\ (0,1,0),\ (0,0,1)\}$$

이나. 따라서 $\mathscr{B} = \{(1,0,0),\ (0,1,0),\ (0,0,1)\}$은 $\mathbb{R}^3$의 기저이다.

예제 체 $F=\mathbb{R}$ 위에서 정의된 벡터공간 $V=\mathbb{R}^n$에 속하는 n개의 벡터 $e_1, e_2, \cdots, e_n$ (단, e_i는 i번째 성분이 1이고 나머지 성분은 모두 0인 벡터)는 일차독립이고

$$\mathbb{R}^n = span\{e_1, e_2, \cdots, e_n\}$$

이다. 따라서 $\mathscr{B} = \{e_1, e_2, \cdots, e_n\}$은 $\mathbb{R}^n$의 기저이다. 이 때, $\mathscr{B} = \{e_1, e_2, \cdots, e_n\}$를 $\mathbb{R}^n$의 표준기저(standard basis)라고 한다.

예제 체 $F=\mathbb{R}$ 위에서 정의된 벡터공간 $V=M_{2\times 3}(F)$에 속하는 6개의 벡터

$$E_{11} = \begin{pmatrix} 1&0&0 \\ 0&0&0 \end{pmatrix},\quad E_{12} = \begin{pmatrix} 0&1&0 \\ 0&0&0 \end{pmatrix},\quad E_{13} = \begin{pmatrix} 0&0&1 \\ 0&0&0 \end{pmatrix},$$

$$E_{21} = \begin{pmatrix} 0&0&0 \\ 1&0&0 \end{pmatrix},\quad E_{22} = \begin{pmatrix} 0&0&0 \\ 0&1&0 \end{pmatrix},\quad E_{23} = \begin{pmatrix} 0&0&0 \\ 0&0&1 \end{pmatrix}$$

는 일차독립이고

$$M_{2\times 3}(F) = span\{E_{11}, E_{12}, E_{13}, E_{21}, E_{22}, E_{23}\}$$

이다. 따라서 $\mathscr{B} = \{E_{11}, E_{12}, E_{13}, E_{21}, E_{22}, E_{23}\}$은 $M_{2\times 3}(F)$의 기저이다.

예제 체 $F=\mathbb{R}$ 위에서 정의된 벡터공간

$$V=\mathbb{R}_3[x]=\left\{\sum_{i=1}^{3} a_i x^i \mid a_i \in \mathbb{R},\ i=1,2,3\right\}$$

에 속하는 4개의 벡터 $1, x, x^2, x^3$는 일차독립이고

$$\mathbb{R}_3[x] = span\{1, x, x^2, x^3\}$$

이다. 따라서 $\mathcal{B}=\{1, x, x^2, x^3\}$은 $\mathbb{R}_3[x]$의 기저이다.

정리

체 F위에서 정의된 벡터공간 V의 부분집합 $\mathcal{B}=\{v_1, v_2, \cdots, v_n\}$가 V의 기저이기 위한 필요충분조건은 임의의 벡터 $v\in V$가 $v_1, v_2, \cdots, v_n$의 일차결합으로 유일하게 표현되는 것이다.

증명 $\mathcal{B}=\{v_1, v_2, \cdots, v_n\}$가 V의 기저라고 가정하자. 그러면 기저의 정의에 의하여 임의의 벡터 $v\in V$는 $v_1, v_2, \cdots, v_n$의 일차결합으로 표시된다. 유일성을 보이기 위하여

$$v = \sum_{i=1}^{n} a_i v_i = \sum_{i=1}^{n} b_i v_i \quad (a_i, b_i \in F,\ i=1,2,\cdots,n)$$

라고 놓으면

$$\sum_{i=1}^{n} a_i v_i - \sum_{i=1}^{n} b_i v_i = \sum_{i=1}^{n} (a_i - b_i) v_i = O$$

이고 $v_1, v_2, \cdots, v_n$가 일차독립이므로 $a_i = b_i,\ i=1,2,\cdots,n$ 이다. 따라서 임의의 벡터 $v\in V$는 $v_1, v_2, \cdots, v_n$의 일차결합으로 유일하게 표현된다.

역으로 임의의 벡터 $v\in V$가 $v_1, v_2, \cdots, v_n$의 일차결합으로 유일하게 표현된다고 가정하자. $\mathcal{B}=\{v_1, v_2, \cdots, v_n\}$가 V의 기저임을 보이기 위하여 $v_1, v_2, \cdots, v_n$이 일차독립이 되는 것을 보이면 충분하다. $\sum_{i=1}^{n} a_i v_i = O$이라고 가정하면

$$\sum_{i=1}^{n} a_i v_i = O = \sum_{i=1}^{n} 0 v_i$$

이므로 유일성에 의하여 $a_i = 0$, $i = 1, 2, \cdots, n$ 이다. 따라서 $\mathcal{B} = \{v_1, v_2, \cdots, v_n\}$ 는 V의 기저이다. ▣

예제 체 $F = \mathbb{R}$ 위에서 정의된 벡터공간 $V = \mathbb{R}^2$에 대하여 $\mathcal{B} = \{(1, 0), (0, 1)\}$는 $\mathbb{R}^2$의 기저이다. 실제로 임의의 벡터 $(a, b) \in \mathbb{R}^2$는 다음과 같이 나타낼 수 있다..

$$(a, b) = a(1, 0) + b(0, 1)$$

또한 유일성을 보이기 위하여

$$(a, b) = c(1, 0) + d(0, 1)$$

라고 가정하면

$$(a, b) = a(1, 0) + b(0, 1) = c(1, 0) + d(0, 1) = (c, d)$$

이므로 $a = c$, $b = d$이다. 따라서 임의의 벡터 $(a, b) \in \mathbb{R}^2$는 $(1, 0)$, $(0, 1)$의 일차결합으로 유일하게 나타낼 수 있다.

정리

체 F 위에서 정의된 벡터공간 V의 부분집합 $\mathcal{B} = \{v_1, v_2, \cdots, v_n\}$가 V의 기저이면 $n < m$인 m에 대하여 V에 속하는 m개의 벡터 $u_1, u_2, \cdots, u_m$은 일차종속이다.

증명 스칼라 $a_i \in F$에 대하여 $\sum_{i=1}^{m} a_i u_i = O$ 이라고 가정하자. $\mathcal{B} = \{v_1, v_2, \cdots, v_n\}$는 V의 기저이므로 스칼라 $b_{ji} \in F$ $(i = 1, 2, \cdots, m, \quad j = 1, 2, \cdots, n)$가 존재하여

$$u_i = \sum_{j=1}^{n} b_{ji} v_j, \quad i = 1, 2, \cdots, m$$

이다. 따라서

$$\sum_{i=1}^{m} a_i u_i = \sum_{i=1}^{m} a_i\left(\sum_{j=1}^{n} b_{ji} v_j\right) = \sum_{i=1}^{m}\left(\sum_{j=1}^{n} a_i b_{ji} v_j\right) = O$$

이므로 이를 다시 정리하여 다음을 얻을 수 있다.

$$\sum_{i=1}^{m}(a_i b_{1i})v_1 + \sum_{i=1}^{m}(a_i b_{2i})v_2 + \cdots + \sum_{i=1}^{m}(a_i b_{ni})v_n = O$$

그런데 $\mathscr{B} = \{v_1, v_2, \cdots, v_n\}$는 V의 기저이므로

$$\sum_{i=1}^{m} a_i b_{1i} = 0,\quad \sum_{i=1}^{m} a_i b_{2i} = 0,\quad \cdots,\quad \sum_{i=1}^{m} a_i b_{ni} = 0$$

이다. 따라서 다음 일차연립방정식

$$\begin{cases} b_{11}a_1 + b_{12}a_2 + \cdots + b_{1m}a_m = 0 \\ b_{21}a_1 + b_{22}a_2 + \cdots + b_{2m}a_m = 0 \\ \qquad\qquad\vdots \\ b_{n1}a_1 + b_{n2}a_2 + \cdots + b_{nm}a_m = 0 \end{cases}$$

을 얻을 수 있고 가정에 의하여 $n < m$이므로 일차연립방정식은 해

$$X = (a_1, a_2, \cdots, a_m) \neq (0, 0, \cdots, 0)$$

를 갖는다. 즉, $\sum_{i=1}^{m} a_i u_i = O$을 만족하는 적어도 하나는 0이 아닌 a_t가 존재하므로 $u_1, u_2, \cdots, u_m$은 일차종속이다. ▣

참고 정리에 의하여 $\mathscr{B} = \{v_1, v_2, \cdots, v_n\}$가 V의 기저일 때 V에 속하는 m개의 벡터 $u_1, u_2, \cdots, u_m$가 일차독립이라면 $m \le n$임을 알 수 있다.

정리

체 F 위에서 정의된 벡터공간 V의 부분집합 $\mathscr{B}_1 = \{u_1, u_2, \cdots, u_m\}$과 $\mathscr{B}_2 = \{v_1, v_2, \cdots, v_n\}$가 V의 기저이면 $m = n$이다.

증명 $\mathscr{B}_1 = \{u_1, u_2, \cdots, u_m\}$가 V의 기저이고 $v_1, v_2, \cdots, v_n$가 일차독립이므로 $m \geq n$이다. 또한 $\mathscr{B}_2 = \{v_1, v_2, \cdots, v_n\}$가 V의 기저이고 $u_1, u_2, \cdots, u_m$가 일차독립이므로 $m \leq n$이다. 따라서 $m = n$이다. ▣

참고 정리에 의하여 벡터공간의 기저는 유일하지 않지만 서로 다른 기저에 속하는 벡터의 개수는 같다는 것을 알 수 있다.

예제 체 $F = \mathbb{R}$ 위에서 정의된 벡터공간 $V = \mathbb{R}^2$에 대하여 서로 다른 두 기저 $\mathscr{B}_1 = \{(1, 0), (0, 1)\}$와 $\mathscr{B}_2 = \{(1, 1), (-1, 1)\}$에 속하는 벡터의 개수는 2로서 같음을 알 수 있다.

정의

체 F위에서 정의된 벡터공간 V의 부분집합 $\mathscr{B} = \{v_1, v_2, \cdots, v_n\}$가 V의 기저일 때 $\mathscr{B}$에 속한 벡터의 개수 n을 V의 차원(dimension)이라고 하고 다음과 같이 나타낸다.

$$\dim_F V = n \quad (\text{또는 } \dim V = n)$$

이때 V를 n차원 벡터공간(n dimensional vector space)이라고 한다. 또한 V가 n차원 벡터공간이면 V를 유한차원 벡터공간(finite dimensional vector space)이라고 하고 V가 유한차원 벡터공간이 아닐 때 무한차원 벡터공간(infinite dimensional vector space)이라고 한다.

참고 1. V가 n차원 벡터공간일 때 $\dim_F V = n$으로 나타내고 유한차원 벡터공간일 때는 $\dim_F V < \infty$로 나타낸다. 또한 무한차원 벡터공간일 때 $\dim_F V = \infty$으로 나타낸다.

2. 벡터공간이 정의된 체 F를 언급할 필요가 없을 때에는 V의 차원을 $\dim V = n$로 표시하기로 한다.

예제 $\mathcal{B} = \{2\}$는 체 $F = \mathbb{R}$ 위에서 정의된 벡터공간 $V = \mathbb{R}$의 기저이다. 따라서 $V = \mathbb{R}$의 차원은 $\dim_{\mathbb{R}} \mathbb{R} = 1$이다.

예제 $\mathcal{B} = \{(1, 0), (0, 1)\}$는 체 $F = \mathbb{R}$ 위에서 정의된 벡터공간 $V = \mathbb{R}^2$의 기저이다. 따라서 $V = \mathbb{R}^2$의 차원은 $\dim_{\mathbb{R}} \mathbb{R}^2 = 2$이다.

예제 $\mathcal{B} = \{(1,0,0), (0,1,0), (0,0,1)\}$는 체 $F = \mathbb{R}$ 위에서 정의된 벡터공간 $V = \mathbb{R}^3$의 기저이다. 따라서 $V = \mathbb{R}^3$의 차원은 $\dim_{\mathbb{R}} \mathbb{R}^3 = 3$이다.

예제 $\mathcal{B} = \{e_1, e_2, \cdots, e_n\}$는 체 $F = \mathbb{R}$ 위에서 정의된 벡터공간 $V = \mathbb{R}^n$의 기저이다. 따라서 $V = \mathbb{R}^n$의 차원은 $\dim_{\mathbb{R}} \mathbb{R}^n = n$이다.

예제 체 $F = \mathbb{R}$ 위에서 정의된 벡터공간 $V = M_{2\times 3}(\mathbb{R})$에 속하는 6개의 벡터

$$E_{11} = \begin{pmatrix} 1 & 0 & 0 \\ 0 & 0 & 0 \end{pmatrix}, \quad E_{12} = \begin{pmatrix} 0 & 1 & 0 \\ 0 & 0 & 0 \end{pmatrix}, \quad E_{13} = \begin{pmatrix} 0 & 0 & 1 \\ 0 & 0 & 0 \end{pmatrix},$$

$$E_{21} = \begin{pmatrix} 0 & 0 & 0 \\ 1 & 0 & 0 \end{pmatrix}, \quad E_{22} = \begin{pmatrix} 0 & 0 & 0 \\ 0 & 1 & 0 \end{pmatrix}, \quad E_{23} = \begin{pmatrix} 0 & 0 & 0 \\ 0 & 0 & 1 \end{pmatrix}$$

로 이루어진 집합 $\mathcal{B} = \{E_{11}, E_{12}, E_{13}, E_{21}, E_{22}, E_{23}\}$은 $V = M_{2\times 3}(\mathbb{R})$의 기저이다. 따라서 $V = M_{2\times 3}(\mathbb{R})$의 차원은 $\dim_{\mathbb{R}} M_{2\times 3}(\mathbb{R}) = 6$이다.

예제 $\mathcal{B} = \{1, x, x^2, x^3\}$는 체 $F = \mathbb{R}$ 위에서 정의된 벡터공간 $V = \mathbb{R}_3[x]$의 기저이다. 따라서 $V = \mathbb{R}_3[x]$의 차원은 $\dim_{\mathbb{R}} \mathbb{R}_3[x] = 4$이다.

참고 벡터공간 V가 정의된 체 F에 따라서 V의 차원이 달라질 수 있음을 다음 예제를

통하여 알 수 있다.

예제 $\mathcal{B}_1 = \{1, i\}$는 체 $F = \mathbb{R}$ 위에서 정의된 벡터공간 $V = \mathbb{C}$ 의 기저이다. 따라서 체 $F = \mathbb{R}$ 위에서 $V = \mathbb{C}$ 의 차원은

$$\dim_{\mathbb{R}} \mathbb{C} = 2$$

이다. 그런데 $\mathcal{B}_2 = \{1\}$는 체 $F = \mathbb{C}$ 위에서 정의된 벡터공간 $V = \mathbb{C}$ 의 기저이다. 따라서 체 $F = \mathbb{C}$ 위에서 $V = \mathbb{C}$ 의 차원은

$$\dim_{\mathbb{C}} \mathbb{C} = 1$$

이다.

다음 정리는 유한차원 벡터공간 V에 속하는 일차독립인 벡터를 포함하는 기저는 항상 존재함을 보여준다.

정리

체 F위에서 정의된 n차원 벡터공간 V에 속하는 벡터 $v_1, v_2, \cdots, v_t\ (t < n)$가 일차독립이라면 적당한 벡터 $v_{t+1}, \cdots, v_n \in V$가 존재하여 집합 $\mathcal{B} = \{v_1, v_2, \cdots, v_n\}$는 V의 기저가 된다.

증명 V가 n차원 벡터공간이고 $t < n$이므로 $\mathcal{B}_1 = \{v_1, v_2, \cdots, v_t\}$는 V의 기저가 아니다. 따라서 $\mathcal{B}_1 = \{v_1, v_2, \cdots, v_t\}$은 V를 생성할 수 없으므로 적당한 벡터 $v_{t+1} \in V$ 가 존재하여

$$v_{t+1} \notin span\{v_1, v_2, \cdots, v_t\}$$

이다. 그러면 $v_1, v_2, \cdots, v_t, v_{t+1}$ 는 일차독립임을 다음과 같이 보일 수 있다. 만일 적당한 $a_i \in F$, $i = 1, 2, \cdots, t+1$ 가 존재하여 $\sum_{i=1}^{t+1} a_i v_i = O$ 이라고 가정하면

$\sum_{i=1}^{t} a_i v_i = -a_{t+1} v_{t+1}$ 이다. 여기서 $a_{t+1} \neq 0$이면 $v_{t+1} = -(a_{t+1})^{-1} \sum_{i=1}^{t} a_i v_i$ 이므로 $v_{t+1} \in span\{v_1, v_2, \cdots, v_t\}$이 되어 모순을 얻는다. 따라서 $a_{t+1} = 0$이고 $\sum_{i=1}^{t} a_i v_i = O$이다. 그런데 벡터 $v_1, v_2, \cdots, v_t$는 일차독립이므로 $a_i = 0$, $i = 1, 2, \cdots, t$ 이다. 그러므로 모든 $i = 1, 2, \cdots, t+1$에 대하여 $a_i = 0$이 되어 벡터 $v_1, v_2, \cdots, v_t, v_{t+1}$는 일차독립이다. 만일

$$V = span\{v_1, v_2, \cdots, v_t, v_{t+1}\}$$

이면 V의 부분집합

$$\mathcal{B}_2 = \{v_1, v_2, \cdots, v_t, v_{t+1}\}$$

는 V의 기저가 된다. 만일

$$V \neq span\{v_1, v_2, \cdots, v_t, v_{t+1}\}$$

이면 적당한 벡터 $v_{t+2} \in V$ 가 존재하여

$$v_{t+2} \notin span\{v_1, v_2, \cdots, v_t, v_{t+1}\}$$

이다. 그런데 위와 같은 이유에서 $v_1, v_2, \cdots, v_{t+1}, v_{t+2}$는 일차독립이므로 만일

$$V = span\{v_1, v_2, \cdots, v_{t+1}, v_{t+2}\}$$

이면 V의 부분집합

$$\mathcal{B}_2 = \{v_1, v_2, \cdots, v_{t+1}, v_{t+2}\}$$

는 V의 기저가 된다. 이와 같은 과정을 반복하면 적당한 벡터 $v_i \in V$, $i = t+1, t+2, \cdots, n$가 존재하여 집합 $\mathcal{B} = \{v_1, v_2, \cdots, v_n\}$가 V의 기저이다. ▣

예제 체 $F = \mathbb{R}$ 위에서 정의된 벡터공간 $\mathbb{R}^2$에 속하는 벡터 $(1, 2)$는 일차독립이다. 이 때 적당한 벡터 $(1, 1)$가 존재하여 $\mathcal{B} = \{(1, 2), (1, 1)\}$는 벡터공간 $\mathbb{R}^2$의 기저가 된다.

예제 체 $F = \mathbb{R}$ 위에서 정의된 벡터공간 $\mathbb{R}_3[x]$에 속하는 벡터 $1, x$는 일차독립

이다. 이 때 적당한 벡터 x^2, x^3가 존재하여 $\mathscr{B}=\{1, x, x^2, x^3\}$는 벡터공간 $\mathbb{R}_3[x]$의 기저가 된다.

위 정리를 이용하여 다음 정리를 증명할 수 있다.

정리

체 F 위에서 정의된 n차원 벡터공간 V의 부분공간 W에 대하여 다음이 성립한다.

$$\dim_F V = \dim_F W \quad \Leftrightarrow \quad V = W$$

증명 $\dim_F V = \dim_F W$라고 가정하자. $V \neq W$이면 벡터 $v \in V - W$가 존재한다. 한편, 집합 $\mathscr{B}=\{w_1, w_2, \cdots, w_n\}$를 W의 기저라고 할 때 $w_1, w_2, \cdots, w_n$는 일차독립이고 $\dim_F V = \dim_F W$이므로 집합 $\mathscr{B}=\{w_1, w_2, \cdots, w_n\}$는 V의 기저이다. 따라서 $v \in span\{w_1, w_2, \cdots, w_n\} \in W$이 되어 $v \in V - W$에 모순이다. 따라서 $V = W$이다. 역으로 $V = W$라고 가정할 때 $\dim_F V = \dim_F W$임은 명백하다. ■

예제 자연수 n, m과 체 F위에서 정의된 벡터공간 F^n과 F^m에 대하여 $F^n = F^m$이기 위한 필요충분조건은 $\dim_F F^n = \dim_F F^m$이다. 그런데 $\dim_F F^n = n$이고 $\dim_F F^m = m$이므로 F^n과 F^m이 서로 같기 위한 필요충분조건은 $n = m$이다.

정리

체 F 위에서 정의된 n차원 벡터공간 V의 두 부분공간 U, W에 대하여 다음이 성립한다.

$$\dim_F(U+W) = \dim_F U + \dim_F W - \dim_F(U \cap W)$$

증명 (1) $U=\{O\}$인 경우 : $U+W=W$, $U \cap W=\{O\}$이므로

$$\dim_F(U+W) = \dim_F W \text{ 이고 } \dim_F(U\cap W)=0$$

이다. 또한 $\dim_F U=0$이므로 정리가 성립한다.

(2) $W=\{O\}$인 경우 : $U+W=U$, $U\cap W=\{O\}$이므로

$$\dim_F(U+W) = \dim_F U \text{ 이고 } \dim_F(U\cap W)=0$$

이다. 또한 $\dim_F W=0$이므로 정리가 성립한다.

(3) $\{O\}\subsetneq U$이고 $\{O\}\subsetneq W$ 인 경우 : 다음 두 경우로 나누어 증명을 할 수 있다.

(i) $U\cap W=\{O\}$인 경우 : $\mathcal{B}_1=\{u_1,u_2,\cdots,u_t\}$와 $\mathcal{B}_2=\{w_1,w_2,\cdots,w_s\}$를 각각 U, W의 기저라 할 때

$$\mathcal{B}=\mathcal{B}_1\cup\mathcal{B}_2=\{u_1,u_2,\cdots,u_t,w_1,w_2,\cdots,w_s\}$$

가 $U+W$의 기저가 됨을 보이면 충분하다.

우선 $t+s$개의 벡터 $u_1,u_2,\cdots,u_t,w_1,w_2,\cdots,w_s$가 일차독립임을 보이기 위하여 $\sum_{i=1}^{t}a_iu_i+\sum_{j=1}^{s}b_jw_j=O$이라고 가정하자. 그러면

$$\sum_{i=1}^{t}a_iu_i=-\sum_{j=1}^{s}b_jw_j\in U\cap W=\{O\}$$

이 되어

$$\sum_{i=1}^{t}a_iu_i=-\sum_{j=1}^{s}b_jw_j=O$$

이다. 그런데 $u_1,u_2,\cdots,u_t$는 일차독립이고 $w_1,w_2,\cdots,w_s$도 일차독립이므로

$$a_i=0,\ b_j=0 \qquad (i=1,2,\cdots,t,\quad j=1,2,\cdots,s)$$

이 되어 $t+s$개의 벡터 $u_1,u_2,\cdots,u_t,w_1,w_2,\cdots,w_s$가 일차독립이다.

이제 임의의 벡터 $u\in U$, $w\in W$에 대하여 $u+w$가 $t+s$개의 벡터 $u_1,u_2,\cdots,u_t,w_1,w_2,\cdots,w_s$의 일차결합으로 나타낼 수 있다는 것을 보이면 된다. $\mathcal{B}_1=\{u_1,u_2,\cdots,u_t\}$와 $\mathcal{B}_2=\{w_1,w_2,\cdots,w_s\}$가 각각 U, W의 기저이므로 적당한 스칼라 $c_i,d_j\in F$가 존재하여

$$u = \sum_{i=1}^{t} c_i u_i, \quad w = \sum_{j=1}^{s} d_j w_j$$

로 나타낼 수 있다. 따라서

$$u + w = \sum_{i=1}^{t} c_i u_i + \sum_{j=1}^{s} d_j w_j$$

이 되어 $u+w$가 $t+s$개의 벡터 $u_1, u_2, \cdots, u_t, w_1, w_2, \cdots, w_s$의 일차결합으로 나타내어지므로 결과적으로 $\mathcal{B} = \mathcal{B}_1 \cup \mathcal{B}_2 = \{u_1, u_2, \cdots, u_t, w_1, w_2, \cdots, w_s\}$는 $U+W$의 기저가 된다. 따라서

$$\dim_F(U+W) = t+s = \dim_F U + \dim_F W,$$

$$\dim_F(U \cap W) = 0$$

이므로 등식

$$\dim_F(U+W) = \dim_F U + \dim_F W - \dim_F(U \cap W)$$

이 성립한다.

(ii) $\{O\} \subsetneq U \cap W$일 때 : 만일 $U \subset W$(또는 $W \subset U$)이라면 $U \cap W = U$ (또는 $U \cap W = W$)이고 $U+W = W$(또는 $U+W = U$)이므로 등식

$$\dim_F(U+W) = \dim_F U + \dim_F W - \dim_F(U \cap W)$$

이 성립한다. 이제 $U \not\subset W$이라면 $\mathcal{B} = \{v_1, v_2, \cdots, v_m\}$을 $U \cap W$의 기저, $\dim_F U = t$, $\dim_F W = s$라고 가정하자. 그러면 적당한 벡터

$$u_1, u_2, \cdots, u_{t-m}, w_1, w_2, \cdots, w_{s-m}$$

가 존재하여

$$\mathcal{B}_1 = \{v_1, v_2, \cdots, v_m, u_1, u_2, \cdots, u_{t-m}\}$$

은 U의 기저이고

$$\mathcal{B}_2 = \{v_1, v_2, \cdots, v_m, w_1, w_2, \cdots, w_{s-m}\}$$

는 W의 기저가 된다. 따라서

$\mathscr{B}_3 = \mathscr{B}_1 \cup \mathscr{B}_2 = \{v_1, v_2, \cdots, v_m, u_1, u_2, \cdots, u_{t-m}, w_1, w_2, \cdots, w_{s-m}\}$

가 $U+W$의 기저가 됨을 보이면 정리가 증명이 된다.
우선 $t+s-m$개의 벡터

$$v_1, v_2, \cdots, v_m, u_1, u_2, \cdots, u_{t-m}, w_1, w_2, \cdots, w_{s-m}$$

가 일차독립임을 보이기 위하여

$$\sum_{i=1}^{m} a_i v_i + \sum_{j=1}^{t-m} b_j u_j + \sum_{k=1}^{s-m} c_k w_k = O$$

이라고 가정하자. 그러면

$$\sum_{i=1}^{m} a_i v_i + \sum_{j=1}^{t-m} b_j u_j = -\sum_{k=1}^{s-m} c_k w_k \in U \cap W$$

이므로

$$\sum_{i=1}^{m} a_i v_i + \sum_{j=1}^{t-m} b_j u_j = \sum_{i=1}^{m} d_i v_i$$

인 스칼라 $d_i \in F$, $i=1,2,\cdots,m$ 가 존재한다. 따라서

$$\sum_{i=1}^{m} (a_i - d_i) v_i + \sum_{j=1}^{t-m} b_j u_j = O$$

이고 $\mathscr{B}_1 = \{v_1, v_2, \cdots, v_m, u_1, u_2, \cdots, u_{t-m}\}$은 U의 기저이므로

$$a_i - d_i = 0,\ b_j = 0,\quad (i=1,2,\cdots,m,\ \ j=1,2,\cdots,t-m)$$

이다. 즉

$$\sum_{i=1}^{m} a_i v_i + \sum_{k=1}^{s-m} c_k w_k = O$$

이다. 그런데 $\mathscr{B}_2 = \{v_1, v_2, \cdots, v_m, w_1, w_2, \cdots, w_{s-m}\}$는 W의 기저이므로

$$a_i = 0,\ c_k = 0,\quad (i=1,2,\cdots,m,\ \ k=1,2,\cdots,s-m)$$

이다. 따라서 $v_1, v_2, \cdots, v_m, u_1, u_2, \cdots, u_{t-m}, w_1, w_2, \cdots, w_{s-m}$는 일차독립이다.
또한 집합 $\mathscr{B}_1 = \{v_1, v_2, \cdots, v_m, u_1, u_2, \cdots, u_{t-m}\}$는 U의 기저이고 집합

$\mathcal{B}_2 = \{v_1, v_2, \cdots, v_m, w_1, w_2, \cdots, w_{s-m}\}$는 W의 기저이므로 임의의 벡터 $u \in U$, $w \in W$에 대하여 $u+w$가 $t+s-m$개의 벡터 $v_1, v_2, \cdots, v_m, u_1, u_2, \cdots, u_{t-m}, w_1, w_2, \cdots, w_{s-m}$의 일차결합으로 나타낼 수 있다는 것은 명백하다. 따라서 $\mathcal{B}_3 = \mathcal{B}_1 \cup \mathcal{B}_2$가 $U+W$의 기저가 되므로 등식

$$\dim_F(U+W) = \dim_F U + \dim_F W - \dim_F(U \cap W)$$

이 성립한다. ▣

예제 체 $F = \mathbb{R}$ 위에서 정의된 벡터공간 $V = \mathbb{R}^2$ 에 대하여

$$U = span\{(1,0)\}, \quad W = span\{(0,1)\}$$

이라고 하자. 그러면

$$U+W = \mathbb{R}^2, \quad U \cap W = \{(0,0)\}$$

이다. 따라서 등식

$$\dim_F(U+W) = 2 = 1+1-0 = \dim_F U + \dim_F W - \dim_F(U \cap W)$$

이 성립한다.

예제 체 $F = \mathbb{R}$ 위에서 정의된 벡터공간 $V = \mathbb{R}^3$에 대하여

$$U = span\{(1,0,0), (0,1,0)\}, \quad W = span\{(0,1,0), (0,0,1))\}$$

이라고 하자. 그러면

$$U+W = \mathbb{R}^3, \quad U \cap W = span\{(0,1,0)\}$$

이다. 따라서 등식

$$\dim_F(U+W) = 3 = 2+2-1 = \dim_F U + \dim_F W - \dim_F(U \cap W)$$

이 성립한다.

MATLAB 활용하기

이 절에 속한 개념 중 MATLAB을 활용하여 해결할 수 있는 문제는 다음과 같다.

1. $\mathbb{R}^2$의 부분집합이 $\mathbb{R}^2$의 기저를 이루는 것을 판정할 수 있다.

예제 집합 $\mathcal{B} = \{(2, 5), (8, -1)\}$가 $\mathbb{R}^2$의 기저임을 다음과 같이 판정할 수 있다.

(1) rref([2 5;8 -1])을 입력한다.

(2) Enter키를 누른다.

[결과] ans =

```
1   0
0   1
```

[결과 해석] 행렬 $\begin{pmatrix} 2 & 5 \\ 8 & -1 \end{pmatrix}$의 기약행사다리꼴 행렬이 $\begin{pmatrix} 1 & 0 \\ 0 & 1 \end{pmatrix}$이므로 집합 $\mathcal{B} = \{(2, 5), (8, -1)\}$는 $\mathbb{R}^2$의 기저이다.

2. $\mathbb{R}^2$의 부분집합이 $\mathbb{R}^2$의 기저를 이루지 못하는 것을 판정할 수 있다.

예제 집합 $\mathcal{B} = \{(2, 5), (4, 10)\}$는 $\mathbb{R}^2$의 기저가 아님을 다음과 같이 판정할 수 있다.

(1) rref([2 5;4 10])을 입력한다.

(2) Enter키를 누른다.

[결과] ans =

```
1.0000   2.5000
     0        0
```

[결과 해석] 행렬 $\begin{pmatrix} 2 & 5 \\ 4 & 10 \end{pmatrix}$의 기약행사다리꼴 행렬이 $\begin{pmatrix} 1 & 2.5 \\ 0 & 0 \end{pmatrix}$이므로 둘 째 행의 성분이 모두 0이 되어 집합 $\mathcal{B} = \{(2, 5), (4, 10)\}$는 $\mathbb{R}^2$의 기저가 아니다.

3. $\mathbb{R}^3$의 부분집합이 $\mathbb{R}^3$의 기저를 이루는 것을 판정할 수 있다.

예제 집합 $\mathcal{B}=\{(7,0,-2),(1,4,1),(0,6,3)\}$가 $\mathbb{R}^3$의 기저임을 다음과 같이 판정할 수 있다.

(1) rref([7 0 −2;1 4 1;0 6 3])을 입력한다.

(2) Enter키를 누른다.

[결과] ans =

```
     1   0   0
     0   1   0
     0   0   1
```

[결과 해석] 행렬 $\begin{pmatrix} 7 & 0 & -2 \\ 1 & 4 & 1 \\ 0 & 6 & 3 \end{pmatrix}$의 기약행사다리꼴 행렬이 $\begin{pmatrix} 1 & 0 & 0 \\ 0 & 1 & 0 \\ 0 & 0 & 1 \end{pmatrix}$이므로 집합 $\mathcal{B}=\{(7,0,-2),(1,4,1),(0,6,3)\}$는 $\mathbb{R}^3$의 기저이다.

4. $\mathbb{R}^3$의 부분집합이 $\mathbb{R}^3$의 기저가 아님을 판정할 수 있다.

예제 집합 $\mathcal{B}=\{(7,0,-2),(1,4,1),(2,8,2)\}$가 $\mathbb{R}^3$의 기저가 아님을 다음과 같이 판정할 수 있다.

(1) rref([7 0 −2;1 4 1;2 8 2])을 입력한다.

(2) Enter키를 누른다.

[결과] ans =

```
     1.0000        0   -0.2857
          0   1.0000    0.3214
          0        0         0
```

[결과 해석] 행렬 $\begin{pmatrix} 7 & 0 & -2 \\ 1 & 4 & 1 \\ 2 & 8 & 2 \end{pmatrix}$의 기약행사다리꼴 행렬이 $\begin{pmatrix} 1 & 0 & -0.2857 \\ 0 & 1 & 0.3214 \\ 0 & 0 & 0 \end{pmatrix}$이므로 셋째 행의 성분이 모두 0이 되어 집합 $\mathcal{B}=\{(7,0,-2),(1,4,1),(2,8,2)\}$는 $\mathbb{R}^3$의 기저가 아니다.

5. $\mathbb{R}^3$의 부분공간의 차원을 구할 수 있다.

예제 $\mathbb{R}^3$의 부분공간 $W = span\{(7, 0, -2), (1, 4, 1), (2, 8, 2)\}$의 차원을 다음과 같이 구할 수 있다.

(1) rank([7 0 −2;1 4 1;2 8 2])을 입력한다.

(2) Enter키를 누른다.

[결과] ans =

2

[결과 해석] 부분공간 W의 차원은 $\dim W = 2$ 이다.

연습 문제

1. 체 $F=\mathbb{R}$ 위에서 정의된 벡터공간 $V=\mathbb{R}^2$의 부분집합 $\mathcal{B}$가 기저가 되는지를 판정하고 이유를 설명하여라.

(1) $\mathcal{B}=\{(2,2),(1,-1)\}$
(2) $\mathcal{B}=\{(7,-1),(1,0)\}$
(3) $\mathcal{B}=\{(-1,1),(3,-3)\}$
(4) $\mathcal{B}=\{(0,0),(1,5)\}$
(5) $\mathcal{B}=\{(1,0),(0,1),(1,1)\}$

2. 체 $F=\mathbb{R}$ 위에서 정의된 벡터공간 $V=\mathbb{R}^3$의 부분집합 $\mathcal{B}$가 기저가 되는지를 판정하고 이유를 설명하여라.

(1) $\mathcal{B}=\{(-1,0,1),(3,-2,0)\}$
(2) $\mathcal{B}=\{(0,11,0),(2,-3,4),(0,1,0)\}$
(3) $\mathcal{B}=\{(0,1,4),(1,-1,1),(4,2,0)\}$
(4) $\mathcal{B}=\{(0,1,4),(1,-1,1),(4,2,0),(0,0,1)\}$

3. 체 $F=\mathbb{R}$ 위에서 정의된 벡터공간 $V=M_{2\times 2}(\mathbb{R})$의 부분집합 $\mathcal{B}$가 기저가 되는지를 판정하고 이유를 설명하여라.

(1) $\mathcal{B}=\left\{\begin{pmatrix}1&-2\\0&1\end{pmatrix},\begin{pmatrix}0&5\\4&2\end{pmatrix}\right\}$
(2) $\mathcal{B}=\left\{\begin{pmatrix}0&0\\1&0\end{pmatrix},\begin{pmatrix}-1&1\\0&1\end{pmatrix},\begin{pmatrix}0&-1\\1&0\end{pmatrix}\right\}$
(3) $\mathcal{B}=\left\{\begin{pmatrix}5&5\\1&0\end{pmatrix},\begin{pmatrix}-1&2\\3&1\end{pmatrix},\begin{pmatrix}7&-1\\0&0\end{pmatrix},\begin{pmatrix}0&-1\\0&9\end{pmatrix}\right\}$
(4) $\mathcal{B}=\left\{\begin{pmatrix}2&0\\0&2\end{pmatrix},\begin{pmatrix}1&1\\-1&0\end{pmatrix},\begin{pmatrix}3&-1\\0&6\end{pmatrix},\begin{pmatrix}0&-1\\1&0\end{pmatrix},\begin{pmatrix}1&-1\\2&1\end{pmatrix}\right\}$

4. 체 $F=\mathbb{R}$ 위에서 정의된 벡터공간 $V=\mathbb{R}_2[x]$의 부분집합 $\mathcal{B}$가 기저가 되는지를 판정하고 이유를 설명하여라.

(1) $\mathcal{B}=\{5,\ 2x-x^2\}$
(2) $\mathcal{B}=\{x,\ x+x^2,\ x^2\}$

(3) $\mathscr{B} = \{x, 1-x, 1-x^2\}$ (4) $\mathscr{B} = \{2, -x, 4-5x^2, x^2\}$

5. 체 $F=\mathbb{R}$ 위에서 정의된 벡터공간 $V=\mathbb{R}^2$에 속하는 다음 벡터들로 생성되는 부분공간 $W=span(X)$의 차원 $\dim_F W$을 구하여라.

(1) $X=\{(0,2)\}$ (2) $X=\{(1,0), (-1,0)\}$

(3) $X=\{(1,-1), (-1,9)\}$ (4) $X=\{(7,-1), (1,2), (8,0)\}$

6. 체 $F=\mathbb{R}$ 위에서 정의된 벡터공간 $V=\mathbb{R}^3$에 속하는 다음 벡터들로 생성되는 부분공간 $W=span(X)$의 차원 $\dim_F W$을 구하여라.

(1) $X=\{(-1,0,2), (4,0,-8)\}$ (2) $X=\{(3,1,0), (0,-1,7)\}$

(3) $X=\{(2,6,-1), (-1,0,1), (0,3,3)\}$

(4) $X=\{(1,1,1), (0,1,1), (1,0,2), (0,0,1)\}$

7. 체 $F=\mathbb{R}$ 위에서 정의된 벡터공간 $V=M_{2\times 2}(\mathbb{R})$에 속하는 다음 벡터들로 생성되는 부분공간 $W=span(X)$의 차원 $\dim_F W$을 구하여라.

(1) $X=\left\{\begin{pmatrix}1 & -1\\ 0 & 1\end{pmatrix}, \begin{pmatrix}-2 & 2\\ 0 & -2\end{pmatrix}\right\}$ (2) $X=\left\{\begin{pmatrix}1 & 3\\ 7 & 0\end{pmatrix}, \begin{pmatrix}1 & 6\\ 0 & -1\end{pmatrix}, \begin{pmatrix}4 & -2\\ 1 & 1\end{pmatrix}\right\}$

(3) $X=\left\{\begin{pmatrix}2 & 1\\ 6 & -1\end{pmatrix}, \begin{pmatrix}1 & 0\\ 0 & 1\end{pmatrix}, \begin{pmatrix}4 & 2\\ 12 & -2\end{pmatrix}, \begin{pmatrix}9 & 3\\ 0 & 0\end{pmatrix}\right\}$

(4) $X=\left\{\begin{pmatrix}5 & 2\\ 0 & 2\end{pmatrix}, \begin{pmatrix}1 & 0\\ -1 & 0\end{pmatrix}, \begin{pmatrix}3 & 0\\ 1 & -1\end{pmatrix}, \begin{pmatrix}0 & -1\\ 1 & 0\end{pmatrix}, \begin{pmatrix}1 & -2\\ 8 & 0\end{pmatrix}\right\}$

8. 체 $F=\mathbb{R}$ 위에서 정의된 벡터공간 $V=\mathbb{R}_2[x]$에 속하는 다음 벡터들로 생성되는 부분공간 $W=span(X)$의 차원 $\dim_F W$을 구하여라.

(1) $X=\{-3, -3+x^2\}$ (2) $X=\{1, x+x^2, 5x^2\}$

(3) $X=\{x, 1-3x, 8-2x^2\}$ (4) $X=\{12, 7x, 1-x^2, 2x^2\}$

9. 체 $F=\mathbb{R}$ 위에서 정의된 벡터공간 $V=\mathbb{R}^2$의 부분공간 $W=\{(a,-5a) \mid a\in\mathbb{R}\}$의 기저와 차원 $\dim_F W$을 구하여라.

10. 체 $F=\mathbb{R}$ 위에서 정의된 벡터공간 $V=\mathbb{R}^3$의 부분공간 $W=\{(b,a,a-b) \mid a,b\in\mathbb{R}\}$의 기저와 차원 $\dim_F W$을 구하여라.

11. 집합 $\mathscr{B}=\{v_1, v_2, \cdots, v_n\}$가 체 F위에서 정의된 벡터공간 V의 기저일 때 스칼라 $a\neq 0\in F$에 대하여 집합 $a\mathscr{B}=\{av_1, av_2, \cdots, av_n\}$가 V의 기저가 되는지를 판정하고 이를 설명하여라.

12. 체 F위에서 정의된 n차원 벡터공간 V에 속하는 $n-1$개의 벡터들로 이루어진 집합 $\mathscr{B}=\{v_1, v_2, \cdots, v_{n-1}\}$는 V의 기저가 되는지를 판정하고 이를 설명하여라.

13. 체 F위에서 정의된 n차원 벡터공간 V에 속하는 $n+1$개의 벡터들로 이루어진 집합 $\mathscr{B}=\{v_1, v_2, \cdots, v_{n+1}\}$는 V의 기저가 되는지를 판정하고 이를 설명하여라.

14 체 F위에서 정의된 유한차원 벡터공간 V의 두 부분공간 U, W에 대하여 다음이 성립할 때 $\dim_F(U+W)$을 구하여라.

$$\dim_F U=2,\ \dim_F W=5,\ \dim_F(U\cap W)=1$$

3.6 행렬의 행공간과 열공간

이 절에서는 행렬 $A \in M_{m \times n}(\mathbb{R})$의 행벡터들로 생성되는 벡터공간과 열벡터들로 생성되는 벡터공간의 관계에 대하여 살펴보고 일차연립방정식 $AX=O$의 해로 이루어진 벡터공간과의 관계에 대하여 살펴본다.

정의

행렬 $A=(a_{ij})_{m \times n} \in M_{m \times n}(\mathbb{R})$에서 각각의 행을 A의 행벡터(row vector)라고 하고 또한 각각의 열을 A의 열벡터(column vector)라고 한다. 즉, A의 i번째 행벡터와 A의 j번째 열벡터는 각각 다음과 같다.

$$Row_i(A)=(a_{i1}, a_{i2}, \cdots, a_{in}) \in \mathbb{R}^n,$$

$$Col_j(A)=\begin{pmatrix} a_{1j} \\ a_{2j} \\ \vdots \\ a_{mj} \end{pmatrix} \in \mathbb{R}^m$$

정의

행렬 $A=(a_{ij})_{m \times n} \in M_{m \times n}(\mathbb{R})$의 m개의 행벡터들에 의하여 생성된 $\mathbb{R}^n$의 부분공간을 $RS(A)$, n개의 열벡터들에 의하여 생성된 $\mathbb{R}^m$의 부분공간을 $CS(A)$라 할 때 $RS(A)$를 행렬 A의 행공간(row space)이라 하고 $CS(A)$를 행렬 A의 열공간(column space)이라고 한다. 즉, A의 행공간은

$$RS(A)=span\{Row_1(A), Row_2(A), \cdots, Row_m(A)\}$$

이고 A의 열공간은

$$CS(A)=span\{Col_1(A), Col_2(A), \cdots, Col_n(A)\}$$

이다.

참고 행렬 $A \in M_{m \times n}(\mathbb{R})$의 행공간은 A^T의 열공간과 같고 행렬 A의 열공간은 A^T의 행공간과 같다.

예제 행렬 $A=\begin{pmatrix} 2 & 0 \\ 1 & -1 \\ 7 & -2 \end{pmatrix}$ 의 행공간과 열공간은 각각 다음과 같다.

$$\begin{aligned} RS(A) &= span\{Row_1(A), Row_2(A), Row_3(A)\} \\ &= span\{(2,0),(1,-1),(7,-2)\} \\ &= \mathbb{R}^2 \end{aligned}$$

$$CS(A) = span\{Col_1(A),\ Col_2(A)\} = span\left\{\begin{pmatrix} 2 \\ 1 \\ 7 \end{pmatrix}, \begin{pmatrix} 0 \\ -1 \\ -2 \end{pmatrix}\right\}$$

정의

행렬 $A=(a_{ij})_{m \times n} \in M_{m \times n}(\mathbb{R})$의 행공간의 차원을 A의 **행계수**(row rank)라 하고 $r(A)$로 나타낸다. 또한 행렬 A의 열공간의 차원을 A의 **열계수**(column rank)라 하고 $c(A)$로 표시한다.

예제 행렬 $A=\begin{pmatrix} 2 & 0 \\ 1 & -1 \\ 7 & -2 \end{pmatrix}$ 의 행계수과 열계수는 각각 다음과 같다.

A의 행공간은

$$span\{(2,0),(1,-1),(7,-2)\} = \mathbb{R}^2$$

이므로 A의 행계수는 $r(A)=2$이다. 또한 A의 열공간은

$$span\{Col_1(A), Col_2(A)\} = span\left\{\begin{pmatrix} 2 \\ 1 \\ 7 \end{pmatrix}, \begin{pmatrix} 0 \\ -1 \\ -2 \end{pmatrix}\right\}$$

이고 벡터 $\begin{pmatrix} 2 \\ 1 \\ 7 \end{pmatrix}, \begin{pmatrix} 0 \\ -1 \\ -2 \end{pmatrix}$ 는 일차독립이므로 A의 열계수는 $c(A)=2$이다.

참고 행렬 $A \in M_{m \times n}(\mathbb{R})$의 행계수는 A^T의 열계수와 같고 행렬 A의 열계수는 A^T의 행계수와 같다. 즉, $r(A) = c(A^T)$이고 $c(A) = r(A^T)$이다.

정리

행렬 $A \in M_{m \times n}(\mathbb{R})$와 기본행렬 $E \in M_{m \times m}(\mathbb{R})$에 대하여 A의 행계수와 EA의 행계수는 서로 같다. 즉,

$$r(A) = r(EA)$$

증명 $RS(A) = span\{Row_1(A), Row_2(A), \cdots, Row_m(A)\}$이므로 기본행렬 E에 대하여 $RS(EA)$는 다음과 같은 세 가지 경우이다.

(1) $span\{Row_1(A), \cdots, aRow_k(A), \cdots, Row_m(A)\}$

(2) $span\{Row_1(A), \cdots, Row_i(A), \cdots, Row_j(A) + aRow_i(A), \cdots, Row_m(A)\}$

(3) $span\{Row_1(A), \cdots, Row_i(A), \cdots, Row_j(A) + aRow_i(A), \cdots, Row_m(A)\}$

그런데 각각의 경우는 $RS(A)$와 같으므로 $r(A) = r(EA)$이 성립한다. ▣

예제 행렬 $A = \begin{pmatrix} 5 & 0 \\ 1 & -1 \end{pmatrix}$와 기본행렬 $E = \begin{pmatrix} 1 & 0 \\ 2 & 1 \end{pmatrix}$에 대하여 $RS(A)$와$RS(EA)$는 각각 다음과 같다.

$$RS(A) = span\{(5,0), (1,-1)\}, \quad RS(EA) = span\{(5,0), (11,-1)\}$$

그런데 $r(A) = 2$이고 $r(EA) = 2$이므로 $r(A) = r(EA)$이다.

정리

행렬 $A \in M_{m \times n}(\mathbb{R})$와 정칙행렬 $P \in M_{m \times m}(\mathbb{R})$에 대하여 A의 행계수와 PA의 행계수는 서로 같다. 즉,

$$r(A) = r(PA)$$

증명 정칙행렬 $P \in M_{m \times m}(\mathbb{R})$는 유한개의 기본행렬 $E_1, E_2, \cdots, E_t$의 곱

$$P = E_t E_{t-1} \cdots E_1$$

으로 나타낼 수 있으므로

$$PA = E_t E_{t-1} \cdots E_1 A$$

이다. 이제 자연수 t에 대한 수학적 귀납법을 이용하여 정리를 증명한다.

(1) $t=1$인 경우 : $PA = E_1 A$이고 $r(A) = r(E_1 A) = r(PA)$이므로 정리가 성립한다.

(2) $t=k$ 인 경우에 정리가 성립한다고 가정하자. 즉, 등식 $r(E_k \cdots E_1 A) = r(A)$이 성립한다고 가정하자.

(3) $t=k+1$ 인 경우 : $PA = E_{k+1} E_k \cdots E_1 A$이고

$$r(PA) = r(E_{k+1} E_k \cdots E_1 A) = r\{E_{k+1}(E_k \cdots E_1 A)\} = r(E_k \cdots E_1 A)$$

이다. 그런데 수학적 귀납법의 가정에 의하여

$$r(E_k \cdots E_1 A) = r(A)$$

이므로 $r(PA) = r(A)$이다. 그러므로 $t = k+1$ 인 경우에도 등식이 성립하므로 수학적 귀납법에 의하여 정리가 증명된다. ▣

참고 정리에 의하여 행렬 $A \in M_{m \times n}(\mathbb{R})$의 행계수와 A의 기약행사다리꼴 행렬의 행계수는 서로 같음을 알 수 있다.

예제 행렬 $A = \begin{pmatrix} 5 & 0 \\ 1 & -1 \end{pmatrix}$와 정칙행렬 $P = \begin{pmatrix} 1 & 0 \\ 0 & 6 \end{pmatrix}$에 대하여 $RS(A)$와 $RS(PA)$는 각각 다음과 같다.

$$RS(A) = span\{(5,0), (1,-1)\}, \quad RS(PA) = span\{(5,0), (6,-6)\}$$

그런데 $r(A) = 2$이고 $r(PA) = 2$이므로 $r(A) = r(PA)$이다.

정리

행렬 $A \in M_{m \times n}(\mathbb{R})$와 기본행렬 $E \in M_{n \times n}(\mathbb{R})$에 대하여 A의 열계수와 AE의 열계수는 서로 같다. 즉,

$$c(A) = c(AE)$$

증명 $CS(A) = span\{Col_1(A), Col_2(A), \cdots, Col_n(A)\}$이므로 기본행렬 E에 대하여 $CS(AE)$는 다음과 같은 세 가지 경우이다.

(1) $span\{Col_1(A), \cdots, aCol_k(A), \cdots, Col_n(A)\}$

(2) $span\{Col_1(A), \cdots, Col_i(A), \cdots, Col_j(A) + aCol_i(A), \cdots, Col_n(A)\}$

(3) $span\{Col_1(A), \cdots, Col_i(A), \cdots, Col_j(A) + aCol_i(A), \cdots, Col_n(A)\}$

그런데 각각의 경우는 $CS(A)$와 같으므로 $c(A) = c(AE)$이 성립한다. ▣

예제 행렬 $A = \begin{pmatrix} 5 & 0 \\ 1 & -1 \end{pmatrix}$와 기본행렬 $E = \begin{pmatrix} 1 & 0 \\ 2 & 1 \end{pmatrix}$에 대하여 $CS(A)$와 $CS(AE)$는 각각 다음과 같다.

$$CS(AE) = span\left\{\begin{pmatrix} 5 \\ 1 \end{pmatrix}, \begin{pmatrix} 0 \\ -1 \end{pmatrix}\right\}, \quad CS(AE) = span\left\{\begin{pmatrix} 5 \\ -1 \end{pmatrix}, \begin{pmatrix} 0 \\ -1 \end{pmatrix}\right\}$$

그런데 $c(A) = 2$이고 $c(AE) = 2$이므로 $c(A) = c(AE)$이다.

정리

행렬 $A \in M_{m \times n}(\mathbb{R})$와 정칙행렬 $Q \in M_{n \times n}(\mathbb{R})$에 대하여 A의 열계수와 AQ의 열계수는 서로 같다. 즉,

$$c(A) = c(AQ)$$

증명 정칙행렬 $Q \in M_{n \times n}(\mathbb{R})$는 유한개의 기본행렬 $E_1, E_2, \cdots, E_s$의 곱

$$Q = E_1 E_2 \cdots E_s$$

으로 나타낼 수 있으므로

$$AQ = AE_1 E_2 \cdots E_s$$

이다. 이제 자연수 t에 대한 수학적 귀납법을 이용하여 정리를 증명한다.

(1) $t = 1$인 경우 : $AQ = AE_1$이고 $c(A) = c(AE_1) = c(AQ)$이므로 정리가 성립한다.

(2) $t = k$ 인 경우에 정리가 성립한다고 가정하자. 즉, 등식 $c(AE_1 \cdots E_k) = c(A)$

이 성립한다고 가정하자.

(3) $t=k+1$ 인 경우 : $AQ=AE_1E_2\cdots E_{k+1}$이고

$$c(AQ)=c(AE_1\cdots E_{k+1})=c\{(AE_1\cdots E_k)E_{k+1}\}=c(AE_1\cdots E_k)$$

이다. 그런데 수학적 귀납법의 가정에 의하여

$$c(AE_1\cdots E_k)=c(A)$$

이므로 $c(A)=c(AQ)$이다. 그러므로 $t=k+1$ 인 경우에도 등식이 성립하므로 수학적 귀납법에 의하여 정리가 증명된다. ▣

다음 정리는 행렬의 크기와 상관없이 행계수와 열계수는 서로 같음을 보여준다.

정리

행렬 $A\in M_{m\times n}(\mathbb{R})$의 행계수와 열계수는 서로 같다. 즉,

$$r(A)=c(A)$$

증명 행렬 A의 성분을 $A=(a_{ij})_{m\times n}$라 놓자. $r(A)=t$라 놓고 A의 행공간의 기저를 $\mathcal{B}=\{v_1, v_2, \cdots, v_t\}$라 하면 적당한 $b_{ij}\in\mathbb{R}$ $(i=1,2,\cdots,m,\ j=1,2,\cdots,t)$가 존재하여 A의 행벡터들을 다음과 같이 나타낼 수 있다.

$$Row_1(A)=(a_{11},a_{12},\cdots,a_{1n})=\sum_{j=1}^{t}b_{1j}v_j$$

$$Row_2(A)=(a_{21},a_{22},\cdots,a_{2n})=\sum_{j=1}^{t}b_{2j}v_j$$

$$\vdots \qquad\qquad \vdots \qquad\qquad \vdots$$

$$Row_m(A)=(a_{m1},a_{m2},\cdots,a_{mn})=\sum_{j=1}^{t}b_{mj}v_j$$

A의 행공간의 기저 $\mathcal{B}$에 속하는 벡터 v_j를 각각

$$v_j=(c_{j1},c_{j2},\cdots,c_{jn}),\qquad c_{js}\in\mathbb{R}\quad(j=1,2,\cdots,t,\ \ s=1,2,\cdots,n)$$

로 놓으면 A의 k번째 열벡터 $Col_k(A)$는 다음과 같이 나타낼 수 있다.

$$Col_k(A) = \begin{pmatrix} a_{1k} \\ a_{2k} \\ \vdots \\ a_{mk} \end{pmatrix} = \begin{pmatrix} b_{11}c_{1k} + b_{12}c_{2k} + \cdots + b_{1t}c_{tk} \\ b_{21}c_{1k} + b_{22}c_{2k} + \cdots + b_{2t}c_{tk} \\ \vdots \\ b_{m1}c_{1k} + b_{m2}c_{2k} + \cdots + b_{mt}c_{tk} \end{pmatrix}$$

$$= c_{1k}\begin{pmatrix} b_{11} \\ b_{21} \\ \vdots \\ b_{m1} \end{pmatrix} + c_{2k}\begin{pmatrix} b_{12} \\ b_{22} \\ \vdots \\ b_{m2} \end{pmatrix} + \cdots + c_{tk}\begin{pmatrix} b_{1t} \\ b_{2t} \\ \vdots \\ b_{mt} \end{pmatrix}$$

따라서 A의 k번째 열벡터 $Col_k(A)$는 t개의 벡터의 일차결합으로 나타내어지므로 행렬 A의 열계수는 $c(A) \le t = r(A)$이다. 또한

$$r(A) = c(A^T) \le r(A^T) = c(A)$$

이므로 결과적으로 $r(A) = c(A)$가 성립한다. ▣

임의의 행렬 $A \in M_{m \times n}(\mathbb{R})$의 행계수와 열계수는 서로 같으므로 이를 간단히 다음과 같이 정의한다.

정의

행렬 $A \in M_{m \times n}(\mathbb{R})$의 행계수(또는 열계수)를 행렬 A의 **계수(rank)**라고 하고 $r(A)$로 나타내기로 한다.

참고 행렬 A의 계수를 구할 때 A의 행계수 또는 열계수 중에서 간단하게 구할 수 있는 것을 택할 수 있다.

예제 행렬 $A = \begin{pmatrix} 1 & 5 \\ 1 & 0 \\ 2 & 3 \end{pmatrix}$의 계수는 A의 열계수를 이용하여 다음과 같이 구할 수 있다. $CS(A) = span\left\{\begin{pmatrix} 1 \\ 1 \\ 2 \end{pmatrix}, \begin{pmatrix} 5 \\ 0 \\ 3 \end{pmatrix}\right\}$이고 A의 열벡터는 일차독립이므로 A의 열공간

$CS(A)$의 차원, 즉, A의 열계수는 $c(A)=2$이다. 따라서 A의 계수는 $r(A)=c(A)=2$이다.

행렬 $A \in M_{m\times n}(\mathbb{R})$의 계수와 영공간 $N(A)$의 차원 사이에는 다음과 같이 중요한 관계가 있다.

정리

행렬 $A \in M_{m\times n}(\mathbb{R})$에 대하여 다음이 성립한다.

$$r(A) + \dim N(A) = n$$

증명 행렬 $B \in M_{m\times n}(\mathbb{R})$를 행렬 A의 기약행사다리꼴 행렬이라고 하자. 그러면 일차연립방정식 $AX=O$의 해와 일차연립방정식 $BX=O$의 해는 서로 일치한다. 또한 $r(A)=r(B)$이다. 다음 세 가지 경우로 나누어 정리를 증명하자.

(1) $r(A)=n$인 경우 : 일차연립방정식 $AX=O$의 해는 $X=O$뿐이므로 $N(A)=\{O\}$이고 $\dim N(A)=0$이다. 따라서

$$r(A) + \dim N(A) = n + 0 = n$$

이 성립한다.

(2) $r(A)=0$인 경우 : $A=O$이므로 임의의 $X \in M_{n\times 1}(\mathbb{R})$는 일차연립방정식 $AX=O$의 해가 된다. 따라서 $\dim N(A)=n$이고

$$r(A) + \dim N(A) = 0 + n = n$$

이 성립한다.

(3) $1 \le r(A) \le n-1$인 경우 : $r(A)=t$라고 가정하자. 식 $BX=O$를 만족시키는 X의 성분을 $X=(x_1, x_2, \cdots, x_n)^T \in NS(A)$라고 놓으면 B의 t개의 선행성분 1에 대응되는 x_i는 0이고 이외의 $n-t$개의 x_i는 임의의 실수이다. 따라서 A의 영공간 $N(A)$는 $n-t$개의 일차독립인 벡터로 생성된다. 따라서

$$r(A) + \dim N(A) = t + (n-t) = n$$

이 되어 정리가 성립한다. ▣

참고 행렬 A의 계수와 영공간의 차원의 합은 행렬 A의 열의 개수와 같다.

예제 행렬 $A = \begin{pmatrix} 2 & 1 \\ 3 & -1 \end{pmatrix}$의 영공간은 $N(A) = \left\{ \begin{pmatrix} 0 \\ 0 \end{pmatrix} \right\}$이므로 $\dim N(A) = 0$이다. 또한 행벡터 $(2, 1), (3, -1)$은 일차독립이므로 $\mathscr{B} = \{(2, 1), (3, -1)\}$가 A의 행공간의 기저이다. 따라서 A의 행계수는 $r(A) = 2$이다. 즉, 다음 관계식이 성립한다.

$$r(A) + \dim N(A) = 2 + 0 = 2$$

예제 행렬 $A = \begin{pmatrix} 1 & 0 & 0 \\ 0 & 1 & 0 \\ 0 & 0 & 1 \end{pmatrix}$의 영공간은 $N(A) = \left\{ \begin{pmatrix} 0 \\ 0 \\ 0 \end{pmatrix} \right\}$이므로 $\dim N(A) = 0$이다. 또한 $\mathscr{B} = \{(1, 0, 0), (0, 1, 0), (0, 0, 1)\}$는 A의 행공간의 기저이다. 따라서 A의 행계수는 $r(A) = 3$이다. 즉, 다음 관계식이 성립한다.

$$r(A) + \dim N(A) = 3 + 0 = 3$$

정리

행렬 $A \in M_{n \times n}(\mathbb{R})$가 정칙행렬이기 위한 필요충분조건은 $r(A) = n$이다

증명 행렬 A가 정칙행렬이면 $N(A) = \{O\}$이므로 $\dim N(A) = 0$이 되어 $r(A) = n$이다. 역으로 $r(A) = n$이면 $\dim N(A) = 0$이 되어 $N(A) = \{O\}$이다. 따라서 A는 정칙행렬이 된다. ▣

예제 행렬 $A = \begin{pmatrix} 25 & 1 \\ 8 & 7 \end{pmatrix}$는 정칙행렬이므로 $r(A) = 2$이고 $\dim N(A) = 0$이다.

MATLAB 활용하기

이 절에 속한 개념 중 MATLAB을 활용하여 해결할 수 있는 문제는 다음과 같다.

1. 행렬 $A \in M_{m \times n}(\mathbb{R})$의 계수를 구할 수 있다.

예제 행렬 $A = \begin{pmatrix} 2 & 5 \\ 8 & -1 \end{pmatrix}$의 계수를 다음과 같이 구할 수 있다.

(1) A = [2 5;8 −1];을 입력한다.

(2) Enter키를 누른다.

(3) rank(A)를 입력한다.

[결과] ans =

2

[결과 해석] A의 계수는 2이다.

예제 행렬 $A = \begin{pmatrix} 7 & 0 & -2 \\ 1 & 4 & 1 \\ 2 & 8 & 2 \end{pmatrix}$의 계수를 다음과 같이 구할 수 있다.

(1) A = [7 0 −2;1 4 1;2 8 2];를 입력한다.

(2) Enter키를 누른다.

(3) rank(A)를 입력한다.

[결과] ans =

2

[결과 해석] A의 계수는 2이다.

2. 행렬 $A \in M_{m \times n}(\mathbb{R})$의 행공간과 행계수를 구할 수 있다.

예제 행렬 $A = \begin{pmatrix} 2 & 5 \\ 8 & -1 \end{pmatrix}$의 행공간과 행계수를 다음과 같이 구할 수 있다.

(1) rref([2 5;8 −1])을 입력한다.

(2) Enter키를 누른다.

[결과] ans =

```
     1   0
     0   1
```

[결과 해석] 행렬 $A=\begin{pmatrix} 2 & 5 \\ 8 & -1 \end{pmatrix}$의 행공간은 다음과 같다.

$$span\{(2,5),(8,-1)\} = span\{(1,0),(0,1)\} = \mathbb{R}^2$$

또한 A의 행계수는 $r(A)=2$이다.

예제 행렬 $A=\begin{pmatrix} 7 & 0 & -2 \\ 1 & 4 & 1 \\ 2 & 8 & 2 \end{pmatrix}$의 행공간과 행계수를 다음과 같이 구할 수 있다.

(1) rref([7 0 −2;1 4 1;2 8 2])을 입력한다.

(2) Enter키를 누른다.

[결과] ans =

```
    1.0000        0    -0.2857
         0   1.0000     0.3214
         0        0          0
```

[결과 해석] 행렬 $\begin{pmatrix} 7 & 0 & -2 \\ 1 & 4 & 1 \\ 2 & 8 & 2 \end{pmatrix}$의 행공간은 다음과 같다.

$$span\{(7,0,-2),(1,4,1),(2,8,2)\} = span\{(1,0,-0.2857),(0,1,0.3214)\}$$

또한 A의 행계수는 $r(A)=2$이다.

3. 행렬 $A \in M_{m\times n}(\mathbb{R})$의 열공간과 열계수를 구할 수 있다.

예제 행렬 $A=\begin{pmatrix} 2 & 5 \\ 8 & -1 \end{pmatrix}$의 열공간과 열계수를 다음과 같이 구할 수 있다.

(1) rref([2 5;8 −1])을 입력한다.

(2) Enter키를 누른다.

[결과] ans =

```
     1   0
     0   1
```

[결과 해석] 행렬 $A=\begin{pmatrix} 2 & 5 \\ 8 & -1 \end{pmatrix}$의 열공간은 다음과 같다.

$$span\left\{\begin{pmatrix} 2 \\ 8 \end{pmatrix}, \begin{pmatrix} 5 \\ -1 \end{pmatrix}\right\} = span\left\{\begin{pmatrix} 1 \\ 0 \end{pmatrix}, \begin{pmatrix} 0 \\ 1 \end{pmatrix}\right\} = \mathbb{R}^2$$

또한 A의 열계수는 $c(A)=2$이다.

예제 행렬 $A=\begin{pmatrix} 7 & 0 & -2 \\ 1 & 4 & 1 \\ 2 & 8 & 2 \end{pmatrix}$의 열공간과 열계수를 다음과 같이 구할 수 있다.

(1) rref([7 0 −2;1 4 1;2 8 2])을 입력한다.

(2) Enter키를 누른다.

[결과] ans =

```
1.0000         0   -0.2857
     0    1.0000    0.3214
     0         0         0
```

[결과 해석] 행렬 $\begin{pmatrix} 7 & 0 & -2 \\ 1 & 4 & 1 \\ 2 & 8 & 2 \end{pmatrix}$의 열공간은 다음과 같다.

$$span\left\{\begin{pmatrix} 7 \\ 1 \\ 2 \end{pmatrix}, \begin{pmatrix} 0 \\ 4 \\ 8 \end{pmatrix}, \begin{pmatrix} -2 \\ 1 \\ 2 \end{pmatrix}\right\} = span\left\{\begin{pmatrix} 1 \\ 0 \\ 0 \end{pmatrix}, \begin{pmatrix} 0 \\ 1 \\ 0 \end{pmatrix}\right\}$$

또한 A의 열계수는 $c(A)=2$이다.

연습 문제

1. 다음 행렬의 행공간, 열공간, 행계수 및 열계수를 각각 구하여라.

(1) $\begin{pmatrix} -1 & 2 \\ 7 & -1 \end{pmatrix}$　　(2) $\begin{pmatrix} 1 & 0 \\ 1 & -8 \\ 0 & -2 \end{pmatrix}$

(3) $\begin{pmatrix} 5 & 1 & 0 \\ 2 & 1 & -8 \\ 0 & 3 & -2 \end{pmatrix}$　　(4) $\begin{pmatrix} 0 & 6 & 0 & 12 \\ 7 & -1 & 0 & 0 \\ 0 & 1 & 4 & 2 \end{pmatrix}$

2. 다음 행렬의 계수, 영공간 및 영공간의 차원을 각각 구하여라.

(1) $\begin{pmatrix} 0 & 1 \\ 5 & -1 \end{pmatrix}$　　(2) $\begin{pmatrix} 0 & 0 \\ 9 & -1 \\ 6 & -2 \end{pmatrix}$

(3) $\begin{pmatrix} -2 & 0 & 0 \\ 0 & 2 & -1 \\ 11 & 0 & -2 \end{pmatrix}$　　(4) $\begin{pmatrix} 0 & 1 & 0 & 1 \\ 1 & -1 & 0 & 0 \\ 0 & 1 & 1 & 1 \end{pmatrix}$

3. 행렬 $A \in M_{12\times 5}(\mathbb{R})$ 의 행공간의 차원이 4일 때 행렬 A의 영공간의 차원 $\dim N(A)$을 구하여라.

4. 정칙 행렬 $A \in M_{7\times 7}(\mathbb{R})$에 대하여 다음 물음에 답하여라.

(1) A의 행 공간과 열 공간을 구하여라.
(2) A의 행 계수와 열 계수를 구하여라.
(3) A의 영공간과 영공간의 차원을 구하여라.

5. 행렬 $A \in M_{n\times n}(\mathbb{R})$와 $B \in M_{n\times n}(\mathbb{R})$에 대하여 $\det(B) = 1$이라고 가정하자. 이 때 $r(A) = r(BA)$임을 보여라.

시인 기질을 갖추지 못한 수학자는

결코

완벽한 수학자가 못 된다는 것이

진실이다.

-- 바이어슈트라스 --

CHAPTER 4

내적공간

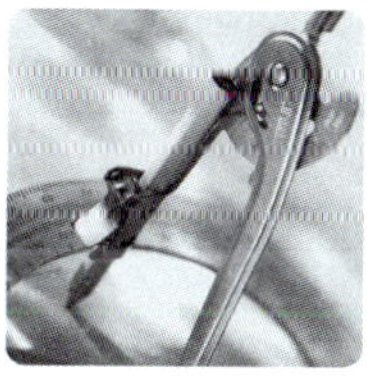

4.1 내적공간의 노름

3장에서는 벡터공간 $\mathbb{R}^2$와 $\mathbb{R}^3$에서 내적을 정의하였는데 이 절에서는 일반적인 벡터공간 V에서 내적을 정의하고 내적의 기본적인 성질들을 살펴본다.

정의

벡터공간 V에 속하는 벡터 u, v, w와 스칼라 $a \in \mathbb{R}$ 에 대하여 다음 조건을 만족시키는 함수

$$< \ , \ > : V \times V \to \mathbb{R}, \qquad < \ , \ > (u, v) = < u, v >$$

를 벡터공간 V위에서 정의된 내적(inner product)이라고 하고 내적이 주어진 벡터공간 V를 내적공간(inner product space)이라고 한다.

(1) $< u, u > \geq 0, \qquad < u, u > = 0 \iff u = O$

(2) $< u, v > = < v, u >$

(3) $< u+v, w > = < u, w > + < v, w >$

(4) $< au, v > = a < u, v >$

참고 1. 위의 정의에서와 같이 스칼라를 실수로 택한 내적공간을 실내적공간이라고 하고 스칼라를 복소수로 택한 내적공간을 복소내적공간이라고 한다.
2. 성질 (4)를 이용하면 $< u, av > = < av, u > = a < v, u > = a < u, v >$ 이다.

예제 벡터공간 $\mathbb{R}^n$에 속하는 임의의 두 벡터

$$u = (a_1, a_2, \cdots, a_n), \ v = (b_1, b_2, \cdots, b_n)$$

에 대하여 함수

$$< \ , \ > : \mathbb{R}^n \times \mathbb{R}^n \to \mathbb{R}, \qquad < \ , \ > (u, v) = < u, v >$$

를 다음과 같이 정의하면 내적이 될 조건을 모두 만족한다.

$$< u, v > \; = \sum_{i=1}^{n} a_i b_i$$

따라서 벡터공간 $\mathbb{R}^n$은 주어진 내적에 대하여 내적공간이 된다. 이때의 내적을 $\mathbb{R}^n$에서 주어진 표준내적이라고 한다.

예제 벡터공간 $M_{m \times n}(\mathbb{R})$에 속하는 두 행렬 $A = (a_{ij})_{m \times n}$, $B = (b_{ij})_{m \times n}$에 대하여 함수

$$< \, , \, > : M_{m \times n}(\mathbb{R}) \times M_{m \times n}(\mathbb{R}) \to \mathbb{R}, \qquad < \, , \, > (A, B) = < A, B >$$

를 다음과 같이 정의하면 내적이 될 조건을 모두 만족한다.

$$< A, B > \; = \sum_{i=1}^{m} \sum_{j=1}^{n} a_{ij} b_{ij}$$

따라서 벡터공간 $M_{m \times n}(\mathbb{R})$는 주어진 내적에 대하여 내적공간이 된다.

예제 폐구간 $[a, b]$에서 연속인 모든 함수로 이루어진 벡터공간 $C[a, b]$에 속하는 두 연속함수

$$f : [a, b] \to \mathbb{R}, \quad g : [a, b] \to \mathbb{R}$$

에 대하여 함수

$$< \, , \, > : C[a, b] \times C[a, b] \to \mathbb{R}, \qquad < \, , \, > (f, g) = < f, g >$$

를 다음과 같이 정의하면 내적이 될 조건을 모두 만족한다.

$$< f, g > \; = \int_a^b f(x) g(x) \, dx$$

따라서 벡터공간 $C[a, b]$는 주어진 내적에 대하여 내적공간이 된다.

예제 n차 이하 다항식 전체로 이루어진 벡터공간 $\mathbb{R}_n[x]$에 속하는 두 다항식

$p(x)=\sum_{i=0}^{n} a_i x^i$, $q(x)=\sum_{i=0}^{n} b_i x^i$ 에 대하여 함수

$$< \, , \, > : \mathbb{R}_n[x] \times \mathbb{R}_n[x] \to \mathbb{R}, \qquad < \, , \, > (p(x), q(x)) = < p(x), q(x) >$$

를 다음과 같이 정의하면 내적이 될 조건을 모두 만족한다.

$$< p(x), q(x) > = \sum_{i=0}^{n} a_i b_i$$

따라서 벡터공간 $\mathbb{R}_n[x]$는 주어진 내적에 대하여 내적공간이 된다.

예제 벡터공간 $\mathbb{R}^2$에 속하는 임의의 두 벡터 $u=(a_1, a_2)$, $v=(b_1, b_2)$에 대하여 함수

$$< \, , \, > : \mathbb{R}^2 \times \mathbb{R}^2 \to \mathbb{R}, \qquad < \, , \, > (u, v) = < u, v >$$

를 다음과 같이 정의하면 내적이 될 조건을 모두 만족한다.

$$< u, v > = 5a_1 b_1 + a_2 b_2$$

따라서 벡터공간 $\mathbb{R}^2$은 주어진 내적에 대하여 내적공간이 된다.

예제 벡터공간 $\mathbb{R}^2$에 속하는 임의의 두 벡터 $u=(a_1, a_2)$, $v=(b_1, b_2)$에 대하여 함수

$$< \, , \, > : \mathbb{R}^2 \times \mathbb{R}^2 \to \mathbb{R}, \qquad < \, , \, > (u, v) = < u, v >$$

를 다음과 같이 정의하자.

$$< u, v > = a_1 b_1 - 5a_2 b_2$$

그러면

$$< u, u > = a_1^2 - 5a_2^2$$

이 되어 내적이 될 조건 $< u, u > \geq 0$ 을 만족하지 않는다.
따라서 주어진 함수는 $\mathbb{R}^2$에서 정의된 내적이 아니다.

정리

내적공간 V에 속하는 임의의 벡터 v와 영벡터 O과의 내적은 0이다. 즉,

$$< O, v > = 0 = < v, O >$$

이 성립한다.

증명 내적의 정의에 의하여

$$< O, v > = < 0v, v > = 0 < v, v > = 0,$$

$$< v, O > = < O, v > = 0$$

이므로 정리가 성립한다. ▣

정의

내적공간 V에 속하는 영벡터가 아닌 임의의 두 벡터 u, v에 대하여

$$< u, v > = 0$$

이면 두 벡터 u, v는 서로 직교(수직, orthogonal)한다고 한다.

예제 표준내적이 정의되어 있는 내적공간 $\mathbb{R}^2$에 속하는 두 벡터 $u = (1, 2)$, $v = (-2, 1)$는 서로 직교함을 보여라.

풀이 두 벡터 $u = (1, 2)$, $v = (-2, 1)$ 의 내적은

$$< u, v > = 1 \times (-2) + 2 \times 1 = 0$$

이므로 u, v는 서로 직교한다.

예제 다음과 같은 내적이 정의되어 있는 내적공간 $\mathbb{R}^2$에서 두 벡터 $u = (1, 2)$, $v = (-2, 5)$는 서로 직교함을 보여라.

"두 벡터 $u = (a_1, a_2)$, $v = (b_1, b_2)$에 대하여 $< u, v > = 5a_1b_1 + a_2b_2$"

풀이 두 벡터 $u = (1, 2)$, $v = (-2, 5)$ 의 내적은

$$< u, v > \ = 5 \times 1 \times (-2) + 2 \times 5 = 0$$

이므로 u, v는 서로 직교한다.

예제 표준내적이 정의되어 있는 내적공간 $\mathbb{R}^2$에 속하는 두 벡터 $u=(1,2)$, $v=(-2,5)$는 서로 직교하지 않는다는 사실을 다음과 같이 알 수 있다.

$$< u, v > \ = 1 \times (-2) + 2 \times 5 \neq 0$$

주의 내적공간에 속하는 두 벡터는 정의된 내적에 따라서 서로 직교할 수도 있고 직교하지 않을 수도 있음에 유의하여야 한다.

예제 다음과 같은 내적이 정의되어 있는 내적공간 $C[-2,2]$에서 두 연속함수 $f(x)=2x$, $g(x)=-x^2$ 는 서로 직교함을 보여라.

"두 연속함수 $f,\ g \in C[-2,2]$에 대하여 $< f, g > \ = \int_{-2}^{2} f(x)g(x)\,dx$"

풀이 두 함수 $f(x)=2x$, $g(x)=-x^2$의 내적은

$$< f, g > \ = \int_{-2}^{2} 2x(-x^2)\,dx \ = -2\int_{-2}^{2} x^3\,dx \ = 0$$

이므로 $f(x)=2x$, $g(x)=-x^2$는 서로 직교한다.

예제 다음과 같은 내적이 정의되어 있는 내적공간 $C[-\pi,\pi]$에서 두 함수 $f(x)=\sin x$, $g(x)=\cos x$는 서로 직교함을 보여라.

"두 연속함수 $f,\ g \in C[-\pi,\pi]$에 대하여 $< f, g > \ = \int_{-\pi}^{\pi} f(x)g(x)\,dx$"

풀이 두 함수 $f(x)=\sin x$, $g(x)=\cos x$의 내적은

$$< f, g > \ = \int_{-\pi}^{\pi} \cos x \sin x\,dx \ = \left[\frac{1}{2}\sin^2 x\right]_{-\pi}^{\pi} \ = 0$$

이므로 $f(x)=\sin x$, $g(x)=\cos x$는 서로 직교한다.

예제 다음과 같은 내적이 정의되어 있는 내적공간 $M_{3\times 2}(\mathbb{R})$에 속하는 두 행렬

$$A=\begin{pmatrix}1 & 0\\ 4 & -7\\ 0 & 5\end{pmatrix},\quad B=\begin{pmatrix}-2 & 11\\ 3 & 0\\ -5 & -2\end{pmatrix}$$

는 서로 직교함을 보여라.

"두 행렬 $A=\begin{pmatrix}a_1 & a_2\\ a_3 & a_4\\ a_5 & a_6\end{pmatrix}$, $B=\begin{pmatrix}b_1 & b_2\\ b_3 & b_4\\ b_5 & b_6\end{pmatrix}$ 에 대하여 $<A, B> = \sum_{i=1}^{6} a_i b_i$ "

풀이 두 행렬 A, B의 내적은

$$<A, B> = 1\times(-2)+0\times 11+4\times 3+(-7)\times 0+0\times(-5)+5\times(-2)=0$$

이므로 A와 B는 서로 직교하는 행렬임을 알 수 있다.

예제 다음과 같은 내적이 정의되어 있는 내적공간 $\mathbb{R}_2[x]$에 속하는 두 다항식 $p(x)=2-x+x^2$, $q(x)=1-2x^2$ 는 서로 직교함을 보여라.

"두 원소 $p(x)=\sum_{i=0}^{2} a_i x^i$, $q(x)=\sum_{i=0}^{2} b_i x^i$ 에 대하여 $<p(x), q(x)> = \sum_{i=0}^{2} a_i b_i$ "

풀이 다항식 $p(x)=2-x+x^2$, $q(x)=1-2x^2$ 의 내적은

$$<p(x), q(x)> = 2\times 1+(-1)\times 0+1\times(-2)=0$$

이므로 $p(x)=2-x+x^2$, $q(x)=1-2x^2$는 서로 직교하는 것을 알 수 있다.

정의

내적공간 V에 속하는 벡터 u의 크기를 다음과 같이 정의하고 이를 벡터 u의 노름(norm)이라고 한다.

$$\|u\| = \sqrt{<u, u>}$$

특히, 크기가 1인 벡터, 즉 $\|u\|=1$ 인 벡터 u를 난위벡터(unit vector)라고 한다.

예제 표준내적이 정의되어 있는 내적공간 $\mathbb{R}^2$에서 벡터 $u=(1,0)$는 단위벡터가 됨을 보여라.

풀이 벡터 $u=(1,0)$의 크기는

$$\|u\| = \sqrt{<u, u>} = \sqrt{1\times1+0\times0} = \sqrt{1} = 1$$

이므로 벡터 $u=(1,0)$는 단위벡터이다.

예제 벡터공간 $\mathbb{R}^2$에서 다음과 같이 정의된 내적

"두 벡터 $u=(a_1, a_2)$, $v=(b_1, b_2)$에 대하여 $<u,v> = 5a_1b_1 + a_2b_2$"

에 대하여 벡터 $u=(\frac{2}{5}, \frac{\sqrt{5}}{5})$는 단위벡터가 됨을 보여라.

풀이 벡터 $u=(\frac{2}{5}, \frac{\sqrt{5}}{5})$ 의 크기는

$$\|u\| = \sqrt{<u, u>} = \sqrt{5\times\frac{2}{5}\times\frac{2}{5}+\frac{\sqrt{5}}{5}\times\frac{\sqrt{5}}{5}} = 1$$

이므로 벡터 $u=(\frac{2}{5}, \frac{\sqrt{5}}{5})$는 단위벡터가 된다.

예제 표준내적이 정의되어 있는 내적공간 $\mathbb{R}^2$에서 벡터 $u=(\frac{2}{5}, \frac{\sqrt{5}}{5})$는 단위벡터가 아님을 보여라.

풀이 벡터 $u=(\frac{2}{5}, \frac{\sqrt{5}}{5})$ 의 크기는

$$\|u\| = \sqrt{<u, u>} = \sqrt{\frac{2}{5}\times\frac{2}{5}+\frac{\sqrt{5}}{5}\times\frac{\sqrt{5}}{5}} = \frac{3}{5} \neq 1$$

이므로 벡터 $u=(\frac{2}{5}, \frac{\sqrt{5}}{5})$는 단위벡터가 아니다.

위 예로부터 같은 벡터공간이라도 내적이 다르게 주어져 있으면 단위벡터가 다를 수

있다는 점에 유의해야 한다.

예제 다음과 같은 내적이 정의되어 있는 내적공간 $C[-2,2]$에서 상수함수 $f(x)=\frac{1}{2}$ 는 단위벡터가 됨을 보여라.

"두 연속함수 $f,\ g \in C[-2,2]$ 에 대하여 $< f, g > = \int_{-2}^{2} f(x)g(x)\,dx$"

풀이 상수함수 $f(x)=\frac{1}{2}$에 대하여

$$< f, f > = \int_{-2}^{2} \frac{1}{2}\times\frac{1}{2}\,dx = \frac{1}{4}\int_{-2}^{2} dx = \frac{1}{4}\times 4 = 1$$

이므로 $\| f \| = \sqrt{< f, f >} = 1$이 되어 $f(x)=\frac{1}{2}$ 는 단위벡터가 된다.

예제 다음과 같은 내적이 정의되어 있는 내적공간 $\mathbb{R}_2[x]$에 속하는 다항식 $p(x)=\frac{1}{\sqrt{3}}+\frac{\sqrt{2}}{\sqrt{3}}x^2$ 는 단위벡터가 됨을 보여라.

"두 다항식 $p(x)=\sum_{i=0}^{2} a_i x^i,\ q(x)=\sum_{i=0}^{2} b_i x^i$에 대하여 $< p(x), q(x) > = \sum_{i=0}^{2} a_i b_i$ "

풀이 다항식 $p(x)=\frac{1}{\sqrt{3}}+\frac{\sqrt{2}}{\sqrt{3}}x^2$ 의 노름은

$$\| p(x) \| = \sqrt{< p(x), p(x) >} = \sqrt{\left(\frac{1}{\sqrt{3}}\right)^2+\left(\frac{\sqrt{2}}{\sqrt{3}}\right)^2} = 1$$

이므로 $p(x)=\frac{1}{\sqrt{3}}+\frac{\sqrt{2}}{\sqrt{3}}x^2$ 는 단위벡터가 됨을 알 수 있다.

예제 다음과 같은 내적이 정의되어 있는 내적공간 $M_{3\times 2}(\mathbb{R})$에 속하는 행렬

$$A = \begin{pmatrix} 0 & 0 \\ 0 & 1 \\ 0 & 0 \end{pmatrix}$$

는 단위벡터가 됨을 보여라.

" 두 행렬 $A = \begin{pmatrix} a_1 & a_2 \\ a_3 & a_4 \\ a_5 & a_6 \end{pmatrix}$, $B = \begin{pmatrix} b_1 & b_2 \\ b_3 & b_4 \\ b_5 & b_6 \end{pmatrix}$ 에 대하여 $< A, B > = \sum_{i=1}^{6} a_i b_i$ "

풀이 행렬 A의 노름은

$$\| A \| = \sqrt{< A, A >} = \sqrt{0 \times 0 + 0 \times 0 + 0 \times 0 + 1 \times 1 + 0 \times 0 + 0 \times 0} = 1$$

이 되어 A는 단위벡터가 된다.

이와 같은 행렬에 대한 노름을 일반적으로 다음과 같이 정의한다.

정의

벡터공간 $M_{m \times n}(\mathbb{R})$에서 정의된 내적

"$A = (a_{ij})_{m \times n}$, $B = (b_{ij})_{m \times n}$에 대하여 $< A, B > = \sum_{i=1}^{m} \sum_{j=1}^{n} a_{ij} b_{ij}$ "

으로부터 정의된 노름을 Frobenius 노름(Frobenius norm)이라고 정의한다.
즉, 행렬 $A = (a_{ij})_{m \times n}$ 의 Frobenius 노름은 다음과 같다.

$$\| A \| = \sqrt{\sum_{i=1}^{m} \sum_{j=1}^{n} {a_{ij}}^2}$$

예제 행렬 $A = \begin{pmatrix} 5 & -1 & 3 \\ 0 & 2 & 5 \end{pmatrix}$의 Frobenius 노름은 다음과 같다.

$$\| A \| = \sqrt{5^2 + (-1)^2 + 3^2 + 0^2 + 2^2 + 5^2} = \sqrt{64} = 8$$

정리

내적공간 V에 속하는 임의의 벡터 $u \neq O$에 대하여 벡터 $v = \dfrac{u}{\|u\|}$는 단위벡터이다.

증명 벡터 v 의 크기는

$$\|v\| = \left\| \frac{u}{\|u\|} \right\| = \sqrt{< \frac{u}{\|u\|}, \frac{u}{\|u\|} >} = \sqrt{\frac{1}{\|u\|^2} < u, u >}$$

$$= \sqrt{\frac{1}{\|u\|^2} \cdot \|u\|^2} = \sqrt{1} = 1$$

이므로 벡터 $v = \dfrac{u}{\|u\|}$는 단위벡터이다. ▣

참고 이 정리로부터 임의의 내적공간에 속하는 영벡터가 아닌 벡터를 이용하여 단위벡터를 항상 만들 수 있다는 사실을 알 수 있다.

정리

내적공간 V에 속하는 임의의 벡터 u와 실수 $a \in \mathbb{R}$ 에 대하여 다음이 성립한다.

$$\|au\| = |a| \, \|u\|$$

증명 $\|au\| = \sqrt{< au, au >} = \sqrt{a^2 < u, u >} = |a| \sqrt{< u, u >} = |a| \|u\|$ 이므로 주어진 등식이 성립한다. ▣

정리 (Cauchy-Schwarz 부등식)

내적공간 V에 속하는 임의의 두 벡터 u, v 에 대하여 다음 부등식이 성립한다.

$$|< u, v >| \leq \|u\| \, \|v\|$$

증명 (1) $u = O$인 경우 :

$< u, v > = < O, v > = 0$ 이고 $\|u\|\|v\| = \|O\|\|v\| = 0\|v\| = 0$

이므로 부등식 $|< u, v >| \le \|u\|\|v\|$이 성립한다.

(2) $u \ne O$인 경우 : 임의의 실수 $a \in \mathbb{R}$에 대하여 다음 식이 성립한다.

$$\begin{aligned} < au+v, au+v > &= < au, au > + < au, v > + < v, au > + < v, v > \\ &= < u, u > a^2 + < u, v > a + < v, u > a + < v, v > \\ &= < u, u > a^2 + 2 < u, v > a + < v, v > \end{aligned}$$

그런데

$$< au+v, au+v > = \| au+v \|^2 \ge 0$$

이므로

$$< u, u > a^2 + 2 < u, v > a + < v, v > \ge 0$$

이다. 따라서

$$< u, v >^2 - < u, u >< v, v > \le 0$$

이고

$$< u, v >^2 \le < u, u >< v, v > = \|u\|^2 \|v\|^2 = (\|u\| \|v\|)^2$$

이다. 그러므로 부등식

$$|< u, v >| \le \|u\| \|v\|$$

이 성립한다. ▣

참고 다음 부등식을 Cauchy−Schwarz 부등식이라고도 한다.

$$< u, v >^2 \le < u, u >< v, v >$$

예제 표준내적이 주어진 내적공간 $\mathbb{R}^n$에 속하는 임의의 두 벡터 $u = (a_1, a_2, \cdots, a_n)$, $v = (b_1, b_2, \cdots, b_n)$에 대하여 Cauchy-Schwarz 부등식 $|< u, v >| \le \|u\| \|v\|$을 적용하면 다음 부등식을 얻는다.

$$\left| \sum_{i=1}^{n} a_i b_i \right| \le \sqrt{\sum_{i=1}^{n} a_i^2} \sqrt{\sum_{i=1}^{n} b_i^2}$$

만일 $n=2$이면 다음 부등식이 성립한다.

$$|a_1 b_1 + a_2 b_2| \le \sqrt{a_1^2 + a_2^2} \sqrt{b_1^2 + b_2^2}$$

예제 벡터공간 $\mathbb{R}^2$에서 다음과 같이 정의된 내적

"두 벡터 $u=(a_1, a_2)$, $v=(b_1, b_2)$에 대하여 $< u, v > = 5a_1 b_1 + a_2 b_2$"

에 대하여 Cauchy-Schwarz 부등식 $|< u, v >| \le \|u\| \|v\|$을 적용하면 다음 부등식을 얻는다.

$$|5a_1 b_1 + a_2 b_2| \le \sqrt{5a_1^2 + a_2^2} \sqrt{5b_1^2 + b_2^2}$$

예제 벡터공간 $C[-2,2]$에서 다음과 같이 정의된 내적

"두 연속함수 f, $g \in C[-2,2]$ 에 대하여 $< f, g > = \int_{-2}^{2} f(x)g(x)\,dx$"

에 대하여 Cauchy-Schwarz 부등식 $|< f, g >| \le \|f\| \|g\|$을 적용하면 다음 부등식을 얻는다.

$$\left| \int_{-2}^{2} f(x)g(x)\,dx \right| \le \sqrt{\int_{-2}^{2} f(x)^2\,dx} \sqrt{\int_{-2}^{2} g(x)^2\,dx}$$

예제 벡터공간 $M_{3\times 2}(\mathbb{R})$에 속하는 두 행렬

$$A = \begin{pmatrix} a_1 & a_2 \\ a_3 & a_4 \\ a_5 & a_6 \end{pmatrix}, \quad B = \begin{pmatrix} b_1 & b_2 \\ b_3 & b_4 \\ b_5 & b_6 \end{pmatrix}$$

에 대하여 정의된 내적 $< A, B > = \sum_{i=1}^{6} a_i b_i$에 대하여 Cauchy-Schwarz 부등식 $|< A, B >| \le \|A\| \|B\|$을 적용하면 다음 부등식을 얻는다.

$$\left|\sum_{i=1}^{6} a_i b_i\right| \le \sqrt{\sum_{i=1}^{6} a_i^{\ 2}} \sqrt{\sum_{i=1}^{6} b_i^{\ 2}}$$

예제 벡터공간 $\mathbb{R}_2[x]$에 속하는 두 다항식

$$p(x) = a_0 + a_1 x + a_2 x^2, \qquad q(x) = b_0 + b_1 x + b_2 x^2$$

에 대하여 정의된 내적 $< p(x), q(x) > = \sum_{i=0}^{2} a_i b_i$ 에 대하여 Cauchy-Schwarz 부등식 $| < p(x), q(x) > | \le \|p(x)\| \|q(x)\|$ 을 적용하면 다음 부등식을 얻는다.

$$\left|\sum_{i=0}^{2} a_i b_i\right| \le \sqrt{\sum_{i=0}^{2} a_i^2} \sqrt{\sum_{i=0}^{2} b_i^2}$$

정리 (삼각 부등식)

내적공간 V에 속하는 임의의 두 벡터 u, v 에 대하여 다음이 성립한다.

$$\|u + v\| \le \|u\| + \|v\|$$

증명 노름의 정의, 내적의 정의 및 Cauchy−Schwarz 부등식에 의하여 다음 관계식이 성립한다.

$$\|u + v\|^2 = < u+v, u+v > = < u, u > + 2 < u, v > + < v, v >$$

$$\le \|u\|^2 + 2\|u\| \|v\| + \|v\|^2 = (\|u\| + \|v\|)^2$$

따라서 부등식 $\|u + v\| \le \|u\| + \|v\|$ 이 성립한다. ▣

예제 표준내적이 정의되어 있는 내적공간 $\mathbb{R}^n$에 속하는 임의의 두 벡터 $u = (a_1, a_2, \cdots, a_n)$, $v = (b_1, b_2, \cdots, b_n)$에 대하여 삼각부등식 $\|u + v\| \le \|u\| + \|v\|$ 을 적용하면 다음 부등식을 얻는다.

$$\sqrt{\sum_{i=1}^{n}(a_i+b_i)^2} \le \sqrt{\sum_{i=1}^{n}a_i^2} + \sqrt{\sum_{i=1}^{n}b_i^2}$$

만일 $n=2$이면 다음 부등식을 얻는다.

$$\sqrt{(a_1+b_1)^2+(a_2+b_2)^2} \le \sqrt{a_1^2+a_2^2} + \sqrt{b_1^2+b_2^2}$$

예제 벡터공간 $\mathbb{R}^2$에서 다음과 같이 정의된 내적

"두 벡터 $u=(a_1,a_2)$, $v=(b_1,b_2)$에 대하여 $< u, v > = 5a_1b_1+a_2b_2$"

에 대하여 삼각부등식 $\|u+v\| \le \|u\|+\|v\|$을 적용하면 다음 부등식을 얻는다.

$$\sqrt{5(a_1+b_1)^2+(a_2+b_2)^2} \le \sqrt{5a_1^2+a_2^2} + \sqrt{5b_1^2+b_2^2}$$

예제 벡터공간 $C[-2,2]$에서 다음과 같이 정의된 내적

"두 연속함수 $f,\ g \in C[-2,2]$ 에 대하여 $< f, g > = \int_{-2}^{2} f(x)g(x)\,dx$"

에 대하여 삼각부등식 $\|f+g\| \le \|f\|+\|g\|$을 적용하면 다음 부등식을 얻는다.

$$\sqrt{\int_{-2}^{2}(f(x)+g(x))^2\,dx} \le \sqrt{\int_{-2}^{2}f(x)^2\,dx} + \sqrt{\int_{-2}^{2}g(x)^2\,dx}$$

정리

내적공간 V에 속하는 임의의 두 벡터 u, v 에 대하여 다음이 성립한다.

$$\|u+v\|^2+\|u-v\|^2 = 2\|u\|^2+2\|v\|^2$$

증명 노름의 정의, 내적의 정의에 의하여 다음 관계식이 성립한다.

$$\|u+v\|^2+\|u-v\|^2 = <u+v,\, u+v> + <u-v,\, u-v>$$
$$= 2<u,u> + 2<u,v> - 2<u,v> + 2<v,v>$$
$$= 2<u,u> + 2<v,v> = 2\|u\|^2 + 2\|v\|^2$$

따라서 주어진 등식 $\|u+v\|^2 + \|u-v\|^2 = 2\|u\|^2 + 2\|v\|^2$ 이 성립한다. ▣

예제 표준내적이 정의되어 있는 내적공간 $\mathbb{R}^n$에 속하는 임의의 두 벡터 $u=(a_1, a_2, \cdots, a_n)$, $v=(b_1, b_2, \cdots, b_n)$에 대하여 등식

$$\|u+v\|^2+\|u-v\|^2 = 2\|u\|^2+2\|v\|^2$$

을 적용하면 다음 관계식을 얻는다.

$$\sum_{i=1}^{n}(a_i+b_i)^2 + \sum_{i=1}^{n}(a_i-b_i)^2 = 2\left(\sum_{i=1}^{n}a_i^2\right)+2\left(\sum_{i=1}^{n}b_i^2\right)$$

만일 $n=2$이면 다음 등식이 성립한다.

$$\sum_{i=1}^{2}(a_i+b_i)^2 + \sum_{i=1}^{2}(a_i-b_i)^2 = 2(a_1^2+a_2^2)+2(b_1^2+b_2^2)$$

예제 벡터공간 $\mathbb{R}^2$에서 다음과 같이 정의된 내적

"두 벡터 $u=(a_1, a_2)$, $v=(b_1, b_2)$에 대하여 $<u, v> = 5a_1b_1+a_2b_2$"

에 대하여 등식 $\|u+v\|^2+\|u-v\|^2 = 2\|u\|^2+2\|v\|^2$을 적용하면 다음 식을 얻는다.

$$5(a_1+b_1)^2+(a_2+b_2)^2+5(a_1-b_1)^2+(a_2-b_2)^2 = 2(5a_1^2+a_2^2)+2(5b_1^2+b_2^2)$$

예제 벡터공간 $C[-2, 2]$에서 다음과 같이 정의된 내적

"두 연속함수 f, $g \in C[-2, 2]$ 에 대하여 $<f, g> = \int_{-2}^{2} f(x)g(x)\,dx$"

에 대하여 등식 $\|f+g\|^2 + \|f-g\|^2 = 2\|f\|^2 + 2\|g\|^2$ 을 적용하면 다음 관계식을 얻는다.

$$\int_{-2}^{2} (f(x)+g(x))^2\,dx + \int_{-2}^{2} (f(x)-g(x))^2\,dx = 2\int_{-2}^{2} f(x)^2\,dx + 2\int_{-2}^{2} g(x)^2\,dx$$

정리 (피타고라스 정리)

내적공간 V에 속하는 임의의 두 벡터 u, v 가 서로 직교하면 다음 등식이 성립한다.

$$\|u+v\|^2 = \|u\|^2 + \|v\|^2$$

증명 두 벡터 u, v 가 서로 직교하므로 $<u, v> = 0$이다. 따라서

$$\begin{aligned}\|u+v\|^2 &= <u+v,\ u+v> = <u, u> + 2<u, v> + <v, v>\\ &= \|u\|^2 + \|v\|^2\end{aligned}$$

이므로 정리가 증명된다. ▣

예제 표준내적이 정의되어 있는 내적공간 $\mathbb{R}^n$에 속하는 서로 직교하는 두 벡터 $u = (a_1, a_2, \cdots, a_n)$, $v = (b_1, b_2, \cdots, b_n)$에 대하여 등식 $\|u+v\|^2 = \|u\|^2 + \|v\|^2$ 을 적용하면 다음 관계식을 얻는다.

$$\sum_{i=1}^{n}(a_i+b_i)^2 = \sum_{i=1}^{n}a_i^2 + \sum_{i=1}^{n}b_i^2$$

만일 $n=2$이면 다음 등식이 성립한다.

$$\sum_{i=1}^{2}(a_i+b_i)^2 = \sum_{i=1}^{2}a_i^2 + \sum_{i=1}^{2}b_i^2$$

예제 벡터공간 $\mathbb{R}^2$에서 다음과 같이 정의된 내적

"임의의 두 벡터 $u=(a_1, a_2)$, $v=(b_1, b_2)$에 대하여 $<u, v> = 5a_1b_1 + a_2b_2$"

에 대하여 u, v가 서로 직교한다고 가정할 때 등식 $\|u+v\|^2 = \|u\|^2 + \|v\|^2$을 적용하면 다음 식을 얻는다.

$$5(a_1+b_1)^2 + (a_2+b_2)^2 = (5a_1^2 + a_2^2) + (5b_1^2 + b_2^2)$$

예제 벡터공간 $C[-2, 2]$에서 다음과 같이 정의된 내적

"두 연속함수 f, $g \in C[-2, 2]$ 에 대하여 $<f, g> = \int_{-2}^{2} f(x)g(x)\,dx$"

에 대하여 두 연속함수 f, g가 서로 직교한다고 가정할 때 등식 $\|f+g\|^2 = \|f\|^2 + \|g\|^2$을 적용하면 다음 관계식을 얻는다.

$$\int_{-2}^{2} (f(x)+g(x))^2\,dx = \int_{-2}^{2} f(x)^2\,dx + \int_{-2}^{2} g(x)^2\,dx$$

다음은 내적공간 V에 속하는 임의의 두 벡터 u, v 사이에서 정의되는 거리함수 $d: V \times V \to \mathbb{R}$ 에 대하여 살펴보기로 한다.

정의

내적공간 V에 속하는 임의의 두 벡터 u, v 사이의 거리(distance)를 다음과 같이 정의한다.

$$d(u, v) = \|u-v\| = \sqrt{<u-v, u-v>}$$

예제 표준내적이 정의되어 있는 내적공간 $\mathbb{R}^2$에 속하는 두 벡터 $u=(1, 2)$와 $v=(-2, 5)$의 거리는 다음과 같다.

$$d(u, v) = \|u-v\| = \sqrt{<u-v, u-v>} = \sqrt{3^2 + (-3)^2} = 3\sqrt{2}$$

다음 예제에서 볼 수 있듯이 $\mathbb{R}^2$ 에서 다른 내적을 정의하면 같은 두 벡터에 대한 거리가 달라진다.

예제 벡터공간 $\mathbb{R}^2$에서 다음과 같이 정의된 내적

"임의의 두 벡터 $u=(a_1, a_2)$, $v=(b_1, b_2)$에 대하여 $<u, v> = 5a_1b_1 + a_2b_2$"

에 대하여 두 벡터 $u=(1, 2)$와 $v=(-2, 5)$의 거리는 다음과 같다.

$$d(u, v) = \|u-v\| = \sqrt{<u-v, u-v>} = \sqrt{5\times 3\times 3 + (-3)\times(-3)} = 3\sqrt{6}$$

예제 벡터공간 $M_{3\times 2}(\mathbb{R})$에 속하는 임의의 두 행렬

$$A=\begin{pmatrix} a_1 & a_2 \\ a_3 & a_4 \\ a_5 & a_6 \end{pmatrix}, \quad B=\begin{pmatrix} b_1 & b_2 \\ b_3 & b_4 \\ b_5 & b_6 \end{pmatrix}$$

에 대하여 정의된 내적 $<A, B> = \sum_{i=1}^{6} a_i b_i$ 에 대해 $d(A, B)$는 다음과 같다.

$$d(A, B) = \|A-B\| = \sqrt{<A-B, A-B>} = \sqrt{\sum_{i-1}^{6}(a_i - b_i)^2}$$

따라서 두 행렬

$$A=\begin{pmatrix} 1 & 0 \\ 4 & -7 \\ 0 & 5 \end{pmatrix}, \quad B=\begin{pmatrix} -2 & 11 \\ 3 & 0 \\ -5 & 2 \end{pmatrix}$$

사이의 거리는 다음과 같다.

$$d(A, B) = \sqrt{3^2 + (-11)^2 + 1^2 + (-7)^2 + 5^2 + 3^2} = \sqrt{214}$$

예제 벡터공간 $C[-2, 2]$에서 다음과 같이 정의된 내적

"두 연속함수 f, $g \in C[-2, 2]$ 에 대하여 $<f, g> = \int_{-2}^{2} f(x)g(x)\,dx$"

에 대하여 두 개의 연속함수 $f(x)=x-x^2$, $g(x)=x+x^2$ 사이의 거리를 계산해보면 다음과 같다.

$$d(f,g)=\|f-g\|=\sqrt{\int_{-2}^{2}(f(x)-g(x))^2\,dx}=\sqrt{\int_{-2}^{2}4x^4\,dx}=\sqrt{\frac{256}{5}}$$

예제 벡터공간 $\mathbb{R}_2[x]$에서 다음과 같이 정의된 내적

"두 다항식 $p(x)=\sum_{i=0}^{2}a_ix^i$, $q(x)=\sum_{i=0}^{2}b_ix^i$에 대하여 $<p(x),q(x)>=\sum_{i=0}^{2}a_ib_i$"

에 대하여 두 개의 다항식 $p(x)=5x$, $q(x)=2+x^2$ 사이의 거리를 계산해보면 다음과 같다.

$$d(p(x),q(x))=\|p(x)-q(x)\|=\sqrt{(-2)^2+5^2+(-1)^2}=\sqrt{30}$$

내적공간 V에 속하는 임의의 두 벡터 u,v 사이에서 정의되는 거리함수 $d(u,v)$에 대하여 다음 성질들이 성립한다.

정의

내적공간 V에 속하는 임의의 세 벡터 u,v,w에 대하여 다음이 성립한다.

(1) $d(u,v)\geq 0$ 이고 $d(u,v)=0 \Leftrightarrow u=v$

(2) $d(u,v)=d(v,u)$

(3) $d(u,w)\leq d(u,v)+d(v,w)$

증명 (1) 두 벡터 u,v 사이의 거리의 정의에 의하여

$$d(u,v)=\|u-v\|=\sqrt{<u-v,u-v>}\geq 0$$

이다. 또한

$$d(u,v)=0 \Leftrightarrow \|u-v\|=0 \Leftrightarrow u-v=O \Leftrightarrow u=v$$

이 성립한다.

(2) $d(u,v)=\|u-v\|=\|v-u\|=d(v,u)$ 이므로 등식이 성립한다.

(3) $d(u,w)=\|u-w\|=\|(u-v)+(v-w)\| \le \|u-v\|+\|v-w\|$
$\le d(u,v)+d(v,w)$

이므로 부등식이 성립한다. ▣

이제 내적공간에서 두 부분공간의 직교성에 대하여 살펴보자.

정의

두 집합 W_1, W_2를 내적공간 V의 부분공간이라 할 때 임의의 벡터 $w_1 \in W_1$, $w_2 \in W_2$에 대하여 $<w_1, w_2> = 0$이면 두 부분공간 W_1, W_2는 서로 직교(수직, orthogonal)한다고 하고 $W_1 \perp W_2$ 로 나타낸다.

예제 표준내적이 정의되어 있는 내적공간 $\mathbb{R}^2$의 두 부분공간 $W_1 = span\{(1,0)\}$과 $W_2 = span\{(0,1)\}$는 서로 직교함을 보여라.

풀이 임의의 실수 a, b에 대하여 두 벡터 $u=a(1,0)\in W_1$, $v=b(0,1)\in W_2$ 의 내적은

$$<u,v> = a\times 0+0\times b = 0$$

이므로 두 부분공간 $W_1 = span\{(1,0)\}$과 $W_2 = span\{(0,1)\}$는 서로 직교한다.

예제 표준내적이 정의되어 있는 내적공간 $\mathbb{R}^2$의 두 부분공간 $W_1 = span\{(1,2)\}$과 $W_2 = span\{(-2,5)\}$는 서로 직교하지 않음을 보여라.

풀이 임의의 0이 아닌 실수 a, b에 대하여 두 벡터 $u=a(1,2)\in W_1$ 와 $v=b(-2,5)\in W_2$ 의 내적은

$$<u,v> = a\times(-2)b+2a\times 5b = 8ab \neq 0$$

이므로 두 부분공간 $W_1 = span\{(1,2)\}$과 $W_2 = span\{(-2,5)\}$는 서로 직교하지 않는다.

참고 다음 예제에서 볼 수 있듯이 내적이 다르게 주어지면 두 부분공간 $W_1 = span\{(1,2)\}$

과 $W_2 = \{(-2,5)\}$는 서로 직교하는 부분공간이 될 수 있다.

예제 벡터공간 $\mathbb{R}^2$에서 다음과 같이 정의된 내적

"임의의 두 벡터 $u=(a_1, a_2)$, $v=(b_1, b_2)$에 대하여 $<u,v> = 5a_1b_1 + a_2b_2$"

에 대하여 두 부분공간 $W_1 = span\{(1,2)\}$, $W_2 = span\{(-2,5)\}$는 서로 직교함을 보여라.

풀이 임의의 실수 a, b에 대하여 두 벡터 $u = a(1,2) \in W_1$, $v = b(-2,5) \in W_2$ 의 내적은

$$<u,v> = 5a \times (-2)b + 2a \times 5b = 0$$

이므로 $W_1 = span\{(1,2)\}$, $W_2 = \{(-2,5)\}$는 서로 직교한다.

예제 다음과 같은 내적이 정의되어 있는 내적공간 $C[-2,2]$의 두 부분공간 $W_1 = span\{x\}$, $W_2 = span\{x^2\}$는 서로 직교함을 보여라.

"두 연속함수 $f,\ g \in C[-2,2]$ 에 대하여 $<f, g> = \int_{-2}^{2} f(x)g(x)\,dx$"

풀이 임의의 실수 a, b에 대하여 함수 $f(x) = ax \in W_1$, $g(x) = bx^2 \in W_2$ 의 내적은

$$<f, g> = \int_{-2}^{2} (ax)(bx^2)\,dx = ab\int_{-2}^{2} x^3\,dx = 0$$

이므로 $W_1 = span\{x\}$, $W_2 = span\{x^2\}$는 서로 직교하는 부분공간이다.

예제 다음과 같은 내적이 정의되어 있는 내적공간 $M_{3\times 2}(\mathbb{R})$의 두 부분공간

$$W_1 = span\left\{\begin{pmatrix} 1 & 0 \\ 4 & -7 \\ 0 & 5 \end{pmatrix}\right\}, \quad W_2 = span\left\{\begin{pmatrix} -2 & 11 \\ 3 & 0 \\ -5 & -2 \end{pmatrix}\right\}$$

는 서로 직교함을 보여라.

" 두 행렬 $A = \begin{pmatrix} a_1 & a_2 \\ a_3 & a_4 \\ a_5 & a_6 \end{pmatrix}$, $B = \begin{pmatrix} b_1 & b_2 \\ b_3 & b_4 \\ b_5 & b_6 \end{pmatrix}$ 에 대하여 $<A, B> = \sum_{i=1}^{6} a_i b_i$ "

풀이 임의의 실수 a, b에 대하여 행렬 $A = a\begin{pmatrix} 1 & 0 \\ 4 & -7 \\ 0 & 5 \end{pmatrix} \in W_1$, $B = b\begin{pmatrix} -2 & 11 \\ 3 & 0 \\ -5 & -2 \end{pmatrix} \in W_2$ 의 내적은

$$< A, B > = a \times (-2b) + 0 \times 11b + 4a \times 3b + (-7)a \times 0 + 0 \times (-5)b + 5a \times (-2)b = 0$$

이므로 $W_1 = span\left\{\begin{pmatrix} 1 & 0 \\ 4 & -7 \\ 0 & 5 \end{pmatrix}\right\}$, $W_2 = span\left\{\begin{pmatrix} -2 & 11 \\ 3 & 0 \\ -5 & -2 \end{pmatrix}\right\}$는 서로 직교하는 부분공간임을 알 수 있다.

예제 다음과 같은 내적이 정의되어 있는 내적공간 $\mathbb{R}_2[x]$의 두 부분공간 $W_1 = span\{2 - x + x^2\}$, $W_2 = span\{1 - 2x^2\}$ 는 서로 직교하는 부분공간임을 보여라.

"두 다항식 $p(x) = \sum_{i=0}^{2} a_i x^i$, $q(x) = \sum_{i=0}^{2} b_i x^i$ 에 대하여 $< p(x), q(x) > = \sum_{i=0}^{2} a_i b_i$ "

풀이 임의의 실수 a, b에 대하여 $p(x) = 2a - ax + ax^2 \in W_1$ 와 $q(x) = b - 2bx^2 \in W_2$ 의 내적은

$$< p(x), q(x) > = 2a \times b + (-a) \times 0 + a \times (-2b) = 0$$

이므로 $W_1 = span\{2 - x + x^2\}$, $W_2 = span\{1 - 2x^2\}$는 서로 직교하는 부분공간임을 알 수 있다.

MATLAB 활용하기

이 절에 속한 개념 중 MATLAB을 활용하여 해결할 수 있는 문제는 다음과 같다.

1. $\mathbb{R}^n$에 속하는 벡터의 크기(노름)를 구할 수 있다.

예제 벡터 $u=(1, 2)\in \mathbb{R}^2$의 크기를 다음과 같이 구할 수 있다.

(1) norm([1 2])을 입력한다.

(2) Enter키를 누른다.

[결과] ans =

9.6954

[결과 해석] $u=(1, 2)$의 크기(노름)는 $\| u \| = 9.6954$ 이다.

2. $\mathbb{R}^n$에 속하는 벡터의 내적을 구할 수 있다.

예제 벡터 $u=(1, 2)\in \mathbb{R}^2$에 대하여 내적 $<u, u>$을 다음과 같이 구할 수 있다.

(1) norm([1 2])^2을 입력한다.

(2) Enter키를 누른다.

[결과] ans =

5

[결과 해석] 내적은 $<u, u> = \| u \|^2 = 5$ 이다.

3. $\mathbb{R}^n$에 속하는 두 벡터 u, v사이의 거리 $d(u, v) = \| u - v \|$ 을 구할 수 있다.

예제 두 벡터 $u=(1, 2)$, $v=(-2, 5)\in \mathbb{R}^2$사이의 거리 $d(u, v) = \| u - v \|$을 다음과 같이 구할 수 있다.

(1) $w=[(1, 2)-(-2,5)]$;을 입력한다.

(2) Enter키를 누른다.

(3) norm(w)을 입력한다.

(4) Enter키를 누른다.

[결과] ans =
3.1623

[결과 해석] $u=(1,2)$, $v=(-2,5)$사이의 거리는 $d(u,v)=\|u-v\|=3.1623$이다.

연습 문제

1. 벡터공간 $\mathbb{R}^2$에 속하는 임의의 두 벡터 $u=(a_1, a_2)$, $v=(b_1, b_2)$에 대하여 함수 $<\ ,\ >: \mathbb{R}^2 \times \mathbb{R}^2 \to \mathbb{R}$, $<\ ,\ >(u, v) = <u, v>$를 다음과 같이 정의할 때 내적이 되는지를 판정하고 이유를 설명하여라.

(1) $<u, v> = a_1 b_1$ (2) $<u, v> = 2a_1 b_1 - 5$

(3) $<u, v> = a_1^2 b_2 + 7a_2 b_1$ (4) $<u, v> = 5a_1 b_2 + a_2 b_1$

2. 벡터공간 $M_{2\times 2}(\mathbb{R})$에 속하는 두 행렬 $A=(a_{ij})_{2\times 2}$, $B=(b_{ij})_{2\times 2}$에 대하여 함수 $<\ ,\ >: M_{2\times 2}(\mathbb{R}) \times M_{2\times 2}(\mathbb{R}) \to \mathbb{R}$, $<\ ,\ >(A, B) = <A, B>$를 다음과 같이 정의할 때 내적이 되는지를 판정하고 이유를 설명하여라.

(1) $<A, B> = \sum_{i=1}^{2} \sum_{j=1}^{2} 5a_{ij} b_{ij}$ (2) $<A, B> = \sum_{i=1}^{2} \sum_{j=1}^{2} (a_{ij} - b_{ij})$

(3) $<A, B> = \sum_{i=1}^{2} (a_{i1} b_{i2} + a_{i2} b_{i1})$ (4) $<A, B> = \sum_{i=1}^{2} \sum_{j=1}^{2} a_{ij} b_{ij}^2$

3. 벡터공간 $C[-2, 2]$에 속하는 두 연속함수 $f,\ g \in C[-2, 2]$에 대하여 함수 $<\ ,\ >: C[-2, 2] \times C[-2, 2] \to \mathbb{R}$, $<\ ,\ >(f, g) = <f, g>$를 다음과 같이 정의할 때 내적이 되는지를 판정하고 이유를 설명하여라.

(1) $<f, g> = \int_{-2}^{2} 8f(x)g(x)\,dx$ (2) $<f, g> = \int_{-2}^{2} (f(x) + g(x))\,dx$

(3) $<f, g> = \int_{-2}^{2} f(x)^2 g(x)\,dx$ (4) $<f, g> = \int_{-2}^{2} (f(x) - 4g(x))\,dx$

4. 표준내적이 정의되어 있는 내적공간 $\mathbb{R}^2$에 속하는 두 벡터 u, v에 대하여 $<u, v>$, $\| u \|$, $\| 2v - 3u \|$, $d(u, v)$를 각각 구하여라.

(1) $u = (1, -2)$, $v = (7, 0)$ (2) $u = (-8, 1)$, $v = (2, -\frac{1}{4})$

5. 벡터공간 $\mathbb{R}^2$에 속하는 임의의 두 벡터 $u = (a_1, a_2)$, $v = (b_1, b_2)$에 대하여 내적을 $<u, v> = 2a_1 b_1 + a_2 b_2$로 정의하자. 이때 다음에 주어진 벡터에 대하여 $<u, v>$, $\| u \|$, $\| 2v - 3u \|$, $d(u, v)$를 각각 구하여라.

(1) $u = (1, -2)$, $v = (7, 0)$ (2) $u = (-8, 1)$, $v = (2, -\frac{1}{4})$

6. 표준내적이 정의되어 있는 내적공간 $\mathbb{R}^3$에 속하는 두 벡터 u, v에 대하여 $<u, v>$, $\| u \|$, $\| 2v - 3u \|$, $d(u, v)$를 각각 구하여라.

(1) $u = (0, -4, 5)$, $v = (11, 0, 2)$ (2) $u = (1, -1, 1)$, $v = (3, 2, -1)$

7. 벡터공간 $\mathbb{R}^3$에 속하는 임의의 두 벡터 $u = (a_1, a_2, a_3)$, $v = (b_1, b_2, b_3)$에 대하여 내적을 $<u, v> = a_1 b_1 + 4a_2 b_2 + a_3 b_3$로 정의하자. 이때 다음에 주어진 벡터에 대하여 $<u, v>$, $\| u \|$, $\| 2v - 3u \|$, $d(u, v)$를 각각 구하여라.

(1) $u = (0, -4, 5)$, $v = (11, 0, 2)$ (2) $u = (1, -1, 1)$, $v = (3, 2, -1)$

8. 벡터공간 $M_{1 \times 3}(\mathbb{R})$에 속하는 두 행렬 $A = (a_{ij})_{1 \times 3}$, $B = (b_{ij})_{1 \times 3}$에 대하여 내적을 $<A, B> = \sum_{i=1}^{4} \sum_{j=1}^{3} a_{ij} b_{ij}$ 로 정의하자. 이때 다음에 주어진 행렬에 대하여 $<A, B>$, $\| B \|$, $\| 2A - B \|$, $d(A, B)$를 각각 구하여라.

(1) $A=\begin{pmatrix} 1 & -1 & 1 \\ 0 & 6 & 2 \\ 3 & 1 & 0 \\ -7 & 0 & 0 \end{pmatrix}$, $B=\begin{pmatrix} 1 & -1 & 1 \\ 0 & 6 & 2 \\ 3 & 1 & 0 \\ -7 & 0 & 0 \end{pmatrix}$

(2) $A=\begin{pmatrix} 0 & 3 & 8 \\ 1 & 0 & -1 \\ 3 & 4 & 4 \\ 2 & -2 & 0 \end{pmatrix}$, $B=\begin{pmatrix} 1 & -1 & 1 \\ 0 & 0 & 0 \\ 1 & 2 & 1 \\ -8 & 5 & 9 \end{pmatrix}$

9. 벡터공간 $C[2,4]$에 속하는 두 연속함수 $f,\ g \in C[2,4]$에 대하여 내적을 $< f, g > = \int_2^4 f(x)g(x)\,dx$ 로 정의하자. 이때 다음에 주어진 연속함수에 대하여 $< f, g >$, $\| f \|$, $\| -5g \|$, $d(f,g)$를 각각 구하여라.

(1) $f(x)=5$, $g(x)=4-2x$

(2) $f(x)=x-2x^2$, $g(x)=1+x^3$

(3) $f(x)=x$, $g(x)=\dfrac{1}{x}$

(4) $f(x)=e^x$, $g(x)=2x$

10. 벡터공간 $\mathbb{R}_2[x]$에 속하는 두 다항식 $p(x)=\sum_{i=0}^{2} a_i x^i$, $q(x)=\sum_{i=0}^{2} b_i x^i$에 대하여 내적을 $< p(x), q(x) > = \sum_{i=0}^{2} a_i b_i$로 정의하자. 이 때 다음에 주어진 다항식에 대하여 $< p(x), q(x) >$, $\| q(x) \|$, $\| 7q(x) \|$, $d(p(x), q(x))$를 각각 구하여라.

(1) $p(x)=2$, $q(x)=-8$

(2) $p(x)=x$, $q(x)=x^2$

(3) $p(x)=1-x$, $q(x)=1-x-x^2$

(4) $p(x)=4+2x^2$, $q(x)=2-4x^2$

4.2 정규직교기저

n차원 내적공간 V의 기저 $\mathcal{B}_1 = \{u_1, u_2, \cdots, u_n\}$를 이용할 때 각각의 벡터 u_i가 크기가 1인 단위벡터이면 편리하다. 또한 이 벡터들 간에 서로 직교한다는 조건을 줄 수 있다면 더욱 더 편리할 것이다.

이 절에서는 이와 같이 크기가 1이고 서로 직교하는 벡터들로 이루어진 기저에 대하여 살펴본다. 또한 주어진 기저를 이용하여 크기가 1이고 서로 직교하는 벡터들로 이루어진 기저를 만들 수 있는지에 대한 가능성에 대하여 살펴보기로 한다.

정의

내적공간 V에 속하는 영벡터가 아닌 벡터들의 집합 $S = \{u_1, u_2, \cdots, u_k\}$가 나음 조건을 만족시킬 때 S를 직교집합(orthogonal set)이라고 한다.

$$< u_i, u_j > = 0, \quad i \neq j$$

또한 직교집합 $S = \{u_1, u_2, \cdots, u_k\}$가 다음 성질을 만족시키면 S를 정규직교집합(orthonormal set)이라고 한다.

$$< u_i, u_i > = 1, \quad i = 1, 2, \cdots, k$$

즉, $\| u_i \| = 1$인 벡터들로 이루어진 직교집합을 정규직교집합이라고 한다.

예제 표준내적이 정의되어 있는 내적공간 $\mathbb{R}^2$의 부분집합 $S = \{(-1, 2), (2, 1)\}$는 직교집합이지만 정규직교집합은 아니다. 왜냐하면 $u_1 = (-1, 2)$, $u_2 = (2, 1)$이라고 놓으면

$$< u_1, u_2 > = (-1) \times 2 + 2 \times (1) = 0$$

이므로 S는 직교집합이다. 그러나

$$\|u_1\| = \sqrt{< u_1, u_1 >} = \sqrt{(-1) \times (-1) + 2 \times 2} = \sqrt{5} \neq 1$$

이므로 S는 정규직교집합은 아니다. 그렇지만 집합 S는 다음과 같이 정규직교집합으로 변형시킬 수 있다. 우선 두 벡터 $u_1 = (-1,\ 2)$, $u_2 = (2,\ 1)$가 영벡터가 아니므로 $u_1,\ u_2$와 방향이 같은 단위벡터를 각각 구할 수 있고 이를 각각 $v_1,\ v_2$라고 놓으면 $v_1,\ v_2$는 각각 다음과 같다.

$$v_1 = \frac{u_1}{\|u_1\|} = \frac{1}{\sqrt{5}}(-1, 2), \quad v_2 = \frac{u_2}{\|u_2\|} = \frac{1}{\sqrt{5}}(2, 1)$$

그런데 두 벡터 $u_1,\ u_2$는 서로 직교하므로 두 벡터 $v_1,\ v_2$ 또한 서로 직교하고 두 벡터 $v_1,\ v_2$는 단위벡터이므로 집합 $B = \{v_1, v_2\}$는 정규직교집합이 된다.

예제 표준내적이 정의되어 있는 내적공간 $\mathbb{R}^3$의 표준기저 $\mathcal{B} = \{e_1, e_2, e_3\}$는 정규직교집합이 된다.

일반적으로 표준내적이 정의되어 있는 내적공간 $\mathbb{R}^n$의 표준기저 $\mathcal{B} = \{e_1, e_2, \cdots, e_n\}$는 정규직교집합이 됨을 쉽게 알 수 있다.

예제 벡터공간 $C[0, 2\pi]$에 속하는 두 연속함수 $f,\ g \in C[0, 2\pi]$에 대하여 정의된 내적 $< f,\ g > = \int_0^{2\pi} f(x)g(x)\,dx$에 대하여 $S = \{1,\ \sin x,\ \cos x\}$는 직교집합이 됨을 보여라.

풀이 집합 S에 속한 벡터는 다음과 같이 모두 서로 직교한다.

$$< 1,\ \sin x > = \int_0^{2\pi} \sin x\,dx = 0$$

$$< 1,\ \cos x > = \int_0^{2\pi} \cos x\,dx = 0$$

$$< \sin x,\ \cos x > = \int_0^{2\pi} \sin x \cos x\,dx = 0$$

따라서 $S = \{1,\ \sin x,\ \cos x\}$는 직교집합이다.

내적공간 V의 부분집합 $S=\{u_1, u_2, \cdots, u_k\}$에 대하여 다음 정리가 성립한다.

정리

내적공간 V에 속하는 영벡터가 아닌 벡터들의 집합 $S=\{u_1, u_2, \cdots, u_k\}$가 직교집합이면 $u_1, u_2, \cdots, u_k$는 일차독립이다.

증명 적당한 실수 $a_i \in \mathbb{R}$, $i=1, 2, \cdots, k$ 에 대하여

$$\sum_{i=1}^{k} a_i u_i = O$$

이라고 가정하자. 양 변에 u_j와 내적을 취하면 집합 $S=\{u_1, u_2, \cdots, u_k\}$가 직교집합이므로 $i \neq j$인 i에 대하여 $< u_j, u_i > = 0$이 되어 식

$$0 = < u_j, O > = < u_j, \sum_{i=1}^{k} a_i u_i > = \sum_{i=1}^{k} a_i < u_j, u_i > = a_j < u_j, u_j >$$

을 얻을 수 있다. 그런데 $< u_j, u_j > \neq 0$ 이므로 $a_j = 0$ 이 되고 이는 모든 j에 대하여 성립하므로 $a_j = 0$, $j = 1, 2, \cdots, k$ 이다. 그러므로 벡터 $u_1, u_2, \cdots, u_k$은 일차독립이다. ▣

정의

n차원 내적공간 V의 기저 $\mathcal{B} = \{u_1, u_2, \cdots, u_n\}$가 직교집합이면 $\mathcal{B}$를 직교기저(orthogonal basis)라고 한다.

만일 V의 기저 $\mathcal{B} = \{u_1, u_2, \cdots, u_n\}$가 정규직교집합이면 $\mathcal{B}$를 정규직교기저(orthonormal basis)라고 한다.

예제 표준내적이 정의되어 있는 내적공간 $\mathbb{R}^2$의 기저 $\mathcal{B} = \{(1, 2), (-2, 1)\}$는 직교기저이지만 $\mathcal{B}$에 속하는 벡터들의 크기가 1이 아니므로 정규직교기저는 아니다.

예제 표준내적이 정의되어 있는 내적공간 $\mathbb{R}^n$의 표준기저 $\mathcal{B} = \{e_1, e_2, \cdots, e_n\}$는 정규직교기저가 됨을 쉽게 알 수 있다.

예제 표준내적이 정의되어 있는 내적공간 $\mathbb{R}^2$의 기저

$$\mathcal{B} = \left\{\left(\frac{1}{\sqrt{2}},\ \frac{1}{\sqrt{2}}\right), \left(\frac{1}{\sqrt{2}},\ -\frac{1}{\sqrt{2}}\right)\right\}$$

가 정규직교기저가 됨을 보여라.

풀이 두 벡터 $u_1 = \left(\frac{1}{\sqrt{2}}, \frac{1}{\sqrt{2}}\right)$, $u_2 = \left(\frac{1}{\sqrt{2}}, -\frac{1}{\sqrt{2}}\right)$에 대하여

$$< u_1, u_2 > = \frac{1}{\sqrt{2}} \times \frac{1}{\sqrt{2}} + \frac{1}{\sqrt{2}} \times \left(-\frac{1}{\sqrt{2}}\right) = \frac{1}{2} - \frac{1}{2} = 0$$

$$\| u_1 \| = \left(\frac{1}{\sqrt{2}}\right)^2 + \left(\frac{1}{\sqrt{2}}\right)^2 = \frac{1}{2} + \frac{1}{2} = 1$$

$$\| u_2 \| = \left(\frac{1}{\sqrt{2}}\right)^2 + \left(-\frac{1}{\sqrt{2}}\right)^2 = \frac{1}{2} + \frac{1}{2} = 1$$

이므로 $\mathcal{B} = \left\{\left(\frac{1}{\sqrt{2}}, \frac{1}{\sqrt{2}}\right), \left(\frac{1}{\sqrt{2}}, -\frac{1}{\sqrt{2}}\right)\right\}$는 $\mathbb{R}^2$의 정규직교기저가 된다.

정리

n차원 내적공간 V에 속하는 영벡터가 아닌 벡터들의 집합 $\mathcal{B} = \{u_1, u_2, \cdots, u_n\}$가 정규직교기저이면 임의의 벡터 $v \in V$는 다음과 같이 $u_1, u_2, \cdots, u_n$의 일차결합으로 나타낼 수 있다.

$$v = \sum_{i=1}^{n} < v, u_i > u_i$$

증명 집합 $\mathcal{B} = \{u_1, u_2, \cdots, u_n\}$가 V의 기저이므로 임의의 벡터 $v \in V$는 적당한 실수 $a_i \in \mathbb{R}$에 대하여 $v = \sum_{i=1}^{n} a_i u_i$로 표시할 수 있다. 또한 $\mathcal{B}$가 정규직교기저이므로 $i \neq j$에 대해서 $< u_i, u_j > = 0$이고 $< u_j, u_j > = 1$이다. 따라서 양변에 u_j와의

내적을 취하면 다음 관계식을 얻는다.

$$< v, u_j > \; = \; < \sum_{i=1}^{n} a_i u_i ,\, u_j > \; = \; \sum_{i=1}^{n} a_i < u_i ,\, u_j > \; = \; a_j < u_j ,\, u_j > \; = \; a_j$$

결과적으로

$$v = \sum_{i=1}^{n} a_i u_i = \sum_{i=1}^{n} < v,\, u_i > u_i$$

이 되어 정리가 증명된다. ▣

다음과 같은 예제를 살펴보자.

예제 표준내적이 정의되어 있는 내적공간 $\mathbb{R}^3$의 정규직교기저 $\mathcal{B} = \{e_1, e_2, e_3\}$에 대하여 $\mathbb{R}^3$에 속하는 벡터 $v = (5, -1, 3)$는 다음과 같이 일차결합으로 표시된다.

$$v = (5, -1, 3) = 5e_1 + (-1)e_2 + 3e_3$$

그런데 각각의 $< v, e_i >$, $i = 1,2,3$ 을 계산해보면

$$< v, e_1 > \; = 5 \times 1 + (-1) \times 0 + 3 \times 0 \; = 5$$

$$< v, e_2 > \; = 5 \times 0 + (-1) \times 1 + 3 \times 0 \; = -1$$

$$< v, e_3 > \; = 5 \times 0 + (-1) \times 0 + 3 \times 1 \; = 3$$

이므로

$$v = (5, -1, 3) = < v, e_1 > e_1 + < v, e_2 > e_2 + < v, e_3 > e_3$$

임을 알 수 있다.

이제 내적공간 V의 정규직교기저의 존재성에 대하여 살펴보기로 한다. 우선 다음과 같은 간단한 예를 생각해 보자.

예제 표준내적이 정의되어 있는 내적공간 $\mathbb{R}^2$에 속하는 두 벡터 u_1, u_2를 각각 $u_1 = (1, 0)$, $u_2 = (0, 2)$라고 하면 두 벡터 u_1, u_2의 내적은

$$< u_1, u_2 > \ = \ 1 \times 0 + 0 \times 2 \ = \ 0$$

이므로 $\mathbb{R}^2$의 부분집합 $\mathcal{B}_1 = \{u_1, u_2\}$는 직교집합이고 u_1, u_2는 일차독립인 벡터이므로 $\mathcal{B}_1 = \{u_1, u_2\}$는 $\mathbb{R}^2$의 직교기저가 된다. 그런데

$$v_2 = \frac{u_2}{\|u_2\|} = \frac{1}{2}u_2 = (0, 1)$$

이므로 집합 $\mathcal{B}_2 = \{u_1, v_2\}$는 각각의 크기가 1인 벡터들로 이루어진 정규직교기저가 된다.

이제 내적공간 V에 속하는 영벡터가 아닌 두 벡터 u_1, u_2에 대하여 벡터 w를

$$w = \frac{< u_1, u_2 >}{< u_2, u_2 >} u_2$$

이라고 놓으면 w는 벡터 u_1을 벡터 u_2를 포함하는 직선위로 사영을 했을 때 생기는 u_2 방향으로의 한 벡터가 된다. 또한 벡터

$$u_1 - w \ = \ u_1 - \frac{< u_1, u_2 >}{< u_2, u_2 >} u_2$$

는 벡터 u_2와 수직인 벡터가 됨을 다음과 같이 알 수 있다.

$$< u_1 - w, u_2 > = < u_1, u_2 > - \frac{< u_1, u_2 >}{< u_2, u_2 >} < u_2, u_2 > = 0$$

정의

내적공간 V에 속하는 영벡터가 아닌 두 벡터 u_1, u_2에 대하여 벡터

$$w = \frac{< u_1, u_2 >}{< u_2, u_2 >} u_2$$

를 u_1의 u_2위로의 직교정사영(orthogonal projection)이라고 하고 $Proj_{u_2} u_1$로 표시한다.

참고 직교정사영을 이용하면 영벡터가 아닌 두 벡터 u_1, u_2가 있을 때 이 중 하나의 벡터에 직교하는 벡터를 항상 만들어 낼 수 있다.

예제 표준내적이 정의되어 있는 내적공간 $\mathbb{R}^2$에 속하는 두 벡터 $u_1=(1,2)$, $u_2=(2,0)$에 대하여 u_1의 u_2위로의 직교정사영을 구하여라.

풀이 벡터의 내적 $<u_1, u_2>$, $<u_2, u_2>$는 각각 다음과 같다.

$$<u_1, u_2> \ = 1\times 2+2\times 0 \ = \ 2$$
$$<u_2, u_2> \ = 2\times 2+0\times 0 \ = \ 4$$

따라서 u_1의 u_2위로의 직교정사영은

$$w = \frac{<u_1, u_2>}{<u_2, u_2>}u_2 = \frac{1}{2}(2,0)=(1,0)$$

이다. 또한 u_2와 직교하는 벡터를 다음과 같이 구할 수 있다.

$$u_1 - w \ = \ u_1 - \frac{<u_1, u_2>}{<u_2, u_2>}u_2 = (1,2)-(1,0)=(0,2)$$

정리

W가 내적공간 V의 부분공간이고 $\mathcal{B}=\{u_1, u_2, \cdots, u_m\}$이 W의 정규직교기저라고 가정하자. 이때 벡터 $v\in V$에 대하여 벡터 w를

$$w = <v, u_1> u_1 + <v, u_2> u_2 + \cdots + <v, u_m> u_m$$

로 놓으면 $v-w\in W^{\perp}$이다.

증명 임의의 $u\in W$에 대하여 $u=\sum_{i=1}^{m}a_iu_i$인 스칼라 a_i가 존재하고

$$<v-w, u> = <v-w, \sum_{i=1}^{m}a_iu_i> = \sum_{i=1}^{m}a_i <v-u, u_i>$$

이다. 따라서 모든 $i=1,2,\cdots,m$에 대하여 $<v-w, u_i> = 0$임을 보이면 된다. 그런데

$$< v-w, u_i > = < v, u_i > - << v, u_1 > u_1, u_i > - \cdots - << v, u_m > u_m, u_i >$$
$$= < v, u_i > - < v, u_1 >< u_1, u_i > - \cdots - < v, u_m >< u_m, u_i >$$
$$= < v, u_i > - < v, u_i >< u_i, u_i > = < v, u_i > - < v, u_i > = 0$$

이다. 그러므로 임의의 벡터 $u \in W$에 대하여 $< v-w, u > = 0$이므로 $v-w \in W^{\perp}$이다. ▣

다음은 내적공간 V의 기저 $\mathscr{B} = \{u_1, u_2, \cdots, u_n\}$가 주어졌을때 이를 이용하여 V의 정규직교기저를 만들어내는 방법인 Gram-Schmidt의 정규직교화과정에 대하여 살펴보기로 한다.

정리 (Gram − Schmidt 정규직교화과정)

집합 $\mathscr{B}_1 = \{u_1, u_2, \cdots, u_n\}$이 n차원 내적공간 V의 기저일 때 $\mathscr{B}_1$을 이용하여 V의 정규직교기저 $\mathscr{B}_2 = \{v_1, v_2, \cdots, v_n\}$를 만들어낼 수 있다.

증명 다음과 같은 과정과 수학적 귀납법을 이용하여 n차원 내적공간 V의 기저 $\mathscr{B}_1 = \{u_1, u_2, \cdots, u_n\}$로부터 V의 정규직교기저 $\mathscr{B}_2 = \{v_1, v_2, \cdots, v_n\}$를 구하기로 한다.

(1) 벡터 v_1을 $v_1 = \dfrac{u_1}{\|u_1\|}$로 정의한다. 따라서 $\|v_1\| = 1$ 이다.

(2) 벡터 w_2를 $w_2 = u_2 - < u_2, v_1 > v_1$ 로 정의한다. 그러면

$$< w_2, v_1 > = < u_2 - < u_2, v_1 > v_1, v_1 >$$
$$= < u_2, v_1 > - < u_2, v_1 >< v_1, v_1 >$$
$$= < u_2, v_1 > - < u_2, v_1 > = 0$$

이므로 w_2는 v_1과 서로 직교한다.

벡터 v_2를 $v_2 = \dfrac{w_2}{\|w_2\|}$로 정의하면 w_2가 v_1과 직교하므로 v_2와 v_1은 서로 직교하

고 $\|v_2\| = 1$이다. 즉, 집합 $\{v_1, v_2\}$는 정규직교집합이 된다.

(3) 벡터 w_k와 v_k를 다음과 같이 정의하고 집합 $\{v_1, v_2, \cdots, v_k\}$가 정규직교집합이라고 가정하자.

$$w_k = u_k - < u_k, v_1 > v_1 - < u_k, v_2 > v_2 - \cdots - < u_k, v_{k-1} > v_{k-1} \ ,$$

$$v_k = \frac{w_k}{\|w_k\|}$$

(4) 벡터 w_{k+1}와 v_{k+1}를

$$w_{k+1} = u_{k+1} - < u_{k+1}, v_1 > v_1 - < u_{k+1}, v_2 > v_2 - \cdots - < u_{k+1}, v_k > v_k \ ,$$

$$v_{k+1} = \frac{w_{k+1}}{\|w_{k+1}\|}$$

로 정의하면

$$< w_{k+1}, v_i > \ = 0, \quad i = 1, 2, \cdots, k$$

이 되어

$$< v_{k+1}, v_i > \ = 0, \quad i = 1, 2, \cdots, k$$

이다. 그런데 가정에 의하여 집합 $\{v_1, v_2, \cdots, v_k\}$는 정규직교집합이므로 집합 $\{v_1, v_2, \cdots, v_{k+1}\}$가 정규직교집합이 됨을 알 수 있다.

즉, 수학적 귀납법에 의하여 이러한 과정을 통해서 얻은 벡터들의 집합 $\mathscr{B}_2 = \{v_1, v_2, \cdots, v_n\}$가 정규직교집합이 된다. 따라서 n개의 벡터 $v_1, v_2, \cdots, v_n$는 일차독립이고 V가 n차원 내적공간이므로 정규직교집합 $\mathscr{B}_2 = \{v_1, v_2, \cdots, v_n\}$는 V의 기저임을 증명할 수 있다. ▣

참고 Gram − Schmidt 정규직교화과정을 이용하면 n차원 내적공간 V의 정규직교기저가 항상 존재한다는 사실을 알 수 있다.

예제 Gram - Schmidt 정규직교화과정을 이용하여 표준내적이 정의되어 있는 내적공간 $\mathbb{R}^2$의 기저 $\mathscr{B}_1 = \{u_1, u_2\}$, $u_1 = (1, 2)$, $u_2 = (2, 0)$로부터 $\mathbb{R}^2$의 정규직교기저를 구하여라.

풀이 우선 벡터 v_1을

$$v_1 = \frac{u_1}{\|u_1\|} = \frac{1}{\sqrt{5}}(1, 2)$$

로 정의한다. 그러면 $\|v_1\| = 1$ 이다.

이제 벡터 w_2를

$$w_2 = u_2 - < u_2, v_1 > v_1 = (2, 0) - \frac{2}{5}(1, 2) = \frac{4}{5}(2, -1)$$

로 정의하고 벡터 v_2를

$$v_2 = \frac{w_2}{\|w_2\|} = \frac{1}{\sqrt{5}}(2, -1)$$

로 정의한다. 그러면 v_2는 v_1과 수직이고 $\|v_2\| = 1$이다. 즉, 집합

$$\mathcal{B}_2 = \left\{\frac{1}{\sqrt{5}}(1, 2),\ \ \frac{1}{\sqrt{5}}(2, -1)\right\}$$

는 $\mathbb{R}^2$의 정규직교기저가 된다.

예제 Gram - Schmidt 정규직교화과정을 이용하여 내적

$$< f(x), g(x) > = \int_{-2}^{2} f(x)g(x)\,dx$$

이 정의되어 있는 내적공간 $\mathbb{R}_2[x]$의 기저 $\mathcal{B}_1 = \{1, x, x^2\}$으로부터 $\mathbb{R}_2[x]$의 정규직교기저를 구하여라.

풀이 우선 $u_1 = 1$, $u_2 = x$, $u_3 = x^2$으로 놓고 벡터 v_1을

$$v_1 = \frac{u_1}{\|u_1\|} = \frac{1}{2}$$

로 정의한다. 그러면 $\|v_1\| = 1$이다.

이제 벡터 w_2를

$$w_2 = u_2 - < u_2, v_1 > v_1 = x - < x, \frac{1}{2} > \frac{1}{2} = x$$

로 정의하고 벡터 v_2를

$$v_2 = \frac{w_2}{\|w_2\|} = \frac{\sqrt{3}}{4}x$$

로 정의한다. 그러면 v_2는 v_1과 수직이고 $\|v_2\| = 1$이다.
이제

$$\begin{aligned} w_3 &= u_3 - < u_3, v_1 > v_1 - < u_3, v_2 > v_2 \\ &= x^2 - < x^2, \frac{1}{2} > \frac{1}{2} - < x^2, \frac{\sqrt{3}}{4}x > \frac{\sqrt{3}}{4}x \\ &= x^2 - \frac{4}{3} \end{aligned}$$

로 정의하고 벡터 v_3를

$$v_3 = \frac{w_3}{\|w_3\|} = \frac{3\sqrt{5}}{16}(x^2 - \frac{4}{3})$$

로 정의한다. 즉, 집합

$$\mathcal{B}_2 = \{v_1, v_2, v_3\} = \left\{\frac{1}{2},\ \frac{\sqrt{3}}{4}x\ ,\ \frac{3\sqrt{5}}{16}(x^2 - \frac{4}{3})\right\}$$

는 내적공간 $\mathbb{R}_2[x] = \left\{a_0 + a_1x + a_2x^2 \mid a_i \in \mathbb{R}\ ,\ i = 1, 2, 3\right\}$의 정규직교기저가 된다.

연습 문제

1. 표준내적이 정의되어 있는 내적공간 V의 기저 $\mathcal{B}$가 직교기저 또는 정규직교기저가 되는지를 판정하고 이유를 설명하여라.

(1) $V=\mathbb{R}^2,\ \mathcal{B}=\{(1,0),(0,-2)\}$

(2) $V=\mathbb{R}^2,\ \mathcal{B}=\left\{(\frac{1}{4},\frac{\sqrt{3}}{4}),(0,-1)\right\}$

(3) $V=\mathbb{R}^2,\ \mathcal{B}=\left\{(\frac{1}{2},\frac{\sqrt{3}}{2}),(\frac{\sqrt{3}}{2},-\frac{1}{2})\right\}$

(4) $V=\mathbb{R}^3,\ \mathcal{B}=\{(1,0,-1),(1,-1,0),(0,1,-1)\}$

(5) $V=\mathbb{R}^3,\ \mathcal{B}=\{(0,0,1),(-1,0,0),(0,-1,0)\}$

(6) $V=\mathbb{R}^3,\ \mathcal{B}=\left\{(\frac{1}{2},0,0),(0,\frac{\sqrt{5}}{2},0),(0,0,\sqrt{6})\right\}$

2. Gram-Schmidt 정규직교화과정을 이용하여 표준내적이 정의되어 있는 내적공간 V의 기저 $\mathcal{B}$로부터 V의 정규직교기저를 구하여라.

(1) $V=\mathbb{R}^2,\ \mathcal{B}=\{(1,1),(-5,0)\}$

(2) $V=\mathbb{R}^2,\ \mathcal{B}=\left\{(0,\frac{1}{4}),(\frac{\sqrt{3}}{2},0)\right\}$

(3) $V=\mathbb{R}^3,\ \mathcal{B}=\{(2,0,-1),(1,-2,0),(0,1,-2)\}$

(4) $V=\mathbb{R}^3,\ \mathcal{B}=\left\{(0,-\frac{1}{2},0),(1,\frac{\sqrt{5}}{2},0),(0,1,\sqrt{5})\right\}$

3. 내적공간 $\mathbb{R}_2[x]$에 정의되어 있는 내적이 $<p(x),q(x)>=\int_{-2}^{2}p(x)q(x)\,dx$일 때 Gram-Schmidt 정규직교화과정을 이용하여 $\mathbb{R}_2[x]$의 기저 $\mathcal{B}_1=\{2,\ 2-x,\ 2-x^2\}$로부터 $\mathbb{R}_2[x]$의 정규직교기저를 구하여라.

4.3 직교여공간

이 절에서는 집합 W를 내적공간 V의 부분공간이라고 할 때 W에 속하는 모든 벡터와 서로 직교하는 벡터들로 이루어진 V의 부분공간에 대한 기본적인 성질에 대하여 살펴보기로 한다.

정의

집합 W를 내적공간 V의 부분공간이라고 할 때 W의 직교여공간(orthogonal complement) $W^{\perp}$을 다음과 같이 정의한다.

$$W^{\perp} = \{ v \in V \mid \text{모든 } w \in W\text{에 대하여 } < v, w > = 0 \}$$

예제 내적공간 V의 부분공간 $W = V$의 직교여공간은

$$W^{\perp} = V^{\perp} = \{ v \in V \mid \text{모든 } w \in V\text{에 대하여 } < v, w > = 0 \} = \{ O \}$$

이다. 또한 내적공간 V의 부분공간 $W = \{O\}$의 직교여공간은

$$W^{\perp} = \{O\}^{\perp} = \{ v \in V \mid < v, O > = 0 \} = V$$

이다.

예제 표준내적이 정의되어 있는 내적공간 $\mathbb{R}^2$의 부분공간 $W = \{ (a, 0) \mid a \in \mathbb{R} \}$의 직교여공간은 $W^{\perp} = \{ (0, b) \mid b \in \mathbb{R} \}$임을 보여라.

풀이 W의 직교여공간은 다음과 같다.

$$W^{\perp} = \left\{ (a_1, a_2) \in \mathbb{R}^2 \mid \text{모든 실수 } a\text{에 대하여 } a_1 a + a_2 0 = 0 \right\}$$

$$= \left\{ (a_1, a_2) \in \mathbb{R}^2 \mid a_1 = 0 \right\} = \left\{ (0, a_2) \mid a_2 \in \mathbb{R} \right\}$$

따라서 $W^{\perp} = \{ (0, b) \mid b \in \mathbb{R} \}$이다.

예제 내적공간 $M_{2\times2}(\mathbb{R})$에 속하는 임의의 두 행렬

$$A=\begin{pmatrix} a_1 & a_2 \\ a_3 & a_4 \end{pmatrix},\quad B=\begin{pmatrix} b_1 & b_2 \\ b_3 & b_4 \end{pmatrix}$$

에 대하여 정의된 내적 $<A, B> = \sum_{i=1}^{4} a_i b_i$ 에 대해 $M_{2\times2}(\mathbb{R})$의 부분공간 $W=\left\{\begin{pmatrix} a & 0 \\ 0 & 0 \end{pmatrix} \mid a\in\mathbb{R}\right\}$의 직교여공간은 $W^{\perp}=\left\{\begin{pmatrix} 0 & b \\ c & d \end{pmatrix} \mid b,c,d\in\mathbb{R}\right\}$임을 보여라.

풀이 W의 직교여공간은 다음과 같다.

$$\begin{aligned} W^{\perp} &= \left\{\begin{pmatrix} t_1 & t_2 \\ t_3 & t_4 \end{pmatrix}\in M_{2\times2}(\mathbb{R}) \mid \text{모든 실수 } a\text{에 대하여 } t_1 a=0\right\} \\ &= \left\{\begin{pmatrix} t_1 & t_2 \\ t_3 & t_4 \end{pmatrix}\in M_{2\times2}(\mathbb{R}) \mid t_1=0\right\} \\ &= \left\{\begin{pmatrix} 0 & t_2 \\ t_3 & t_4 \end{pmatrix} \mid t_i\in\mathbb{R},\ i=2,3,4\right\} \end{aligned}$$

따라서 $W^{\perp}=\left\{\begin{pmatrix} 0 & b \\ c & d \end{pmatrix} \mid b,c,d\in\mathbb{R}\right\}$이다.

예제 내적공간 $\mathbb{R}_2[x]$에서 정의된 내적 $<p(x), q(x)> = \int_{-2}^{2} p(x)q(x)\,dx$에 대하여 $\mathbb{R}_2[x]$의 부분공간 $W=\{t \mid t\in\mathbb{R}\}$의 직교여공간은 다음과 같이 구할 수 있다.

$$\begin{aligned} W^{\perp} &= \left\{ ax^2+bx+c\in\mathbb{R}_2[x] \mid \text{모든 실수 } t\text{에 대하여 } <ax^2+bx+c,\ t> = 0\right\} \\ &= \left\{ ax^2+bx+c\in\mathbb{R}_2[x] \mid \text{모든 실수 } t\text{에 대하여 } \int_{-2}^{2}(ax^2+bx+c)t\,dx = 0\right\} \\ &= \left\{ ax^2+bx+c\in\mathbb{R}_2[x] \mid \frac{16}{3}a+4c=0\right\} \\ &= \left\{ ax^2+bx-\frac{4}{3}a \mid a,b\in\mathbb{R}\right\} \end{aligned}$$

정리

n차원 내적공간 V의 부분공간 W에 대하여 다음이 성립한다.

$$V = W \oplus W^{\perp}$$

증명 우선 $W \cap W^{\perp} = \{O\}$를 보이자. 벡터 $v \in W \cap W^{\perp}$ 에 대하여 $v \in W$ 이고 $v \in W^{\perp}$ 이므로 $< v, v > = 0$ 이다. 따라서 $v = O$이다. 역으로 벡터 $v = O$는 부분공간 W 와 $W^{\perp}$에 동시에 속한다. 따라서 등식 $W \cap W^{\perp} = \{O\}$가 성립한다. 이제 $V = W + W^{\perp}$ 를 보이자. 즉, 임의의 벡터 $v \in V$는 적당한 벡터 $w \in W$와 $u \in W^{\perp}$가 존재하여 $v = w + u$로 나타낼 수 있다는 것을 보이면 된다. 만일 $W = \{O\}$이라고 가정하면 $W^{\perp} = V$이 되어 $v \in W^{\perp}$ 이므로 $v = O + v \in W + W^{\perp}$ 이다. 만일 $W \neq \{O\}$ 이고 $\dim W = k$이라고 가정하면 W의 정규직교기저 $\mathcal{B}_1 = \{w_1, w_2, \cdots, w_k\}$가 존재한다. 이제 벡터 w, u 를 각각

$$w = \sum_{i=1}^{k} < v, w_i > w_i, \quad u = v - w$$

으로 놓으면

$$\begin{aligned} < u, w_j > &= < v - w, w_j > = < v, w_j > - < w, w_j > \\ &= < v, w_j > - \sum_{i=1}^{k} < v, w_i > < w_i, w_j > \\ &= < v, w_j > - < v, w_j > = 0 \end{aligned}$$

이다. 따라서 $u \in W^{\perp}$ 이 되어

$$v = w + u \in W + W^{\perp}$$

이다. 그러므로 $V = W + W^{\perp}$ 을 만족하므로 결과적으로 정리가 증명된다. ▣

예제 표준내적이 정의되어 있는 내적공간 $\mathbb{R}^2$의 부분공간 $W = \{(a, 0) \mid a \in \mathbb{R}\}$ 의 직교여공간은 $W^{\perp} = \{(0, b) \mid b \in \mathbb{R}\}$이므로 다음 관계가 성립한다.

$$\mathbb{R}^2 = W \oplus W^{\perp} = \{(a, 0) \mid a \in \mathbb{R}\} \oplus \{(0, b) \mid b \in \mathbb{R}\}$$

예제 내적공간 $M_{2\times 2}(\mathbb{R})$에 속하는 임의의 두 행렬

$$A=\begin{pmatrix} a_1 & a_2 \\ a_3 & a_4 \end{pmatrix},\quad B=\begin{pmatrix} b_1 & b_2 \\ b_3 & b_4 \end{pmatrix}$$

에 대하여 정의된 내적 $<A, B> = \sum_{i=1}^{4} a_i b_i$에 대해 $M_{2\times 2}(\mathbb{R})$의 부분공간 $W=\left\{\begin{pmatrix} a & 0 \\ 0 & 0 \end{pmatrix} \mid a\in\mathbb{R}\right\}$의 직교여공간은 $W^{\perp}=\left\{\begin{pmatrix} 0 & b \\ c & d \end{pmatrix} \mid b, c, d\in\mathbb{R}\right\}$이므로 다음 관계가 성립한다.

$$M_{2\times 2}(\mathbb{R}) = W\oplus W^{\perp}=\left\{\begin{pmatrix} a & 0 \\ 0 & 0 \end{pmatrix} \mid a\in\mathbb{R}\right\}\oplus\left\{\begin{pmatrix} 0 & b \\ c & d \end{pmatrix} \mid b,c,d\in\mathbb{R}\right\}$$

예제 내적공간 $\mathbb{R}_2[x]$에서 정의된 내적 $<p(x), q(x)> = \int_{-2}^{2} p(x)q(x)\,dx$에 대하여 부분공간 $W=\{t \mid t\in\mathbb{R}\}$의 직교여공간은 $W^{\perp}=\left\{ax^2+bx-\frac{4}{3}a \mid a, b\in\mathbb{R}\right\}$이므로 다음 관계가 성립한다.

$$\mathbb{R}_2[x] = W\oplus W^{\perp}=\{t \mid t\in\mathbb{R}\}\oplus\left\{ax^2+bx-\frac{4}{3}a \mid a, b\in\mathbb{R}\right\}$$

정리

n차원 내적공간 V의 부분공간 W에 대하여 다음이 성립한다.

$$\dim V = \dim W + \dim W^{\perp}$$

증명 만일 $W=\{O\}$이면 $W^{\perp}=V$이다. 따라서

$$\dim W+\dim W^{\perp} = 0+n = n = \dim V$$

이다. 만일 $W=V$이면 $W^{\perp}=\{O\}$이 된다. 따라서

$$\dim W+\dim W^{\perp} = n+0 = n = \dim V$$

이다. 이제 $0 < \dim W = k < n$이라고 가정하고 $\mathcal{B}_1 = \{w_1, w_2, \cdots, w_k\}$을 W의 기저, $\mathcal{B}_2 = \{u_1, u_2, \cdots, u_t\}$를 $W^\perp$의 기저라고 가정하자. 그러면 집합 $\mathcal{B}_1$과 $\mathcal{B}_2$의 합집합

$$\mathcal{B} = \mathcal{B}_1 \cup \mathcal{B}_2 = \{w_1, w_2, \cdots, w_k, u_1, u_2, \cdots, u_t\}$$

가 V의 기저가 됨을 다음과 같이 보일 수 있다. 우선 $V = W \oplus W^\perp$이므로 임의의 벡터 $v \in V$는 적당한 벡터 $w \in W$, $u \in W^\perp$에 대하여 $v = w + u$로 나타낼 수 있다. 따라서 임의의 벡터 $v \in V$는 $\mathcal{B}$에 속하는 벡터들의 일차결합으로 나타낼 수 있다. 만일 적당한 실수 $a_i, b_j \in \mathbb{R}$, $i = 1, 2, \cdots, k$, $j = 1, 2, \cdots, t$에 대하여

$$\sum_{i=1}^{k} a_i w_i + \sum_{j=1}^{t} b_j u_j = O$$

라고 가정하면

$$\sum_{i=1}^{k} a_i w_i = \sum_{j=1}^{t} (-b_j) u_j \in W \cap W^\perp = \{O\}$$

이 된다. 그러므로

$$\sum_{i=1}^{k} a_i w_i = \sum_{j=1}^{t} (-b_j) u_j = O$$

이 되어 $\mathcal{B}_1 = \{w_1, w_2, \cdots, w_k\}$가 W의 기저, $\mathcal{B}_2 = \{u_1, u_2, \cdots, u_t\}$가 $W^\perp$의 기저라는 사실을 이용하면

$$a_i = 0 = b_j, \quad i = 1, 2, \cdots, k, \quad j = 1, 2, \cdots, t$$

이다. 그러므로 $k + t$개의 벡터

$$w_1, w_2, \cdots, w_k, u_1, u_2, \cdots, u_t$$

는 일차독립인 벡터가 되어 결과적으로 집합 $\mathcal{B} = \{w_1, w_2, \cdots, w_k, u_1, u_2, \cdots, u_t\}$가 내적공간 V의 기저가 된다. 따라서 관계식

$$\dim V = k + t = \dim W + \dim W^\perp$$

이 성립한다. ▣

예제 표준내적이 정의되어 있는 내적공간 $\mathbb{R}^3$의 2차원 부분공간 $W = \{(a, b, 0) \mid a, b \in \mathbb{R}\}$의 직교여공간은 $W^\perp = \{(0,0,c) \mid c \in \mathbb{R}\}$이다. 그런데 $W^\perp$의 차원은 1이므로 다음 관계가 성립한다.

$$\dim W + \dim W^\perp = 2 + 1 = 3 = \dim \mathbb{R}^3$$

예제 벡터공간 $M_{2\times 2}(\mathbb{R})$에 속하는 임의의 두 행렬

$$A = \begin{pmatrix} a_1 & a_2 \\ a_3 & a_4 \end{pmatrix}, \quad B = \begin{pmatrix} b_1 & b_2 \\ b_3 & b_4 \end{pmatrix}$$

에 대하여 정의된 내적 $< A, B > = \sum_{i=1}^{4} a_i b_i$ 에 대해 1차원 부분공간 $W = \left\{ \begin{pmatrix} a & 0 \\ 0 & 0 \end{pmatrix} \mid a \in \mathbb{R} \right\}$의 직교여공간은 $W^\perp = \left\{ \begin{pmatrix} 0 & b \\ c & d \end{pmatrix} \mid b, c, d \in \mathbb{R} \right\}$이다. 그런데 $W^\perp$의 차원은 3이므로 다음 관계가 성립한다.

$$\dim W + \dim W^\perp = 1 + 3 = 4 = \dim M_{2\times 2}(\mathbb{R})$$

예제 내적공간 $\mathbb{R}_2[x]$ 에서 정의된 내적 $< p(x), q(x) > = \int_{-2}^{2} p(x)q(x)\,dx$에 대하여 1차원 부분공간 $W = \{t \mid t \in \mathbb{R}\}$의 직교여공간은 $W^\perp = \left\{ ax^2 + bx - \frac{4}{3}a \mid a, b \in \mathbb{R} \right\}$이다. 그런데 $W^\perp$의 차원은 2이므로 다음 관계가 성립한다.

$$\dim W + \dim W^\perp = 1 + 2 = 3 = \dim \mathbb{R}_2[x]$$

정리

n차원 내적공간 V의 두 부분공간 W_1, W_2에 대하여 $W_1 \subseteq W_2$이고 $\dim W_1 = \dim W_2$ 이라면 다음이 성립한다.

$$W_1 = W_2$$

증명 $\dim W_1 = \dim W_2$ 라고 가정하자. $W_1 \neq W_2$이면 벡터 $v \in W_2 - W_1$가 존재한다. 집합 $\mathcal{B} = \{w_1, w_2, \cdots, w_k\}$을 W_1의 기저라고 할 때 $w_1, w_2, \cdots, w_k$는 일차독립이고 $\dim W_1 = \dim W_2$ 이므로 집합 $\mathcal{B} = \{w_1, w_2, \cdots, w_k\}$는 W_2의 기저이다. 따라서 $v \in span\{w_1, w_2, \cdots, w_k\} = W_1$이므로 $v \in W_2 - W_1$에 모순이 되어 $W_1 = W_2$이 성립한다. 역으로 $W_1 = W_2$라고 가정할 때 $\dim W_1 = \dim W_2$ 임은 명백하다. ▣

예제 표준내적이 정의되어 있는 내적공간 $\mathbb{R}^2$의 두 부분공간

$$W_1 = span\{(1,0),(0,1)\}, \qquad W_2 = span\{(1,0),(0,1),(1,2)\}$$

에 대하여 $W_1 \subset W_2$이고 $\dim W_1 = 2 = \dim W_2$ 이므로 $W_1 = W_2$이다.

정리

n차원 내적공간 V의 부분공간 W에 대하여 다음이 성립한다.

$$(W^{\perp})^{\perp} = W$$

증명 임의의 벡터 $v \in W$에 대하여

$$< v, w > = 0, \qquad w \in W^{\perp}$$

이다. 따라서 $v \in (W^{\perp})^{\perp}$ 이 되어

$$W \subset (W^{\perp})^{\perp}$$

가 성립한다. 그런데

$$\dim W + \dim W^{\perp} = \dim V = \dim W^{\perp} + \dim (W^{\perp})^{\perp}$$

이고 V가 n차원 내적공간이므로

$$\dim W = \dim (W^{\perp})^{\perp}$$

이 되어 등식 $(W^{\perp})^{\perp} = W$을 증명할 수 있다. ▣

참고 행렬 $A \in M_{m\times n}(\mathbb{R})$와 $B \in M_{m\times 1}(\mathbb{R})$ 에 대하여 다음 명제

"방정식 $AX=B$가 해를 갖기 위한 필요충분조건은 B가 A의 열공간에 속하는 것이다." 가 성립하므로 행렬 A의 열공간 $CS(A)$는 다음과 같이 나타낼 수 있다.

$$CS(A)=\{AX\in M_{m\times 1}(\mathbb{R})\mid X\in M_{n\times 1}(\mathbb{R})\}$$

정리

행렬 $A\in M_{m\times n}(\mathbb{R})$에 대하여 다음이 성립한다.

(1) $N(A) = CS(A^T)^{\perp}$

(2) $N(A^T) = CS(A)^{\perp}$

증명 (1) 벡터 $X\in N(A)$에 대하여 $AX=O$ 이므로 A의 행벡터들을 $u_1, u_2, \cdots, u_m$ 라고 놓으면 모든 $i=1,2,\cdots,m$에 대하여 $<X, u_i> = 0$ 이다. 그런데 A^T의 열벡터는 A의 행벡터이므로 임의의 벡터 $v\in CS(A^T)$에 대하여 $v=\sum_{i=1}^{m} c_i u_i$ 가 되는 실수 $c_i\in\mathbb{R}$, $i=1,2,\cdots,m$ 가 존재한다. 따라서 다음 등식이 성립한다.

$$<X, v> = <X, \sum_{i=1}^{m} c_i u_i> = \sum_{i=1}^{m} c_i <X, u_i> = 0$$

즉, $N(A)\subset CS(A^T)^{\perp}$ 이 성립한다.
역으로 $Y\in CS(A^T)^{\perp}$이라고 가정하면 임의의 벡터 $w\in CS(A^T)$에 대하여 $<Y, w> = 0$이다. 그런데 $w\in CS(A^T)$는 행렬 A의 행공간에 속하는 벡터이므로 Y는 A의 행공간에 속하는 모든 벡터와 직교한다. 따라서 $AY=O$이 되어 $Y\in N(A)$이다. 즉, $N(A)\supset CS(A^T)^{\perp}$ 이 성립하므로 결과적으로 (1)이 증명된다.

(2) 명제 (1)의 결과를 이용하면

$$N(A^T) = CS((A^T)^T)^{\perp} = CS(A)^{\perp}$$

가 되어 증명이 된다. ▣

예제 행렬 $A=\begin{pmatrix}1 & -1\\ 0 & 4\end{pmatrix}$에 대하여 $N(A)$는 다음과 같다.

$$N(A)=\left\{C=\begin{pmatrix}c_1\\ c_2\end{pmatrix}\in M_{2\times 1}(\mathbb{R})\mid AC=O\right\}$$

$$=\left\{\begin{pmatrix}c_1\\ c_2\end{pmatrix}\in M_{2\times 1}(\mathbb{R})\mid c_1-c_2=0,\ 4c_2=0\right\}=\left\{\begin{pmatrix}0\\ 0\end{pmatrix}\right\}$$

또한 $A^T=\begin{pmatrix}1 & 0\\ -1 & 4\end{pmatrix}$이므로 $CS(A^T)$는 다음과 같다.

$$CS(A^T)=\{A^TX\in M_{2\times 1}(\mathbb{R})\mid X\in M_{2\times 1}(\mathbb{R})\}$$

$$=\left\{\begin{pmatrix}x_1\\ -x_1+4x_2\end{pmatrix}\mid x_1,x_2\in\mathbb{R}\right\}$$

$$=\left\{\begin{pmatrix}1\\ -1\end{pmatrix}x_1+\begin{pmatrix}0\\ 4\end{pmatrix}x_2\mid x_1,x_2\in\mathbb{R}\right\}$$

$$=\mathbb{R}^2$$

따라서

$$CS(A^T)^\perp=(\mathbb{R}^2)^\perp=\left\{\begin{pmatrix}0\\ 0\end{pmatrix}\right\}$$

이므로 $N(A)=CS(A^T)^\perp$ 이 성립한다.

정리

행렬 $A\in M_{m\times n}(\mathbb{R})$에 대하여 다음이 성립한다.

(1) $N(A)\oplus CS(A^T)=M_{n\times 1}(\mathbb{R})=\mathbb{R}^n$

(2) $N(A^T)\oplus CS(A)=M_{m\times 1}(\mathbb{R})=\mathbb{R}^m$

증명 (1) $N(A)=CS(A^T)^\perp$ 이므로 다음이 성립한다.

$$N(A)\oplus CS(A^T)=CS(A^T)^\perp\oplus CS(A^T)=M_{n\times 1}(\mathbb{R})=\mathbb{R}^n$$

(2) $N(A^T) = CS(A)^{\perp}$ 이므로 다음이 성립한다.

$$N(A^T) \oplus CS(A) = CS(A)^{\perp} \oplus CS(A) = M_{m\times 1}(\mathbb{R}) = \mathbb{R}^m$$ ▣

예제 행렬 $A = \begin{pmatrix} 2 & 0 \\ 1 & 1 \end{pmatrix}$에 대하여 $N(A)$는 다음과 같다.

$$N(A) = \left\{ C = \begin{pmatrix} c_1 \\ c_2 \end{pmatrix} \in M_{2\times 1}(\mathbb{R}) \mid AC = O \right\}$$

$$= \left\{ \begin{pmatrix} c_1 \\ c_2 \end{pmatrix} \in M_{2\times 1}(\mathbb{R}) \mid 2c_1 = 0,\ c_1 + c_2 = 0 \right\} = \left\{ \begin{pmatrix} 0 \\ 0 \end{pmatrix} \right\}$$

또한 $A^T = \begin{pmatrix} 2 & 1 \\ 0 & 1 \end{pmatrix}$이므로 $CS(A^T)$는 다음과 같다.

$$CS(A^T) = \{ A^T X \in M_{2\times 1}(\mathbb{R}) \mid X \in M_{2\times 1}(\mathbb{R}) \}$$

$$= \left\{ \begin{pmatrix} 2x_1 + x_2 \\ x_2 \end{pmatrix} \mid x_1, x_2 \in \mathbb{R} \right\}$$

$$= \left\{ \begin{pmatrix} 2 \\ 0 \end{pmatrix} x_1 + \begin{pmatrix} 1 \\ 1 \end{pmatrix} x_2 \mid x_1, x_2 \in \mathbb{R} \right\}$$

$$= \mathbb{R}^2$$

따라서

$$N(A) + CS(A^T) = \mathbb{R}^2, \qquad N(A) \cap CS(A^T) = \left\{ \begin{pmatrix} 0 \\ 0 \end{pmatrix} \right\}$$

이다. 즉, $N(A) \oplus CS(A^T) = \mathbb{R}^2$ 이 성립한다.

연습 문제

1. 벡터공간 $\mathbb{R}^2$에 속하는 임의의 두 벡터 $u = (a_1, a_2)$, $v = (b_1, b_2)$에 대하여 내적을 $< u, v > \; = \; 2a_1 b_1 + a_2 b_2$ 로 정의하자. 이 때 $\mathbb{R}^2$의 부분공간 $W = span\{(-1, 5)\}$의 직교여공간 $W^{\perp}$을 구하여라.

2. 표준내적이 정의되어 있는 내적공간 $\mathbb{R}^3$의 부분공간 $W = span\{(0, 3, 1), (10, 1, 0)\}$의 직교여공간 $W^{\perp}$을 구하여라.

3. 벡터공간 $M_{2\times 2}(\mathbb{R})$에 속하는 두 행렬 $A = (a_{ij})_{2\times 2}$, $B = (b_{ij})_{2\times 2}$에 대하여 내적을 $< A, B > \; = \sum_{i=1}^{2} \sum_{j=1}^{2} a_{ij} b_{ij}$ 로 정의하자. 이 때 다음에 주어진 행렬들에 대하여 $M_{2\times 2}(\mathbb{R})$의 부분공간 $W = span\{A, B, C\}$의 직교여공간 $W^{\perp}$을 구하여라.

(1) $A = \begin{pmatrix} 0 & 0 \\ -1 & 1 \end{pmatrix}$, $B = \begin{pmatrix} 0 & 0 \\ 0 & 1 \end{pmatrix}$, $C = \begin{pmatrix} 0 & -1 \\ 0 & 0 \end{pmatrix}$

(2) $A = \begin{pmatrix} 6 & 2 \\ 3 & 1 \end{pmatrix}$, $B = \begin{pmatrix} 1 & -1 \\ 3 & 1 \end{pmatrix}$, $C = \begin{pmatrix} 3 & 1 \\ 3 & 1 \end{pmatrix}$

4. 벡터공간 $\mathbb{R}_2[x]$에 속하는 두 다항식 $f(x), g(x) \in \mathbb{R}_2[x]$에 대하여 내적을 $< f, g > \; = \int_{-2}^{2} f(x) g(x)\, dx$ 로 정의하자. 이 때 다음에 주어진 다항식들에 대하여 $\mathbb{R}_2[x]$의 부분공간 $W = span\{f(x), g(x), h(x)\}$의 직교여공간 $W^{\perp}$을 구하여라.

(1) $f(x) = 5$, $g(x) = 1 - 2x$, $h(x) = x^2$

(2) $f(x) = 3x - 4x^2$, $g(x) = -x$, $h(x) = 5x^2$

5. 표준내적이 정의되어 있는 내적공간 $\mathbb{R}^2$의 부분공간 $W = \{(a, a) \mid a \in \mathbb{R}\}$에 대하여 다음이 성립함을 보여라.

(1) $(W^{\perp})^{\perp} = W$ (2) $W \oplus W^{\perp} = \mathbb{R}^2$

(3) $\dim W + \dim W^{\perp} = \dim \mathbb{R}^2$

6. 표준내적이 정의되어 있는 내적공간 $\mathbb{R}^3$의 부분공간 $W = \{(a, 0, -a) \mid a \in \mathbb{R}\}$에 대하여 다음이 성립함을 보여라.

(1) $(W^{\perp})^{\perp} = W$ (2) $W \oplus W^{\perp} = \mathbb{R}^3$

(3) $\dim W + \dim W^{\perp} = \dim \mathbb{R}^3$

7. 행렬 $A = \begin{pmatrix} 0 & 1 & 2 \\ 7 & 1 & -1 \end{pmatrix}$에 대하여 다음이 성립함을 보여라.

(1) $N(A) = R(A^T)^{\perp}$ (2) $N(A^T) = R(A)^{\perp}$

(3) $N(A) \oplus R(A^T) = \mathbb{R}^3$ (4) $N(A^T) \oplus R(A) = \mathbb{R}^2$

4.4 최소제곱문제

이 절에서는 유한개의 자료가 주어졌을 때 이를 이용하여 일차함수에 근사시키는 방법에 대하여 살펴보기로 한다. 구체적으로는 주어진 자료와 일차함수 값의 차이들의 제곱의 합을 최소화시키는 방법에 대해서 살펴본다. 또한 일반적으로 유한개의 자료를 다항함수로 근사시키는 방법에 대해서도 살펴보기로 한다.

이러한 방법은 경제학이나 통계학에서 주어진 변수들에 대한 관계들을 선형적인 관계로 유추해내어 독립변수에 대한 종속변수의 값을 예측하는데 활용이 된다.

우선 다음과 같은 예제를 살펴보자.

예제 평면 $\mathbb{R}^2$에 속하는 두 개의 점 $(1,2)$, $(2,5)$에 근사시킬 수 있는 가장 최적의 직선은 두 개의 점을 지나는 직선

$$y = 3x - 1$$

임을 쉽게 알 수 있다.

그렇지만 주어진 점이 3개 이상이면 세 점을 모두 지나는 직선이 항상 존재하지는 않는다. 다음의 예를 보자.

예제 평면 $\mathbb{R}^2$에 속하는 세 개의 점 $(1,2)$, $(2,5)$, $(0,1)$을 동시에 지나는 직선은 존재하지 않는다. 이 경우에 주어진 점들과 오차의 제곱의 합이 가장 작은 직선이 주어진 자료에 근사시킬 수 있는 가장 최적의 직선이라고 해석할 수 있다.
예를 들어 다음의 두 직선을 비교해보자.

$$f(x) = 3x - 1, \qquad g(x) = 2x + 1$$

주어진 자료와 두 함수의 함수값들과의 차이에 대한 제곱은 다음과 같다.

a_i	b_i	$f(a_i)$	$g(a_i)$	$(f(a_i)-b_i)^2$	$(g(a_i)-b_i)^2$	$\sum_{i=1}^{3}(f(a_i)-b_i)^2$	$\sum_{i=1}^{3}(g(a_i)-b_i)^2$
1	2	2	3	0	1	4	1
2	5	5	5	0	0		
0	1	-1	1	4	0		

따라서 함수 $f(x)=3x-1$를 이용한 오차의 제곱들의 합은 $\sum_{i=1}^{3}(f(a_i)-b_i)^2=4$이고 함수 $g(x)=2x+1$를 이용한 오차의 제곱들의 합은 $\sum_{i=1}^{3}(g(a_i)-b_i)^2=1$이다. 즉, 주어진 자료들의 근사값으로서 일차함수 $f(x)=3x-1$보다 일차함수 $g(x)=2x+1$가 더 효율적인 근사값이 된다는 것을 알 수 있다.

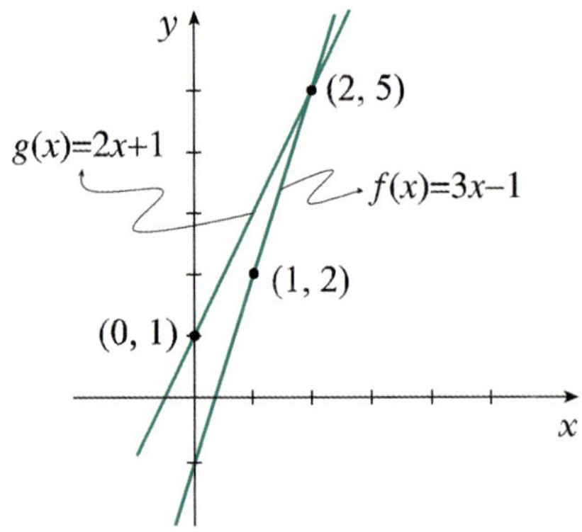

자료와 근사값

정의

다음과 같이 n개의 자료가 주어졌다고 가정하자.

$$\{(a_1, b_1), (a_2, b_2), \cdots, (a_n, b_n)\}$$

이때 $\sum_{i=1}^{n}(f(a_i)-b_i)^2$이 최소가 되는 일차함수 $y=f(x)=c_0+c_1x$를 최적회귀직선(least square regression line)이라고 하고 $C=\begin{pmatrix} c_0 \\ c_1 \end{pmatrix}$를 최소제곱해(least square solution)라고 한다.

이제 n개의 자료 $\{(a_1, b_1), (a_2, b_2), \cdots, (a_n, b_n)\}$가 주어졌을때 최소제곱해를 구하는 방법에 대하여 살펴보기로 하자. 만일 일차함수 $y=f(x)=c_0+c_1x$가 주어진 최적회귀직선이라고 가정하면

$$f(a_i)=c_0+c_1a_i, \quad i=1,2,\cdots,n$$

이다. 또한 각 점에서의 오차를 e_i라고 놓으면, 즉,

$$f(a_i)-b_i=e_i, \quad i=1,2,\cdots,n$$

라고 놓으면 다음과 같은 행렬방정식을 얻는다.

$$\begin{pmatrix} 1 & a_1 \\ 1 & a_2 \\ \vdots & \vdots \\ 1 & a_n \end{pmatrix}\begin{pmatrix} c_0 \\ c_1 \end{pmatrix}-\begin{pmatrix} b_1 \\ b_2 \\ \vdots \\ b_n \end{pmatrix}=\begin{pmatrix} e_1 \\ e_2 \\ \vdots \\ e_n \end{pmatrix}.$$

이때 행렬 A, C, B, E를 각각 다음과 같이 놓으면

$$A=\begin{pmatrix} 1 & a_1 \\ 1 & a_2 \\ \vdots & \vdots \\ 1 & a_n \end{pmatrix}, \quad C=\begin{pmatrix} c_0 \\ c_1 \end{pmatrix}, \quad B=\begin{pmatrix} b_1 \\ b_2 \\ \vdots \\ b_n \end{pmatrix}, \quad E=\begin{pmatrix} e_1 \\ e_2 \\ \vdots \\ e_n \end{pmatrix}.$$

주어진 행렬방정식은 다음과 같다.

$$AC - B = E.$$

그런데 행렬에 대한 Frobenius노름을 구하면

$$\|AC - B\| = \|E\| = \sqrt{\sum_{i=1}^{n}(f(a_i) - b_i)^2}$$

이므로 오차의 제곱의 합이 최소가 되는 최소제곱해 $C = \begin{pmatrix} c_0 \\ c_1 \end{pmatrix}$ 는 다음 정리와 같이 구할 수 있다.

정리

위에서 정의된 행렬 A, C, B에 대하여 정의된 행렬방정식

$$A^TAC = A^TB$$

에서 $C = \begin{pmatrix} c_0 \\ c_1 \end{pmatrix}$는 행렬방정식 $AX = B$의 최소제곱해이다.

증명 $A^TAC = A^TB$이므로 $A^T(AC - B) = O$이고 $AC - B \in N(A^T)$이다. 그런데 $N(A^T) = R(A)^{\perp}$이고 임의의 $X \in \mathbb{R}^2$에 대하여 $AX - AC \in R(A)$이므로 $< AX - AC,\ AC - B > = 0$이다. 즉, 다음 관계가 성립한다.

$$\begin{aligned} \|AX - B\|^2 &= \|(AX - AC) + (AC - B)\|^2 \\ &= \|AX - AC\|^2 + 2 < AX - AC,\ AC - B > + \|AC - B\|^2 \\ &\geq \|AC - B\|^2 \end{aligned}$$

결과적으로 다음 부등식이 성립한다.

$$\|AX - B\| \geq \|AC - B\|$$

즉, 임의의 벡터 $X \in \mathbb{R}^2$에 대한 $\|AX - B\|$의 값 중에서 $\|AC - B\|$이 가장 작은 값이 된다. 이 때 Frobenius노름은

$$\|AC - B\| = \sqrt{\sum_{i=1}^{n}(f(a_i) - b_i)^2}$$

이므로 행렬 $C=\begin{pmatrix} c_0 \\ c_1 \end{pmatrix}$는 오차의 제곱의 합을 가장 작게 만드는 최소제곱해가 됨을 알 수 있다. ▣

만일 행렬 A^TA가 정칙행렬이면 다음과 같은 방법으로 최소제곱해를 구할 수 있다.

정리

행렬 A^TA가 정칙행렬이면 행렬방정식 $AX=B$의 최소제곱해는 다음과 같다.

$$C=(A^TA)^{-1}(A^TB)$$

증명 행렬 A^TA가 정칙행렬이므로 행렬방정식 $A^TAC=A^TB$의 양변에 $(A^TA)^{-1}$를 곱하여 $C=(A^TA)^{-1}(A^TB)$를 얻는다. ▣

예제 벡터공간 $\mathbb{R}^2$에 속하는 세 개의 점 $(1,2)$, $(2,5)$, $(0,1)$을 동시에 지나지는 않지만 주어진 점들과 오차의 제곱의 합이 가장 작은 직선을 다음과 같이 구할 수 있다. 우선 행렬 A, C, B를 다음과 같이 놓자.

$$A=\begin{pmatrix} 1 & 1 \\ 1 & 2 \\ 1 & 0 \end{pmatrix}, \quad C=\begin{pmatrix} c_0 \\ c_1 \end{pmatrix}, \quad B=\begin{pmatrix} 2 \\ 5 \\ 1 \end{pmatrix}$$

그러면 $A^T=\begin{pmatrix} 1 & 1 & 1 \\ 1 & 2 & 0 \end{pmatrix}$ 이고

$$A^TA=\begin{pmatrix} 1 & 1 & 1 \\ 1 & 2 & 0 \end{pmatrix}\begin{pmatrix} 1 & 1 \\ 1 & 2 \\ 1 & 0 \end{pmatrix}=\begin{pmatrix} 3 & 3 \\ 3 & 5 \end{pmatrix}$$

이 되어 행렬 A^TA는 정칙행렬이다. 그런데

$$(A^TA)^{-1}=\frac{1}{6}\begin{pmatrix} 5 & -3 \\ -3 & 3 \end{pmatrix}, \quad A^TB=\begin{pmatrix} 1 & 1 & 1 \\ 1 & 2 & 0 \end{pmatrix}\begin{pmatrix} 2 \\ 5 \\ 1 \end{pmatrix}=\begin{pmatrix} 8 \\ 12 \end{pmatrix}$$

이므로 정리에 의하여 최소제곱해와 최적회귀직선은 각각 다음과 같다.

$$C = (A^TA)^{-1}(A^TB) = \frac{1}{6}\begin{pmatrix} 5 & -3 \\ -3 & 3 \end{pmatrix}\begin{pmatrix} 8 \\ 12 \end{pmatrix} = \frac{1}{6}\begin{pmatrix} 4 \\ 12 \end{pmatrix}$$

$$y = f(x) = \frac{2}{3} + 2x$$

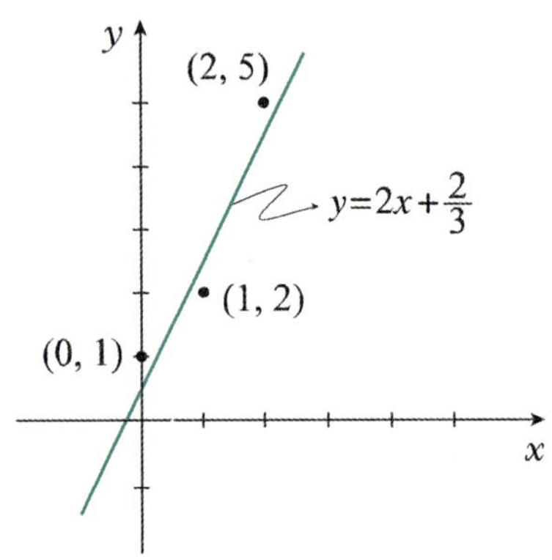

최적회귀직선

또한 이 결과로부터 얻은 최적회귀직선을 이용하면 $x = 8$일때 대응되는 y의 값을 다음과 같이 예측할 수 있다.

$$y = f(8) = \frac{2}{3} + 2 \times 8 = \frac{50}{3}$$

즉 주어진 데이터 $(1, 2)$, $(2, 5)$, $(0, 1)$로부터 또 다른 데이터 $(8, \frac{50}{3})$을 예측할 수 있다.

예제 다음은 어느 도시의 연도별 인구에 대한 통계자료이다. 최적회귀직선을 이용하여 2012년에 도시의 인구를 예측해보아라.

연도	1990	1995	2000	2005	2010
인구(천명)	142	161	175	198	227

풀이 1990년을 0에 대응하면 다음 5개의 데이터를 얻을 수 있다.

$$(0, 142), (5, 161), (10, 175), (15, 198), (20, 227)$$

이제 행렬 A, C, B를 다음과 같이 놓자.

$$A = \begin{pmatrix} 1 & 0 \\ 1 & 5 \\ 1 & 10 \\ 1 & 15 \\ 1 & 20 \end{pmatrix}, \quad C = \begin{pmatrix} c_0 \\ c_1 \end{pmatrix}, \quad B = \begin{pmatrix} 142 \\ 161 \\ 175 \\ 198 \\ 227 \end{pmatrix}$$

그러면 $A^T = \begin{pmatrix} 1 & 1 & 1 & 1 & 1 \\ 0 & 5 & 10 & 15 & 20 \end{pmatrix}$ 이고

$$A^T A = \begin{pmatrix} 1 & 1 & 1 & 1 & 1 \\ 0 & 5 & 10 & 15 & 20 \end{pmatrix} \begin{pmatrix} 1 & 0 \\ 1 & 5 \\ 1 & 10 \\ 1 & 15 \\ 1 & 20 \end{pmatrix} = \begin{pmatrix} 5 & 50 \\ 50 & 750 \end{pmatrix}$$

이 되어 행렬 A^TA는 정칙행렬이다. 그런데

$$(A^T A)^{-1} = \frac{1}{1250} \begin{pmatrix} 750 & -50 \\ -50 & 5 \end{pmatrix},$$

$$A^T B = \begin{pmatrix} 1 & 1 & 1 & 1 & 1 \\ 0 & 5 & 10 & 15 & 20 \end{pmatrix} \begin{pmatrix} 142 \\ 161 \\ 175 \\ 198 \\ 227 \end{pmatrix} = \begin{pmatrix} 903 \\ 10065 \end{pmatrix}$$

이므로 최소제곱해와 최적회귀직선은 각각 다음과 같다.

$$C = (A^TA)^{-1}(A^TB) = \frac{1}{1250} \begin{pmatrix} 750 & -50 \\ -50 & 5 \end{pmatrix} \begin{pmatrix} 903 \\ 10065 \end{pmatrix} = \frac{1}{1250} \begin{pmatrix} 174000 \\ 5175 \end{pmatrix}$$

$$y = f(x) = \frac{174000}{1250} + \frac{5175}{1250} x - 139.2 + 4.14x$$

따라서 2012년에 도시의 인구는 다음과 같이 예측할 수 있다.

$$y = f(22) = 139.2 + 4.14 \times 22 = 230.28$$

즉, 2012년에 도시의 인구는 230,280(명)으로 예측할 수 있다

다음은 n개의 데이터 $\{(a_1, b_1), (a_2, b_2), \cdots, (a_n, b_n)\}$가 주어졌을 때 오차의 제곱의

합을 가장 작게 만드는 m차 다항함수 $y=f(x)=c_0+c_1x+\cdots+c_mx^m$를 구하는 방법에 대하여 살펴보기로 한다.

우선 m차 다항함수 $y=f(x)=c_0+c_1x+\cdots+c_mx^m$가 주어진 n개의 데이터 $\{(a_1,b_1),(a_2,b_2),\cdots,(a_n,b_n)\}$에 대한 최적 근사곡선이라고 가정하면 다음을 얻는다.

$$f(a_i)=c_0+c_1a_i+\cdots+c_ma_i^m, \qquad i=1,2,\cdots,n$$

또한 각 점에서의 오차를 e_i라고 놓으면, 즉,

$$f(a_i)-b_i=e_i, \quad i=1,2,\cdots,n$$

라고 놓으면 다음 연립방정식을 얻는다.

$$\begin{cases} c_0+c_1a_1+c_2a_1^2+\cdots+c_ma_1^m-b_1=e_1 \\ c_0+c_1a_2+c_2a_2^2+\cdots+c_ma_2^m-b_2=e_2 \\ \qquad\qquad\vdots \qquad\qquad\qquad\qquad \vdots \\ c_0+c_1a_n+c_2a_n^2+\cdots+c_ma_n^m-b_n=e_n \end{cases}$$

따라서 다음과 같은 행렬방정식을 얻는다.

$$\begin{pmatrix} 1 & a_1 & \cdots & a_1^m \\ 1 & a_2 & \cdots & a_2^m \\ \vdots & \vdots & \cdots & \vdots \\ 1 & a_n & \cdots & a_n^m \end{pmatrix}\begin{pmatrix} c_0 \\ c_1 \\ \vdots \\ c_m \end{pmatrix}-\begin{pmatrix} b_1 \\ b_2 \\ \vdots \\ b_n \end{pmatrix}=\begin{pmatrix} e_1 \\ e_2 \\ \vdots \\ e_n \end{pmatrix}$$

이제 행렬 A, C, B, E를 다음과 같이 놓으면

$$A=\begin{pmatrix} 1 & a_1 & \cdots & a_1^m \\ 1 & a_2 & \cdots & a_2^m \\ \vdots & \vdots & \cdots & \vdots \\ 1 & a_n & \cdots & a_n^m \end{pmatrix}, \quad C=\begin{pmatrix} c_0 \\ c_1 \\ \vdots \\ c_m \end{pmatrix}, \quad B=\begin{pmatrix} b_1 \\ b_2 \\ \vdots \\ b_n \end{pmatrix}, \quad E=\begin{pmatrix} e_1 \\ e_2 \\ \vdots \\ e_n \end{pmatrix}$$

주어진 행렬방정식은 다음과 같다.

$$AC-B=E$$

그런데 Frobenius노름을 구하면

$$\|AC-B\| = \|E\| = \sqrt{\sum_{i=1}^{n}(f(a_i)-b_i)^2}$$

이 되므로 행렬 $C = \begin{pmatrix} c_0 \\ c_1 \\ \vdots \\ c_m \end{pmatrix}$ 는 오차의 제곱의 합을 가장 작게 만드는 최소제곱해가 됨을 알 수 있다. 또한 행렬 $C = \begin{pmatrix} c_0 \\ c_1 \\ \vdots \\ c_m \end{pmatrix}$ 를 구하기 위해서는 앞에서와 같이 행렬방정식

$$A^TAC = A^TB$$

를 만족하는 행렬 C를 구하면 된다.

다음 예제에서는 주어진 데이터의 근사값으로 활용할 수 있는 이차함수를 구해보기로 한다.

예제 평면 $\mathbb{R}^2$에 속하는 세 개의 점 $(1,2)$, $(2,5)$, $(0,1)$을 동시에 지나지는 않지만 주어진 점들과 오차의 제곱의 합이 가장 작은 포물선의 방정식을 다음과 같이 구할 수 있다. 우선 행렬 A, C, B를 다음과 같이 놓자.

$$A = \begin{pmatrix} 1 & 1 & 1 \\ 1 & 2 & 4 \\ 1 & 0 & 0 \end{pmatrix}, \quad C = \begin{pmatrix} c_0 \\ c_1 \\ c_2 \end{pmatrix}, \quad B = \begin{pmatrix} 2 \\ 5 \\ 1 \end{pmatrix}$$

그리면 $A^T = \begin{pmatrix} 1 & 1 & 1 \\ 1 & 2 & 0 \\ 1 & 4 & 0 \end{pmatrix}$ 이고

$$A^TA = \begin{pmatrix} 1 & 1 & 1 \\ 1 & 2 & 0 \\ 1 & 4 & 0 \end{pmatrix}\begin{pmatrix} 1 & 1 & 1 \\ 1 & 2 & 4 \\ 1 & 0 & 0 \end{pmatrix} = \begin{pmatrix} 3 & 3 & 5 \\ 3 & 5 & 9 \\ 5 & 9 & 17 \end{pmatrix}$$

이 되어

$$\det(A^TA) = 4 \neq 0$$

이다. 따라서 행렬 A^TA는 정칙행렬이다. 그런데

$$(A^TA)^{-1} = \frac{1}{2}\begin{pmatrix} 2 & -3 & 1 \\ -3 & 13 & -6 \\ 1 & -6 & 3 \end{pmatrix}, \quad A^TB = \begin{pmatrix} 1 & 1 & 1 \\ 1 & 2 & 0 \\ 1 & 4 & 0 \end{pmatrix}\begin{pmatrix} 2 \\ 5 \\ 1 \end{pmatrix} = \begin{pmatrix} 8 \\ 12 \\ 22 \end{pmatrix}$$

이므로 주어진 자료의 최소제곱해와 포물선의 방정식은 다음과 같다.

$$C = (A^TA)^{-1}(A^TB) = \frac{1}{2}\begin{pmatrix} 2 & -3 & 1 \\ -3 & 13 & -6 \\ 1 & -6 & 3 \end{pmatrix}\begin{pmatrix} 8 \\ 12 \\ 22 \end{pmatrix} = \begin{pmatrix} 1 \\ 0 \\ 1 \end{pmatrix}$$

$$y = f(x) = 1 + 0 \times x + 1 \times x^2 = 1 + x^2$$

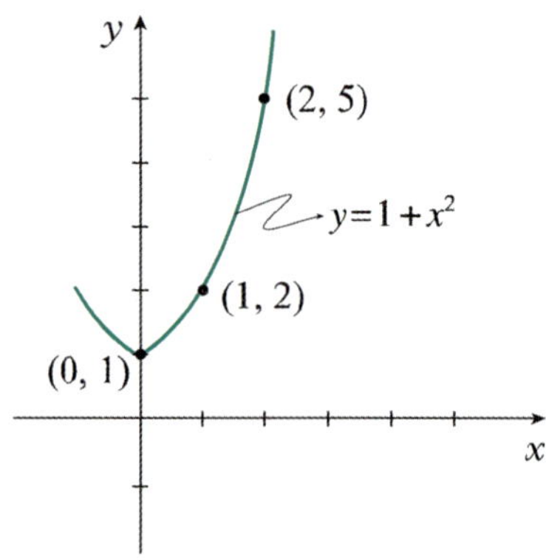

최소제곱해와 포물선에 관한 근사

또한 이 결과로부터 얻은 포물선을 이용하면 $x = 8$일 때 대응되는 y의 값을 다음과 같이 예측할 수 있다.

$$y = f(8) = 1 + 8^2 = 65$$

즉 주어진 데이터 $(1, 2), (2, 5), (0, 1)$로부터 또 다른 데이터 $(8, 65)$를 예측할 수 있다.

MATLAB 활용하기

이 절에 속한 개념 중 MATLAB을 활용하여 해결할 수 있는 문제는 다음과 같다.

1. 주어진 자료의 최적회귀직선을 구할 수 있다.

예제 $\mathbb{R}^2$에 속하는 세 개의 점 $(1, 2)$, $(2, 5)$, $(0, 1)$과 오차의 제곱의 합이 가장 작은 직선을 다음과 같이 구할 수 있다.

(1) polyfit([1 2 0], [2 5 1], 1)을 입력한다.

(2) Enter키를 누른다.

```
[결과] ans =
          2.0000   0.6667
```

[결과 해석] 오차의 제곱의 합이 가장 작은 최적회귀직선은 $f(x) = 2x + 0.6667$이다.

2. 주어진 자료의 최적회귀곡선을 구할 수 있다.

예제 $\mathbb{R}^2$에 속하는 세 개의 점 $(1, 2)$, $(2, 5)$, $(0, 1)$과 오차의 제곱의 합이 가장 작은 포물선의 방정식을 다음과 같이 구할 수 있다.

(1) polyfit([1 2 0], [2 5 1], 2)을 입력한다.

(2) Enter키를 누른다.

```
[결과] ans =
          1    0    1
```

[결과 해석] 오차의 제곱의 합이 가장 작은 포물선의 방정식은 $f(x) = x^2 + 1$이다.

연습 문제

1. 평면 $\mathbb{R}^2$에 속하는 세 개의 점 $(0,-1), (1,4), (5,8)$과 오차의 제곱의 합이 가장 작은 직선의 방정식을 구하여라. 또한 이 직선을 이용하여 $x=7$일 때 y값을 예측해 보아라.

2. 평면 $\mathbb{R}^2$에 속하는 세 개의 점 $(0,-1), (1,4), (5,8)$과 오차의 제곱의 합이 가장 작은 포물선의 방정식을 구하여라. 또한 이 포물선을 이용하여 $x=7$일 때 y값을 예측해 보아라.

3. Matlab 프로그램을 이용하여 평면 $\mathbb{R}^2$에 속하는 다섯 개의 자료 $\{(-1,-1), (0,5), (2,4), (3,5), (5,7)\}$에 대한 최소제곱해와 최적회귀직선을 구하여라. 또한 이 최적회귀직선을 이용하여 $x=10$일 때 y값을 예측해 보아라.

4. 다음은 어느 도시의 연도별 인구에 대한 통계자료이다. 최적회귀직선을 이용하여 2015년에 도시의 인구를 예측해 보아라.

연도	1920	1940	1960	1980	2000
인구(천명)	512	630	789	940	1210

수학은

지극히 당연한 사실을

전혀 당연하지 않게

증명하는 것으로 이루어진다.

-- 폴리아 --

CHAPTER 5

선형사상과 행렬

5.1 선형사상

이 절에서는 체 F 위에서 정의된 유한차원 벡터공간 V와 W사이에서 정의되는 선형사상에 대한 정의와 기본적인 성질들을 살펴본다.

우선 두 집합에서 정의된 사상에 대한 기본적인 몇 가지 성질을 살펴보기로 한다.

집합 X에서 집합 Y로의 사상 $T: X \to Y$에 대하여 X를 T의 정의역(domain)이라고 하고 Y를 T의 공역(codomain)이라고 한다. 또한, 집합

$$im\, T = T(X) = \{T(x) \mid x \in X\}$$

를 T의 치역(image, range)이라고 한다.

세 집합 X, Y, Z에 대하여 정의된 두 사상 $T_1 : X \to Y$과 $T_2 : Y \to Z$의 합성사상 $T_2 \circ T_1 : X \to Z$는 임의의 $x \in X$에 대하여

$$(T_2 \circ T_1)(x) = T_2(T_1(x))$$

로 정의되는 사상이다. 사상 $T: X \to Y$가 임의의 $a, b \in X$에 대하여 다음 성질을 만족시키면 T를 일대일(one-to-one)사상이라고 한다.

$$T(a) = T(b) \Rightarrow a = b$$

또한 사상 $T: X \to Y$가 조건 $im(T) = Y$를 만족시키면 T를 X에서 Y위로의(onto) 사상이라고 한다. 사상 $T: X \to Y$가 일대일 사상이고 위로의 사상이면 $T: X \to Y$를 일대일대응(one-to-one correspondence)이라고 한다.

정리

집합 X, Y, Z와 사상 $T_1 : X \to Y$, $T_2 : Y \to Z$에 대하여 다음이 성립한다.

(1) T_1과 T_2가 모두 일대일사상이면 $T_2 \circ T_1$는 일대일사상이다.

(2) T_1과 T_2가 모두 일대일대응이면 $T_2 \circ T_1$는 일대일대응이다.

(3) $T_2 \circ T_1$이 일대일사상이면 T_1은 일대일사상이다.

(4) $T_2 \circ T_1$이 위로의 사상이면 T_2는 위로의 사상이다.

증명 (1) 임의의 $a, b \in X$에 대하여

$$(T_2 \circ T_1)(a) = (T_2 \circ T_1)(b) \Rightarrow T_2(T_1(a)) = T_2(T_1(b))$$

이다. 그런데 T_2는 일대일사상이므로 $T_1(a) = T_1(b)$이다. 또한 T_1이 일대일사상이므로 $a = b$이다. 결과적으로 다음이 성립한다.

$$(T_2 \circ T_1)(a) = (T_2 \circ T_1)(b) \Rightarrow a = b$$

그러므로 $T_2 \circ T_1$는 일대일사상이다.

(2) T_1은 위로의 사상이므로 $T_1(X) = Y$이다. 또한 T_2가 위로의 사상이므로 $T_2(Y) = Z$이다. 따라서 다음 등식이 성립한다.

$$(T_2 \circ T_1)(X) = T_2(T_1(X)) = T_2(Y) = Z$$

그러므로 $T_2 \circ T_1$는 위로의 사상이다.

(3) 임의의 $a, b \in X$에 대하여

$$T_1(a) = T_2(b) \Rightarrow T_2(T_1(a)) = T_2(T_1(b)) \Rightarrow (T_2 \circ T_1)(a) = (T_2 \circ T_1)(b)$$

이다. 그런데 $T_2 \circ T_1$는 일대일사상이므로 $a = b$이다. 결과적으로 다음이 성립한다.

$$T_1(a) = T_1(b) \Rightarrow a = b$$

그러므로 T_1는 일대일사상이다.

(4) $T_2 \circ T_1$은 위로의 사상이므로 $(T_2 \circ T_1)(X) = Z$이다. 또한 $T_1(X) \subset Y$이므로 $(T_2 \circ T_1)(X) = T_2(T_1(X)) \subset T_2(Y)$이다. 따라서 $Z \subset T_2(Y)$이다 그런데 $T_2(Y) \subset Z$임은 명백하므로 결과적으로 $T_2(Y) = Z$이 성립한다. 그러므로 T_2는 위로의 사상이다. ▣

참고 사상 $T_1 : X \to Y$, $T_2 : Y \to X$에 대하여 합성사상 $T_2 \circ T_1 : X \to X$가 임의의 $a \in X$에 대하여 $(T_2 \circ T_1)(a) = a$를 만족시키는 항등사상이면 T_1은 일대일 사상이고 T_2는 위로의 사상이다.

정의

체 F 위에서 정의된 벡터공간 V에서 W로의 사상 $T: V \to W$가 덧셈과 스칼라 곱셈 등 기본적인 연산에 대하여 다음 조건을 만족할 때 사상 T를 벡터공간 V에서 W로의 선형사상(linear map)이라고 한다.

(1) $T(u+v) = T(u) + T(v)$

(2) $T(au) = aT(u) \quad (a \in F,\ u, v \in V)$

참고 $T: V \to W$가 선형사상일 때 임의의 벡터 $u \in V$에 대하여 $a = 0$으로 놓으면 선형사상의 정의에 의하여

$$T(O) = T(0u) = 0T(u) = O$$

이다. 즉, 선형사상에 의해서 영벡터는 반드시 영벡터로 대응이 되어야 한다는 것을 알 수 있다.

다음과 같은 간단한 선형사상의 예를 생각해 보자.

예제 사상 $T: V \to W$를 임의의 벡터 $u \in V$에 대하여 $T(u) = O$으로 정의하면 임의의 $u, v \in V$와 $a \in F$에 대하여

(1) $T(u+v) = O = O + O = T(u) + T(v)$

(2) $T(au) = O = aO = aT(u)$

가 성립하므로 T가 선형사상이 됨을 쉽게 보일 수 있다. 이 때 T를 영선형사상(zero linear map)이라고 한다.

예제 사상 $1_V: V \to V$를 임의의 벡터 $u \in V$에 대하여 $1_V(u) = u$로 정의하면 임의의 $u, v \in V$와 $a \in F$에 대하여

(1) $1_V(u+v) = u + v = 1_V(u) + 1_V(v)$

(2) $1_V(au) = au = a1_V(u)$

이다. 따라서 1_V는 선형사상이고 이 때 1_V를 항등선형사상(identity linear map)이라 한다.

예제 사상 $T:\mathbb{R}^2\to\mathbb{R}^2$를 임의의 벡터 $(a,b)\in\mathbb{R}^2$에 대하여 $T(a,b)=(a-b,b)$ 으로 정의하면 T는 선형사상이 됨을 보여라.

풀이 임의의 두 벡터 $u=(a_1,a_2)$, $v=(b_1,b_2)\in\mathbb{R}^2$와 $a\in\mathbb{R}$ 에 대하여 다음이 성립한다.

(1) $T(u+v)=T(a_1+b_1,\ a_2+b_2)=(a_1+b_1-a_2-b_2,\ a_2+b_2)$
$\quad=(a_1-a_2,a_2)+(b_1-b_2,b_2)=T(u)+T(v)$

(2) $T(au)=T(aa_1,aa_2)=(aa_1-aa_2,aa_2)=a(a_1-a_2,a_2)=aT(u)$

따라서 T는 선형사상이다.

예제 사상 $T:\mathbb{R}^3\to\mathbb{R}^3$를 임의의 벡터 $(a,b,c)\in\mathbb{R}^3$에 대하여 $T(a,b,c)=(a,b,0)$ 으로 정의하면 T는 선형사상이 됨을 보여라.

풀이 임의의 두 벡터 $u=(a_1,a_2,a_3)$, $v=(b_1,b_2,b_3)\in\mathbb{R}^3$와 $a\in\mathbb{R}$ 에 대하여 다음이 성립한다.

(1) $T(u+v)=(a_1+b_1,a_2+b_2,0)=T(u)+T(v)$

(2) $T(au)=(aa_1,aa_2,0)=a(a_1,a_2,0)=aT(u)$

따라서 T는 선형사상이다.

예제 사상 $T:\mathbb{R}^2\to\mathbb{R}^2$를 임의의 벡터 $(a,b)\in\mathbb{R}^2$에 대하여 $T(a,b)=(a-1,b)$ 으로 정의하면 T는 선형사상이 아님을 보여라.

풀이 임의의 두 벡터 $u=(a_1,a_2)$, $v=(b_1,b_2)\in\mathbb{R}^2$에 대하여

$$T(u+v)=(a_1+b_1-1,\ a_2+b_2)\neq(a_1+b_1-2,\ a_2+b_2)=T(u)+T(v)$$

이므로 T는 선형사상이 아니다.

예제 사상 $T: M_{m\times n}(\mathbb{R})\to M_{n\times m}(\mathbb{R})$를 임의의 행렬 $A\in M_{m\times n}(\mathbb{R})$에 대하여 $T(A)=A^T$로 정의하면 T는 선형사상이 됨을 보여라.

풀이 임의의 두 행렬 $A,B\in M_{m\times n}(\mathbb{R})$와 $a\in\mathbb{R}$ 에 대하여 다음이 성립한다.

(1) $T(A+B)=(A+B)^T=A^T+B^T=T(A)+T(B)$

(2) $T(aA) = (aA)^T = aA^T = aT(A)$

따라서 T는 선형사상이다.

예제 사상 $T: \mathbb{R}_2[x] \to M_{2\times 2}(\mathbb{R})$를 임의의 $ax^2+bx+c \in \mathbb{R}_2[x]$에 대하여 $T(ax^2+bx+c) = \begin{pmatrix} a & 0 \\ b+c & 0 \end{pmatrix}$로 정의하면 T는 선형사상이 됨을 보여라.

풀이 임의의 $p(x) = a_1x^2+b_1x+c_1$, $q(x) = a_2x^2+b_2x+c_2 \in \mathbb{R}_2[x]$와 $a \in \mathbb{R}$에 대하여 다음이 성립한다.

(1) $T(p(x)+q(x)) = \begin{pmatrix} a_1+a_2 & 0 \\ b_1+b_2+c_1+c_2 & 0 \end{pmatrix} = \begin{pmatrix} a_1 & 0 \\ b_1+c_1 & 0 \end{pmatrix} + \begin{pmatrix} a_2 & 0 \\ b_2+c_2 & 0 \end{pmatrix}$

$= T(p(x)) + T(q(x))$

(2) $T(ap(x)) = \begin{pmatrix} aa_1 & 0 \\ ab_1+ac_1 & 0 \end{pmatrix} = a\begin{pmatrix} a_1 & 0 \\ b_1+c_1 & 0 \end{pmatrix} = aT(p(x))$

따라서 T는 선형사상이다.

예제 사상 $T: \mathbb{R}_5[x] \to \mathbb{R}_4[x]$를 임의의 $p(x) \in \mathbb{R}_2[x]$에 대하여 $T(p(x)) = \dfrac{d}{dx}p(x)$로 정의하면 T는 선형사상이 됨을 보여라.

풀이 임의의 $p(x), q(x) \in \mathbb{R}_5[x]$와 $a \in \mathbb{R}$에 대하여 다음이 성립한다.

(1) $T(p(x)+q(x)) = \dfrac{d}{dx}(p(x)+q(x)) = \dfrac{d}{dx}p(x) + \dfrac{d}{dx}q(x)$

$= T(p(x)) + T(q(x))$

(2) $T(ap(x)) = \dfrac{d}{dx}(ap(x)) = a\dfrac{d}{dx}p(x) = aT(p(x))$

따라서 T는 선형사상이다.

예제 사상 $T: C[-1,1] \to \mathbb{R}$를 임의의 연속함수 $f \in C[-1,1]$에 대하여 $T(f) = \displaystyle\int_{-1}^{1} f(x)\,dx$로 정의하면 T는 선형사상이 됨을 보여라.

풀이 임의의 두 연속함수 $f, g \in C[-1,1]$와 $a \in \mathbb{R}$에 대하여 다음이 성립한다.

(1) $T(f+g)=\int_{-1}^{1}(f(x)+g(x))dx=\int_{-1}^{1}f(x)dx+\int_{-1}^{1}g(x)dx$

$=T(f)+T(g)$

(2) $T(af)=\int_{-1}^{1}af(x)dx=a\int_{-1}^{1}f(x)dx=aT(f)$

따라서 T는 선형사상이다.

다음은 행렬을 이용한 다양한 선형사상에 대하여 살펴보자.

예제 행렬 $A\in M_{2\times 2}(\mathbb{R})$에 대하여 사상 $T:\mathbb{R}^2\to\mathbb{R}^2$를

$$T(u)=Au,\quad u\in\mathbb{R}^2$$

으로 정의하면 임의의 $a\in\mathbb{R}$와 $u,v\in\mathbb{R}^2$에 대하여

(1) $T(u+v)=A(u+v)=Au+Av=T(u)+T(v)$

(2) $T(au)=A(au)=a(Au)=aT(u)$

이다. 따라서 T는 선형사상이다.

여기서, 2×2행렬 A에 따라서 다음과 같이 기하학적으로 다양한 결과를 얻을 수 있음을 알 수 있다.

(1) 행렬 A를 다음과 같이 놓으면

$$A=\begin{pmatrix}0&1\\1&0\end{pmatrix}$$

선형사상 T에 대한 벡터 $u=(a_1,a_2)$의 상 $T(u)$는 다음과 같다.

$$T(u)=T(a_1,a_2)=A\begin{pmatrix}a_1\\a_2\end{pmatrix}=\begin{pmatrix}0&1\\1&0\end{pmatrix}\begin{pmatrix}a_1\\a_2\end{pmatrix}=\begin{pmatrix}a_2\\a_1\end{pmatrix}$$

그런데 평면상의 점 $T(a_1,a_2)=(a_2,a_1)$은 점 $u=(a_1,a_2)$와 직선 $y=x$에 대하여 대칭이므로 선형사상 T가 직선 $y=x$에 대한 대칭이동을 나타내는 것을 알 수 있다.

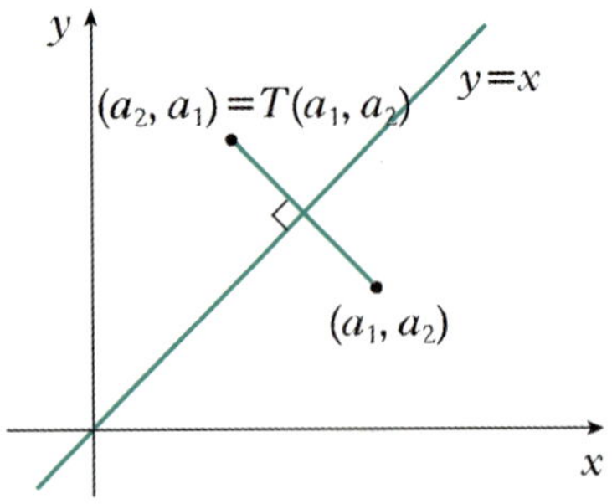

대칭이동

(2) 행렬 A를 다음과 같이 놓으면

$$A = \begin{pmatrix} 1 & 0 \\ 0 & 0 \end{pmatrix}$$

선형사상 T에 대한 벡터 $u = (a_1, a_2)$의 상 $T(u)$는 다음과 같다.

$$T(u) = T(a_1, a_2) = A\begin{pmatrix} a_1 \\ a_2 \end{pmatrix} = \begin{pmatrix} 1 & 0 \\ 0 & 0 \end{pmatrix}\begin{pmatrix} a_1 \\ a_2 \end{pmatrix} = \begin{pmatrix} a_1 \\ 0 \end{pmatrix}$$

그런데 점 $T(a_1, a_2) = (a_1, 0)$은 점 $u = (a_1, a_2)$의 x축 위로의 정사영이므로 선형사상 T가 x축 위로의 정사영을 나타내는 것을 알 수 있다.

(3) 행렬 A를 다음과 같이 놓으면

$$A = \begin{pmatrix} 0 & 0 \\ 0 & 1 \end{pmatrix}$$

선형사상 T에 대한 벡터 $u = (a_1, a_2)$의 상 $T(u)$는 다음과 같다.

$$T(u) = T(a_1, a_2) = A\begin{pmatrix} a_1 \\ a_2 \end{pmatrix} = \begin{pmatrix} 0 & 0 \\ 0 & 1 \end{pmatrix}\begin{pmatrix} a_1 \\ a_2 \end{pmatrix} = \begin{pmatrix} 0 \\ a_2 \end{pmatrix}$$

그런데 점 $T(a_1, a_2) = (0, a_2)$은 점 $u = (a_1, a_2)$의 y축 위로의 정사영이므로 선형사상 T가 y축 위로의 정사영을 나타내는 것을 알 수 있다.

(4) 행렬 A를 다음과 같이 놓으면

$$A = \begin{pmatrix} 1 & 0 \\ 0 & -1 \end{pmatrix}$$

선형사상 T에 대한 벡터 $u=(a_1, a_2)$의 상 $T(u)$는 다음과 같다.

$$T(u) = T(a_1, a_2) = A\begin{pmatrix} a_1 \\ a_2 \end{pmatrix} = \begin{pmatrix} 1 & 0 \\ 0 & -1 \end{pmatrix}\begin{pmatrix} a_1 \\ a_2 \end{pmatrix} = \begin{pmatrix} a_1 \\ -a_2 \end{pmatrix}$$

그런데 점 $T(a_1, a_2) = (a_1, -a_2)$는 점 $u=(a_1, a_2)$의 x축에 대한 대칭이므로 선형사상 T가 x축에 대한 대칭을 나타내는 것을 알 수 있다.

(5) 행렬 A를 다음과 같이 놓으면

$$A = \begin{pmatrix} -1 & 0 \\ 0 & 1 \end{pmatrix}$$

선형사상 T에 대한 벡터 $u=(a_1, a_2)$의 상 $T(u)$는 다음과 같다.

$$T(u) = T(a_1, a_2) = A\begin{pmatrix} a_1 \\ a_2 \end{pmatrix} = \begin{pmatrix} -1 & 0 \\ 0 & 1 \end{pmatrix}\begin{pmatrix} a_1 \\ a_2 \end{pmatrix} = \begin{pmatrix} -a_1 \\ a_2 \end{pmatrix}$$

그런데 점 $T(a_1, a_2) = (-a_1, a_2)$는 점 $u=(a_1, a_2)$의 y축에 대한 대칭이므로 선형사상 T가 y축에 대한 대칭을 나타내는 것을 알 수 있다.

(6) 각 θ에 대하여 행렬 A를 다음과 같이 놓으면

$$A = \begin{pmatrix} \cos\theta & -\sin\theta \\ \sin\theta & \cos\theta \end{pmatrix}$$

선형사상 T에 대한 벡터 $u=(a_1, a_2)$의 상 $T(u)$는 다음과 같다.

$$T(a_1, a_2) = A\begin{pmatrix} a_1 \\ a_2 \end{pmatrix} = \begin{pmatrix} \cos\theta & -\sin\theta \\ \sin\theta & \cos\theta \end{pmatrix}\begin{pmatrix} a_1 \\ a_2 \end{pmatrix} = \begin{pmatrix} a_1\cos\theta - a_2\sin\theta \\ a_1\sin\theta + a_2\cos\theta \end{pmatrix}$$

이 때, 원점 $(0, 0)$에서 점 $u=(a_1, a_2)$까지 거리를 r이라 하고 양의 x축으로부터의 각을 α라고 하면 $u=(a_1, a_2)$는 다음과 같이 나타낼 수 있다.

$$u=(a_1, a_2)=(r\cos\alpha,\ r\sin\alpha)$$

따라서 $T(a_1, a_2)$는 다음과 같다.

$$T(a_1, a_2)=\begin{pmatrix} r\cos\alpha\cos\theta - r\sin\alpha\sin\theta \\ r\cos\alpha\sin\theta + r\sin\alpha\cos\theta \end{pmatrix}=\begin{pmatrix} r\cos(\alpha+\theta) \\ r\sin(\alpha+\theta) \end{pmatrix}$$

그런데 점 $T(a_1, a_2)=(r\cos(\alpha+\theta),\ r\sin(\alpha+\theta))$는 점 $u=(a_1, a_2)$를 시계반대방향으로 각 θ만큼 회전시킨 점이므로 선형사상 T는 각 θ만큼의 회전이동을 나타낸다는 사실을 알 수 있다.

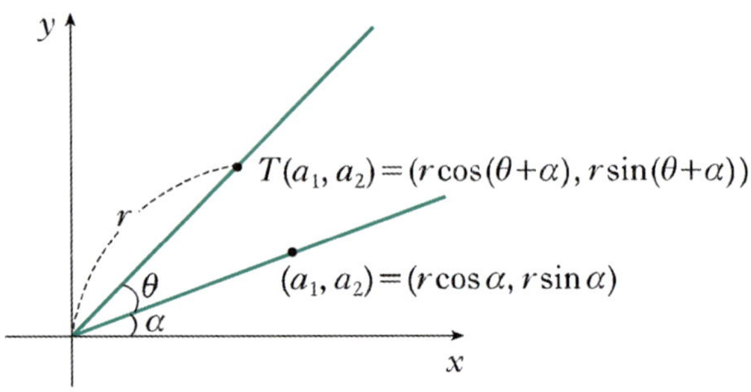

회전이동

참고 각 θ만큼 회전시키는 회전이동에 대한 2×2 행렬을 역으로 다음과 같이 구할 수 있다. 점 (a_1, a_2)를 각 θ만큼 회전시켜서 얻는 점을 (b_1, b_2)라고 놓으면

$$\begin{aligned}(b_1, b_2)&=(r\cos(\alpha+\theta),\ r\sin(\alpha+\theta))\\ &=(r\cos\alpha\cos\theta - r\sin\alpha\sin\theta,\ r\sin\alpha\cos\theta + r\cos\alpha\sin\theta)\end{aligned}$$

이다. 그런데 $a_1=r\cos\alpha$이고 $a_2=r\sin\alpha$이므로

$$\begin{aligned}(b_1, b_2)&=(a_1\cos\theta - a_2\sin\theta,\ a_2\cos\theta + a_1\sin\theta)\\ &=\begin{pmatrix}\cos\theta & -\sin\theta\\ \sin\theta & \cos\theta\end{pmatrix}\begin{pmatrix}a_1\\ a_2\end{pmatrix}.\end{aligned}$$

따라서 행렬 A를 다음과 같이 놓으면

$$A=\begin{pmatrix}\cos\theta & -\sin\theta\\ \sin\theta & \cos\theta\end{pmatrix}$$

사상 $T:\mathbb{R}^2\to\mathbb{R}^2,\quad T(u)=Au,\quad u\in\mathbb{R}^2$를 정의할 수 있다.

(7) 1사분면에 놓여있는 점 (a_1, a_2)를 직선 $y=ax$ $(a>0)$에 대하여 대칭이동 시킬 때 이에 대응하는 2×2 행렬을 회전이동을 이용하여 다음과 같이 구할 수 있다. 점 (a_1, a_2)를 직선 $y=ax$에 대하여 대칭이동 시켜서 얻는 점을 (b_1, b_2)라고 놓자. 원점 $(0,0)$에서 점 $u=(a_1, a_2)$까지 거리를 r이라 하고 양의 x축으로부터의 각을 α라고 하자. 직선 $y=ax$와 양의 x축과 이루는 각을 θ $(\theta>\alpha)$라고 놓으면

$$\begin{aligned}(b_1, b_2) &= (r\cos(\theta+\theta-\alpha),\ r\sin(\theta+\theta-\alpha)) \\ &= (r\cos(2\theta-\alpha),\ r\sin(2\theta-\alpha)) \\ &= (r\cos 2\theta\cos\alpha + r\sin 2\theta\sin\alpha,\ r\sin 2\theta\cos\alpha - r\cos 2\theta\sin\alpha)\end{aligned}$$

이다. 그런데 $a_1 = r\cos\alpha$이고 $a_2 = r\sin\alpha$이므로

$$\begin{aligned}(b_1, b_2) &= (a_1\cos 2\theta + a_2\sin 2\theta,\ a_1\sin 2\theta - a_2\cos 2\theta) \\ &= \begin{pmatrix}\cos 2\theta & \sin 2\theta \\ \sin 2\theta & -\cos 2\theta\end{pmatrix}\begin{pmatrix}a_1 \\ a_2\end{pmatrix}.\end{aligned}$$

따라서 행렬 $A=\begin{pmatrix}\cos 2\theta & \sin 2\theta \\ \sin 2\theta & -\cos 2\theta\end{pmatrix}$에 대하여 정의되는 선형사상 $T:\mathbb{R}^2\to\mathbb{R}^2$, $T(u)=Au$, $u\in\mathbb{R}^2$는 직선 $y=ax$에 대하여 대칭이동이 되는 것을 알 수 있다.

정리

체 F 위의 벡터공간 V에서 W로의 선형사상 $T:V\to W$와 벡터 $u, v\in V$에 대하여 다음이 성립한다.

(1) $T(-u) = -T(u)$

(2) $T(u-v) = T(u) - T(v)$

증명 (1) 임의의 $a\in F$에 대하여

$$T(au) = au = aT(u)$$

이므로 $a=-1$이라 놓으면 $T(-u) = -T(u)$가 성립한다.

(2) 선형사상의 정의와 성질 (1)을 이용하면 임의의 벡터 $u, v\in V$에 대하여

$$T(u-v) = T(u+(-v)) = T(u) + T(-v) = T(u) - T(v)$$

이 성립한다. ▣

다음 정리는 선형사상의 정의에 의하여 명백하다.

정리

체 F위의 벡터공간 V, W, U에서 정의된 선형사상 $T_1 : V \to W$와 $T_2 : W \to U$에 대하여 T_1과 T_2의 합성사상 $T_2 \circ T_1 : V \to U$는 선형사상이다.

증명 임의의 $u, v \in V$와 $a \in F$에 대하여

$$\begin{aligned} T_2 \circ T_1(u+v) &= T_2(T_1(u+v)) = T_2(T_1(u) + T_1(v)) \\ &= T_2(T_1(u)) + T_2(T_1(v)) \\ &= T_2 \circ T_1(u) + T_2 \circ T_1(v) \end{aligned}$$

이다. 또한

$$\begin{aligned} T_2 \circ T_1(au) &= T_2(T_1(au)) = T_2(aT_1(u)) \\ &= aT_2(T_1(u)) = a(T_2 \circ T_1)(v) \end{aligned}$$

이므로 합성사상 $T_2 \circ T_1 : V \to U$ 는 선형사상이다. ▣

연습 문제

1. 다음에 주어진 사상 T가 선형사상인지를 판정하고 그 이유를 설명하여라.

(1) $T: \mathbb{R}^2 \to \mathbb{R}$, $T(a, b) = ab^2$

(2) $T: \mathbb{R}^2 \to \mathbb{R}^2$, $T(a, b) = (b, 0)$

(3) $T: \mathbb{R}^2 \to \mathbb{R}^2$, $T(a, b) = (3b, a+b+1)$

(4) $T: \mathbb{R}^2 \to \mathbb{R}^3$, $T(a, b) = (0, 0, 0)$

(5) $T: \mathbb{R}^3 \to \mathbb{R}^2$, $T(a, b, c) = (c, a-b)$

(6) $T: \mathbb{R}^3 \to \mathbb{R}^3$, $T(a, b, c) = (b, b, a^3c^3)$

(7) $T: \mathbb{R}^3 \to \mathbb{R}^3$, $T(a, b, c) = (0, -ab, c)$

(8) $T: \mathbb{R}^3 \to \mathbb{R}^3$, $T(a, b, c) = (a-c, a-b, b-c)$

(9) $T: \mathbb{R}^4 \to \mathbb{R}$, $T(a, b, c, d) = a - 2b + 3c - 4d$

(10) $T: \mathbb{R}^3 \to \mathbb{R}$, $T(v) = \| v \|$

2. 다음에 주어진 사상 T가 선형사상인지를 판정하고 그 이유를 설명하여라.

(1) $T: M_{n \times n}(\mathbb{R}) \to \mathbb{R}$, $T(A) = \det(A)$

(2) $T: M_{n \times n}(\mathbb{R}) \to \mathbb{R}$, $T(A) = tr(A)$

(3) $T: M_{m \times n}(\mathbb{R}) \to M_{m \times n}(\mathbb{R})$, $T(A) = 5A$

(4) $T: M_{n \times n}(\mathbb{R}) \to M_{n \times n}(\mathbb{R})$, $T(A) = A^2$

(5) $T: M_{n \times n}(\mathbb{R}) \to M_{n \times n}(\mathbb{R})$, $T(A) = P^{-1}AP$
(여기서 $P \in M_{n \times n}(\mathbb{R})$는 정칙행렬)

(6) $T: \mathbb{R}_2[x] \to \mathbb{R}_2[x]$, $T(f(x)) = \dfrac{d}{dx} f(x) + x^2$

(7) $T: \mathbb{R}_2[x] \to \mathbb{R}_3[x]$, $T(f(x)) = xf(x)$

(8) $T: \mathbb{R}_2[x] \to \mathbb{R}^2$, $T(ax^2 + bx + c) = (a - 2c, b - 2a)$

(9) $T: \mathbb{R}_2[x] \to M_{2 \times 2}(\mathbb{R})$, $T(ax^2 + bx + c) = \begin{pmatrix} b & 0 \\ a+c & b \end{pmatrix}$

(10) $T: M_{2\times 2}(\mathbb{R}) \to \mathbb{R}_2[x], \quad T\begin{pmatrix} a & b \\ c & d \end{pmatrix} = ax^2 + bx + d$

(11) $T: C[a, b] \to \mathbb{R}, \quad T(f) = \int_a^b f(x)\,dx$

(12) $T: \mathbb{R}^n \to \mathbb{R}, \quad T(v) = vv^T \quad (v \in M_{1\times n}(\mathbb{R}))$

(13) $T: M_{2\times 2}(\mathbb{R}) \to \mathbb{R}^5, \quad T\begin{pmatrix} a & b \\ c & d \end{pmatrix} = (7a + c, 0, d, 2c, 5b)$

(14) $T: \mathbb{R}^n \to M_{n\times n}(\mathbb{R}), \quad T(v) = vv^T \qquad (v \in M_{n\times 1}(\mathbb{R}))$

5.2 선형사상의 핵과 상공간

이 절에서는 선형사상이 정의되는 벡터공간의 부분공간이 되는 핵과 상공간에 대한 정의와 기본적인 성질들에 대하여 살펴본다.

정의

체 F위에서 정의된 벡터공간 V에서 W로의 선형사상 $T: V \to W$에 대하여 집합

$$im(T) = T(V) = \{T(u) \mid u \in V\}$$

을 T의 상공간(image)이라고 한다. 또한, V의 부분집합

$$\ker(T) = \{u \in V \mid T(u) = O\}$$

을 T의 핵(kernel)이라고 한다.

참고 선형사상 $T: V \to W$의 핵은 T에 의한 상이 영벡터가 되는 모든 벡터들의 집합이다.

예제 임의의 $a, b \in \mathbb{R}$ 에 대하여 $T(a, b) = (a, 0)$로 정의된 선형사상 $T: \mathbb{R}^2 \to \mathbb{R}^2$의 상공간과 핵을 구하여라.

풀이 선형사상 T의 상공간과 핵은 다음과 같이 구할 수 있다.

$$im(T) = T(\mathbb{R}^2) = \{T(a, b) \mid a, b \in \mathbb{R}\} = \{(a, 0) \mid a \in \mathbb{R}\}$$

$$\ker(T) = \{(a, b) \mid T(a, b) = (0, 0)\} = \{(a, b) \mid (a, 0) = (0, 0)\} = \{(0, b) \mid b \in \mathbb{R}\}$$

정리

체 F위에서 정의된 벡터공간 V에서 W로의 선형사상 $T: V \to W$의 상공간과 핵은 각각 벡터공간 W와 V의 부분공간이다.

증명 임의의 $a \in F$ 와 $T(u_1), T(u_2) \in im(T)$에 대하여

$$T(u_1)+T(u_2)=T(u_1+u_2)\in im(T), \quad aT(u_1)=T(au_1)\in im(T)$$

이므로 T의 상공간은 벡터공간 W의 부분공간이다. 또한, 임의의 $b\in F$와 $v_1, v_2\in \ker(T)$ 에 대하여

$$T(v_1+v_2)=T(v_1)+T(v_2)=O, \quad T(bv_1)=bT(v_1)=O$$

이므로 $v_1+v_2\in\ker(T)$, $bv_1\in\ker(T)$ 이다. 따라서 T의 핵은 벡터공간 V의 부분공간이다. ▣

다음은 선형사상 $T:V\to W$의 핵을 이용하여 T가 일대일사상임을 보이는 데 유용하게 쓰이는 방법에 대하여 살펴보자.

정리

V와 W가 체 F위에서 정의된 벡터공간이면 선형사상 $T:V\to W$와 벡터 $u, v\in V$에 대하여 다음이 성립한다.

(1) $T(u)=T(v)\Leftrightarrow u-v\in\ker(T)$

(2) T는 일대일사상 $\Leftrightarrow \ker(T)=\{O\}$

증명 (1) 선형사상의 성질을 이용하여 다음 관계식을 얻을 수 있다.

$$T(u)=T(v)\Leftrightarrow T(u)-T(v)=O\Leftrightarrow T(u-v)=O\Leftrightarrow u-v\in\ker(T)$$

(2) T가 일대일사상이라고 가정하면 $u\in\ker(T)$에 대하여 $T(u)=O=T(O)$이므로 $u=O$이다. 따라서 $\ker(T)=\{O\}$이다.
역으로 $\ker(T)=\{O\}$이라고 가정하면 (1)에 의하여

$$T(u)=T(v)\Rightarrow u-v\in\ker(T)=\{O\}\Rightarrow u=v$$

이므로 T는 일대일사상이다. ▣

정의

체 F위에서 정의된 벡터공간 V에서 W로의 선형사상 $T: V \to W$가 일대일사상일 때 T를 동형사상(isomorphism)이라고 한다. 이 때, 벡터공간 V와 W는 서로 동형인 벡터공간이라 하고 $V \cong W$로 나타낸다.

참고 사상 $T: V \to W$가 동형사상이면 두 벡터공간 V와 W는 모양은 다르더라도 벡터공간으로서 동일한 대수적 구조를 갖는다.

예제 사상 $T: V \to V$를 임의의 $u \in V$에 대하여 $T(u) = u$이라고 정의하면 T는 동형사상이 됨을 쉽게 알 수 있다.

예제 사상 $T: \mathbb{R}^2 \to \mathbb{R}^2$를 임의의 $a, b \in \mathbb{R}$에 대하여 $T(a, b) = (b, a)$으로 정의된 선형사상 T의 상공간과 핵은 다음과 같다.

$$im(T) = T(\mathbb{R}^2) = \{T(a, b) \mid a, b \in \mathbb{R}\} = \{(b, a) \mid a, b \in \mathbb{R}\} = \mathbb{R}^2$$
$$\ker(T) = \{(a, b) \mid T(a, b) = (0, 0)\} = \{(a, b) \mid (b, a) = (0, 0)\} = \{(0, 0)\}$$

따라서 선형사상 T는 일대일대응이다. 결과적으로 T는 동형사상이 된다.

예제 사상 $T: \mathbb{R}_1[x] \to M_{2\times 1}(\mathbb{R})$를 임의의 $ax + b \in \mathbb{R}_1[x]$에 대하여 $T(ax+b) = \begin{pmatrix} a \\ b \end{pmatrix}$로 정의하면 T는 동형사상이 됨을 보여라.

풀이 임의의 $p(x) = a_1x + b_1$, $q(x) = a_2x + b_2 \in \mathbb{R}_1[x]$와 $a \in \mathbb{R}$에 대하여 다음이 성립한다.

(1) $T(p(x) + q(x)) = \begin{pmatrix} a_1 + a_2 \\ b_1 + b_2 \end{pmatrix} = \begin{pmatrix} a_1 \\ b_1 \end{pmatrix} + \begin{pmatrix} a_2 \\ b_2 \end{pmatrix} = T(p(x)) + T(q(x))$

(2) $T(ap(x)) = \begin{pmatrix} aa_1 \\ ab_1 \end{pmatrix} = a\begin{pmatrix} a_1 \\ b_1 \end{pmatrix} = aT(p(x))$

따라서 T는 선형사상이다. 또한 T의 상공간과 핵은 다음과 같다.

$$im(T) = T(\mathbb{R}_1[x]) = \{T(ax+b) \mid a, b \in \mathbb{R}\} = \left\{\begin{pmatrix} a \\ b \end{pmatrix} \mid a, b \in \mathbb{R}\right\} = M_{2\times 1}(\mathbb{R})$$

$$\begin{aligned}\ker(T) &= \left\{ax+b \in \mathbb{R}_1[x] \mid T(ax+b) = \begin{pmatrix} 0 \\ 0 \end{pmatrix}\right\} \\ &= \left\{ax+b \in \mathbb{R}_1[x] \mid \begin{pmatrix} a \\ b \end{pmatrix} = \begin{pmatrix} 0 \\ 0 \end{pmatrix}\right\} = \{0\}\end{aligned}$$

따라서 선형사상 T는 일대일대응이므로 T는 동형사상이 된다.

정리

체 F 위의 벡터공간 V, W, U에서 정의된 선형사상 $T_1 : V \to W$와 $T_2 : W \to U$에 대하여 다음이 성립한다.

(1) 선형사상 $T_1 : V \to W$가 동형사상이면 $T_1^{-1} : W \to V$는 동형사상이다.

(2) T_1, T_2가 동형사상이면 합성사상 $T_2 \circ T_1 : V \to U$는 동형사상이다.

증명 (1) T_1이 동형사상이므로 $T_1^{-1} : W \to V$는 일대일대응이다. 따라서 T_1^{-1}가 선형사상이 됨을 보이면 된다.

임의의 $a \in F$와 $w_1, w_2 \in W$에 대하여 $T_1(v_1) = w_1$, $T_1(v_2) = w_2$를 만족시키는 벡터 $v_1, v_2 \in V$가 존재한다. 즉, $T_1^{-1}(w_1) = v_1$, $T_1^{-1}(w_2) = v_2$를 만족시키는 벡터 $v_1, v_2 \in V$가 존재한다. 그런데

$$T_1(v_1 + v_2) = T_1(v_1) + T_1(v_2) = w_1 + w_2$$

이므로

$$T_1^{-1}(w_1 + w_2) = v_1 + v_2 = T_1^{-1}(w_1) + T_1^{-1}(w_2)$$

이다. 또한

$$T_1(av_1) = aT_1(v_1) = aw_1$$

이므로

$$T_1^{-1}(aw_1) = av_1 = aT_1^{-1}(w_1)$$

이다. 따라서 T_1^{-1} 는 선형사상이 되고 결과적으로 동형사상이 된다.

(2) T_1, T_2가 선형사상이므로 합성사상 $T_2 \circ T_1 : V \to U$이 선형사상이 됨을 다음과 같이 보일 수 있다. 임의의 $a \in F$와 $v_1, v_2 \in V$에 대하여

$$\begin{aligned} T_2 \circ T_1(v_1 + v_2) &= T_2(T_1(v_1 + v_2)) = T_2(T_1(v_1) + T_2(v_2)) \\ &= T_2(T_1(v_1)) + T_2(T_1(v_2)) = T_2 \circ T_1(v_1) + T_2 \circ T_1(v_2) \end{aligned}$$

$$\begin{aligned} T_2 \circ T_1(av_1) &= T_2(T_1(av_1)) = T_2(aT_1(v_1)) \\ &= aT_2(T_1(v_1)) = a(T_2 \circ T_1)(v_1) \end{aligned}$$

또한 T_1, T_2가 일대일대응이므로 합성사상 $T_2 \circ T_1$ 도 일대일대응이다. 따라서 합성사상 $T_2 \circ T_1$ 는 동형사상이다. ▣

정리

체 F 위의 벡터공간 V와 W에 대하여 집합 $\mathscr{B} = \{v_1, v_2, \cdots, v_n\}$가 벡터공간 V의 기저라고 할 때 $w_1, w_2, \cdots, w_n \in W$ 이라면 다음을 만족시키는 선형사상 $T : V \to W$가 존재한다.

$$T(v_i) = w_i, \quad i = 1, 2, \cdots, n$$

증명 사상 $T : V \to W$를 다음과 같이 정의하자.

$$T\left(\sum_{i=1}^{n} a_i v_i\right) = \sum_{i=1}^{n} a_i w_i$$

그러면 임의의 벡터 $u \in V$는 적당한 스칼라 $a_i \in F$, $i = 1, 2, \cdots, n$ 에 대하여 유일하게 $u = \sum_{i=1}^{n} a_i v_i$ 으로 나타낼 수 있으므로 T는 잘 정의된 사상이다.

또한 임의의 벡터 $u, v \in V$는 적당한 스칼라 $a_i, b_i \in F$, $i = 1, 2, \cdots, n$에 대하여 $u = \sum_{i=1}^{n} a_i v_i$, $v = \sum_{i=1}^{n} b_i v_i$ 로 나타낼 수 있으므로 $a \in F$에 대하여 다음 관계식이 성립한다.

$$T(u+v) = T\left(\sum_{i=1}^{n} a_i v_i + \sum_{i=1}^{n} b_i v_i\right) = T\left(\sum_{i=1}^{n}(a_i + b_i)v_i\right) = \sum_{i=1}^{n}(a_i + b_i)w_i$$

$$= \sum_{i=1}^{n} a_i w_i + \sum_{i=1}^{n} b_i w_i = T(u) + T(v)$$

$$T(au) = T\left(a\sum_{i=1}^{n} a_i v_i\right) = T\left(\sum_{i=1}^{n}(aa_i)v_i\right) = \sum_{i=1}^{n}(aa_i)w_i = \sum_{i=1}^{n} a(a_i w_i)$$

$$= a\sum_{i=1}^{n} a_i w_i = aT(u)$$

따라서 T는 선형사상이다. 즉, $T(v_i) = w_i$, $i = 1, 2, \cdots, n$ 을 만족시키는 선형사상 $T : V \to W$가 존재한다. ▣

정리

체 F 위의 벡터공간 V와 W에 대하여 집합 $\mathcal{B} = \{v_1, v_2, \cdots, v_n\}$가 벡터공간 V의 기저이면 선형사상 $T_1 : V \to W$, $T_2 : V \to W$에 대하여 다음이 성립한다.

$$T_1(v_i) = T_2(v_i),\ i = 1, 2, \cdots, n \quad \Leftrightarrow \quad T_1 = T_2$$

증명 모든 벡터 $v_i \in \mathcal{B}$ 에 대하여 $T_1(v_i) = T_2(v_i)$, $i = 1, 2, \cdots, n$ 이라고 가정하자. 임의의 벡터 $v \in V$는 적당한 스칼라 $a_i \in F$, $i = 1, 2, \cdots, n$에 대하여 $v = \sum_{i=1}^{n} a_i v_i$ 으로 나타낼 수 있으므로

$$T_1(v) = T_1\left(\sum_{i=1}^{n} a_i v_i\right) = \sum_{i=1}^{n} a_i T_1(v_i) = \sum_{i=1}^{n} a_i T_2(v_i)$$

$$= T_2\left(\sum_{i=1}^{n} a_i v_i\right) = T_2(v)$$

이다. 따라서 $T_1 = T_2$이다.

역으로 $T_1 = T_2$이라고 가정하면 명백히 모든 벡터 $v_i \in \mathscr{B}$에 대하여

$$T_1(v_i) = T_2(v_i), \; i = 1, 2, \cdots, n$$

이 성립한다. ▣

다음 정리는 선형사상의 핵의 차원과 상공간의 차원과의 관계를 나타낸다.

정리

체 F위의 n차원 벡터공간 V와 m차원 벡터공간 W에서 정의된 선형사상 $T : V \to W$에 대하여 다음이 성립한다.

$$\dim \ker(T) + \dim im(T) = \dim V$$

증명 선형사상 T의 핵의 차원에 따라서 증명하기로 한다.

만일 $\dim \ker(T) = n$이라면 $\ker(T) = V$이므로 임의의 $v \in V$에 대하여 $T(v) = O$이다. 따라서 $\dim im(T) = 0$이 되어 등식

$$\dim \ker(T) + \dim im(T) = n + 0 = \dim V$$

이 성립한다.

만일 $\dim \ker(T) = 0$이라면 집합 $\mathscr{B} = \{v_1, v_2, \cdots, v_n\}$를 벡터공간 V의 기저라고 할 때, 스칼라 $a_i \in F$, $i = 1, 2, \cdots, n$에 대하여

$$\sum_{i=1}^{n} a_i T(v_i) = O \;\Rightarrow\; T\left(\sum_{i=1}^{n} a_i v_i\right) = O \;\Rightarrow\; \sum_{i=1}^{n} a_i v_i \in \ker T$$

이다. 그런데 $\ker T = \{O\}$이므로 $\sum_{i=1}^{n} a_i v_i = O$이고 n개의 벡터 $v_1, v_2, \cdots, v_n$는 일차독립이므로 모든 $i = 1, 2, \cdots, n$에 대하여 $a_i = 0$이다. 즉,

$$\sum_{i=1}^{n} a_i T(v_i) = O \;\Rightarrow\; a_i = 0, \; i = 1, 2, \cdots, n$$

이 되어 n개의 벡터 $T(v_1), T(v_2), \cdots, T(v_n)$는 일차독립인 벡터이다. 그런데 집

합 $T(\mathcal{B}) = \{T(v_1), T(v_2), \cdots, T(v_n)\}$는 벡터공간 $im(T)$를 생성하므로 결과적으로 $im(T)$의 기저가 된다. 따라서

$$\dim im(T) = n$$

이므로 등식

$$\dim \ker(T) + \dim im(T) = 0 + n = \dim V$$

이 성립한다.

이제 $0 \neq t = \dim \ker(T) < n$이라고 가정하자. 그러면 $\ker(T)$의 기저 $\mathcal{B}_1 = \{u_1, u_2, \cdots, u_t\}$가 존재하고 벡터공간 V에 속하는 $n-t$개의 벡터 $u_{t+1}, u_{t+2}, \cdots, u_n$가 존재해서 $\mathcal{B}_2 = \{u_1, u_2, \cdots, u_n\}$이 V의 기저가 된다. 한편 임의의 벡터 $v \in V$는 적당한 스칼라 $b_i \in F$, $i = 1, 2, \cdots, n$에 대하여 $v = \sum_{i=1}^{n} b_i u_i$로 나타낼 수 있고 $\sum_{i=1}^{t} b_i T(u_i) = \sum_{i=1}^{t} b_i O = O$이므로

$$T(v) = T\left(\sum_{i=1}^{n} b_i u_i\right) = \sum_{i=1}^{n} b_i T(u_i) = \sum_{i=t+1}^{n} b_i T(u_i)$$

이다. 따라서 $im(T)$는 $T(u_{t+1}), T(u_{t+2}), \cdots, T(u_n)$에 의하여 생성이 된다. 이제 $n-t$개의 벡터 $T(u_{t+1}), T(u_{t+2}), \cdots, T(u_n)$가 일차독립이 됨을 보이자. 스칼라 $c_i \in F$, $i = t+1, t+2, \cdots, n$에 대하여 다음 관계식

$$\sum_{i=t+1}^{n} c_i T(u_i) = O \Leftrightarrow T\left(\sum_{i=t+1}^{n} c_i u_i\right) = O \Leftrightarrow \sum_{i=t+1}^{n} c_i u_i \in \ker(T)$$

이 성립하므로

$$\sum_{i=t+1}^{n} c_i u_i = \sum_{i=1}^{t} d_i u_i$$

를 만족하는 스칼라 $d_i \in F$, $i = 1, 2, \cdots, t$가 존재한다. 따라서

$$\sum_{i=1}^{t} d_i u_i + \sum_{i=t+1}^{n} (-c_i) u_i = O$$

이고 $\mathcal{B}_2 = \{u_1, u_2, \cdots, u_n\}$이 V의 기저이므로 $c_i = 0$, $i = t+1, t+2, \cdots, n$이다. 즉, $n-t$개의 벡터 $T(u_{t+1}), T(u_{t+2}), \cdots, T(u_n)$가 일차독립이 되어 결

과적으로 집합$\{T(u_{t+1}), T(u_{t+2}), \cdots , T(u_n)\}$는 $im(T)$의 기저가 된다. 따라서 다음 관계식

$$\dim \ker(T) + \dim im(T) = t + (n-t) = n = \dim V$$

이 증명된다. ▣

예제 사상 $T : \mathbb{R}^2 \to \mathbb{R}^3$를

$$T(a, b) = (a-b, 0, a), \quad a, b \in \mathbb{R}$$

으로 정의하면 T는 선형사상이 되고 T의 핵과 상공간은 다음과 같다.

$$im(T) = T(\mathbb{R}^2) = \{T(a, b) \mid a, b \in \mathbb{R}\} = \{(a-b, 0, a) \mid a, b \in \mathbb{R}\}$$

$$\begin{aligned} \ker(T) &= \{(a, b) \in \mathbb{R}^2 \mid T(a, b) = (0, 0, 0)\} \\ &= \{(a, b) \in \mathbb{R}^2 \mid (a-b, 0, a) = (0, 0, 0)\} = \{(0, 0, 0)\} \end{aligned}$$

따라서

$$\dim im(T) = 2, \quad \dim \ker(T) = 0$$

임을 알 수 있고 관계식

$$\dim \ker(T) + \dim im(T) = 0 + 2 = 2 = \dim \mathbb{R}^2$$

이 성립한다.

연습 문제

1. 다음에 주어진 선형사상 T가 동형사상인지를 판정하고 그 이유를 설명하여라.

   (1) $T: \mathbb{R}^2 \to \mathbb{R}, \quad T(a, b) = a - 2b$
   (2) $T: \mathbb{R}^2 \to \mathbb{R}^2, \quad T(a, b) = (b, -a)$
   (3) $T: \mathbb{R}^2 \to \mathbb{R}^3, \quad T(a, b) = (a, b, b)$
   (4) $T: \mathbb{R}^3 \to \mathbb{R}^2, \quad T(a, b, c) = (b, 2c - 5b)$
   (5) $T: \mathbb{R}^3 \to \mathbb{R}^3, \quad T(a, b, c) = (c - a, c - b, a - b)$
   (6) $T: \mathbb{R}^4 \to \mathbb{R}, \quad T(a, b, c, d) = 5a - b + 2d$

2. 선형사상 $T: M_{n \times n}(\mathbb{R}) \to \mathbb{R}, \quad T(A) = tr(A)$ 의 상공간과 상공간의 기저 및 차원을 구하여라.

3. 선형사상 $T: \mathbb{R}_2[x] \to \mathbb{R}_2[x], \quad T(f(x)) = \dfrac{d}{dx} f(x)$에 대하여 다음을 구하여라.

   (1) $\ker(T)$와 $im(T)$
   (2) $\ker(T)$의 기저와 $im(T)$의 기저
   (3) $\dim \ker(T)$와 $\dim im(T)$

4. 선형사상 $T: \mathbb{R}_2[x] \to M_{2 \times 2}(\mathbb{R}), \quad T(a + bx + cx^2) = \begin{pmatrix} b & 0 \\ a - c & c \end{pmatrix}$에 대하여 다음을 구하여라.

   (1) $\ker(T)$와 $im(T)$
   (2) $\ker(T)$의 기저와 $im(T)$의 기저
   (3) $\dim \ker(T)$와 $\dim im(T)$

5. 선형사상 $T: M_{2\times 2}(\mathbb{R}) \to \mathbb{R}^5$, $T\begin{pmatrix} a & b \\ c & d \end{pmatrix} = (a-c, b-d, 2c, 8d, 0)$에 대하여 다음을 구하여라.

   (1) $\ker(T)$와 $im(T)$
   (2) $\ker(T)$의 기저와 $im(T)$의 기저
   (3) $\dim\ker(T)$와 $\dim im(T)$

6. 선형사상 $T: M_{m\times n}(\mathbb{R}) \to M_{n\times m}(\mathbb{R})$, $T(A) = A^T$에 대하여 다음 물음에 답하여라.

   (1) T가 동형사상인지를 판정하고 그 이유를 설명하여라.
   (2) T의 상공간의 기저 및 차원을 구하여라.

7. 체 F위에서 정의된 n차원 벡터공간 V에서 V로의 선형사상 $T: V \to V$가 조건 $T(V) = V$를 만족하면 V의 기저 $\mathcal{B} = \{v_1, v_2, \cdots, v_n\}$에 대하여 n개의 벡터 $T(v_1), T(v_2), \cdots, T(v_n)$가 일차독립인 벡터가 되는지 판정하고 이유를 설명하여라.

5.3 선형사상의 행렬표현

이 절에서는 체 F위의 벡터공간 V와 W에서 정의된 선형사상 $T: V \to W$ 에 대응하는 행렬에 대하여 살펴보기로 한다.

두 개의 집합 $\mathcal{B}_1 = \{v_1, v_2, \cdots, v_n\}$과 $\mathcal{B}_2 = \{w_1, w_2, \cdots, w_m\}$를 각각 벡터공간 V와 W의 기저라고 할 때 선형사상 $T: V \to W$에 대하여 벡터 $T(v_1), T(v_2), \cdots, T(v_n)$은 적당한 스칼라 $a_{ij} \in F$에 대하여 다음과 같이 유일하게 표시된다.

$$\begin{cases} T(v_1) = a_{11}w_1 + a_{21}w_2 + \cdots + a_{m1}w_m \\ T(v_2) = a_{12}w_1 + a_{22}w_2 + \cdots + a_{m2}w_m \\ \qquad\qquad \vdots \\ T(v_n) = a_{1n}w_1 + a_{2n}w_2 + \cdots + a_{mn}w_m \end{cases}$$

이 때 w_i의 계수들로 이루어진 $m \times n$ 행렬을 다음과 같이 정의한다.

정의

V와 W를 각각 체 F위에서 정의된 벡터공간이라고 하고 $\dim V = n$, $\dim W = m$이라고 가정하자. $\mathcal{B}_1$과 $\mathcal{B}_2$가 각각 V와 W의 기저일 때 위와 같은 과정으로부터 얻을 수 있는 $m \times n$행렬 $A = (a_{ij})_{m \times n} \in M_{m \times n}(F)$를 기저 $\mathcal{B}_1$과 $\mathcal{B}_2$에 대한 T의 행렬(matrix of T)이라 하고 $[T]_{\mathcal{B}_1}^{\mathcal{B}_2}$ 로 나타낸다.

만일 $V = W$이고 $\mathcal{B}_1 = \mathcal{B}_2$라면 기저 $\mathcal{B}_1$과 $\mathcal{B}_2$에 대한 T의 행렬을 단순히 기저 $\mathcal{B}_1$에 대한 T의 행렬이라고 하고 $[T]_{\mathcal{B}_1}$로 나타낸다.

참고 1. 정의에 의하여 행렬 $[T]_{\mathcal{B}_1}^{\mathcal{B}_2} = (a_{ij})_{m \times n}$ 의 i번째 열은 벡터 v_i의 T에 대한 상

$$T(v_i) = a_{1i}w_1 + a_{2i}w_2 + \quad + a_{mi}w_m$$

의 각 계수들에 의하여 결정이 된다.

2. 선형사상 $T: V \to W$에 대하여 $[T]_{\mathcal{B}_1}^{\mathcal{B}_2}$ 의 크기는 다음과 같이 결정된다.

$[T]_{\mathcal{B}_1}^{\mathcal{B}_2}$ 의 행의 수 $= m =$ W의 차원

$[T]_{\mathcal{B}_1}^{\mathcal{B}_2}$ 의 열의 수 $= n =$ V의 차원

주의 벡터공간 V와 W의 기저 $\mathcal{B}_1$과 $\mathcal{B}_2$에 대한 T의 행렬 $[T]_{\mathcal{B}_1}^{\mathcal{B}_2}$ 는 기저에 속한 벡터들의 순서에 따라서 성분이 결정되므로 일관성을 위해서 기저에 속한 벡터들의 순서는 바꾸지 않는 것으로 가정해야 한다. 이런 의미에서 이때의 기저를 순서기저 (ordered basis)라고 한다.

예제 $\mathbb{R}^2$의 표준기저 $\mathcal{B} = \{e_1, e_2\}$에 대하여 항등선형사상 $T: \mathbb{R}^2 \to \mathbb{R}^2$, $T(v) = v$의 행렬 $[T]_{\mathcal{B}}$을 구하여라.

풀이 $T(e_1) = e_1 = 1e_1 + 0e_2$, $T(e_2) = e_2 = 0e_1 + 1e_2$ 이므로 r기저 $\mathcal{B} = \{e_1, e_2\}$에 대한 T의 행렬은 다음과 같다.

$$[T]_{\mathcal{B}} = \begin{pmatrix} 1 & 0 \\ 0 & 1 \end{pmatrix}$$

주의 여기서 기저 $\mathcal{B} = \{e_1, e_2\}$에 속하는 벡터의 순서를 바꾸면 $\mathcal{B} = \{e_2, e_1\}$를 얻는데 기저의 성질은 변하지 않지만 기저 $\mathcal{B} = \{e_2, e_1\}$에 대한 선형사상의 행렬을 구하면 다음과 같이 다르게 되어 기저에 속한 벡터의 순서가 중요하게 작용하는 것을 알 수 있다.

예제 $\mathbb{R}^2$의 표준기저 $\mathcal{B} = \{e_1, e_2\}$와 $\mathcal{B}_1 = \{e_2, e_1\}$에 대하여 항등선형사상 $T: \mathbb{R}^2 \to \mathbb{R}^2$, $T(v) = v$의 행렬 $[T]_{\mathcal{B}_1}^{\mathcal{B}}$을 구하여라.

풀이 $T(e_2) = e_2 = 0e_1 + 1e_2$, $T(e_1) = e_1 = 1e_1 + 0e_2$ 이므로 $\mathcal{B}_1$과 $\mathcal{B}$에 대한 T의 행렬 $[T]_{\mathcal{B}_1}^{\mathcal{B}}$와 행렬 $[T]_{\mathcal{B}}$는 다음과 같다

$$[T]_{\mathcal{B}_1}^{\mathcal{B}} = \begin{pmatrix} 0 & 1 \\ 1 & 0 \end{pmatrix}, \qquad [T]_{\mathcal{B}} = \begin{pmatrix} 1 & 0 \\ 0 & 1 \end{pmatrix}$$

그러므로 두 기저 $\mathcal{B}_1$과 $\mathcal{B}$는 집합적으로는 같지만 $[T]_{\mathcal{B}_1}^{\mathcal{B}}$와 $[T]_{\mathcal{B}}$는 같지 않음을 알 수 있다.

예제 일반적으로 항등선형사상 $T:\mathbb{R}^n \to \mathbb{R}^n$, $T(v)=v$에 대하여 $\mathbb{R}^n$의 임의의 기저를 $\mathcal{B}=\{u_1, u_2, \cdots, u_n\}$이라고 하면

$$\begin{cases} T(u_1)=1u_1+0u_2+\cdots+0u_n \\ T(u_2)=0u_1+1u_2+\cdots+0u_n \\ \qquad\vdots \\ T(u_n)=0u_1+0u_2+\cdots+1u_n \end{cases}$$

이다. 따라서, 항등선형사상 T의 기저 $\mathcal{B}$에 대한 행렬은 $[T]_{\mathcal{B}}=I_n$ 이다.

예제 $\mathbb{R}^2$의 표준기저 $\mathcal{B}=\{e_1, e_2\}$에 대하여 다음과 같이 정의된 선형사상 $T:\mathbb{R}^2 \to \mathbb{R}^2$의 행렬 $[T]_{\mathcal{B}}$을 구하여라.

$$T(a, b)=(b, -a)$$

풀이 $T(e_1)=-e_2=0e_1+(-1)e_2$, $T(e_2)=e_1=1e_1+0e_2$이므로 기저 $\mathcal{B}=\{e_1, e_2\}$에 대한 T의 행렬은 다음과 같다.

$$[T]_{\mathcal{B}}=\begin{pmatrix} 0 & 1 \\ -1 & 0 \end{pmatrix}$$

예제 $\mathbb{R}^2$의 기저 $\mathcal{B}_1=\{(1,1), (0,1)\}$와 $\mathbb{R}^3$의 표준기저 $\mathcal{B}_2=\{e_1, e_2, e_3\}$ 에 대하여 다음과 같이 정의된 선형사상 $T:\mathbb{R}^2 \to \mathbb{R}^3$의 행렬 $[T]_{\mathcal{B}_1}^{\mathcal{B}_2}$ 을 구하여라.

$$T(a, b)=(a, a, b)$$

풀이 선형사상 T의 정의에 의하여

$$T(1,1)=(1,1,1)=e_1+e_2+e_3,\quad T(0,1)=(0,0,1)=e_3$$

이므로 기저 $\mathcal{B}_1$과 $\mathcal{B}_2$에 대한 T의 행렬은 다음과 같다.

$$[T]_{\mathcal{B}_1}^{\mathcal{B}_2} = \begin{pmatrix} 1 & 0 \\ 1 & 0 \\ 1 & 1 \end{pmatrix}$$

예제 $\mathcal{B}_1 = \{1, x\}$은 벡터공간 $\mathbb{R}_1[x]$의 기저이고 $\mathcal{B}_2 = \left\{\begin{pmatrix} -1 \\ 0 \end{pmatrix}, \begin{pmatrix} 0 \\ 1 \end{pmatrix}\right\}$는 벡터공간 $M_{2\times 1}(\mathbb{R})$의 기저이다. 선형사상 $T: \mathbb{R}_1[x] \to M_{2\times 1}(\mathbb{R})$, $T(ax+b) = \begin{pmatrix} a \\ b \end{pmatrix}$ 의 기저 $\mathcal{B}_1$과 $\mathcal{B}_2$에 대한 행렬 $[T]_{\mathcal{B}_1}^{\mathcal{B}_2}$을 구하여라.

풀이 선형사상 T의 정의에 의하여

$$T(1) = \begin{pmatrix} 0 \\ 1 \end{pmatrix} = 0\begin{pmatrix} -1 \\ 0 \end{pmatrix} + 1\begin{pmatrix} 0 \\ 1 \end{pmatrix}$$

$$T(x) = \begin{pmatrix} 1 \\ 0 \end{pmatrix} = (-1)\begin{pmatrix} -1 \\ 0 \end{pmatrix} + 0\begin{pmatrix} 0 \\ 1 \end{pmatrix}$$

이므로 $[T]_{\mathcal{B}_1}^{\mathcal{B}_2} = \begin{pmatrix} 0 & -1 \\ 1 & 0 \end{pmatrix}$이다.

다음 정리로부터 주어진 기저에 대한 선형사상의 행렬이 덧셈과 스칼라곱을 유지시킨다는 사실을 알 수 있다.

정리

집합 $\mathcal{B}_1 = \{v_1, v_2, \cdots, v_n\}$과 $\mathcal{B}_2 = \{w_1, w_2, \cdots, w_m\}$를 각각 체 F위의 벡터공간 V와 W의 기저라고 할 때 선형사상 $T_1 : V \to W$ 와 $T_2 : V \to W$에 내하여 다음이 성립한다.

(1) $[T_1 + T_2]_{\mathcal{B}_1}^{\mathcal{B}_2} = [T_1]_{\mathcal{B}_1}^{\mathcal{B}_2} + [T_2]_{\mathcal{B}_1}^{\mathcal{B}_2}$

(2) $[aT_1]_{\mathcal{B}_1}^{\mathcal{B}_2} = a[T_1]_{\mathcal{B}_1}^{\mathcal{B}_2} \qquad (a \in F)$

증명 두 기저 $\mathcal{B}_1, \mathcal{B}_2$에 대한 선형변환 T_1과 T_2의 행렬을 각각

$$[T_1]_{\mathcal{B}_1}^{\mathcal{B}_2} = (a_{ij})_{m\times n} \;, \qquad [T_2]_{\mathcal{B}_1}^{\mathcal{B}_2} = (b_{ij})_{m\times n}$$

라고 놓으면 선형변환 $T_1 + T_2$에 대하여

$$\begin{cases} (T_1+T_2)(v_1) = (a_{11}+b_{11})w_1 + (a_{21}+b_{21})w_2 + \cdots + (a_{m1}+b_{m1})w_m \\ (T_1+T_2)(v_2) = (a_{12}+b_{12})w_1 + (a_{22}+b_{22})w_2 + \cdots + (a_{m2}+b_{m2})w_m \\ \qquad \vdots \\ (T_1+T_2)(v_n) = (a_{1n}+b_{1n})w_1 + (a_{2n}+b_{2n})w_2 + \cdots + (a_{mn}+b_{mn})w_m \end{cases}$$

이다. 따라서

$$[T_1+T_2]_{\mathcal{B}_1}^{\mathcal{B}_2} = (a_{ij}+b_{ij})_{m\times n} = (a_{ij})_{m\times n} + (b_{ij})_{m\times n} = [T_1]_{\mathcal{B}_1}^{\mathcal{B}_2} + [T_2]_{\mathcal{B}_1}^{\mathcal{B}_2}$$

이므로 (1)이 성립한다. 또한,

$$\begin{cases} aT_1(v_1) = aa_{11}w_1 + aa_{21}w_2 + \cdots + aa_{m1}w_m \\ aT_1(v_2) = aa_{12}w_1 + aa_{22}w_2 + \cdots + aa_{m2}w_m \\ \qquad \vdots \\ aT_1(v_n) = aa_{1n}w_1 + aa_{2n}w_2 + \cdots + aa_{mn}w_m \end{cases}$$

이다. 따라서

$$[aT_1]_{\mathcal{B}_1}^{\mathcal{B}_2} = (aa_{ij})_{m\times n} = a(a_{ij})_{m\times n} = a[T_1]_{\mathcal{B}_1}^{\mathcal{B}_2}$$

이므로 (2)가 성립한다. ▣

정리

집합 $\mathcal{B}_1 = \{v_1, v_2, \cdots, v_n\}$과 $\mathcal{B}_2 = \{w_1, w_2, \cdots, w_m\}$를 각각 체 F위의 벡터 공간 V와 W의 기저라고 할 때 선형사상 $T: V \to W$에 대하여 다음이 성립한다.

$$[T]_{\mathcal{B}_1}^{\mathcal{B}_2} = O \;\Leftrightarrow\; T\text{는 영선형사상}$$

증명 기저 $\mathcal{B}_1, \mathcal{B}_2$에 대한 선형사상 T의 행렬을

$$[T]_{\mathcal{B}_1}^{\mathcal{B}_2} = (a_{ij})_{m \times n}$$

라고 놓으면

$$[T]_{\mathcal{B}_1}^{\mathcal{B}_2} = O \iff a_{ij} = 0 \quad (i = 1, 2, \cdots, m, \; j = 1, 2, \cdots, n)$$

이다. 따라서

$$T(v_k) = 0w_1 + 0w_2 + \cdots + 0w_m = O, \quad k = 1, 2, \cdots, n$$

이다. 그런데 임의의 벡터 $v \in V$에 대하여 $v = \sum_{k=1}^{n} a_k v_k$인 $a_k \in F$가 존재하므로

$$T(v) = \sum_{k=1}^{n} a_k T(v_k) = O$$

이나. 즉, 선형사상 T는 영선형사상이 됨을 알 수 있다.
역으로 선형사상 T가 영선형사상이라면 V의 기저 $\mathcal{B}_1 = \{v_1, v_2, \cdots, v_n\}$에 속하는 각각의 벡터 v_k에 대하여

$$T(v_k) = 0w_1 + 0w_2 + \cdots + 0w_m, \quad k = 1, 2, \cdots, n$$

이다. 따라서 선형사상 T의 행렬은 영행렬이다. 즉,

$$[T]_{\mathcal{B}_1}^{\mathcal{B}_2} = O$$

이 성립함을 알 수 있다. ▣

정리

집합 $\mathcal{B}_1 = \{v_1, v_2, \cdots, v_n\}$과 $\mathcal{B}_2 = \{w_1, w_2, \cdots, w_m\}$를 각각 체 F위의 벡터 공간 V와 W의 기저라고 할 때 선형사상 $T_1 : V \to W$ 와 $T_2 : V \to W$에 대하여 다음이 성립한다.

$$[T_1]_{\mathcal{B}_1}^{\mathcal{B}_2} = [T_2]_{\mathcal{B}_1}^{\mathcal{B}_2} \iff T_1 = T_2$$

증명 우선 $[T_1]_{\mathcal{B}_1}^{\mathcal{B}_2} = [T_2]_{\mathcal{B}_1}^{\mathcal{B}_2}$ 라고 가정하자. 그러면

$$[T_1 - T_2]_{\mathcal{B}_1}^{\mathcal{B}_2} = [T_1]_{\mathcal{B}_1}^{\mathcal{B}_2} - [T_2]_{\mathcal{B}_1}^{\mathcal{B}_2} = O$$

이므로 선형사상 $T_1 - T_2$는 영선형사상이 된다. 따라서 $T_1 = T_2$이다.
역으로 $T_1 = T_2$이라고 가정하면 $T_1 - T_2$는 영선형사상이므로

$$[T_1 - T_2]_{\mathcal{B}_1}^{\mathcal{B}_2} = O$$

이다. 따라서

$$[T_1]_{\mathcal{B}_1}^{\mathcal{B}_2} = [T_2]_{\mathcal{B}_1}^{\mathcal{B}_2}$$

이다. ▣

정리

체 F 위의 벡터공간 V와 W의 차원이 각각 n, m이라고 할 때 V에서 W로의 모든 선형사상으로 이루어진 벡터공간

$$Hom(V, W) = \{T \mid T : V \to W \text{ 는 선형사상}\}$$

와 $M_{m \times n}(F)$는 서로 동형인 벡터공간이다.

증명 우선 $\mathcal{B}_1 = \{v_1, v_2, \cdots, v_n\}$과 $\mathcal{B}_2 = \{w_1, w_2, \cdots, w_m\}$를 각각 벡터공간 V와 W의 기저라고 하고 사상 $f : Hom(V, W) \to M_{m \times n}(F)$ 을 임의의 선형사상 $T \in Hom(V, W)$에 대하여 다음과 같이 정의하자.

$$f(T) = [T]_{\mathcal{B}_1}^{\mathcal{B}_2}.$$

그러면 선형사상 $T_1, T_2 \in Hom(V, W)$와 스칼라 $a \in F$에 대하여 다음 관계가 성립한다.

$$f(T_1 + T_2) = [T_1 + T_2]_{\mathcal{B}_1}^{\mathcal{B}_2} = [T_1]_{\mathcal{B}_1}^{\mathcal{B}_2} + [T_2]_{\mathcal{B}_1}^{\mathcal{B}_2} = f(T_1) + f(T_2)$$

$$f(aT_1) = [aT_1]_{\mathcal{B}_1}^{\mathcal{B}_2} = a[T_1]_{\mathcal{B}_1}^{\mathcal{B}_2} = a\,f(T_1).$$

따라서 f는 선형사상이 됨을 알 수 있다. 또한

$$\begin{aligned}\ker(f) &= \{T \in Hom(V, W) \mid f(T) = O\} \\ &= \left\{T \in Hom(V, W) \mid [T]_{\mathcal{B}_1}^{\mathcal{B}_2} = O\right\} \\ &= \{T \in Hom(V, W) \mid T\text{는 영선형사상이다.}\}\end{aligned}$$

이므로 $\ker(f)$는 영선형사상만을 포함한다. 따라서 f는 일대일 사상이 된다. 이제 사상 f가 위로의 사상임을 보이기 위하여 $M_{m \times n}(F)$에 속하는 임의의 행렬 $A = (a_{ij})_{m \times n}$를 택하고 다음과 같은 n개의 벡터를 생각해보자.

$$\begin{cases} u_1 = a_{11}w_1 + a_{21}w_2 + \cdots + a_{m1}w_m \\ u_2 = a_{12}w_1 + a_{22}w_2 + \cdots + a_{m2}w_m \\ \qquad\vdots \\ u_n = a_{1n}w_1 + a_{2n}w_2 + \cdots + a_{mn}w_m \end{cases}$$

그러면 $u_i \in W$, $i = 1, 2, \cdots, n$ 이므로 $T(v_i) = u_i$, $i = 1, 2, \cdots, n$을 만족하는 선형사상 $T \in Hom(V, W)$가 존재하고 $f(T) = [T]_{\mathcal{B}_1}^{\mathcal{B}_2} = A$이다. 따라서 f는 위로의 사상이다. 결과적으로, f는 동형사상므로 두 개의 벡터공간 $Hom(V, W)$와 $M_{m \times n}(F)$는 서로 동형인 벡터공간이다. ▣

위 정리에 의하여 다음이 성립한다.

정리

실수체 $\mathbb{R}$ 위에서 정의된 벡터공간 $\mathbb{R}^n$에서 $\mathbb{R}^m$으로의 모든 선형사상으로 이루어진 벡터공간 $Hom(\mathbb{R}^n, \mathbb{R}^m)$과 $M_{m \times n}(\mathbb{R})$는 서로 동형인 벡터공간이다.

증명 벡터공간 $\mathbb{R}^n$과 $\mathbb{R}^m$의 차원은 각각 n과 m이므로 앞 정리에 의하여 정리가 증명된다. ▣

예제 벡터공간 $Hom(\mathbb{R}^2, \mathbb{R}^5)$와 $M_{5 \times 2}(\mathbb{R})$는 동형이다.

다음 정리에 의하여 두 선형사상의 합성사상의 행렬은 각각의 선형사상의 행렬들의 곱으로 나타내어진다는 것을 알 수 있다.

정리

집합 $\mathscr{B}_1=\{v_1, v_2, \cdots, v_n\}$, $\mathscr{B}_2=\{w_1, w_2, \cdots, w_m\}$, $\mathscr{B}_3=\{u_1, u_2, \cdots, u_k\}$를 각각 체 F위의 벡터공간 V, W, U의 기저라고 할 때 선형사상 $T_1: V\rightarrow W$과 $T_2: W\rightarrow U$에 대하여 다음이 성립한다.

$$[T_2 \circ T_1]_{\mathscr{B}_1}^{\mathscr{B}_3} = [T_2]_{\mathscr{B}_2}^{\mathscr{B}_3}[T_1]_{\mathscr{B}_1}^{\mathscr{B}_2}$$

증명 선형사상 T_1, T_2의 행렬을 각각 $[T_1]_{\mathscr{B}_1}^{\mathscr{B}_2}=(a_{ij})_{m\times n}$, $[T_2]_{\mathscr{B}_2}^{\mathscr{B}_3}=(b_{ij})_{k\times m}$으로 놓으면

$$T_1(v_j)=\sum_{i=1}^{m}a_{ij}w_i, \qquad T_2(w_j)=\sum_{i=1}^{k}b_{ij}u_i$$

이다. 따라서

$$(T_2 \circ T_1)(v_j) = T_2(T_1(v_j)) = T_2\left(\sum_{i=1}^{m}a_{ij}w_i\right) = \sum_{i=1}^{m}a_{ij}T_2(w_i)$$

$$= \sum_{i=1}^{m}a_{ij}\left(\sum_{t=1}^{k}b_{ti}u_t\right) = \sum_{t=1}^{k}\left(\sum_{i=1}^{m}b_{ti}a_{ij}\right)u_t$$

이다. 그러므로 $[T_2 \circ T_1]_{\mathscr{B}_1}^{\mathscr{B}_3}$의 (s, j)-성분은 $\sum_{i=1}^{m}b_{si}a_{ij}$ 이다. 그런데 $[T_2]_{\mathscr{B}_2}^{\mathscr{B}_3}[T_1]_{\mathscr{B}_1}^{\mathscr{B}_2}$의 (s, j)-성분은 $\sum_{i=1}^{m}b_{si}a_{ij}$ 이므로 결과적으로

$$[T_2 \circ T_1]_{\mathscr{B}_1}^{\mathscr{B}_3} = [T_2]_{\mathscr{B}_2}^{\mathscr{B}_3}[T_1]_{\mathscr{B}_1}^{\mathscr{B}_2}$$

이 되어 정리가 증명이 된다. ▣

예제 선형사상 $T: \mathbb{R}^n \rightarrow \mathbb{R}^n$와 자연수 $k \geq 2$에 대하여 T를 k번 합성한 사상

$T^k : \mathbb{R}^n \to \mathbb{R}^n$는 선형사상이 되고 $\mathbb{R}^n$의 기저 $\mathcal{B}$에 대하여

$$[T^k]_{\mathcal{B}} = [T \circ T \circ \cdots \circ T]_{\mathcal{B}} = [T]_{\mathcal{B}}[T]_{\mathcal{B}} \cdots [T]_{\mathcal{B}} = ([T]_{\mathcal{B}})^k$$

이다.

정리

선형사상 $T : V \to V$가 전단사사상이면 V의 기저 $\mathcal{B}$에 대한 역사상 $T^{-1} : V \to V$의 행렬은 다음과 같다.

$$[T^{-1}]_{\mathcal{B}} = ([T]_{\mathcal{B}})^{-1}$$

증명 $T \circ T^{-1} = 1_V$ (항등선형사상)이므로

$$[T]_{\mathcal{B}} [T^{-1}]_{\mathcal{B}} = [T \circ T^{-1}]_{\mathcal{B}} = [1_V]_{\mathcal{B}} = I_n = [T^{-1}]_{\mathcal{B}} [T]_{\mathcal{B}}$$

이다. 따라서 $[T^{-1}]_{\mathcal{B}} = ([T]_{\mathcal{B}})^{-1}$ 이 성립한다. ▣

참고 이 정리로부터 V의 기저 $\mathcal{B}$에 대한 선형사상 $T : V \to V$의 행렬 $[T]_{\mathcal{B}}$이 정칙행렬이기 위한 필요충분조건은 $T : V \to V$가 정칙선형사상이라는 사실을 알 수 있다.

다음은 벡터공간 V의 두 개의 기저를 $\mathcal{B}_1$과 $\mathcal{B}_2$라고 할 때 선형사상 $T : V \to V$의 행렬 $[T]_{\mathcal{B}_1}$과 $[T]_{\mathcal{B}_2}$의 관계에 대하여 살펴보기로 하자.

우선 V의 두 개의 기저를 $\mathcal{B}_1 = \{u_1, u_2, \cdots, u_n\}$과 $\mathcal{B}_2 = \{v_1, v_2, \cdots, v_n\}$라 놓으면 각각의 v_j에 대하여

$$v_j = \sum_{i=1}^{n} p_{ij} u_i$$

인 p_{ij}가 존재하고 행렬 P를 $P = (p_{ij})_{n \times n}$으로 놓으면 다음과 같은 정리가 성립한다.

정리

선형사상 $T:V\to V$에 대하여 V의 두 개의 기저를 $\mathcal{B}_1=\{u_1,u_2,\cdots,u_n\}$과 $\mathcal{B}_2=\{v_1,v_2,\cdots,v_n\}$라 놓으면 각각의 v_j에 대하여 $v_j=\sum_{i=1}^{n}p_{ij}u_i$ 인 p_{ij}가 존재하고 행렬 P를 $P=(p_{ij})_{n\times n}$ 으로 놓으면 다음이 성립한다.

$$[T]_{\mathcal{B}_2}=P^{-1}[T]_{\mathcal{B}_1}P$$

증명 항등선형사상 $1_V : V\to V$에 대하여 $[1_V]_{\mathcal{B}_2}^{\mathcal{B}_1}=P$ 이고

$$I_n=[1_V]_{\mathcal{B}_2}=[1_V\circ 1_V]_{\mathcal{B}_2}=[1_V]_{\mathcal{B}_1}^{\mathcal{B}_2}[1_V]_{\mathcal{B}_2}^{\mathcal{B}_1}$$

이므로 $[1_V]_{\mathcal{B}_1}^{\mathcal{B}_2}=P^{-1}$ 이다. 따라서 선형사상의 합성사상의 행렬에 대한 성질을 이용하면 다음 관계식을 얻는다.

$$[T]_{\mathcal{B}_2}=[1_V\circ T\circ 1_V]_{\mathcal{B}_2}=[1_V]_{\mathcal{B}_1}^{\mathcal{B}_2}[T]_{\mathcal{B}_1}[1_V]_{\mathcal{B}_2}^{\mathcal{B}_1}=P^{-1}[T]_{\mathcal{B}_1}P$$

따라서 정리가 증명이 된다. ▣

참고 위 정리에 의하여 $\mathcal{B}_1$과 $\mathcal{B}_2$가 V의 기저일 때 $\mathcal{B}_1$에 대한 선형사상 $T:V\to V$의 행렬 $[T]_{\mathcal{B}_1}$과 $\mathcal{B}_2$에 대한 선형사상 $T:V\to V$의 행렬 $[T]_{\mathcal{B}_2}$은 서로 닮은 행렬이라는 것을 알 수 있다.

예제 선형사상 $T:\mathbb{R}^2\to\mathbb{R}^2$, $T(a,b)=(a,-b)$와 $\mathbb{R}^2$의 기저 $\mathcal{B}_1=\{(1,0),(0,1)\}$, $\mathcal{B}_2=\{(2,1),(1,-1)\}$에 대하여

$$(2,1)=2(1,0)+1(0,1),\qquad (1,-1)=1(1,0)+(-1)(0,1)$$

이므로 행렬 P, P^{-1}는 다음과 같다.

$$P=\begin{pmatrix}2&1\\1&-1\end{pmatrix},\qquad P^{-1}=\frac{1}{3}\begin{pmatrix}1&1\\1&-2\end{pmatrix}$$

또한

$$T(1,0)=(1,0)=1(1,0)+0(0,1),$$
$$T(0,1)=(0,-1)=0(1,0)+(-1)(0,1)$$
$$T(2,1)=(2,-1)=\frac{1}{3}(2,1)+\frac{4}{3}(1,-1),$$
$$T(1,-1)=(1,1)=\frac{2}{3}(2,1)+\frac{-1}{3}(1,-1)$$

이므로

$$[T]_{\mathcal{B}_1}=\begin{pmatrix}1 & 0\\ 0 & -1\end{pmatrix},\qquad [T]_{\mathcal{B}_2}=\frac{1}{3}\begin{pmatrix}1 & 2\\ 4 & -1\end{pmatrix}$$

이 된다. 따라서 다음이 성립한다.

$$[T]_{\mathcal{B}_2}=\frac{1}{3}\begin{pmatrix}1 & 2\\ 4 & -1\end{pmatrix}=\frac{1}{3}\begin{pmatrix}1 & 1\\ 1 & -2\end{pmatrix}\begin{pmatrix}1 & 0\\ 0 & -1\end{pmatrix}\begin{pmatrix}2 & 1\\ 1 & -1\end{pmatrix}=P^{-1}[T]_{\mathcal{B}_1}P$$

정리

체 F위에서 정의된 벡터공간 V의 두 개의 기저 $\mathcal{B}_1$과 $\mathcal{B}_2$에 대한 선형사상 $T: V\rightarrow V$의 행렬에 대해 다음이 성립한다.

(1) $\det([T]_{\mathcal{B}_1})=\det([T]_{\mathcal{B}_2})$

(2) $tr([T]_{\mathcal{B}_1})=tr([T]_{\mathcal{B}_2})$

증명 벡터공간 V의 두 개의 기저 $\mathcal{B}_1$과 $\mathcal{B}_2$에 대한 선형사상 $T: V\rightarrow V$의 행렬 사이에는 적당한 정칙행렬 $P=(p_{ij})_{n\times n}$가 존재하여 $[T]_{\mathcal{B}_2}=P^{-1}[T]_{\mathcal{B}_1}P$ 를 만족하므로

$$\begin{aligned}\det([T]_{\mathcal{B}_2})&=\det(P^{-1}[T]_{\mathcal{B}_1}P)=\det(P^{-1})\det([T]_{\mathcal{B}_1})\det(P)\\ &=\det(P^{-1})\det(P)\det([T]_{\mathcal{B}_1})=\det(I_n)\det([T]_{\mathcal{B}_1})\\ &=\det([T]_{\mathcal{B}_1})\end{aligned}$$

이다. 또한

$$tr([T]_{\mathcal{B}_2}) = tr(P^{-1}[T]_{\mathcal{B}_1}P) = tr(PP^{-1}[T]_{\mathcal{B}_1}) = tr(I_n[T]_{\mathcal{B}_1})$$
$$= tr([T]_{\mathcal{B}_1})$$

이므로 정리가 증명된다. ▣

예제 선형사상 $T:\mathbb{R}^2 \to \mathbb{R}^2$, $T(a,b)=(a,-b)$와 $\mathbb{R}^2$의 기저 $\mathcal{B}_1 = \{(1,0),(0,1)\}$, $\mathcal{B}_2 = \{(2,1),(1,-1)\}$에 대하여

$$[T]_{\mathcal{B}_1} = \begin{pmatrix} 1 & 0 \\ 0 & -1 \end{pmatrix}, \qquad [T]_{\mathcal{B}_2} = \frac{1}{3}\begin{pmatrix} 1 & 2 \\ 4 & -1 \end{pmatrix}$$

이므로

$$\det([T]_{\mathcal{B}_1}) = -1 = \det([T]_{\mathcal{B}_2})$$

$$tr([T]_{\mathcal{B}_1}) = 0 = tr([T]_{\mathcal{B}_2})$$

이다.

연습 문제

1. $\mathbb{R}^2$의 기저 $\mathcal{B}_1, \mathcal{B}_2$에 대한 선형사상 $T: \mathbb{R}^2 \to \mathbb{R}^2$, $T(a, b) = (b, -a)$의 행렬 $[T]_{\mathcal{B}_1}^{\mathcal{B}_2}$을 구하여라.

   (1) $\mathcal{B}_1 = \{(1, 0), (0, 1)\}$, $\mathcal{B}_2 = \{(1, 0), (0, 1)\}$
   (2) $\mathcal{B}_1 = \{(1, 1), (-1, 1)\}$, $\mathcal{B}_2 = \{(1, -7), (5, 1)\}$

2. $\mathbb{R}^3$의 기저 $\mathcal{B}_1, \mathcal{B}_2$에 대한 선형사상 $T: \mathbb{R}^3 \to \mathbb{R}^3$, $T(a, b, c) = (c-a, c-b, a-b)$의 행렬 $[T]_{\mathcal{B}_1}^{\mathcal{B}_2}$을 구하여라.

   (1) $\mathcal{B}_1 = \{(1, 0, 0), (0, 1, 0), (0, 0, 1)\}$, $\mathcal{B}_2 = \{(1, 0, 0), (0, 1, 0), (0, 0, 1)\}$
   (2) $\mathcal{B}_1 = \{(1, 0, -1), (-2, 1, 0), (0, 5, 5)\}$, $\mathcal{B}_2 = \{(4, 2, 0), (0, 1, 2), (1, -1, 1)\}$

3. 체 F위의 n차원 벡터공간 V의 기저 $\mathcal{B}_1$, $\mathcal{B}_2$에 대한 항등선형사상 $T: V \to V$의 행렬 $[T]_{\mathcal{B}_1}$와 $[T]_{\mathcal{B}_2}$는 서로 같음을 보여라.

4. $\mathbb{R}^2$의 표준기저 $\mathcal{B} = \{(1, 0), (0, 1)\}$에 대한 선형사상 $T: \mathbb{R}^2 \to \mathbb{R}^2$의 행렬이 $[T]_{\mathcal{B}} = \begin{pmatrix} -2 & 0 \\ 1 & -1 \end{pmatrix}$일 때 $\mathbb{R}^2$의 기저 $\mathcal{B}_1 = \{(1, 4), (2, -2)\}$에 대한 선형사상 T의 행렬 $[T]_{\mathcal{B}_1}$을 구하여라.

5. $M_{2\times 2}(\mathbb{R})$의 표준기저 $\mathcal{B} = \{E_{11}, E_{12}, E_{21}, E_{22}\}$에 대한 선형사상 $T: M_{2\times 2}(\mathbb{R}) \to M_{2\times 2}(\mathbb{R})$, $T(A) = A^T$의 행렬 $[T]_{\mathcal{B}}$를 구하여라.

6. 벡터공간 $\mathbb{R}_2[x]$의 기저 $\mathcal{B} = \{1, x, x^2\}$에 대한 선형사상 $T: \mathbb{R}_2[x] \to \mathbb{R}_2[x]$,

$T(f(x)) = \dfrac{d}{dx} f(x)$의 행렬 $[T]_{\mathcal{B}}$ 를 구하여라.

7. $\mathbb{R}^2$의 표준기저 $\mathcal{B}_1 = \{(1,0), (0,1)\}$과 $\mathbb{R}_2[x]$의 기저 $\mathcal{B}_2 = \{-1, 4x, x+x^2\}$에 대하여 선형사상 $T: \mathbb{R}^2 \to \mathbb{R}_2[x]$, $T(a,b) = a + bx - ax^2$의 행렬 $[T]_{\mathcal{B}_1}^{\mathcal{B}_2}$을 구하여라.

8. 실수체 $\mathbb{R}$ 위에서 정의된 벡터공간 $\mathbb{R}^n$에서 $\mathbb{R}^m$으로의 모든 선형사상으로 이루어진 벡터공간 $Hom(\mathbb{R}^n, \mathbb{R}^m)$과 $M_{n \times m}(\mathbb{R})$는 서로 동형인 벡터공간임을 보여라.

9. 실수체 $\mathbb{R}$ 위에서 정의된 벡터공간 $\mathbb{R}^n$에서 $\mathbb{R}^m$으로의 모든 선형사상으로 이루어진 벡터공간 $Hom(\mathbb{R}^n, \mathbb{R}^m)$과 $Hom(\mathbb{R}^m, \mathbb{R}^n)$는 서로 동형인 벡터공간임을 보여라.

5.4 좌표행렬

이 절에서는 n차원 벡터공간 V에 속하는 임의의 벡터와 V의 기저에 대하여 결정되는 $n\times 1$ 행렬의 성질에 대하여 살펴본다.

정의

벡터 $v\in V$가 V의 기저 $\mathcal{B}=\{v_1, v_2, \cdots, v_n\}$에 속하는 벡터들의 일차결합으로 다음과 같이 나타내어진다고 할 때

$$v=b_1v_1+b_2v_2+\cdots+b_nv_n$$

행렬 $[v]_{\mathcal{B}}=\begin{pmatrix} b_1 \\ b_2 \\ \vdots \\ b_n \end{pmatrix}$를 기저 $\mathcal{B}=\{v_1, v_2, \cdots, v_n\}$에 대한 벡터 $v\in V$의 좌표행렬(coordinate matrix)이라고 한다.

예제 $\mathbb{R}^2$에 속하는 벡터 $v=(2,7)$는 $\mathbb{R}^2$의 기저 $\mathcal{B}_1=\{(1,1), (0,1)\}$에 속하는 벡터들의 일차결합으로 다음과 같이 나타내어진다.

$$v=(2,7)=2(1,1)+5(0,1)$$

따라서 벡터 $v=(2,7)$의 $\mathbb{R}^2$의 기저 $\mathcal{B}_1=\{(1,1), (0,1)\}$에 대한 좌표행렬은

$$[v]_{\mathcal{B}_1}=\begin{pmatrix} 2 \\ 5 \end{pmatrix}$$

가 된다.

여기서 만일 $\mathbb{R}^2$의 기저를 $\mathcal{B}_2=\{(2,1), (0,3)\}$로 놓으면

$$v=(2,7)=1(2,1)+2(0,3)$$

이다. 따라서 벡터 $v=(2,7)$의 $\mathbb{R}^2$의 기저 $\mathcal{B}_2=\{(2,1), (0,3)\}$에 대한 좌표행렬은

$$[v]_{\mathcal{B}_2} = \begin{pmatrix} 1 \\ 2 \end{pmatrix}$$

이다. 따라서 동일한 벡터에 대해서도 주어진 벡터공간의 기저에 따라서 좌표행렬은 동일하지 않음을 알 수 있다.

예제 벡터 $v \in \mathbb{R}^n$의 벡터공간 $\mathbb{R}^n$의 표준기저 $\mathcal{B} = \{e_1, e_2, \cdots, e_n\}$에 대한 좌표행렬은 $[v]_{\mathcal{B}} = v$이다.

정리

선형사상 $T : V \to W$에 대하여 V와 W의 기저를 각각 $\mathcal{B}_1 = \{v_1, v_2, \cdots, v_n\}$과 $\mathcal{B}_2 = \{w_1, w_2, \cdots, w_m\}$라 놓으면 벡터 $v \in V$에 대하여 다음이 성립한다.

$$[T(v)]_{\mathcal{B}_2} = [T]_{\mathcal{B}_1}^{\mathcal{B}_2} [v]_{\mathcal{B}_1}$$

증명 기저 $\mathcal{B}_1$과 $\mathcal{B}_2$에 대한 선형사상 $T : V \to W$의 행렬을 $[T]_{\mathcal{B}_1}^{\mathcal{B}_2} = (a_{ij})_{m \times n}$이라고 놓으면 벡터 $T(v_1), T(v_2), \cdots, T(v_n)$은 다음과 같이 유일하게 표시된다.

$$\begin{cases} T(v_1) = a_{11}w_1 + a_{21}w_2 + \cdots + a_{m1}w_m \\ T(v_2) = a_{12}w_1 + a_{22}w_2 + \cdots + a_{m2}w_m \\ \qquad \vdots \\ T(v_n) = a_{1n}w_1 + a_{2n}w_2 + \cdots + a_{mn}w_m \end{cases}$$

또한 기저 $\mathcal{B}_1$에 대한 벡터 $v \in V$의 좌표행렬을 $[v]_{\mathcal{B}_1} = \begin{pmatrix} b_1 \\ b_2 \\ \vdots \\ b_n \end{pmatrix}$로 놓으면

$$v = b_1v_1 + b_2v_2 + \cdots + b_nv_n$$

이다. 따라서 다음 관계식

$$
\begin{aligned}
T(v) &= b_1 T(v_1) + b_2 T(v_2) + \cdots + b_n T(v_n) \\
&= b_1 \sum_{j=1}^{m} a_{j1} w_j + b_2 \sum_{j=1}^{m} a_{j2} w_j + \cdots + b_n \sum_{j=1}^{m} a_{jn} w_j \\
&= \sum_{j=1}^{n} b_j a_{1j} w_1 + \sum_{j=1}^{n} b_j a_{2j} w_2 + \cdots + \sum_{j=1}^{n} b_j a_{mj} w_m
\end{aligned}
$$

이 성립하고 결과적으로

$$
[T(v)]_{\mathscr{B}_2} = \begin{pmatrix} \sum_{j=1}^{n} b_j a_{1j} \\ \sum_{j=1}^{n} b_j a_{2j} \\ \vdots \\ \sum_{j=1}^{n} b_j a_{mj} \end{pmatrix} = (a_{ij})_{m \times n} \begin{pmatrix} b_1 \\ b_2 \\ \vdots \\ b_n \end{pmatrix} = [T]_{\mathscr{B}_1}^{\mathscr{B}_2} [v]_{\mathscr{B}_1}
$$

이 되어 정리가 증명이 된다. ▣

예제 집합 $\mathscr{B}_1 = \{1, x, x^2\}$과 $\mathscr{B}_2 = \{1, x\}$를 각각 기저로 갖는 벡터공간 $\mathbb{R}_2[x]$과 $\mathbb{R}_1[x]$사이에서 다음과 같이 정의된 선형사상 $T: \mathbb{R}_2[x] \to \mathbb{R}_1[x]$

$$
T(a_0 + a_1 x + a_2 x^2) = \frac{d}{dx}(a_0 + a_1 x + a_2 x^2) = a_1 + 2a_2 x
$$

에 대하여 위 정리가 성립함을 다음과 같이 보일 수 있다.

우선 $f(x) = a_0 + a_1 x + a_2 x^2 \in \mathbb{R}_2[x]$ 에 대하여

$$
T(f(x)) = \frac{d}{dx}(a_0 + a_1 x + a_2 x^2) = a_1 + 2a_2 x
$$

$$
T(1) = 0, \quad T(x) = 1, \quad T(x^2) = 2x
$$

이므로

$$
[f(x)]_{\mathscr{B}_1} = \begin{pmatrix} a_0 \\ a_1 \\ a_2 \end{pmatrix}, \quad [T(f(x))]_{\mathscr{B}_2} = \begin{pmatrix} a_1 \\ 2a_2 \end{pmatrix}, \quad [T]_{\mathscr{B}_1}^{\mathscr{B}_2} = \begin{pmatrix} 0 & 1 & 0 \\ 0 & 0 & 2 \end{pmatrix}
$$

이다. 따라서

$$[T(f(x))]_{\mathcal{B}_2} = [T]_{\mathcal{B}_1}^{\mathcal{B}_2}[f(x)]_{\mathcal{B}_1}$$

이 성립함을 보일 수 있다.

체 F위에서 정의된 벡터공간 V의 두 개의 기저 $\mathcal{B}_1$과 $\mathcal{B}_2$가 주어졌을 때 벡터 $v \in V$의 기저 $\mathcal{B}_1$에 대한 좌표벡터와 기저 $\mathcal{B}_2$에 대한 좌표벡터들 사이의 관계를 다음과 같이 구할 수 있다.

정의

집합 $\mathcal{B}_1 = \{u_1, u_2, \cdots, u_n\}$과 $\mathcal{B}_2 = \{v_1, v_2, \cdots, v_n\}$를 체 F위에서 정의된 벡터공간 V의 두 기저라 하고 $\mathcal{B}_1$에 속하는 각 벡터 u_i의 기저 $\mathcal{B}_2$에 대한 좌표행렬들로 이루어진 행렬 $S = ([u_1]_{\mathcal{B}_2} \mid [u_2]_{\mathcal{B}_2} \mid \cdots \mid [u_n]_{\mathcal{B}_2})$를 기저 $\mathcal{B}_1$에서 기저 $\mathcal{B}_2$로의 추이행렬(transition matrix)이라 한다. (단, 행렬 $[u_i]_{\mathcal{B}_2}$는 모두 $n \times 1$ 행렬로 생각하기로 한다.)

예제 벡터공간 $\mathbb{R}^2$의 기저 $\mathcal{B}_1 = \{(1,0), (0,1)\}$에서 기저 $\mathcal{B}_2 = \{(0,1), (1,0)\}$로의 추이행렬은 다음과 같다.

$$S = \begin{pmatrix} 0 & 1 \\ 1 & 0 \end{pmatrix}$$

정리

집합 $\mathcal{B}_1 = \{u_1, u_2, \cdots, u_n\}$과 $\mathcal{B}_2 = \{v_1, v_2, \cdots, v_n\}$를 체 F위에서 정의된 벡터공간 V의 두 기저라 하고 기저 $\mathcal{B}_1$에서 기저 $\mathcal{B}_2$로의 추이행렬을 S라고 할 때, 임의의 벡터 $v \in V$에 대하여 다음이 성립한다.

$$[v]_{\mathcal{B}_2} = S[v]_{\mathcal{B}_1}$$

증명 항등선형사상 $T : V \to V$에 대하여

$$[T(v)]_{\mathcal{B}_2} = [v]_{\mathcal{B}_2}, \qquad [T]_{\mathcal{B}_1}^{\mathcal{B}_2}[v]_{\mathcal{B}_1} = S[v]_{\mathcal{B}_1}$$

이므로

$$[v]_{\mathcal{B}_2} = [T(v)]_{\mathcal{B}_2} = [T]_{\mathcal{B}_1}^{\mathcal{B}_2}[v]_{\mathcal{B}_1} = S[v]_{\mathcal{B}_1}$$

이 되어 정리가 증명이 된다. ▣

참고 추이행렬은 임의의 벡터 $v \in V$의 서로 다른 기저에 대한 좌표행렬의 관계 $[v]_{\mathcal{B}_2} = S[v]_{\mathcal{B}_1}$ 를 보여주는 행렬임을 알 수 있다.

다음과 같은 간단한 예를 생각해 보자.

예제 벡터공간 $\mathbb{R}^2$의 두 기저 $\mathcal{B}_1 = \{(1,0), (1,1)\}$, $\mathcal{B}_2 = \{(2,1), (1,-1)\}$에 대하여 벡터 $v = (-4,3)$은

$$(-4,3) = (-7)(1,0) + 3(1,1)$$

로 나타내어지므로 벡터 $v = (-4,3)$의 기저 $\mathcal{B}_1$에 대한 좌표벡터는

$$[v]_{\mathcal{B}_1} = \begin{pmatrix} -7 \\ 3 \end{pmatrix}$$

이다. 또한

$$(1,0) = \frac{1}{3}(2,1) + \frac{1}{3}(1,-1), \qquad (1,1) = \frac{2}{3}(2,1) + \frac{-1}{3}(1,-1)$$

이므로 기저 $\mathcal{B}_1$에 속한 벡터들의 기저 $\mathcal{B}_2$에 대한 좌표벡터는

$$[(1,0)]_{\mathcal{B}_2} = \frac{1}{3}\begin{pmatrix} 1 \\ 1 \end{pmatrix}, \qquad [(1,1)]_{\mathcal{B}_2} = \frac{1}{3}\begin{pmatrix} 2 \\ -1 \end{pmatrix}$$

이다. 따라서 기저 $\mathcal{B}_1$에서 기저 $\mathcal{B}_2$로의 추이행렬은 다음과 같다.

$$S = \frac{1}{3}\begin{pmatrix} 1 & 2 \\ 1 & -1 \end{pmatrix}$$

그런데

$$(-4,3)=\frac{-1}{3}(2,1)+\frac{-10}{3}(1,-1)$$

이므로 벡터 $v=(-4,3)$의 기저 $\mathcal{B}_2$에 대한 좌표벡터는

$$[v]_{\mathcal{B}_2}=\frac{-1}{3}\begin{pmatrix}1\\10\end{pmatrix}$$

이 된다. 따라서 이들 관계를 행렬로 표시하면 다음과 같다.

$$[v]_{\mathcal{B}_2}=\frac{-1}{3}\begin{pmatrix}1\\10\end{pmatrix}=\frac{1}{3}\begin{pmatrix}1&2\\1&-1\end{pmatrix}\begin{pmatrix}-7\\3\end{pmatrix}=S[v]_{\mathcal{B}_1}$$

연습 문제

1. $\mathbb{R}^2$의 기저 $\mathcal{B}_1 = \{(1, -4), (1, 1)\}$, $\mathcal{B}_2 = \{(1, -5), (2, 1)\}$와 벡터 $v = (-12, 4)$에 대하여 다음을 구하여라.

   (1) $[v]_{\mathcal{B}_1}$, $[v]_{\mathcal{B}_2}$
   (2) $\mathcal{B}_1$에서 $\mathcal{B}_2$로의 추이행렬
   (3) $\mathcal{B}_2$에서 $\mathcal{B}_1$으로의 추이행렬

2. $\mathbb{R}^3$의 기저 $\mathcal{B}_1 = \{(1, 0, -1), (-1, 1, 0), (0, 1, 1)\}$, $\mathcal{B}_2 = \{(1, 2, 0), (0, 1, 2), (2, 0, 1)\}$와 벡터 $v = (0, 8, -1)$에 대하여 다음을 구하여라.

   (1) $[v]_{\mathcal{B}_1}$, $[v]_{\mathcal{B}_2}$
   (2) $\mathcal{B}_1$에서 $\mathcal{B}_2$로의 추이행렬
   (3) $\mathcal{B}_2$에서 $\mathcal{B}_1$으로의 추이행렬

3. $\mathbb{R}_1[x]$의 기저 $\mathcal{B}_1 = \{1, 1+x\}$, $\mathcal{B}_2 = \{x, 1-x\}$와 벡터 $v = 2 + x$에 대하여 다음을 구하여라.

   (1) $[v]_{\mathcal{B}_1}$, $[v]_{\mathcal{B}_2}$
   (2) $\mathcal{B}_1$에서 $\mathcal{B}_2$로의 추이행렬
   (3) $\mathcal{B}_2$에서 $\mathcal{B}_1$으로의 추이행렬

4. $M_{2\times 2}(\mathbb{R})$의 기저 $\mathcal{B}_1 = \{E_{11}, E_{12}, E_{21}, E_{22}\}$에서 기저 $\mathcal{B}_2 = \{E_{11}, E_{12}, 2E_{21}, 2E_{22}\}$로의 추이행렬을 구하여라.

5. $\mathbb{R}_2[x]$의 기저 $\mathcal{B}_1 = \{2, x, 5x^2\}$에서 $\mathcal{B}_2 = \{4x,\, x^2, -1\}$로의 추이행렬을 구하여라.

6. $\mathbb{R}^2$의 기저 $\mathcal{B}_1 = \{(1,0), (-1,-1)\}$, $\mathcal{B}_2 = \{(4,-5), (0,1)\}$와 벡터 $v \in \mathbb{R}^2$에 대하여 $[v]_{\mathcal{B}_1} = \begin{pmatrix} 2 \\ 4 \end{pmatrix}$일 때 $[v]_{\mathcal{B}_2}$를 구하여라.

수학을

공부하지 않은

대부분의 사람들에게는

믿기지 않게 보이는 일들이 있다.

-- 아르키메데스 --

C·H·A·P·T·E·R 6

고윳값과 고유벡터

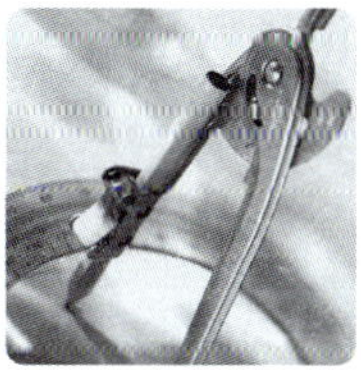

6.1 행렬의 고윳값과 고유벡터

이 절에서는 주어진 행렬을 대각행렬로 변형하는데 사용되는 주요 개념인 고윳값과 고유벡터에 대하여 살펴본다. 실제로 이 개념들을 이용하여 미분방정식의 해를 구하기도 한다.

우선, 고윳값과 고유벡터에 대한 정의를 살펴보자.

정리

복소수를 성분으로 갖는 정사각행렬 $A \in M_{n\times n}(\mathbb{C})$와 복소수 λ에 대하여 다음과 같은 관계식

$$AX = \lambda X$$

을 만족하는 영벡터가 아닌 벡터 $X \in M_{n\times 1}(\mathbb{C})$가 존재하면 복소수 λ를 행렬 A의 **고윳값**(고유치, eigenvalue)이라 하고 벡터 X를 고윳값 λ에 대응하는 행렬 A의 **고유벡터**(eigenvector)라고 한다. 또한 행렬 A의 고윳값들의 집합을 A의 **스펙트럼**(spectrum)이라고 한다.

주의 일반적으로 고윳값은 행렬의 성분이 속한 체의 범위에서 생각한다. 따라서 실수체 $\mathbb{R}$ 위에서 정의된 행렬 $A \in M_{n\times n}(\mathbb{R})$의 고윳값은 실수의 범위에서만 생각한다. 만일 행렬 $A \in M_{n\times n}(\mathbb{R})$에 대하여 $AX = \lambda X$를 만족하는 실수 λ가 존재하지 않으면 일반적으로 $A \in M_{n\times n}(\mathbb{R})$의 고윳값은 존재하지 않는다고 한다. 이 교재에서는 일반적으로 고윳값을 복소수 범위에서 생각하기로 하고 성분이 실수의 범위에 있는 행렬에 대한 예제를 첨가하여 두 경우를 비교할 수 있게 한다.

참고 1. 벡터 X가 영벡터이면 식 $AX = \lambda X$는 항상 성립한다. 따라서 영벡터는 고유벡터의 정의에서 제외시킨다.
2. 행렬 A의 고윳값은 고유벡터와는 달리 0일 수 있음을 유의하여야 한다.

예제 행렬 $A=\begin{pmatrix}1&0\\2&2\end{pmatrix}\in M_{2\times2}(\mathbb{C})$에 대하여 $\lambda=2$, $X=\begin{pmatrix}0\\1\end{pmatrix}$로 놓으면 다음이 성립한다.

$$AX=\begin{pmatrix}1&0\\2&2\end{pmatrix}\begin{pmatrix}0\\1\end{pmatrix}=\begin{pmatrix}0\\2\end{pmatrix}=2\begin{pmatrix}0\\1\end{pmatrix}=2X$$

따라서 $\lambda=2$는 행렬 A의 고윳값이고 벡터 $X=\begin{pmatrix}0\\1\end{pmatrix}$는 A의 고유벡터이다.

정리

행렬 $A\in M_{n\times n}(\mathbb{C})$의 고윳값 λ에 대하여 집합

$$E_\lambda=\{X\in M_{n\times1}(\mathbb{C})\mid AX=\lambda X\}$$

는 $M_{n\times1}(\mathbb{C})$의 부분공간이다.

증명 집합 E_λ에 속하는 두 벡터 X, Y와 $a\in\mathbb{C}$에 대하여 다음 두 조건이 성립함을 보이면 된다.

(1) $X+Y\in E_\lambda$

(2) $aX\in E_\lambda$

그런데 두 벡터 X와 Y가 집합 E_λ에 속하므로 $AX=\lambda X$이고 $AY=\lambda Y$이다. 따라서

$$A(X+Y)=AX+AY=\lambda X+\lambda Y=\lambda(X+Y)$$

이므로 $X+Y\in E_\lambda$이다. 또한

$$A(aX)=a(AX)=a(\lambda X)=(a\lambda)X=(\lambda a)X=\lambda(aX)$$

이므로 $aX\in E_\lambda$이다. 따라서 집합 E_λ는 $M_{n\times1}(\mathbb{C})$의 부분공간이 된다. ■

정의

행렬 $A\in M_{n\times n}(\mathbb{C})$의 고윳값 λ에 대하여 $M_{n\times1}(\mathbb{C})$의 부분공간

$$E_\lambda=\{X\in M_{n\times1}(\mathbb{C})\mid AX=\lambda X\}$$

를 λ에 대응하는 행렬 A의 고유공간(eigenspace)이라고 한다.

참고 고윳값 λ에 대응하는 행렬 A의 고유공간 E_λ는 λ에 대응하는 A의 고유벡터 전체의 집합에 영벡터를 첨가한 집합이다.

이제 주어진 정사각행렬 $A \in M_{n \times n}(\mathbb{C})$의 고윳값과 고유벡터를 구하는 방법에 대하여 알아보자. 행렬 A의 크기가 작으면 $AX = \lambda X$으로부터 얻어지는 연립방정식을 풀어서 고윳값을 구할 수도 있지만 행렬 A의 크기가 커지면 연립방정식을 푸는 것이 쉽지 않다. 따라서 일반적으로 다음 정리를 이용하여 행렬의 고윳값을 구한다.

정리

λ가 정사각행렬 $A \in M_{n \times n}(\mathbb{C})$의 고윳값이 되기 위한 필요충분조건은 $\det(A - \lambda I_n) = 0$인 것이다.

증명 λ가 행렬 $A \in M_{n \times n}(\mathbb{C})$의 고윳값이라고 가정하면 일차연립방정식 $(A - \lambda I_n)X = O$는 $X \neq O$인 해를 갖게 되고 따라서 $\det(A - \lambda I_n) = 0$이 된다. 왜냐하면 만일 $\det(A - \lambda I_n) \neq 0$이라고 가정하면 행렬 $A - \lambda I_n$는 정칙행렬이 되므로 역행렬 $(A - \lambda I_n)^{-1}$을 일차연립방정식의 양변에 곱하면

$$X = (A - \lambda I_n)^{-1}(A - \lambda I_n)X = (A - \lambda I_n)^{-1}O = O$$

이다. 따라서 $X = O$가 되어 모순이 되므로 $\det(A - \lambda I_n) = 0$이 됨을 알 수 있다. 역으로 $\det(A - \lambda I_n) = 0$이라고 가정하면 행렬 $A - \lambda I_n$는 정칙행렬이 아니므로 적당한 벡터 $X \neq O \in M_{n \times 1}(\mathbb{C})$가 존재하여 $(A - \lambda I_n)X = O$이 성립한다. 즉, $AX = \lambda X$를 만족시키는 벡터 $X \neq O \in M_{n \times 1}(\mathbb{C})$가 존재하므로 λ는 행렬 A의 고윳값이 된다. ▣

정리를 이용하여 주어진 행렬의 고윳값, 고유벡터, 고유공간을 구해보자.

예제 행렬 $A = \begin{pmatrix} 1 & 0 \\ 2 & 2 \end{pmatrix} \in M_{2 \times 2}(\mathbb{C})$의 고윳값과 고유벡터, 고유공간을 구하여라.

풀이 $A-\lambda I_2=\begin{pmatrix}1&0\\2&2\end{pmatrix}-\lambda\begin{pmatrix}1&0\\0&1\end{pmatrix}=\begin{pmatrix}1-\lambda&0\\2&2-\lambda\end{pmatrix}$ 이므로 식

$$\det(A-\lambda I_2)=(1-\lambda)(2-\lambda)=0$$

으로부터 행렬 A의 고윳값

$$\lambda=1,\ \ \lambda=2$$

을 구할 수 있다. 이제 두 개의 고윳값을 각각 $\lambda_1=1$, $\lambda_2=2$라고 놓고 각각의 고윳값에 대응하는 고유벡터를 구해보자.

우선 고윳값 $\lambda_1=1$에 대응하는 고유벡터는 일차연립방정식 $(A-I_2)X=O$의 영벡터를 제외한 해와 일치한다. 여기서 $X=\begin{pmatrix}x_1\\x_2\end{pmatrix}$라고 놓으면 식

$$(A-I_2)X=\begin{pmatrix}0&0\\2&1\end{pmatrix}\begin{pmatrix}x_1\\x_2\end{pmatrix}=O$$

으로부터 일차방정식 $2x_1+x_2=0$ 을 얻을 수 있고 임의의 복소수 $t\neq 0$에 대하여 $\begin{pmatrix}1\\-2\end{pmatrix}t$ 가 고윳값 $\lambda_1=1$에 대응하는 고유벡터임을 알 수 있다. 따라서 $\lambda_1=1$에 대응하는 고유공간은

$$E_1=\left\{\begin{pmatrix}1\\-2\end{pmatrix}t \mid t\in\mathbb{C}\right\}$$

이다.

이제 고윳값 $\lambda_2=2$에 대응하는 고유벡터를 구해보자. 구하고자 하는 고유벡터는 일차연립방정식 $(A-2I_2)X=O$의 영벡터를 제외한 해와 일치한다. 여기서 $X=\begin{pmatrix}x_1\\x_2\end{pmatrix}$라고 놓으면 식

$$(A-2I_2)X=\begin{pmatrix}-1&0\\2&0\end{pmatrix}\begin{pmatrix}x_1\\x_2\end{pmatrix}=O$$

으로부터 $x_1=0$을 얻을 수 있고 임의의 복소수 $s\neq 0$에 대하여 $\begin{pmatrix}0\\1\end{pmatrix}s$가 고윳값 $\lambda_2=2$에 대응하는 고유벡터임을 알 수 있다. 따라서 $\lambda_2=2$에 대응하는 고유공간은

$$E_2=\left\{\begin{pmatrix}0\\1\end{pmatrix}s \mid s\in\mathbb{C}\right\}$$

이다.

주의 행렬의 성분을 실수체 $\mathbb{R}$ 로 놓으면, $A=\begin{pmatrix}1&0\\2&2\end{pmatrix}\in M_{2\times 2}(\mathbb{R})$의 고윳값과 고유벡터, 고유공간은 각각 다음과 같다.

고윳값 : $\lambda_1=1$, $\lambda_2=2$

$\lambda_1=1$에 대한 고유벡터 : $\begin{pmatrix}1\\-2\end{pmatrix}t$, $t\neq 0\in\mathbb{R}$

$\lambda_2=2$에 대한 고유벡터 : $\begin{pmatrix}0\\1\end{pmatrix}s$, $s\neq 0\in\mathbb{R}$

$\lambda_1=1$에 대한 고유공간 : $E_1=\left\{\begin{pmatrix}1\\-2\end{pmatrix}t\mid t\in\mathbb{R}\right\}$ ($y=-2x$의 그래프와 일치)

$\lambda_2=2$에 대한 고유공간 : $E_2=\left\{\begin{pmatrix}0\\1\end{pmatrix}s\mid s\in\mathbb{R}\right\}$ ($x=0$의 그래프와 일치)

다음은 실수를 성분으로 갖는 행렬의 고윳값이 존재하지 않는 예이다.

예제 행렬 $A=\begin{pmatrix}1&-1\\1&1\end{pmatrix}\in M_{2\times 2}(\mathbb{R})$의 고윳값과 고유벡터, 고유공간을 구하여라.

풀이 $A-\lambda I_2=\begin{pmatrix}1&-1\\1&1\end{pmatrix}-\lambda\begin{pmatrix}1&0\\0&1\end{pmatrix}=\begin{pmatrix}1-\lambda&-1\\1&1-\lambda\end{pmatrix}$ 이므로 식

$$\det(A-\lambda I_2)=(1-\lambda)^2+1=\lambda^2-2\lambda+2=0$$

을 만족시키는 실수 λ는 존재하지 않는다. 따라서 행렬 A의 고윳값은 존재하지 않고 고유벡터, 고유공간도 구할 수 없다.

다음은 3×3행렬의 고윳값, 고유벡터, 고유공간을 구해보자.

예제 행렬 $A=\begin{pmatrix}1&0&0\\0&1&0\\0&1&3\end{pmatrix}\in M_{3\times 3}(\mathbb{C})$의 고윳값과 고유벡터, 고유공간을 구하여라.

풀이 $A-\lambda I_3=\begin{pmatrix}1&0&0\\0&1&0\\0&1&3\end{pmatrix}-\lambda\begin{pmatrix}1&0&0\\0&1&0\\0&0&1\end{pmatrix}=\begin{pmatrix}1-\lambda&0&0\\0&1-\lambda&0\\0&1&3-\lambda\end{pmatrix}$ 이므로

$$\det(A-\lambda I_3)=(1-\lambda)^2(3-\lambda)$$

이다. 따라서 $\det(A-\lambda I_3)=0$ 으로부터 행렬 A는 세 개의 고윳값

$$\lambda = 1,\ \ \lambda = 1,\ \ \lambda = 3$$

을 갖는다. 이제 고윳값을 $\lambda_1 = 1$, $\lambda_2 = 3$이라고 놓고 각각의 고윳값에 대응하는 고유벡터를 구해보자.

우선 $\lambda_1 = 1$에 대응하는 고유벡터는 일차연립방정식 $(A - I_3)X = O$의 영벡터를 제외한 해와 일치한다.

여기서 $X = \begin{pmatrix} x_1 \\ x_2 \\ x_3 \end{pmatrix}$라고 놓으면 식

$$(A - I_3)X = \begin{pmatrix} 0 & 0 & 0 \\ 0 & 0 & 0 \\ 0 & 1 & 2 \end{pmatrix}\begin{pmatrix} x_1 \\ x_2 \\ x_3 \end{pmatrix} = O$$

으로부터 $x_2 + 2x_3 = 0$을 얻을 수 있고 임의의 복소수 $s \neq 0, t \neq 0$에 대하여 $\begin{pmatrix} 1 \\ 0 \\ 0 \end{pmatrix}s + \begin{pmatrix} 0 \\ -2 \\ 1 \end{pmatrix}t$가 고윳값 $\lambda_1 = 1$에 대응하는 고유벡터임을 알 수 있다. 또한 $\lambda_1 = 1$에 대응하는 고유공간은 다음과 같다.

$$E_1 = \left\{ \begin{pmatrix} 1 \\ 0 \\ 0 \end{pmatrix}s + \begin{pmatrix} 0 \\ -2 \\ 1 \end{pmatrix}t \mid s, t \in \mathbb{C} \right\}$$

이제 $\lambda_2 = 3$에 대응하는 고유벡터를 구해보자. 구하고자 하는 고유벡터는 일차연립방정식 $(A - 3I_3)X = O$의 영벡터를 제외한 해와 일치한다.

여기서 $X = \begin{pmatrix} x_1 \\ x_2 \\ x_3 \end{pmatrix}$라고 놓으면 식

$$(A - 3I_3)X = \begin{pmatrix} -2 & 0 & 0 \\ 0 & -2 & 0 \\ 0 & 1 & 0 \end{pmatrix}\begin{pmatrix} x_1 \\ x_2 \\ x_3 \end{pmatrix} = O$$

으로부터 $x_1 = 0$, $x_2 = 0$을 얻을 수 있고 임의의 복소수 $t \neq 0$에 대하여 $\begin{pmatrix} 0 \\ 0 \\ 1 \end{pmatrix}t$가 고윳값 $\lambda_2 = 3$에 대응하는 고유벡터가 됨을 알 수 있다. 그러므로 $\lambda_2 = 3$에 대응하는 고유공간은 다음과 같다.

$$E_3 = \left\{ \begin{pmatrix} 0 \\ 0 \\ 1 \end{pmatrix} t \mid t \in \mathbb{C} \right\}$$

예제 항등행렬 $A = I_n \in M_{n \times n}(\mathbb{C})$의 고윳값은 1뿐이고(중복을 허락해서) 고윳값 1에 대응하는 고유공간 E_1은 $\mathbb{C}^n$이 됨을 보여라.

풀이 식 $\det(A - \lambda I_n) = (1-\lambda)^n = 0$ 으로부터 행렬 A는 n개의 서로 같은 고유 값 $\lambda = 1$을 갖는다. 고윳값 $\lambda = 1$에 대응하는 고유벡터는 일차연립방정식 $(A - I_n)X = O$의 영벡터를 제외한 해와 일치한다. 그런데 $A - I_n = O$ 이므로 동시에 0이 아닌 임의의 복소수 $t_1, t_2, \cdots, t_n$에 대하여 벡터 $\begin{pmatrix} t_1 \\ t_2 \\ \vdots \\ t_n \end{pmatrix}$가 고윳값 $\lambda = 1$에 대응하는 고유벡터가 됨을 알 수 있다. 따라서 고윳값 $\lambda = 1$에 대응하는 고유공간은 다음과 같다.

$$E_1 = \left\{ \begin{pmatrix} t_1 \\ t_2 \\ \vdots \\ t_n \end{pmatrix} \mid t_i \in \mathbb{C},\ i = 1, 2, \cdots, n \right\} = \mathbb{C}^n$$

이제 다양한 행렬에 대한 고윳값의 관계에 대하여 살펴보자.

정리

행렬 $A \in M_{n \times n}(\mathbb{C})$의 고윳값과 A의 전치행렬 A^T의 고윳값은 서로 같다.

증명 λ가 행렬 A의 고윳값이면 $\det(A - \lambda I_n) = 0$이다. 그런데

$$\det(A^T - \lambda I_n) = \det(A - \lambda I_n)^T = \det(A - \lambda I_n) = 0$$

이므로 λ는 행렬 A^T의 고윳값이다. 역으로 λ가 행렬 A^T의 고윳값이면 $\det(A^T - \lambda I_n) = 0$이다. 그런데

$$\det(A-\lambda I_n)=\det(A-\lambda I_n)^T=\det(A^T-\lambda I_n)=0$$

이므로 λ는 행렬 A의 고윳값이다. ▣

예제 행렬 $A=\begin{pmatrix}-3 & 0\\ 2 & 1\end{pmatrix}$에 대하여

$$A-\lambda I_2=\begin{pmatrix}-3 & 0\\ 2 & 1\end{pmatrix}-\lambda\begin{pmatrix}1 & 0\\ 0 & 1\end{pmatrix}=\begin{pmatrix}-3-\lambda & 0\\ 2 & 1-\lambda\end{pmatrix}$$

이므로

$$\det(A-\lambda I_2)=-(3+\lambda)(1-\lambda)$$

이다. 따라서 $\det(A-\lambda I_2)=0$ 으로부터 행렬 A의 고윳값은

$$\lambda=-3,\quad \lambda=1$$

이다. 또한 A의 전치행렬은 $A^T=\begin{pmatrix}-3 & 2\\ 0 & 1\end{pmatrix}$이므로

$$A^T-\lambda I_2=\begin{pmatrix}-3 & 2\\ 0 & 1\end{pmatrix}-\lambda\begin{pmatrix}1 & 0\\ 0 & 1\end{pmatrix}=\begin{pmatrix}-3-\lambda & 2\\ 0 & 1-\lambda\end{pmatrix}$$

이므로

$$\det(A^T-\lambda I_2)=-(3+\lambda)(1-\lambda)$$

이다. 따라서 $\det(A^T-\lambda I_2)=0$ 으로부터 전치행렬 A^T의 고윳값은

$$\lambda=-3,\quad \lambda=1$$

이다. 즉 A의 고윳값과 A^T의 고윳값은 서로 같다는 것을 알 수 있다.

또한 서로 닮은 행렬의 고윳값은 같다는 것을 다음 정리로부터 알 수 있다.

정리

정칙행렬 $P\in M_{n\times n}(\mathbb{C})$에 대하여 행렬 $A\in M_{n\times n}(\mathbb{C})$의 고윳값과 행렬 $P^{-1}AP$의 고윳값은 서로 같다.

증명 λ가 행렬 A의 고윳값이면 $\det(A-\lambda I_n)=0$이다. 그런데

$$\begin{aligned}\det(P^{-1}AP-\lambda I_n) &= \det(P^{-1}(A-\lambda I_n)P)\\ &= \det(P^{-1})\det(A-\lambda I_n)\det(P)\\ &= 0\end{aligned}$$

이므로 λ는 행렬 $P^{-1}AP$의 고윳값이다.
역으로 λ가 행렬 $P^{-1}AP$의 고윳값이면 $\det(P^{-1}AP-\lambda I_n)=0$이다. 그런데

$$\begin{aligned}\det(A-\lambda I_n) &= \det(P^{-1})\det(P)\det(A-\lambda I_n)\\ &= \det(P^{-1})\det(A-\lambda I_n)\det(P)\\ &= \det(P^{-1}(A-\lambda I_n)P)\\ &= \det(P^{-1}AP-\lambda I_n)\\ &= 0\end{aligned}$$

이므로 λ는 행렬 $P^{-1}AP$의 고윳값이다. ▣

예제 행렬 $A=\begin{pmatrix}-3 & 0\\ 2 & 1\end{pmatrix}\in M_{2\times 2}(\mathbb{C})$와 정칙행렬 $P=\begin{pmatrix}1 & 4\\ 1 & 5\end{pmatrix}$에 대하여 A와 $P^{-1}AP$의 고윳값을 각각 구해보자. A의 고윳값은

$$\lambda=-3,\quad \lambda=1$$

이다. 또한 $P^{-1}=\begin{pmatrix}5 & -4\\ -1 & 1\end{pmatrix}$이므로

$$P^{-1}AP=\begin{pmatrix}5 & -4\\ -1 & 1\end{pmatrix}\begin{pmatrix}-3 & 0\\ 2 & 1\end{pmatrix}\begin{pmatrix}1 & 4\\ 1 & 5\end{pmatrix}=\begin{pmatrix}-27 & -112\\ 6 & 25\end{pmatrix}$$

이다. 따라서

$$\begin{aligned}\det(P^{-1}AP-\lambda I_2) &= \det\begin{pmatrix}-27-\lambda & -112\\ 6 & 25-\lambda\end{pmatrix}\\ &= \lambda^2+2\lambda-3\\ &= (\lambda-1)(\lambda+3)\end{aligned}$$

이다. 그런데 $\det(P^{-1}AP-\lambda I_2)=0$ 으로부터 행렬 $P^{-1}AP$의 고윳값은

$$\lambda=1,\ \lambda=-3$$

이다. 즉 A의 고윳값과 $P^{-1}AP$의 고윳값은 서로 같다.

다음은 제곱해서 자기 자신이 되는 행렬의 고윳값에 대하여 살펴보자.

정의

행렬 $A\in M_{n\times n}(\mathbb{C})$가 $A^2=A$를 만족하면 A를 멱등행렬(idempotent matrix)이라고 한다.

예제 행렬 $A=\begin{pmatrix}0&0\\0&1\end{pmatrix}$는 $A^2=\begin{pmatrix}0&0\\0&1\end{pmatrix}=A$를 만족시키므로 멱등행렬이다.

임의의 멱등행렬의 고윳값은 다음과 같이 간단하게 구할 수 있다.

정리

멱등행렬 $A\in M_{n\times n}(\mathbb{C})$의 고윳값은 0과 1뿐이다.

증명 λ가 멱등행렬 A의 고윳값이라고 가정하면 영벡터가 아닌 벡터 $X\in M_{n\times 1}(\mathbb{C})$가 존재하여 $AX=\lambda X$이 된다. 그런데 $A^2=A$이므로 다음 관계식

$$\lambda X=AX=A^2X=A(AX)=A(\lambda X)=\lambda AX=\lambda(\lambda X)=\lambda^2X$$

이 성립한다. 따라서 $(\lambda^2-\lambda)X=O$이므로 $\lambda^2-\lambda=0$이다. 결과적으로 $\lambda=0$ 또는 $\lambda=1$이다. ■

예제 멱등행렬 $A=\begin{pmatrix}1&0&0\\0&0&0\\0&1&1\end{pmatrix}\in M_{3\times 3}(\mathbb{C})$의 고윳값은

$$\det(A-\lambda I_3)=-\lambda(1-\lambda)^2=0$$

으로부터 $\lambda=0,\ \lambda=1,\ \lambda=1$이다.

정의

행렬 $A\in M_{n\times n}(\mathbb{C})$가 적당한 자연수 k에 대하여 $A^k=O$를 만족하면 A를 멱영행렬(nilpotent matrix)이라고 한다. 이 때, $A^{k-1}\neq O$이면 자연수 k를 A의 지수(index of nilpotency)라고 한다.

예제 행렬 $A=\begin{pmatrix}0&1\\0&0\end{pmatrix}$는 $A^2=\begin{pmatrix}0&0\\0&0\end{pmatrix}$를 만족시키므로 멱영행렬이다. 또한 A의 지수는 2이다.

정리

λ가 멱영행렬 $A\in M_{n\times n}(\mathbb{C})$의 고윳값이기 위한 필요충분조건은 $\lambda=0$이다.

증명 λ가 멱영행렬 A의 고윳값이라고 가정하면 영벡터가 아닌 벡터 $X\in M_{n\times 1}(\mathbb{C})$가 존재하여 $AX=\lambda X$이 된다. 이제 멱영행렬 A의 지수를 k라고 가정하면 $A^k=O$이므로

$$O=A^kX=A^{k-1}(AX)=A^{k-1}(\lambda X)=\lambda A^{k-1}X=\cdots\cdots=\lambda^kX$$

가 성립한다. 그런데 $X\neq O$이므로 $\lambda^k=0$이 되고 따라서 $\lambda=0$이다.
역으로 $\lambda=0$이라고 가정하자.
$k=1$일 경우에는 $A=O$ 이므로 임의의 벡터 $X\neq O$에 대하여

$$AX=OX=O=0X$$

가 성립한다. 따라서 $\lambda=0$은 A의 고윳값이 된다.
$k\geq 2$인 경우는 $A^{k-1}\neq O$ 이므로 적당한 벡터 $X\in M_{n\times 1}(\mathbb{C})$가 존재하여 $A^{k-1}X\neq O$ 이다. 또한

$$A(A^{k-1}X)=A^kX=OX=O=0(A^{k-1}X)$$

이므로 0은 멱영행렬 A의 고윳값이다. ▣

예제 멱영행렬 $A=\begin{pmatrix}0&0&0\\3&0&0\\1&7&0\end{pmatrix}\in M_{3\times 3}(\mathbb{C})$의 고윳값을 구하여라.

풀이 멱영행렬 A의 고윳값은

$$\det(A-\lambda I_3)=\det\begin{pmatrix}-\lambda&0&0\\3&-\lambda&0\\1&7&-\lambda\end{pmatrix}=-\lambda^3=0$$

으로부터 $\lambda=0$(중복도 3)임을 알 수 있다.

정리

행렬 $A=(a_{ij})_{n\times n}\in M_{n\times n}(\mathbb{C})$가 삼각행렬이면 A의 고윳값은 다음과 같다.

$$\lambda_1=a_{11},\quad \lambda_2=a_{22},\quad \cdots\quad ,\quad \lambda_n=a_{nn}$$

증명 행렬 A가 삼각행렬이므로 행렬 A의 고윳값은

$$\det(A-\lambda I_n)=(a_{11}-\lambda)(a_{22}-\lambda)\cdots(a_{nn}-\lambda)=0$$

으로부터 A의 주대각성분들

$$\lambda_1=a_{11},\quad \lambda_2=a_{22},\quad \cdots\quad ,\quad \lambda_n=a_{nn}$$

임을 알 수 있다. ▣

예제 상삼각행렬 $A=\begin{pmatrix}7&-5&2\\0&1&11\\0&0&3\end{pmatrix}\in M_{3\times 3}(\mathbb{C})$의 고윳값은 A의 주대각성분들인

$$\lambda_1 = 7, \quad \lambda_2 = 1, \quad \lambda_3 = 3$$

이다.

정리

λ를 정사각행렬 $A \in M_{n \times n}(\mathbb{C})$의 고윳값이라고 하고 $X \in M_{n \times 1}(\mathbb{C})$를 λ에 대응하는 고유벡터라고 하면 다음이 성립한다.

(1) λ^k는 행렬 $A^k \in M_{n \times n}(\mathbb{C})$의 고윳값이고 $X \in M_{n \times 1}(\mathbb{C})$는 λ^k에 대응하는 A^k의 고유벡터이다. (여기서 k는 자연수)

(2) 복소수 α에 대하여 $\alpha\lambda$는 행렬 αA의 고윳값이고 $X \in M_{n \times 1}(\mathbb{C})$는 $\alpha\lambda$에 대응하는 αA의 고유벡터이다.

증명 (1) $AX = \lambda X$이므로

$$A^k X = A^{k-1}(AX) = A^{k-1}(\lambda X) = \lambda A^{k-1} X = \cdots\cdots = \lambda^k X$$

이다. 따라서 λ^k는 행렬 A^k의 고윳값이고 X는 λ^k에 대응하는 A^k의 고유벡터이다.

(2) $AX = \lambda X$이므로

$$(\alpha A)X = \alpha(AX) = \alpha(\lambda X) = (\alpha\lambda)X$$

이다. 따라서 $\alpha\lambda$는 행렬 αA의 고윳값이고 X는 $\alpha\lambda$에 대응하는 αA의 고유벡터이다. ▣

예제 행렬 $A = \begin{pmatrix} 1 & 0 \\ 2 & 2 \end{pmatrix} \in M_{2 \times 2}(\mathbb{C})$의 고윳값은 $\lambda_1 = 1$, $\lambda_2 = 2$이다. 따라서 행렬 $A^3 = \begin{pmatrix} 1 & 0 \\ 14 & 2^3 \end{pmatrix}$ 의 고윳값은 $\lambda_1^3 = 1$, $\lambda_2^3 = 2^3$ 이 된다. 또한 $\lambda_1^3 = 1$에 대응하는 행렬 A^3의 고유벡터는 임의의 영이 아닌 복소수 t에 대하여 $\begin{pmatrix} 1 \\ -2 \end{pmatrix}t$이고 $\lambda_2^3 = 2^3$에 대응하는 행렬 A^3의 고유벡터는 임의의 영이 아닌 복소수 s에 대하여 $\begin{pmatrix} 0 \\ 1 \end{pmatrix}s$가 된다. 이

는 각각 고윳값 $\lambda_1 = 1$, $\lambda_2 = 2$에 대응하는 행렬 A의 고유벡터와 같음을 알 수 있다.

그리고 행렬 $5A = \begin{pmatrix} 5 & 0 \\ 10 & 10 \end{pmatrix}$의 고윳값은 $5\lambda_1 = 5 \times 1 = 5$, $5\lambda_2 = 5 \times 2 = 10$ 이고 $5\lambda_1 = 5$에 대응하는 행렬 $5A$의 고유벡터는 임의의 영이 아닌 복소수 t에 대하여 $\begin{pmatrix} 1 \\ -2 \end{pmatrix} t$이 되고 $5\lambda_2 = 10$에 대응하는 행렬 $5A$의 고유벡터는 임의의 영이 아닌 복소수 s에 대하여 $\begin{pmatrix} 0 \\ 1 \end{pmatrix} s$가 된다. 이는 각각 고윳값 $\lambda_1 = 1$, $\lambda_2 = 2$에 대응하는 행렬 A의 고유벡터와 같으므로 이 경우에도 각각의 고윳값에 대응하는 고유벡터가 변하지 않음을 알 수 있다.

정리

λ가 정칙행렬 $A \in M_{n \times n}(\mathbb{C})$의 고윳값이면 $\lambda \neq 0$이다.

증명 $\lambda = 0$이라면 적당한 고유벡터 $X \neq O \in M_{n \times 1}(\mathbb{C})$가 존재하여

$$AX = \lambda X = 0X = O$$

이고 양변의 왼쪽에 A의 역행렬 A^{-1}을 곱하면

$$X = A^{-1}(AX) = A^{-1}O = O$$

이다. 이는 X가 행렬 A의 고유벡터라는 사실에 모순이 되므로 $\lambda \neq 0$이다. ▣

정리

정사각행렬 $A \in M_{n \times n}(\mathbb{C})$가 정칙행렬이고 λ를 행렬 A의 고윳값, $X \in M_{n \times 1}(\mathbb{C})$를 λ에 대응하는 A의 고유벡터라 하면 λ^{-1}는 A^{-1}의 고윳값이고 X는 λ^{-1}에 대응하는 A^{-1}의 고유벡터이다.

증명 λ가 행렬 A의 고윳값이고 X가 λ에 대응하는 A의 고유벡터이므로 $AX = \lambda X$이다.

또한 A가 정칙행렬이므로 $\lambda \neq 0$이다. 양변의 왼쪽에 A의 역행렬 A^{-1}을 곱하면

$$X = A^{-1}(AX) = A^{-1}(\lambda X) = \lambda(A^{-1}X)$$

이 되고 양변에 λ^{-1}를 곱하여 $A^{-1}X = \lambda^{-1}X$ 를 얻는다. 따라서 λ^{-1}는 A^{-1}의 고윳값이고 X는 λ^{-1}에 대응하는 A^{-1}의 고유벡터이다. ▣

예제 행렬 $A = \begin{pmatrix} 1 & 3 \\ 2 & 2 \end{pmatrix}$는 정칙행렬이고 고윳값은 $\lambda_1 = -1,\ \lambda_2 = 4$이다. 따라서 A의 역행렬 $A^{-1} = \begin{pmatrix} -\frac{1}{2} & \frac{3}{4} \\ \frac{1}{2} & -\frac{1}{4} \end{pmatrix}$의 고윳값은 $\lambda_1 = -1,\ \lambda_2 = \frac{1}{4}$ 이다.

정의

행렬 $A \in M_{n \times n}(\mathbb{C})$에 대하여 다항식

$$c_A(x) = \det(xI_n - A)$$

를 A의 특성다항식(고유다항식, characteristic polynomial)이라고 한다. 또한 방정식

$$c_A(x) = 0$$

을 A의 특성방정식(고유방정식, characteristic equation)이라고 한다.

참고 특성방정식의 정의에 의하여 λ가 행렬 $A \in M_{n \times n}(\mathbb{C})$의 고윳값이 되기 위한 필요충분조건은 λ가 행렬 A의 특성방정식의 해와 같다는 것을 알 수 있다. 따라서 행렬 A의 고윳값을 구할 때 $c_A(x) = \det(xI_n - A) = 0$인 x값을 구해도 되고 $\det(A - \lambda I_n) = 0$인 λ값을 구해도 된다.

대수학의 기본정리에 의하여 특성방정식은 n개의 해를 가지므로 행렬 $A \in M_{n \times n}(\mathbb{C})$의 특성다항식 $c_A(x)$는 다음과 같이 인수분해 된다.

$$c_A(x) = (x - \lambda_1)^{m_1}(x - \lambda_2)^{m_2} \cdots (x - \lambda_k)^{m_k} \qquad (\ n = m_1 + m_2 + \cdots + m_k\ )$$

정의

행렬 $A \in M_{n \times n}(\mathbb{C})$에 대하여 특성다항식 $c_A(x)$가 다음과 같이 인수분해 될 때

$$c_A(x) = (x - \lambda_1)^{m_1}(x - \lambda_2)^{m_2} \cdots (x - \lambda_k)^{m_k} \qquad (\ n = m_1 + m_2 + \cdots + m_k\ )$$

λ_i를 중복도(multiplicity)가 m_i인 고윳값이라고 한다.

예제 항등행렬 $A = I_n \in M_{n \times n}(\mathbb{C})$의 특성방정식은 $c_A(x) = \det(xI_n - A) = (x-1)^n$이므로 고윳값 1의 중복도는 n이다.

예제 행렬 $A = \begin{pmatrix} 8 & 0 & 0 \\ 0 & 2 & 0 \\ 3 & 5 & 2 \end{pmatrix} \in M_{3 \times 3}(\mathbb{C})$의 특성다항식은

$$c_A(x) = \det(xI_3 - A) = (x-8)(x-2)^2$$

이므로 고윳값 $\lambda_1 = 8$의 중복도는 1이고 고윳값 $\lambda_2 = 2$의 중복도는 2이다.

이제 행렬 A의 특성다항식이 $c_A(x) = a_0 + a_1x + \cdots + a_{n-1}x^{n-1} + x^n$의 형태로 주어졌을 때 행렬 A를 구하는 방법에 대하여 알아보자.

정리

다항식 $f(x) = a_0 + a_1x + \cdots + a_{n-1}x^{n-1} + x^n$는 다음과 같이 정의된 행렬 A의 특성다항식이다.

$$A = \begin{pmatrix} 0 & 0 & \cdots & 0 & -a_0 \\ 1 & 0 & \cdots & 0 & -a_1 \\ 0 & 1 & \cdots & 0 & a_2 \\ \vdots & \vdots & \cdots & \vdots & \vdots \\ 0 & 0 & \cdots & 1 & -a_{n-1} \end{pmatrix}$$

증명 주어진 행렬 A의 특성다항식은 행렬 $xI_n - A$에 기본행변형을 시행하고 행렬식의 성질을 이용하면 다음과 같이 구할 수 있다.

$$c_A(x) = \det(xI_n - A) = \det\begin{pmatrix} x & 0 & \cdots & 0 & a_0 \\ -1 & x & \cdots & 0 & a_1 \\ 0 & -1 & \cdots & 0 & a_2 \\ \vdots & \vdots & \cdots & \vdots & \vdots \\ 0 & 0 & \cdots & -1 & x + a_{n-1} \end{pmatrix}$$

$$= \det\begin{pmatrix} 0 & x^2 & \cdots & 0 & a_0 + a_1 x \\ -1 & x & \cdots & 0 & a_1 \\ 0 & -1 & \cdots & 0 & a_2 \\ \vdots & \vdots & \cdots & \vdots & \vdots \\ 0 & 0 & \cdots & -1 & x + a_{n-1} \end{pmatrix}$$

$$= \det\begin{pmatrix} 0 & 0 & \cdots & 0 & a_0 + a_1 x + a_2 x^2 \\ -1 & x & \cdots & 0 & a_1 \\ 0 & -1 & \cdots & 0 & a_2 \\ \vdots & \vdots & \cdots & \vdots & \vdots \\ 0 & 0 & \cdots & -1 & x + a_{n-1} \end{pmatrix}$$

$$= \cdots\cdots = \det\begin{pmatrix} 0 & 0 & \cdots & 0 & f(x) \\ -1 & x & \cdots & 0 & a_1 \\ 0 & -1 & \cdots & 0 & a_2 \\ \vdots & \vdots & \cdots & \vdots & \vdots \\ 0 & 0 & \cdots & -1 & x + a_{n-1} \end{pmatrix}$$

$$= f(x)(-1)^{1+n} \det\begin{pmatrix} -1 & x & \cdots & 0 \\ 0 & -1 & \cdots & 0 \\ \vdots & \vdots & \cdots & \vdots \\ 0 & 0 & \cdots & -1 \end{pmatrix}$$

$$= f(x)(-1)^{1+n}(-1)^{n-1}$$

$$= f(x)(-1)^{2n}$$

$$= f(x)$$ ■

예제 다항식 $f(x) = 2 + x - x^2 + x^3$는 행렬 $A = \begin{pmatrix} 0 & 0 & -2 \\ 1 & 0 & -1 \\ 0 & 1 & 1 \end{pmatrix}$의 특성다항식이다.

정의

다항식 $f(x)=a_0+a_1x+\cdots+a_{n-1}x^{n-1}+x^n$에 대하여 $f(x)=c_A(x)$를 만족하는 행렬

$$A=\begin{pmatrix} 0 & 0 & \cdots & 0 & -a_0 \\ 1 & 0 & \cdots & 0 & -a_1 \\ 0 & 1 & \cdots & 0 & -a_2 \\ \vdots & \vdots & \cdots & \vdots & \vdots \\ 0 & 0 & \cdots & 1 & -a_{n-1} \end{pmatrix}$$

를 다항식 $f(x)$의 동반행렬(companion matrix)이라고 한다.

참고 위 정리로부터 최고차항의 계수가 1인 다항식은 대응되는 동반행렬의 특성다항식이 되고 대응되는 동반행렬은 다항식의 계수들을 이용해서 구할 수 있다는 것을 알 수 있다.

예제 다항식 $f(x)=-2+5x+3x^3+x^5$의 동반행렬을 구하여라.

풀이 위 정리에서 $a_0=-2$, $a_1=5$, $a_2=0$, $a_3=3$, $a_4=0$이므로 다항식 $f(x)$의 동반행렬은 다음과 같다.

$$A=\begin{pmatrix} 0 & 0 & 0 & 0 & 2 \\ 1 & 0 & 0 & 0 & -5 \\ 0 & 1 & 0 & 0 & 0 \\ 0 & 0 & 1 & 0 & -3 \\ 0 & 0 & 0 & 1 & 0 \end{pmatrix}$$

행렬 $A \in M_{n\times n}(\mathbb{C})$의 고윳값과 $tr(A)$, $\det(A)$는 다음 정리에서 볼 수 있듯이 매우 흥미로운 관계가 있다.

정리

정사각행렬 $A=(a_{ij})_{n\times n}\in M_{n\times n}(\mathbb{C})$의 고윳값들을 $\lambda_1, \lambda_2, \cdots, \lambda_n$ 이라고 하면 다음이 성립한다.

(1) $tr(A)=\lambda_1+\lambda_2+\cdots+\lambda_n$

(2) $\det(A)=\lambda_1\lambda_2\cdots\lambda_n$

증명 행렬 A의 특성다항식은 다음과 같다.

$$c_A(x)=\det(xI_n-A)=\det\begin{pmatrix} x-a_{11} & -a_{12} & \cdots & -a_{1n} \\ -a_{21} & x-a_{22} & \cdots & -a_{2n} \\ \vdots & \vdots & \cdots & \vdots \\ -a_{n1} & -a_{n2} & \cdots & x-a_{nn} \end{pmatrix}$$

또한 가정에 의하여 $\lambda_1, \lambda_2, \cdots, \lambda_n$이 행렬 A의 고윳값이므로

$$c_A(x)=(x-\lambda_1)(x-\lambda_2)\cdots(x-\lambda_n)$$

이 된다. 따라서

$$\det\begin{pmatrix} x-a_{11} & -a_{12} & \cdots & -a_{1n} \\ -a_{21} & x-a_{22} & \cdots & -a_{2n} \\ \vdots & \vdots & \cdots & \vdots \\ -a_{n1} & -a_{n2} & \cdots & x-a_{nn} \end{pmatrix}=(x-\lambda_1)(x-\lambda_2)\cdots(x-\lambda_n)$$

이다. 이제 위 식에서 x^{n-1}의 계수를 비교해보자. 우선 좌변에서는 1행에 대하여 행렬식을 계산할 때

$$(-1)^{1+1}(x-a_{11})\det\begin{pmatrix} x-a_{22} & -a_{23} & \cdots & -a_{2n} \\ -a_{32} & x-a_{33} & \cdots & -a_{3n} \\ \vdots & \vdots & \cdots & \vdots \\ -a_{n2} & -a_{n3} & \cdots & x-a_{nn} \end{pmatrix}$$

의 항에서만 x^{n-1}항을 얻을 수 있다. 즉, $(x-a_{11})(x-a_{22})\cdots(x-a_{nn})$에서만 x^{n-1}항을 얻을 수 있다. 따라서 x^{n-1}의 계수는 $-(a_{11}+a_{22}+\cdots+a_{nn})$임을 알 수 있다. 또한 우변에서 x^{n-1}의 계수는 $-(\lambda_1+\lambda_2+\cdots+\lambda_n)$이므로

$$-(a_{11}+a_{22}+\cdots+a_{nn})=-(\lambda_1+\lambda_2+\cdots+\lambda_n)$$

이다. 그러므로,

$$tr(A) = a_{11} + a_{22} + \cdots + a_{nn} = \lambda_1 + \lambda_2 + \cdots + \lambda_n$$

이다.

또한 식

$$c_A(x) = \det(xI_n - A) = (x - \lambda_1)(x - \lambda_2)\cdots(x - \lambda_n)$$

에서 $x = 0$을 대입하면

$$\det(-A) = (-\lambda_1)(-\lambda_2)\cdots(-\lambda_n)$$

$$= (-1)^n \lambda_1 \lambda_2 \cdots \lambda_n$$

그런데

$$\det(-A) = (-1)^n \det(A)$$

이므로

$$\det(A) = \lambda_1 \lambda_2 \cdots \lambda_n$$

이다. ▣

예제 행렬 $A = \begin{pmatrix} 2 & 0 \\ 3 & 5 \end{pmatrix}$의 고윳값은 $\lambda_1 = 2$, $\lambda_2 = 5$이다. 따라서

$$tr(A) = 2 + 5 = 7, \qquad \det(A) = 2 \times 5 = 10$$

이다.

참고 위 정리로부터 $c_A(x) = (x - \lambda_1)(x - \lambda_2)\cdots(x - \lambda_n)$을 특성다항식으로 갖는 행렬 A의 트레이스 $tr(A)$는 특성다항식의 $n-1$차 항의 계수에 마이너스 부호를 붙인 것과 같고 행렬식 $\det(A)$은 특성다항식의 상수항에 $(-1)^n$을 곱한 것과 같다.

예제 정사각행렬 A의 특성다항식이 $c_A(x) = x^{12} - 14x^8 + 3x^5 - x^2 - 54$ 라고 하면 $n = 12$이고 x^{11}의 계수는 0이다. 따라서 행렬 A의 트레이스와 행렬식은 다음과 같다.

$$tr(A) = 0, \qquad \det(A) = (-1)^{12}(-54) = -54$$

정리

정사각행렬 $A = (a_{ij})_{n \times n} \in M_{n \times n}(\mathbb{C})$의 n개의 고윳값 $\lambda_1, \lambda_2, \cdots, \lambda_n$이 서로 다르면 이에 대응하는 고유벡터들을 각각 $v_1, v_2, \cdots, v_n$ 이라고 할 때 $v_1, v_2, \cdots, v_n$은 일차독립이다.

증명 자연수 n에 대한 수학적 귀납법을 이용하여 증명한다.

(1) $n=1$인 경우 : 이 경우에는 $v_1 \neq O$이므로 v_1은 일차독립인 벡터가 되어 정리가 성립한다.

(2) $n=k$인 경우 : k개의 고유벡터 $v_1, v_2, \cdots, v_k$가 일차독립이라고 가정하자.

(3) $n=k+1$인 경우 : $k+1$개의 고유벡터 $v_1, v_2, \cdots, v_{k+1}$가 일차독립임을 보이기 위하여 복소수 a_i, $i = 1, 2, \cdots, k+1$에 대하여 $\sum_{i=1}^{k+1} a_i v_i = O$ 라고 가정하면

$$O = AO = A\left(\sum_{i=1}^{k+1} a_i v_i\right) = \sum_{i=1}^{k+1} A(a_i v_i)$$

$$= \sum_{i=1}^{k+1} a_i (A v_i) = \sum_{i=1}^{k+1} a_i (\lambda_i v_i) = \sum_{i=1}^{k+1} \lambda_i (a_i v_i)$$

이다. 또한 식 $\sum_{i=1}^{k+1} a_i v_i = O$ 의 양변에 λ_{k+1}을 곱하면 $\lambda_{k+1}\left(\sum_{i=1}^{k+1} a_i v_i\right) = O$ 이다.

따라서

$$\lambda_{k+1}\left(\sum_{i=1}^{k+1} a_i v_i\right) = \sum_{i=1}^{k+1} \lambda_i (a_i v_i)$$

이고

$$\sum_{i=1}^{k} (\lambda_{k+1} - \lambda_i) a_i v_i = O$$

이다. 그런데 수학적 귀납법의 가정에 의하여 모든 $i=1,\ 2,\ \cdots,\ k$에 대하여 $(\lambda_{k+1}-\lambda_i)a_i=0$이고 A의 고윳값 $\lambda_1,\ \lambda_2, \cdots,\ \lambda_n$이 서로 다르므로 모든 $i=1,\ 2,\ \cdots,\ k$에 대하여 $a_i=0$이다. 그러므로 $a_{k+1}v_{k+1}=O$이고 $v_{k+1}\neq O$이므로 $a_{k+1}=0$이다. 결과적으로 모든 $i=1, 2, \cdots, k+1$에 대하여 $a_i=0$이 성립하므로 $v_1, v_2, \cdots, v_{k+1}$은 일차독립이 되어 정리가 증명이 된다. ▣

예제 행렬 $A=\begin{pmatrix}1 & 0\\ 2 & 2\end{pmatrix}\in M_{2\times 2}(\mathbb{C})$는 서로 다른 두 개의 고윳값

$$\lambda=1,\ \ \lambda=2$$

을 갖는다. 이때 $\begin{pmatrix}1\\ -2\end{pmatrix}$는 고윳값 $\lambda_1=1$에 대응하는 고유벡터이고 $\begin{pmatrix}0\\ 1\end{pmatrix}$는 고윳값 $\lambda_2=2$에 대응하는 고유벡터이다. 그리고 두 벡터 $\begin{pmatrix}1\\ -2\end{pmatrix}$, $\begin{pmatrix}0\\ 1\end{pmatrix}$는 일차독립이다.

MATLAB 활용하기

이 절에 속한 개념 중 MATLAB을 활용하여 해결할 수 있는 문제는 다음과 같다.

1. 행렬의 고윳값을 구할 수 있다.

예제 행렬 $A = \begin{pmatrix} 2 & 5 \\ 8 & -1 \end{pmatrix}$의 고윳값을 다음과 같이 구할 수 있다.

(1) eig([2 5;8 −1])을 입력한다.

(2) Enter키를 누른다.

[결과] ans =

```
     7
    -6
```

[결과 해석] 행렬 $A = \begin{pmatrix} 2 & 5 \\ 8 & -1 \end{pmatrix}$의 고윳값은 $\lambda_1 = 7$, $\lambda_2 = -6$ 이다.

예제 행렬 $A = \begin{pmatrix} 7 & 0 & 0 \\ 1 & 0 & 1 \\ 0 & 8 & 2 \end{pmatrix}$의 고윳값을 다음과 같이 구할 수 있다.

(1) eig([7 0 0;1 0 1;0 8 2])을 입력한다.

(2) Enter키를 누른다.

[결과] ans =

```
     4
    -2
     7
```

[결과 해석] 행렬 A의 고윳값은 $\lambda_1 = 4$, $\lambda_2 = -2$, $\lambda_3 = 7$ 이다.

2. 행렬의 고유벡터를 구할 수 있다.

예제 행렬 $A = \begin{pmatrix} 2 & 5 \\ 8 & -1 \end{pmatrix}$의 고유벡터를 다음과 같이 구할 수 있다.

(1) $[P,\ D] = \mathrm{eig}([2\ \ 5;8\ \ -1])$을 입력한다.

(2) Enter키를 누른다.

[결과] $P =$

$$\begin{array}{rr} 0.7071 & -0.5300 \\ 0.7071 & 0.8480 \end{array}$$

$D =$

$$\begin{array}{rr} 7 & 0 \\ 0 & -6 \end{array}$$

[결과 해석] 행렬 A의 고윳값 $\lambda_1 = 7$, $\lambda_2 = -6$에 대응되는 고유벡터는 각각

$$v_1 = \begin{pmatrix} 0.7071 \\ 0.7071 \end{pmatrix},\ v_2 = \begin{pmatrix} -0.5300 \\ 0.8480 \end{pmatrix} \text{ 이다.}$$

주의 여기서 두 고유벡터는 단위벡터이다.

예제 행렬 $A = \begin{pmatrix} 7 & 0 & 0 \\ 1 & 0 & 1 \\ 0 & 8 & 2 \end{pmatrix}$의 고유벡터를 다음과 같이 구할 수 있다.

(1) $[P\ ,D] = \mathrm{eig}([7\ \ 0\ \ 0;1\ \ 0\ \ 1;0\ \ 8\ \ 2])$을 입력한다.

(2) Enter키를 누른다.

[결과] $P =$

$$\begin{array}{rrr} 0 & 0 & 0.9440 \\ 0.2425 & 0.4472 & 0.1748 \\ 0.9701 & -0.8944 & 0.2797 \end{array}$$

$D =$

$$\begin{array}{rrr} 4 & 0 & 0 \\ 0 & -2 & 0 \\ 0 & 0 & 7 \end{array}$$

[결과 해석] 행렬 A의 고윳값 $\lambda_1 = 4$, $\lambda_2 = -2$, $\lambda_3 = 7$에 대응되는 고유벡터는

$$\text{각각 } v_1 = \begin{pmatrix} 0 \\ 0.2425 \\ 0.9701 \end{pmatrix},\ v_2 - \begin{pmatrix} 0 \\ 0.4472 \\ -0.8944 \end{pmatrix},\ v_3 = \begin{pmatrix} 0.9440 \\ 0.1748 \\ 0.2797 \end{pmatrix} \text{ 이다.}$$

주의 여기서 세 고유벡터는 단위벡터이다.

연습 문제

1. 행렬 $A=\begin{pmatrix} 0 & 0 \\ -1 & 0 \end{pmatrix} \in M_{2\times 2}(\mathbb{R})$에 대하여 다음 행렬의 고윳값, 고유벡터, 고유공간을 각각 구하여라.

(1) A (2) A^T

(3) $12A$ (4) A^4

2. 행렬 $A=\begin{pmatrix} -4 & 4 \\ 4 & 2 \end{pmatrix} \in M_{2\times 2}(\mathbb{C})$에 대하여 다음 행렬의 고윳값, 고유벡터, 고유공간을 각각 구하여라.

(1) A (2) A^{-1}

(3) A^T (4) A^{25}

(5) $(-7)A$ (6) $4A^{-12}$

3. 행렬 $A=\begin{pmatrix} -2 & 0 & 0 \\ 4 & 0 & 0 \\ 7 & 1 & 6 \end{pmatrix} \in M_{3\times 3}(\mathbb{C})$에 대하여 다음 행렬의 고윳값, 고유벡터, 고유공간을 각각 구하여라.

(1) A (2) A^{-1}

(3) A^T (4) A^8

(5) $5A$ (6) $-2A^{-7}$

4. 멱영행렬 $A=\begin{pmatrix} 0 & 0 & 0 \\ 2 & 0 & 0 \\ 11 & -3 & 0 \end{pmatrix} \in M_{3\times 3}(\mathbb{C})$에 대하여 다음 물음에 답하여라.

(1) A의 지수를 구하여라.

(2) A의 고윳값의 중복도를 구하여라.

5. 행렬 $A=\begin{pmatrix} -3 & 0 & 0 \\ 1 & 1 & 0 \\ 7 & 1 & -3 \end{pmatrix} \in M_{3\times 3}(\mathbb{C})$에 대하여 다음 물음에 답하여라.

(1) A의 고윳값 $\lambda=-3$의 중복도를 구하여라.

(2) A의 일차독립인 고유벡터 v_1, v_2, v_3가 존재하는지 판정하고 이유를 설명하여라.

6. 다음에 주어진 다항식의 동반행렬, 고윳값들의 합, 고윳값들의 곱을 각각 구하여라.

(1) $f(x)=8-2x+x^3$

(2) $f(x)=x-x^2+x^3+x^5$

7. n차의 행렬 A의 특성다항식이 $f(x)=x^7+5x^6-x^3-2x^2+x-16$일 때 다음을 구하여라.

(1) $tr(A)$

(2) $\det(A)$

(3) P가 n차의 정칙행렬일 때 $\det(P^{-1}AP)$

6.2 선형사상의 고윳값과 고유벡터

이 절에서는 체 F위의 벡터공간 V에서 정의된 선형사상 $T : V \to V$의 고윳값과 고유벡터에 대하여 살펴보기로 한다.

정의

체 F위의 벡터공간 V에서 정의된 선형사상 $T : V \to V$와 스칼라 $\lambda \in F$에 대하여 영벡터가 아닌 벡터 $v \in V$가 존재하여

$$T(v) = \lambda v$$

를 만족하면 λ를 선형사상 T의 고윳값(고유치, eigenvalue)라 하고 벡터 v를 고윳값 λ에 대응하는 선형사상 T의 고유벡터(eigenvector)라 한다. 또한 선형사상 T의 고윳값 λ에 대하여 V의 부분집합 $E_\lambda = \{v \in V | T(v) = \lambda v\}$를 고윳값 λ에 대응하는 선형사상 T의 고유공간(eigenspace)이라고 한다.

예제 항등선형사상 $1_V : V \to V$, $1_V(v) = v$ 에 대하여 $\lambda = 1$은 1_V의 고윳값이고 벡터공간 V에 속하는 영벡터가 아닌 모든 벡터가 $\lambda = 1$에 대응하는 고유벡터가 된다. 그리고 $\lambda = 1$에 대응하는 선형사상 T의 고유공간은

$$E_1 = \{v \in V \mid T(v) = v\} = V$$

임을 알 수 있다.

예제 선형사상 $T : \mathbb{R}^2 \to \mathbb{R}^2$, $T(a, b) = (a, a + 2b)$에 대해서 $T(0, 1) = (0, 2) = 2(0, 1)$이 성립하므로 $\lambda = 2$는 T의 고윳값이 되고 $(0, 1)$은 $\lambda = 2$에 대응하는 T의 고유벡터이다. 또한 $\lambda = 2$에 대응하는 T의 고유공간은 다음과 같다.

$$\begin{aligned} E_2 &= \{(a, b) \in \mathbb{R}^2 \mid T(a, b) = 2(a, b)\} \\ &= \{(a, b) \in \mathbb{R}^2 \mid (a, a + 2b) = 2(a, b)\} \\ &= \{(0, b) \mid b \in \mathbb{R}\} \end{aligned}$$

예제 선형사상

$$T:\ \mathbb{R}_2[x] \to \mathbb{R}_2[x],\quad T(a_0 + a_1 x + a_2 x^2) = \frac{d}{dx}(a_0 + a_1 x + a_2 x^2)$$

에 대해서 $\lambda = 0$은 T의 유일한 고윳값임을 다음과 같이 보일 수 있다.
만일 λ가 T의 고윳값이면

$$T(a_0 + a_1 x + a_2 x^2) = \frac{d}{dx}(a_0 + a_1 x + a_2 x^2) = \lambda(a_0 + a_1 x + a_2 x^2)$$

을 만족시키는 고유벡터 $a_0 + a_1 x + a_2 x^2 \neq 0$이 존재한다. 그런데 식

$$a_1 + 2a_2 x = \lambda(a_0 + a_1 x + a_2 x^2)$$

으로부터 $a_1 = \lambda a_0$, $2a_2 = \lambda a_1$, $a_2 = 0$이다. 만일 $\lambda \neq 0$이라면 $a_0 = 0$, $a_1 = 0$, $a_2 = 0$ 이므로 $a_0 + a_1 x + a_2 x^2 = 0$이다. 이는 고유벡터의 정의에 모순이므로 $\lambda = 0$이다. 결과적으로 $\lambda = 0$은 T의 유일한 고윳값이다. 또한 이 때 $\lambda = 0$에 대응하는 T의 고유공간은 다음과 같다.

$$\begin{aligned} E_2 &= \{a_0 + a_1 x + a_2 x^2 \in \mathbb{R}_2[x] \mid T(a_0 + a_1 x + a_2 x^2) = 0\} \\ &= \{a_0 + a_1 x + a_2 x^2 \in \mathbb{R}_2[x] \mid a_1 + 2a_2 x = 0\} \\ &= \{a_0 + a_1 x + a_2 x^2 \in \mathbb{R}_2[x] \mid a_1 = 0 \text{ 이고 } a_2 = 0\} = \mathbb{R}. \end{aligned}$$

정리

체 F 위의 벡터공간 V에서 정의된 선형사상 $T: V \to V$의 고윳값 λ에 대하여 집합

$$E_\lambda = \{v \in V \mid T(v) = \lambda v\}$$

는 V의 부분공간이다

증명 집합 E_λ에 속하는 두 벡터 v_1과 v_2와 스칼라 $a \in F$에 대하여 다음 두 조건이 성립힘을 보이면 된다.

(1) $v_1 + v_2 \in E_\lambda$

(2) $av_1 \in E_\lambda$

그런데 두 벡터 v_1과 v_2가 집합 E_λ에 속하므로 $T(v_1) = \lambda v_1$이고 $T(v_2) = \lambda v_2$

이다. 따라서

$$T(v_1+v_2)=T(v_1)+T(v_2)=\lambda v_1+\lambda v_2=\lambda(v_1+v_2)$$

이 되어 $v_1+v_2\in E_\lambda$이 성립한다. 또한

$$T(av_1)=aT(v_1)=a(\lambda v_1)=(a\lambda)v_1=(\lambda a)v_1=\lambda(av_1)$$

이 되므로 $av_1\in E_\lambda$이 성립한다. 그러므로 집합 E_λ는 V의 부분공간이 된다. ▣

정의

체 F위의 벡터공간 V에서 정의된 선형사상 $T:V\to V$가 적당한 자연수 k에 대하여 $T^k=O$, $T^{k-1}\neq O$이면 T를 멱영선형사상(nilpotent linear map)이라 하고 k를 멱영선형사상 T의 지수(index of nilpotency)라고 한다.

다음은 멱영선형사상의 고윳값에 관한 정리이다.

정리

$\lambda\in F$가 체 F위의 벡터공간 V에서 정의된 멱영선형사상 $T:V\to V$의 고윳값이기 위한 필요충분조건은 $\lambda=0$이다.

증명 멱영선형사상 $T:V\to V$의 지수를 k라고 가정하자. 만일 λ가 멱영선형사상 $T:V\to V$의 고윳값이면 영벡터가 아닌 벡터 $v\in V$가 존재하여 $T(v)=\lambda v$이다. 그런데 $T^k=O$ 이므로

$$O=T^k(v)=T^{k-1}(T(v))=T^{k-1}(\lambda v)=\lambda T^{k-1}(v)=\cdots\cdots=\lambda^k v$$

이 성립한다. 그런데 $v\neq O$이므로 $\lambda^k=0$이 되고 따라서 $\lambda=0$이다.
역으로 $\lambda=0$이라고 가정하자.
$k=1$일 경우에는 T는 영선형사상이므로 임의의 벡터 $v\in V$에 대하여 $T(v)=O=0v$ 이다. 따라서 $\lambda=0$은 T의 고윳값이 된다.
$k\geq 2$인 경우는 T^{k-1}이 영선형사상이 아니므로 적당한 벡터 $v\in V$가 존재하여

$T^{k-1}(v) \neq O$ 이다. 또한

$$T(T^{k-1}(v)) = T^k(v) = O = 0(T^{k-1}(v))$$

이므로 $\lambda = 0$은 멱영선형사상 T의 고윳값이다. ▣

예제 선형사상 $T: \mathbb{R}^2 \to \mathbb{R}^2$, $T(a, b) = (0, a)$는 다음 성질을 만족시키므로 멱영선형사상이다.

$$T^2(a, b) = T(T(a, b)) = T(0, a) = (0, 0)$$

또한 $T(0, 1) = (0, 0) = 0(0, 1)$이므로 $\lambda = 0$은 T의 고윳값이다.

정리

$\lambda \in F$를 체 F위의 벡터공간 V에서 정의된 선형사상 $T: V \to V$의 고윳값이라 하고 $v \in V$를 λ에 대응하는 T의 고유벡터라 하면 다음이 성립한다.

(1) λ^k는 선형사상 $T^k: V \to V$의 고윳값이고 $v \in V$는 λ^k에 대응하는 T^k의 고유벡터이다. (단, $k \in \mathbb{N}$)

(2) $\alpha \in F$에 대하여 $\alpha\lambda$는 선형사상 $\alpha T: V \to V$의 고윳값이고 $v \in V$는 $\alpha\lambda$에 대응하는 αT의 고유벡터이다.

증명 (1) 가정에 의하여 $T(v) = \lambda v$이므로

$$T^k(v) = T^{k-1}(T(v)) = T^{k-1}(\lambda v) = \lambda T^{k-1}(v) = \cdots\cdots = \lambda^k v$$

이다. 따라서 λ^k는 선형사상 T^k의 고윳값이고 $v \in V$는 λ^k에 대응하는 T^k의 고유벡터이다.

(2) 가정에 의하여 $T(v) = \lambda v$이므로

$$(\alpha T)(v) = \alpha(T(v)) = \alpha(\lambda v) = (\alpha\lambda)v$$

이다. 따라서 $\alpha\lambda$는 선형사상 αT의 고윳값이고 $v \in V$는 $\alpha\lambda$에 대응하는 αT의 고유벡터이다. ▣

예제 선형사상 $T: \mathbb{R}^2 \to \mathbb{R}^2$, $T(a, b) = (4b, a)$에 대하여

$$T(2,1)=(4,2)=2(2,1)$$

이므로 $\lambda=2$는 T의 고윳값이고 벡터 $v=(2,1)$은 $\lambda=2$에 대응하는 T의 고유벡터이다. 또한 선형사상 $T^2:\mathbb{R}^2\to\mathbb{R}^2$에 대하여

$$T^2(2,1)=T(4,2)=(8,4)=4(2,1)$$

이므로 $\lambda=4=2^2$은 T^2의 고윳값이고 벡터 $v=(2,1)$은 $\lambda=2^2$에 대응하는 T^2의 고유벡터이다.

한편, 선형사상 $5T:\mathbb{R}^2\to\mathbb{R}^2$에 대하여

$$5T(2,1)=5(4,2)=10(2,1)$$

이므로 $\lambda=10=5\times2$는 $5T$의 고윳값이고 벡터 $v=(2,1)$은 $\lambda=5\times2$에 대응하는 $5T$의 고유벡터이다.

정리

체 F위의 벡터공간 V에서 정의된 선형사상 $T:V\to V$가 정칙선형사상이고 $\lambda\in F$를 선형사상 T의 고윳값, $v\in V$를 λ에 대응하는 T의 고유벡터라고 하면 $\lambda\neq0$이고 λ^{-1}는 T의 역사상 T^{-1}의 고윳값이고 v는 λ^{-1}에 대응하는 T^{-1}의 고유벡터이다.

증명 $\lambda=0$이라고 가정하면 $T(v)=\lambda v=0v=O$ 이고 $v=T^{-1}(O)=O$ 이다. 이는 v가 고유벡터라는 가정에 모순이 되므로 $\lambda\neq0$이 된다.
또한 $T(v)=\lambda v$로부터

$$v=T^{-1}(T(v))=T^{-1}(\lambda v)=\lambda(T^{-1}(v))$$

이므로 양변에 λ^{-1}를 곱하여 $T^{-1}(v)=\lambda^{-1}v$ 를 얻는다. 따라서 λ^{-1}는 T^{-1}의 고윳값이고 v는 λ^{-1}에 대응하는 T^{-1}의 고유벡터이다. ■

예제 선형사상 $T:\mathbb{R}^2\to\mathbb{R}^2$, $T(a,b)=(2a,b)$에 대하여

$$T(1,0)=(2,0)=2(1,0)$$

이므로 $\lambda=2$는 T의 고윳값이고 벡터 $v=(1,0)$은 $\lambda=2$에 대응하는 T의 고유벡터이다. 또한 T는 정칙선형사상이므로 역사상 T^{-1}가 존재하고

$$T^{-1}: \mathbb{R}^2 \to \mathbb{R}^2, \quad T^{-1}(a,b)=\frac{1}{2}(a,2b)$$

이다. 그런데

$$T^{-1}(1,0)=\frac{1}{2}(1,0)$$

이므로 $\lambda^{-1}=\frac{1}{2}$은 T^{-1}의 고윳값이고 벡터 $v=(1,0)$은 $\lambda^{-1}=\frac{1}{2}$에 대응하는 T^{-1}의 고유벡터이다.

정리

$\lambda \in F$가 체 F위의 유한차원 벡터공간 V에서 정의된 선형사상 $T: V \to V$의 고윳값이기 위한 필요충분조건은 V의 기저 $\mathscr{B}$에 대하여

$$\det([T-\lambda 1_V]_{\mathscr{B}})=0$$

이다. (여기서 $1_V: V \to V$ 는 항등선형사상이다)

증명 λ가 선형사상 $T: V \to V$의 고윳값이라고 가정하면 적당한 벡터 $v \neq O \in V$가 존재하여 $T(v)=\lambda v$이다. 따라서 $(T-\lambda 1_V)(v)=0$이므로 $\ker(T-\lambda 1_V) \neq \{O\}$이 되어 선형사상 $T-\lambda 1_V$는 정칙선형사상이 아니다. 그러므로 $[T-\lambda 1_V]_{\mathscr{B}}$는 정칙행렬이 아니고 $\det([T-\lambda 1_V]_{\mathscr{B}})=0$이다. 역으로 $\det([T-\lambda 1_V]_{\mathscr{B}})=0$이라고 가정하면 $[T-\lambda 1_V]_{\mathscr{B}}$는 정칙행렬이 아니므로 $T-\lambda 1_V$는 정칙선형사상이 아니다. 따라서 $(T-\lambda 1_V)(v)=0$을 만족시키는 벡터 $v \neq O \in V$가 존재하므로 λ는 선형사상 $T: V \to V$의 고윳값이 된다. ▣

참고 정리에서 V의 기저 $\mathcal{B}$에 대한 조건이 없으므로 $\mathcal{B}$를 임의로 편리하게 택할 수 있다는 것을 알 수 있다.

예제 선형사상 $T: \mathbb{R}^2 \to \mathbb{R}^2$, $T(a,b)=(a-b,b)$의 고윳값을 구하여라.

풀이 $\mathbb{R}^2$의 표준기저 $\mathcal{B}=\{(1,0),(0,1)\}$에 대하여

$(T-\lambda 1_{\mathbb{R}^2})(1,0)=T(1,0)-\lambda(1,0)=(1,0)-(\lambda,0)=(1-\lambda)(1,0)+0(0,1)$

$(T-\lambda 1_{\mathbb{R}^2})(0,1)=T(0,1)-\lambda(0,1)=(-1,1)-(0,\lambda)=-1(1,0)+(1-\lambda)(0,1)$

이므로 $[T-\lambda 1_{\mathbb{R}^2}]_{\mathcal{B}}$은 다음과 같다.

$$[T-\lambda 1_{\mathbb{R}^2}]_{\mathcal{B}}=\begin{pmatrix}1-\lambda & -1\\ 0 & 1-\lambda\end{pmatrix}$$

따라서

$$\det([T-\lambda 1_{\mathbb{R}^2}]_{\mathcal{B}})=\det\begin{pmatrix}1-\lambda & -1\\ 0 & 1-\lambda\end{pmatrix}=(1-\lambda)^2$$

이므로 $\det([T-\lambda 1_{\mathbb{R}^2}]_{\mathcal{B}})=0$ 으로부터 T의 고윳값은 $\lambda=1$(중복도는 2)이다.

정리

체 F위의 n차원 벡터공간 V에서 정의된 선형사상 $T: V \to V$의 고윳값과 V의 기저 $\mathcal{B}$에 대한 T의 행렬 $[T]_{\mathcal{B}} \in M_{n\times n}(F)$의 고윳값은 서로 같다.

증명 λ가 T의 고윳값이면 $\det([T-\lambda 1_V]_{\mathcal{B}})=0$이므로

$$\det([T]_{\mathcal{B}}-\lambda I_n)=0$$

이다. 따라서 λ는 행렬 $[T]_{\mathcal{B}}$의 고윳값이 된다. 역으로 $\lambda \in F$를 행렬 $[T]_{\mathcal{B}}$의 고윳값이라고 하면 $\det([T]_{\mathcal{B}}-\lambda I_n)=0$이다. 따라서

$$\det([T-\lambda 1_V]_{\mathcal{B}})=0$$

이므로 λ는 T의 고윳값이다. ▣

참고 정리에서 V의 기저 $\mathcal{B}$에 대한 조건이 없으므로 $\mathcal{B}$를 임의로 편리하게 택할 수 있다는 사실을 알 수 있다.

예제 선형사상 $T: \mathbb{R}^2 \to \mathbb{R}^2$, $T(a, b) = (a-b, b)$의 고윳값은 $\lambda = 1$(중복도는 2)이다. 그런데 $\mathbb{R}^2$의 표준기저 $\mathcal{B} = \{(1, 0), (0, 1)\}$에 대하여

$$T(1, 0) = (1, 0) = 1(1, 0) + 0(0, 1)$$

$$T(0, 1) = (-1, 1) = -1(1, 0) + 1(0, 1)$$

이므로 $[T]_{\mathcal{B}}$은 다음과 같다.

$$[T]_{\mathcal{B}} = \begin{pmatrix} 1 & -1 \\ 0 & 1 \end{pmatrix}$$

따라서

$$\det([T]_{\mathcal{B}} - \lambda I_2) = \det\begin{pmatrix} 1-\lambda & -1 \\ 0 & 1-\lambda \end{pmatrix} = (1-\lambda)^2$$

이므로 $\det([T]_{\mathcal{B}} - \lambda I_2) = 0$ 으로부터 $[T]_{\mathcal{B}}$의 고윳값은 $\lambda = 1$(중복도는 2)이다. 그런데 T의 고윳값은 $\lambda = 1$(중복도는 2)이므로 T의 고윳값과 $[T]_{\mathcal{B}}$의 고윳값은 서로 같다.

다음은 정사각행렬의 고윳값과 그에 대응하는 선형사상의 고윳값에 대한 관계를 나타내는 정리이다.

정리

정사각행렬 $A = (a_{ij})_{n \times n} \in M_{n \times n}(\mathbb{C})$의 고윳값과 A에 대해서 정의되는 선형사상

$$L_A: \mathbb{C}^n \to \mathbb{C}^n, \quad L_A(v) = Av \quad (v \in \mathbb{C}^n)$$

의 고윳값은 서로 같다.

증명 $\mathbb{C}^n$의 표준기저 $\mathcal{B}$에 대하여 $[L_A]_{\mathcal{B}} = A$이므로 A의 고윳값과 선형사상 L_A의 고윳값은 서로 같다. ▣

다음은 선형사상에 대한 Cayley-Hamilton 정리를 살펴보기로 한다.

다항식 $f(x)=a_0+a_1x+\cdots+a_nx^n$와 선형사상 $T: V\to V$에 대하여 $f(T)$는 다음과 같이 정의된 선형사상이다.

$$f(T)=a_0 1_V+a_1T+\cdots+a_nT^n \quad (\text{단, } 1_V\text{는 항등사상이다.})$$

정리 (Cayley−Hamilton)

V가 체 F위에서 정의된 n차원 벡터공간이고 $\mathcal{B}$를 V의 기저라 하자. 기저 $\mathcal{B}$에 대한 선형사상 $T: V\to V$의 행렬 $[T]_{\mathcal{B}}$의 특성다항식을 $c_T(x)$라고 놓으면 $c_T(T)=0_V$ 이다. (단, $0_V: V\to V$는 영선형사상이다.)

주의 선형사상 T의 특성다항식 $c_A(x)=a_0+a_1x+\cdots+x^n$ 에 대하여 $c_T(T)$를 구할 때 단순히 x에 T를 대입하여 $c_T(T)=a_0+a_1T+\cdots+T^n$ 라고 생각하지 않도록 유의해야 한다.

증명 V가 n차원 벡터공간이므로 임의의 벡터 $v\neq O\in V$에 대하여 $n+1$개의 벡터

$$v,\ T(v),\ T^2(v),\ \cdots,\ T^n(v)$$

는 일차종속이다. 따라서

$$v,\ T(v),\ T^2(v),\ \cdots,\ T^{m-1}(v)$$

는 일차독립이고

$$v,\ T(v),\ T^2(v),\ \cdots,\ T^m(v)$$

는 일차종속이 되는 적당한 자연수 m이 존재한다. 그러므로 적당한 $a_i\in F$가 존재하여

$$T^m(v)=\sum_{i=0}^{m-1}(-a_i)T^i(v), \qquad T^0=1_V$$

이다. 이제 다항식 $p_v(x)$를

$$p_v(x) = \sum_{i=0}^{m} a_i x^i, \quad a_m = 1$$

로 정의하자. 그러면

$$p_v(T) = \sum_{i=0}^{m} a_i T^i, \quad a_m = 1$$

이고

$$p_v(T)(v) = \sum_{i=0}^{m} a_i T^i(v) = O$$

이다. 한편 W를

$$W = span\{v, T(v), T^2(v), \cdots, T^{m-1}(v)\}$$

로 놓으면 W는 V의 부분공간이고 $T(W) \subset W$이다. 이제 사상 $S: W \to W$를

$$S(w) = T(w), \quad w \in W$$

로 정의하면 S는 선형사상이고

$$\begin{aligned} &S(v) = T(v) \\ &S(T(v)) = T^2(v) \\ &\qquad \vdots \\ &S(T^{m-2}(v)) = T^{m-1}(v) \\ &S(T^{m-1}(v)) = T^m(v) = -a_0 v - a_1 T(v) - \cdots\cdots - a_{m-1} T^{m-1}(v) \end{aligned}$$

이 성립한다. 이제

$$\mathcal{B}_1 = \{v, T(v), T^2(v), \cdots, T^{m-1}(v)\}$$

로 놓으면 $\mathcal{B}_1$는 W의 기저이다. 또한,

$$[S]_{\mathcal{B}_1} = \begin{pmatrix} 0 & 0 & \cdots & 0 & -a_0 \\ 1 & 0 & \cdots & 0 & -a_1 \\ 0 & 1 & \cdots & 0 & -a_2 \\ \vdots & \vdots & \cdots & \vdots & \vdots \\ 0 & 0 & \cdots & 1 & -a_{m-1} \end{pmatrix}$$

이다. 그런데 W의 기저 $\mathscr{B}_1$에 $n-(m-2)$개의 벡터 w_i를 첨가하여 벡터공간 V의 기저

$$\mathscr{B}_2=\{v, T(v), T^2(v), \cdots, T^{m-1}(v), w_1, w_2, \cdots, w_{n-m}\}$$

를 만들 수 있고 기저 $\mathscr{B}_2$에 대한 선형사상 T의 행렬을 구하면 적당한 행렬 B와 C가 존재하여 다음과 같다.

$$[T]_{\mathscr{B}_2}=\begin{pmatrix}[S]_{\mathscr{B}_1} & B \\ O & C\end{pmatrix}.$$

그런데 $[T]_{\mathscr{B}_2}$의 특성다항식을 $f(x)$라고 놓으면

$$\begin{aligned} f(x) &= \det(xI_n-[T]_{\mathscr{B}_2}) \\ &= \det(xI_m-[S]_{\mathscr{B}_1})\det(xI_{n-m}-C) \\ &= p_v(x)\det(xI_{n-m}-C) \end{aligned}$$

이다. 그러므로 $f(x)=g(x)p_v(x)$인 다항식 $g(x)$가 존재한다. 따라서 $f(T)=g(T)p_v(T)$이므로

$$f(T)(v)=g(T)(v)p_v(T)(v)=O$$

이다. 한편 적당한 정칙행렬 P가 존재하여

$$[T]_{\mathscr{B}}=P^{-1}[T]_{\mathscr{B}_2}P$$

이 성립하므로 $[T]_{\mathscr{B}}$의 특성다항식과 $[T]_{\mathscr{B}_2}$의 특성다항식은 다음과 같은 관계가 있다.

$$c_T(x)=\det(xI_n-[T]_{\mathscr{B}})=\det(xI_n-[T]_{\mathscr{B}_2})=f(x)$$

그러므로

$$c_T(T)(v)=f(T)(v)=O$$

이고 결과적으로 $c_T(T)$는 영선형사상이다. ▣

예제 선형사상 $T:\mathbb{R}^2\to\mathbb{R}^2$, $T(a,b)=(-b,2b)$에 대하여 $\mathbb{R}^2$의 표준기저

$\mathcal{B}$에 대한 행렬 $[T]_{\mathcal{B}}$의 특성다항식은

$$c_T(x) = \det(xI_2 - [T]_{\mathcal{B}}) = \det\begin{pmatrix} x & 1 \\ 0 & x-2 \end{pmatrix} = x(x-2)$$

이다. 따라서 $c_T(T) = T^2 - 2T$ 이고

$$\begin{aligned} c_T(T)(a,b) &= (T^2 - 2T)(a,b) = T(-b, 2b) - 2(-b, 2b) \\ &= (-2b, 4b) + (2b, -4b) = (0, 0) \end{aligned}$$

이다. 따라서 $c_T(T) = 0_{\mathbb{R}^2}$ 이다.

다음은 정사각행렬에 대한 Cayley-Hamilton 정리에 대하여 살펴보기로 하자.

다항식 $f(x) = a_0 + a_1 x + \cdots + a_n x^n$와 정사각행렬 A에 대하여 $f(A)$는 다음과 같이 정의된 행렬이다.

$$f(A) = a_0 I_n + a_1 A + \cdots + a_n A^n$$

정리 (Cayley−Hamilton)

정사각행렬 $A \in M_{n\times n}(\mathbb{C})$의 특성다항식을 $c_A(x)$라고 할 때 $c_A(A) = O$ 이다.

수의 정사각행렬 A의 특성다항식 $c_A(x) = a_0 + a_1 x + \cdots + x^n$ 에 대하여 $c_A(A)$를 구할 때 단순히 x에 A를 대입하여 $c_A(A) = a_0 + a_1 A + \cdots + A^n$ 라고 생각하지 않도록 유의해야 한다.

증명 선형사상 $L_A : \mathbb{C}^n \to \mathbb{C}^n$과 벡터공간 $\mathbb{C}^n$의 표준기저 $\mathcal{B}$에 대하여 $[L_A]_{\mathcal{B}} = A$ 이므로 A의 특성다항식 $c_A(x)$는 $[L_A]_{\mathcal{B}}$의 특성다항식이다. 따라서 선형사상에 대한 Cayley−Hamilton 정리에 의하여 $c_A(L_A)$는 영선형사상이고 $[c_A(L_A)]_{\mathcal{B}} = O$ 이다. 그런데 $[c_A(L_A)]_{\mathcal{B}} = c_A(A)$이므로 $c_A(A) = O$이다. ▣

예제 행렬 $A=\begin{pmatrix} 2 & 2 \\ 0 & 1 \end{pmatrix}$의 특성다항식은 $c_A(x)=(x-2)(x-1)=x^2-3x+2$ 이다. 따라서

$$c_A(A) = A^2 - 3A + 2I_2 = \begin{pmatrix} 4 & 6 \\ 0 & 1 \end{pmatrix} - \begin{pmatrix} 6 & 6 \\ 0 & 3 \end{pmatrix} + \begin{pmatrix} 2 & 0 \\ 0 & 2 \end{pmatrix} = \begin{pmatrix} 0 & 0 \\ 0 & 0 \end{pmatrix}$$

이다.

Cayley-Hamilton 정리를 활용하여 다음과 같은 문제를 쉽게 풀 수 있다.

예제 행렬 $A=\begin{pmatrix} 2 & -19 \\ 1 & -5 \end{pmatrix}$에 대하여 A^{25}을 구하여라.

풀이 행렬 A의 특성다항식은

$$c_A(x)=\det(xI_2-A)=x^2+3x+9$$

이므로 Cayley-Hamilton 정리에 의하여

$$c_A(A)=A^2+3A+9I_2=O$$

이다. 따라서

$$A^3-27I_2=(A-3I_2)(A^2+3A+9I_2)=O$$

가 되어 $A^3=27I_2$ 이다. 따라서 A^{25}은 다음과 같다.

$$A^{25}=(A^3)^8A=(27I_2)^8A=3^{24}A=3^{24}\begin{pmatrix} 2 & -19 \\ 1 & -5 \end{pmatrix}$$

연습 문제

1. 선형사상 $T: \mathbb{R}^2 \to \mathbb{R}^2$, $T(a,b)=(b,0)$에 대하여 다음 선형사상의 고윳값, 고유벡터, 고유공간을 각각 구하여라.

(1) T　　(2) T^3　　(3) $-8T$

2. 선형사상 $T: \mathbb{R}^2 \to \mathbb{R}^2$, $T(a,b)=(-a,2b)$에 대하여 다음 선형사상의 고윳값, 고유벡터, 고유공간을 각각 구하여라.

(1) T　　(2) T^{-1}　　(3) T^5　　(4) $-4T$　　(5) $7T^{-3}$

3. 선형사상 $T: \mathbb{R}^3 \to \mathbb{R}^3$, $T(a,b,c)=(c,a,b)$에 대하여 다음 선형사상의 고윳값, 고유벡터, 고유공간을 각각 구하여라.

(1) T　　(2) T^{-1}　　(3) T^{21}　　(4) $-7T$　　(5) $12T^{-3}$

4. 멱영선형사상 $T: \mathbb{R}^3 \to \mathbb{R}^3$, $T(a,b,c)=(0,a,b)$의 지수를 구하여라.

5. 선형사상 $T: \mathbb{R}^3 \to \mathbb{R}^3$, $T(a,b,c)=(a,5a-b,b-2c)$에 대하여 다음 물음에 답하여라.

(1) T의 고윳값과 중복도를 구하여라.
(2) T의 일차독립인 고유벡터 v_1, v_2, v_3가 존재하는지 판정하고 이유를 설명하여라.
(3) Cayley-Hamilton 정리가 성립함을 보여라.

6. 행렬 $A=\begin{pmatrix} -4 & 2 \\ 2 & 2 \end{pmatrix}$에 대하여 다음 물음에 답하여라.

(1) $f(A)=O$을 만족하는 최소차수 다항식 $f(x)$를 구하여라.
(2) A^8을 구하여라.

7. 다음과 같이 정의된 선형사상의 고윳값, 고유벡터, 고유공간을 구하여라.

$$T:\ \mathbb{R}_1[x] \to \mathbb{R}_1[x],\quad T(a_0+a_1x)=\frac{d}{dx}(a_0+a_1x)$$

8. 체 $\mathbb{R}$ 위에서 정의된 벡터공간 $V=\{f \mid f:\mathbb{R}\to\mathbb{R}$ 는 미분가능한 함수이다. $\}$에 대하여 $\lambda=0$과 $\lambda=1$은 다음과 같이 정의된 선형사상 T의 고윳값이 됨을 보여라.

$$T:\ V\to V,\quad T(f(x))=\frac{d}{dx}(f(x))$$

6.3 대각화가능한 행렬

이 절에서는 주어진 행렬의 고윳값과 고유벡터를 이용해서 행렬을 대각행렬로 변형할 수 있는지를 판단하는 방법에 대하여 살펴본다.

정의

행렬 $A \in M_{n \times n}(\mathbb{C})$에 대하여 적당한 정칙행렬 $P \in M_{n \times n}(\mathbb{C})$가 존재하여 $P^{-1}AP$가 대각행렬이 되면 행렬 A를 **대각화가능한 행렬**(diagonalizable matrix)이라고 한다. 즉, 적당한 실수 $d_1, d_2, \cdots, d_n$이 존재하여

$$P^{-1}AP = diag(d_1, d_2, \cdots, d_n)$$

을 만족시키는 정칙행렬 $P \in M_{n \times n}(\mathbb{C})$가 존재하면 행렬 A를 대각화가능한 행렬이라고 한다.

예제 항등행렬 $I_n \in M_{n \times n}(\mathbb{C})$은 임의의 정칙행렬 $P \in M_{n \times n}(\mathbb{C})$에 대하여

$$P^{-1}I_nP = P^{-1}P = I_n = diag(1, 1, \cdots, 1)$$

이므로 항등행렬은 대각화가능한 행렬이 됨을 쉽게 알 수 있다.

예제 행렬 $A = (a_{ij})_{n \times n} \in M_{n \times n}(\mathbb{C})$가 대각행렬이면 A는 대각화가능한 행렬이라는 것을 보여라.

풀이 행렬 A는 항등행렬 $I_n \in M_{n \times n}(\mathbb{C})$에 대하여

$$I_n^{-1}AI_n = A$$

이므로 임의의 대각행렬은 대각화가능한 행렬이 됨을 쉽게 알 수 있다.

예제 행렬 $A=\begin{pmatrix}1 & 0\\ 1 & 2\end{pmatrix}$ 가 대각화가능한 행렬임을 다음과 같이 보일 수 있다.
행렬 P를 다음과 같이 놓으면

$$P=\begin{pmatrix}0 & 1\\ 1 & -1\end{pmatrix}$$

$\det(P) = -1 \neq 0$ 이므로 행렬 P는 정칙행렬이 된다. 따라서 행렬 P의 역행렬 P^{-1}가 존재하고

$$P^{-1}=\begin{pmatrix}1 & 1\\ 1 & 0\end{pmatrix}$$

이다. 그런데

$$P^{-1}AP=\begin{pmatrix}1 & 1\\ 1 & 0\end{pmatrix}\begin{pmatrix}1 & 0\\ 1 & 2\end{pmatrix}\begin{pmatrix}0 & 1\\ 1 & -1\end{pmatrix}=\begin{pmatrix}2 & 0\\ 0 & 1\end{pmatrix}=diag(2,1)$$

이므로 행렬 $A=\begin{pmatrix}1 & 0\\ 1 & 2\end{pmatrix}$는 대각화가능한 행렬임을 알 수 있다.

참고 위 예제에서 보는 바와 같이 주어진 행렬이 대각화가능한지 여부를 판정하기 위해서는 정칙행렬 P의 존재성을 판정해야하기 때문에 간단하지는 않다.

이제 주어진 행렬 A의 고윳값, 고유벡터의 개념을 이용하여 정칙행렬 P의 존재성을 보이는 유용한 방법에 대하여 살펴보자.

정리

행렬 $A \in M_{n\times n}(\mathbb{C})$가 대각화가능한 행렬이기 위한 필요충분조건은 행렬 A의 고유벡터로 이루어진 $\mathbb{C}^n$의 기저가 존재하는 것이다.

증명 행렬 $A \in M_{n\times n}(\mathbb{C})$가 대각화가능한 행렬이라고 가정하면 적당한 정칙행렬 $P=(p_{ij})_{n\times n}\in M_{n\times n}(\mathbb{C})$와 대각행렬 $D=diag(d_1, d_2, \cdots, d_n)\in M_{n\times n}(\mathbb{C})$가 존재하여 $P^{-1}AP=D$가 된다. 따라서 $AP=PD$ 이고

$$PD = \begin{pmatrix} p_{11} & p_{12} & \cdots & p_{1n} \\ p_{21} & p_{22} & \cdots & p_{2n} \\ \vdots & \vdots & \cdots & \vdots \\ p_{n1} & p_{n2} & \cdots & p_{nn} \end{pmatrix} \begin{pmatrix} d_1 & 0 & \cdots & 0 \\ 0 & d_2 & \cdots & 0 \\ \vdots & \vdots & \cdots & \vdots \\ 0 & 0 & \cdots & d_n \end{pmatrix} = \begin{pmatrix} d_1p_{11} & d_2p_{12} & \cdots & d_np_{1n} \\ d_1p_{21} & d_2p_{22} & \cdots & d_np_{2n} \\ \vdots & \vdots & \cdots & \vdots \\ d_1p_{n1} & d_2p_{n2} & \cdots & d_np_{nn} \end{pmatrix}$$

이므로 $Col_j(PD) = d_j Col_j(P)$이다. 그런데 $Col_j(AP) = A Col_j(P)$이므로 식 $AP = PD$로부터

$$A Col_j(P) = d_j Col_j(P), \quad j = 1, 2, \cdots, n$$

을 얻는다. 여기서 행렬 P는 정칙행렬이므로 $Col_j(P) \neq O$이 되고 따라서 $d_1, d_2, \cdots, d_n$는 행렬 A의 고윳값이 된다. 또한 고윳값 $d_1, d_2, \cdots, d_n$에 대응하는 행렬 A의 고유벡터는 각각 $Col_1(P), Col_2(P), \cdots, Col_n(P)$이다. 그런데 행렬 P는 정칙행렬이므로 P의 n개의 열벡터들 $Col_1(P), Col_2(P), \cdots, Col_n(P)$은 일차독립이 되고 따라서 $\mathbb{C}^n$의 기저가 된다.

역으로 행렬 A의 고유벡터로 이루어진 $\mathbb{C}^n$의 기저 $\mathcal{B} = \{v_1, v_2, \cdots, v_n\}$가 존재한다고 가정하자. 그러면 $v_j \in \mathbb{C}^n$, $j = 1, 2, \cdots, n$이므로 적당한 $p_{ij} \in \mathbb{C}$가 존재하여 다음과 같이 표현된다.

$$v_j = \begin{pmatrix} p_{1j} \\ p_{2j} \\ \vdots \\ p_{nj} \end{pmatrix}$$

고유벡터 v_j에 대응하는 고윳값을 d_j라고 할 때 고유벡터의 정의에 의하여

$$Av_j = d_j v_j$$

이다. 이제 v_j를 j열로 갖는 $n \times n$ 행렬을

$$P = (v_1 | v_2 | \cdots | v_n) = (p_{ij})_{n \times n}$$

라고 놓으면 Av_j는 행렬 AP의 j열이고 행렬 D를 주 대각 성분이 $d_1, d_2, \cdots, d_n$인 대각행렬이라고 놓을 때, $d_j v_j$는 행렬 PD의 j열이므로 $AP = PD$임을 알 수 있다. 여기서 행렬 P는 정칙행렬이므로

$$P^{-1}AP = D$$

이다. 따라서 행렬 A는 대각화가능한 행렬이 됨을 알 수 있다. ▣

참고 주어진 행렬 $A \in M_{n\times n}(\mathbb{C})$가 대각화가능한 행렬인지의 여부는 행렬 A의 고유벡터로 이루어진 $\mathbb{C}^n$의 기저의 존재성을 이용하여 판정할 수가 있다.

예제 행렬 $A = \begin{pmatrix} 1 & 0 \\ 1 & 2 \end{pmatrix}$는 대각화가능한 행렬임을 보여라.

풀이 행렬 A의 고유다항식은 $c_A(x) = \det(xI_2 - A) = (x-1)(x-2)$이다. 따라서 행렬 A는 2개의 고윳값 $\lambda_1 = 1$, $\lambda_2 = 2$을 가진다. 그런데 고윳값 $\lambda_1 = 1$에 대응하는 고유벡터를 구하기 위하여 $X = \begin{pmatrix} x_1 \\ x_2 \end{pmatrix}$라고 놓으면 식 $(A - I_2)X = \begin{pmatrix} 0 & 0 \\ 1 & 1 \end{pmatrix}\begin{pmatrix} x_1 \\ x_2 \end{pmatrix} = O$으로부터 $x_1 + x_2 = 0$이므로 고유벡터 $\begin{pmatrix} 1 \\ -1 \end{pmatrix}$을 얻는다. 또한 $\lambda_2 = 2$에 대응하는 고유벡터를 구하기 위하여 $X = \begin{pmatrix} x_1 \\ x_2 \end{pmatrix}$라고 놓으면 식 $(A - 2I_2)X = \begin{pmatrix} -1 & 0 \\ 1 & 0 \end{pmatrix}\begin{pmatrix} x_1 \\ x_2 \end{pmatrix} = O$으로부터 고유벡터 $\begin{pmatrix} 0 \\ 1 \end{pmatrix}$을 얻는다. 따라서 행렬 A의 고유벡터로 이루어진 $\mathbb{C}^2$의 기저 $\mathcal{B} = \left\{\begin{pmatrix} 1 \\ -1 \end{pmatrix}, \begin{pmatrix} 0 \\ 1 \end{pmatrix}\right\}$가 존재하므로 주어진 행렬 A는 대각화가능한 행렬임을 알 수 있다.

예제 행렬 $A = \begin{pmatrix} 2 & 0 & 0 \\ 0 & 7 & 0 \\ 0 & 5 & 7 \end{pmatrix}$는 대각화가능하지 않음을 보여라.

풀이 행렬 A의 고유다항식은 $c_A(x) = \det(xI_3 - A) = (x-2)(x-7)^2$이다. 따라서 행렬 A는 고윳값 $\lambda_1 = 2$, $\lambda_2 = 7$($\lambda_2 = 7$의 중복도는 2)을 가진다. 그런데 고윳값 $\lambda_1 = 2$에 대응하는 고유벡터를 구하기 위하여 $X = \begin{pmatrix} x_1 \\ x_2 \\ x_3 \end{pmatrix}$라고 놓으면 식

$$(A - 2I_3)X = \begin{pmatrix} 0 & 0 & 0 \\ 0 & 5 & 0 \\ 0 & 5 & 5 \end{pmatrix}\begin{pmatrix} x_1 \\ x_2 \\ x_3 \end{pmatrix} = O$$

으로부터 $x_2 = 0$, $x_3 = 0$를 얻을 수 있고 고유벡터 $v_1 = \begin{pmatrix} 1 \\ 0 \\ 0 \end{pmatrix}$를 얻는다. 또한

$\lambda_2 = 7$에 대응하는 고유벡터를 구하기 위하여 $X = \begin{pmatrix} x_1 \\ x_2 \\ x_3 \end{pmatrix}$라고 놓으면 식

$$(A - 7I_3)X = \begin{pmatrix} 2 & 0 & 0 \\ 0 & 0 & 0 \\ 0 & 5 & 0 \end{pmatrix} \begin{pmatrix} x_1 \\ x_2 \\ x_3 \end{pmatrix} = O$$

으로부터 $x_1 = 0$, $x_2 = 0$이고 고윳값 $\lambda_2 = 7$에 대응하는 고유벡터 $v_2 = \begin{pmatrix} 0 \\ 0 \\ 1 \end{pmatrix}$를 얻는다. 따라서 행렬 A의 고유벡터로 이루어진 $\mathbb{C}^3$의 기저가 존재하지 않으므로 주어진 행렬 A는 대각화가능하지 않음은 알 수 있다.

참고 1. 행렬 A가 대각화가능한 때 대각화 과정에서 이용되는 정치행렬 P는 행렬 A의 고유벡터들을 각각의 열로 갖는 행렬이 된다.

2. 행렬 $P^{-1}AP$는 주대각선의 성분이 A의 고윳값으로 이루어진 대각행렬이다.

3. 행렬 P의 열의 순서를 바꾸면 $P^{-1}AP = D$ 의 대각성분인 d_j의 순서도 따라서 바뀐다.

이에 대하여 다음의 예를 통하여 좀 더 살펴보기로 한다.

예제 행렬 $A = \begin{pmatrix} -3 & 6 \\ 2 & 8 \end{pmatrix}$는 대각화가능한 행렬임을 보이고 행렬 $P^{-1}AP$가 대각행렬이 되는 정칙행렬 P를 구하여라.

풀이 (1) 행렬 A의 특성방정식

$$c_A(x) = \det(xI_2 - A) = (x+4)(x-9) = 0$$

으로부터 두 개의 서로 다른 고윳값 $\lambda_1 = -4$, $\lambda_2 = 9$ 를 얻는다. 이제 고윳값 $\lambda_1 = -4$ 에 대응하는 고유벡터를 구해보자. 식

$$A\begin{pmatrix} x_1 \\ x_2 \end{pmatrix} = (-4)\begin{pmatrix} x_1 \\ x_2 \end{pmatrix}$$

으로부터 일차연립방정식

$$\begin{cases} -3x_1 + 6x_2 = -4x_1 \\ 2x_1 + 8x_2 = -4x_2 \end{cases}$$

을 얻을 수 있고

$$x_1 = -6x_2$$

이므로 고윳값 $\lambda_1 = -4$ 에 대응하는 고유벡터

$$v_1 = \begin{pmatrix} 6 \\ -1 \end{pmatrix}$$

를 구할 수 있다. 또한 고윳값 $\lambda_2 = 9$ 에 대응하는 고유벡터는 식

$$A\begin{pmatrix} x_1 \\ x_2 \end{pmatrix} = 9\begin{pmatrix} x_1 \\ x_2 \end{pmatrix}$$

으로부터 일차연립방정식

$$\begin{cases} -3x_1 + 6x_2 = 9x_1 \\ 2x_1 + 8x_2 = 9x_2 \end{cases}$$

을 얻을 수 있고

$$x_2 = 2x_1$$

이므로 고윳값 $\lambda_2 = 9$ 에 대응하는 고유벡터

$$v_2 = \begin{pmatrix} 1 \\ 2 \end{pmatrix}$$

를 구할 수 있다. 그런데 두 개의 고유벡터 v_1, v_2는 일차독립인 벡터이므로 $\mathbb{C}^2$의 기저를 이룬다. 따라서 행렬 A는 대각화가능한 행렬이고 $P^{-1}AP$ 가 대각행렬이 되는 정칙행렬 P는 다음과 같이 v_1을 1열로 v_2를 2열로 갖는 2×2행렬이 된다.

$$P = \begin{pmatrix} 6 & 1 \\ -1 & 2 \end{pmatrix}$$

또한 $P^{-1}AP$ 가 대각행렬이 됨을 다음과 같이 알 수 있다.

$$P^{-1}AP = \frac{1}{13}\begin{pmatrix} 2 & -1 \\ 1 & 6 \end{pmatrix}\begin{pmatrix} -3 & 6 \\ 2 & 8 \end{pmatrix}\begin{pmatrix} 6 & 1 \\ -1 & 2 \end{pmatrix} = \frac{1}{13}\begin{pmatrix} -52 & 0 \\ 0 & 117 \end{pmatrix} = \begin{pmatrix} -4 & 0 \\ 0 & 9 \end{pmatrix}$$

여기서 대각행렬 $P^{-1}AP$ 의 주대각선에 있는 성분들은 행렬 A의 고윳값들이라는 사실을 알 수 있다.

(2) 위의 예제에서 만일 고윳값에 대응하는 고유벡터를 다른 벡터로 바꾸면 어떤 결과가 나오는지 알아보자. 우선 고윳값 $\lambda_1 = -4$ 에 대응하는 고유벡터를

$$w_1 = \begin{pmatrix} -12 \\ 2 \end{pmatrix}$$

으로 놓고 고윳값 $\lambda_2 = 9$ 에 대응하는 고유벡터를

$$w_2 = \begin{pmatrix} 2 \\ 4 \end{pmatrix}$$

로 놓자. 그러면 두 개의 고유벡터 w_1, w_2는 일차독립인 벡터이므로 $\mathbb{C}^2$의 기저를 이룬다. 따라서 행렬 A는 대각화 가능한 행렬이고 $Q^{-1}AQ$ 가 대각행렬이 되는 정칙행렬 Q는 다음과 같이 w_1을 1열로 w_2를 2열로 갖는 2×2행렬이 된다.

$$Q = \begin{pmatrix} -12 & 2 \\ 2 & 4 \end{pmatrix}$$

또한 $Q^{-1}AQ$ 가 대각행렬이 됨을 다음 계산을 통하여 알 수 있다.

$$Q^{-1}AQ = \frac{1}{26}\begin{pmatrix} -2 & 1 \\ 1 & 6 \end{pmatrix}\begin{pmatrix} -3 & 6 \\ 2 & 8 \end{pmatrix}\begin{pmatrix} -12 & 2 \\ 2 & 4 \end{pmatrix} = \frac{1}{26}\begin{pmatrix} -104 & 0 \\ 0 & 234 \end{pmatrix} = \begin{pmatrix} -4 & 0 \\ 0 & 9 \end{pmatrix}$$

결과적으로 대각행렬 $Q^{-1}AQ$ 의 주대각선에 있는 성분들은 행렬 A의 고윳값이 되므로 고윳값에 대응하는 고유벡터를 다른 고유벡터로 바꾸더라도 대각화한 후 대각행렬에는 변화가 없음을 알 수 있다.

참고 위 예제를 통해서 행렬 A를 대각화시키는데 사용되는 정칙행렬을 만드는데 고유벡터 v_1, v_2 를 사용하는 대신 영이 아닌 스칼라 a_1, a_2에 대하여 a_1v_1, a_2v_2 를 사용하여 정칙행렬을 만들면 행렬 A를 대각화시키는데 사용되는 정칙행렬의 성분은 바뀌지만 대각화 결과로 얻어지는 대각행렬에는 변화가 없다는 것을 알 수 있다.

(3) 위의 예제에서 만일 고윳값의 순서를 바꾸어 계산하면 어떤 결과가 나오는지 알아보자. 고윳값 $\lambda_2 = 9$ 에 대응하는 고유벡터 $v_2 = \begin{pmatrix} 1 \\ 2 \end{pmatrix}$를 1열로 갖고 고윳값

$\lambda_1 = -4$ 에 대응하는 고유벡터 $v_1 = \begin{pmatrix} 6 \\ -1 \end{pmatrix}$를 2열로 갖는 2×2행렬을 $P = \begin{pmatrix} 1 & 6 \\ 2 & -1 \end{pmatrix}$로 놓으면 $\det(P) = -13 \neq 0$이므로 P는 정칙행렬이 되고

$$P^{-1}AP = \frac{-1}{13}\begin{pmatrix} -1 & -6 \\ -2 & 1 \end{pmatrix}\begin{pmatrix} -3 & 6 \\ 2 & 8 \end{pmatrix}\begin{pmatrix} 1 & 6 \\ 2 & -1 \end{pmatrix} = \frac{-1}{13}\begin{pmatrix} -117 & 0 \\ 0 & 52 \end{pmatrix} = \begin{pmatrix} 9 & 0 \\ 0 & -4 \end{pmatrix}$$

이 되어 행렬 $P^{-1}AP$ 은 대각행렬임을 알 수 있다. 또한 여기서 대각행렬 $P^{-1}AP$ 의 주대각선에 있는 성분 $9, -4$는 행렬 A의 고윳값이다. 따라서 고윳값의 순서를 바꾸어 얻은 정칙행렬 $P = \begin{pmatrix} 1 & 6 \\ 2 & -1 \end{pmatrix}$를 이용하여 대각화과정을 시행하면 행렬 A를 대각화시키는 정칙행렬 P의 열이 바뀌고 결과로 얻어지는 대각행렬의 성분은 고윳값 $9, -4$임을 알 수 있다.

이를 일반적으로 다음과 같이 설명할 수 있다.

참고 정사각행렬 A의 서로 다른 고윳값들 $\lambda_1, \lambda_2, \cdots, \lambda_n$에 대한 고유벡터를 각각 $v_1, v_2, \cdots, v_n$ 이라 놓으면 정칙행렬 P는

$$P = (\, v_1 | v_2 | \cdots | v_i | \cdots | v_j | \cdots | v_n \,)$$

이고

$$P^{-1}AP = diag(\lambda_1,\ \lambda_2,\ \cdots,\ \lambda_i, \cdots, \lambda_j, \cdots, \lambda_n)$$

이다. 이 때 고윳값 λ_i, λ_j의 순서를 λ_j, λ_i로 바꾸어 대각화과정을 시행하면 이용되는 정칙행렬은

$$Q = (\, v_1 | v_2 | \cdots | v_j | \cdots | v_i | \cdots | v_n \,)$$

이고

$$Q^{-1}AQ = diag(\lambda_1,\ \lambda_2,\ \cdots,\ \lambda_j, \cdots, \lambda_i, \cdots, \lambda_n)$$

이 된다.

다음은 행렬의 고윳값을 이용하여 대각화가능성을 판정하는 방법에 대한 정리이다.

정리

정사각행렬 $A \in M_{n\times n}(\mathbb{C})$가 n개의 서로 다른 고윳값을 가지면 행렬 A는 대각화가능한 행렬이다.

증명 행렬 A의 n개의 서로 다른 고윳값을 $\lambda_1, \lambda_2, \cdots, \lambda_n$이라 하고 이에 대응하는 고유벡터들을 각각 $v_1, v_2, \cdots, v_n$이라고 할 때 $v_1, v_2, \cdots, v_n$은 일차독립이다. 따라서 A의 고유벡터로 이루어진 $\mathbb{C}^n$의 기저가 존재하므로 행렬 A는 대각화가능한 행렬이다. ▣

예제 행렬 $A = \begin{pmatrix} -3 & 1 \\ 0 & 1 \end{pmatrix} \in M_{2\times 2}(\mathbb{C})$의 고윳값은 $\lambda_1 = -3$, $\lambda_2 = 1$ 이다. 즉, 서로 다른 두 개의 고윳값이 존재하므로 행렬 A는 대각화가능한 행렬이다.

예제 멱등행렬 $A = \begin{pmatrix} 0 & 1 \\ 0 & 1 \end{pmatrix}$의 고윳값은 $\lambda_1 = 0$, $\lambda_2 = 1$ 이다. 즉, 서로 다른 두 개의 고윳값이 존재하므로 행렬 A는 대각화가능한 행렬이다.

예제 행렬 $A = \begin{pmatrix} -5 & 7 & 8 \\ 0 & 1 & -4 \\ 0 & 0 & -2 \end{pmatrix}$의 고윳값은 $\lambda_1 = -5$, $\lambda_2 = 1$, $\lambda_3 = -2$ 이다. 즉, 서로 다른 세 개의 고윳값이 존재하므로 행렬 A는 대각화가능한 행렬이다.

MATLAB 활용하기

이 절에 속한 개념 중 MATLAB을 활용하여 해결할 수 있는 문제는 다음과 같다.

1. 행렬의 대각화가능성을 판정할 수 있다.

예제 행렬 $A=\begin{pmatrix} 2 & 5 \\ 8 & -1 \end{pmatrix}$가 대각화가능한 행렬임을 다음과 같이 판정할 수 있다.

(1) eig([2 5;8 −1])을 입력한다.

(2) Enter키를 누른다.

[결과] ans =

```
    7
   -6
```

[결과 해석] 행렬 A의 고윳값은 $\lambda_1=7$, $\lambda_2=-6$ 이다. 따라서 서로 다른 2개의 고윳값을 가지므로 A는 대각화가능한 행렬이다.

예제 행렬 $A=\begin{pmatrix} 7 & 0 & 0 \\ 1 & 0 & 1 \\ 0 & 8 & 2 \end{pmatrix}$가 대각화가능한 행렬임을 다음과 같이 판정할 수 있다.

(1) eig([7 0 0;1 0 1;0 8 2])을 입력한다.

(2) Enter키를 누른다.

[결과] ans =

```
    4
   -2
    7
```

[결과 해석] 행렬 A의 고윳값은 $\lambda_1=4$, $\lambda_2=-2$, $\lambda_3=7$ 이다. 따라서 서로 다른 3개의 고윳값을 가지므로 A는 대각화가능한 행렬이다.

2. 대각화가능한 행렬 A에 대하여 $P^{-1}AP = D$가 대각행렬이 되는 행렬 P와 D를 구할 수 있다.

예제 행렬 $A = \begin{pmatrix} 2 & 5 \\ 8 & -1 \end{pmatrix}$에 대하여 $P^{-1}AP = D$가 대각행렬이 되는 정칙행렬 P와 대각행렬 D를 다음과 같이 구할 수 있다.

(1) [P, D] = eig([2 5;8 -1])을 입력한다.

(2) Enter키를 누른다.

[결과] P =

```
0.7071   -0.5300
0.7071    0.8480
```

D =

```
7    0
0   -6
```

[결과 해석] $P = \begin{pmatrix} 0.7071 & -0.5300 \\ 0.7071 & 0.8480 \end{pmatrix}$이고 $D = \begin{pmatrix} 7 & 0 \\ 0 & -6 \end{pmatrix}$이다.

예제 행렬 $A = \begin{pmatrix} 7 & 0 & 0 \\ 1 & 0 & 1 \\ 0 & 8 & 2 \end{pmatrix}$에 대하여 $P^{-1}AP = D$가 대각행렬이 되는 정칙행렬 P와 대각행렬 D를 다음과 같이 구할 수 있다.

(1) [P, D] = eig([7 0 0;1 0 1;0 8 2])을 입력한다.

(2) Enter키를 누른다.

[결과] P =

```
0         0         0.9440
0.2425    0.4472    0.1748
0.9701    0.8944    0.2797
```

D =

```
4    0    0
0   -2    0
0    0    7
```

[결과 해석] $P = \begin{pmatrix} 0 & 0 & 0.9440 \\ 0.2425 & 0.4472 & 0.1748 \\ 0.9701 & -0.8944 & 0.2797 \end{pmatrix}$ 이고 $D = \begin{pmatrix} 4 & 0 & 0 \\ 0 & -2 & 0 \\ 0 & 0 & 7 \end{pmatrix}$이다.

연습 문제

1. 다음 행렬 $A \in M_{2\times 2}(\mathbb{C})$가 대각화가능한 행렬인지 판정하고 이유를 설명하여라.

(1) $\begin{pmatrix} 1 & -1 \\ 0 & 0 \end{pmatrix}$ (2) $\begin{pmatrix} 1 & 0 \\ -5 & -8 \end{pmatrix}$

(3) $\begin{pmatrix} 0 & 12 \\ 0 & 0 \end{pmatrix}$ (4) $\begin{pmatrix} -1 & 0 \\ 0 & 2 \end{pmatrix}$

2. 다음 행렬 $A \in M_{3\times 3}(\mathbb{C})$가 대각화가능한 행렬인지 판정하고 이유를 설명하여라.

(1) $\begin{pmatrix} 0 & -2 & 7 \\ 0 & 0 & 1 \\ 0 & 0 & 0 \end{pmatrix}$ (2) $\begin{pmatrix} 8 & 1 & 0 \\ 0 & -1 & -1 \\ 0 & 0 & 4 \end{pmatrix}$

(3) $\begin{pmatrix} -2 & 0 & 0 \\ 1 & 5 & 2 \\ 4 & 4 & 0 \end{pmatrix}$ (4) $\begin{pmatrix} 2 & 0 & 0 \\ 0 & 4 & 0 \\ 0 & 0 & 10 \end{pmatrix}$

3. 행렬 $A = \begin{pmatrix} 0 & 4 \\ -2 & 0 \end{pmatrix} \in M_{2\times 2}(\mathbb{C})$에 대하여 다음 행렬 B의 대각화가능성을 판정하고 대각화가능한 경우에 $P^{-1}BP$가 대각행렬이 되는 정칙행렬 $P \in M_{2\times 2}(\mathbb{C})$를 구하여라.

(1) A (2) A^T

(2) $8A$ (3) A^2

4. 행렬 $A \in M_{n\times n}(\mathbb{C})$가 대각화가능한 행렬일 때 전치행렬 A^T는 대각화가능한 행렬인지 판정하고 이유를 설명하여라.

5. 행렬 $A \in M_{n\times n}(\mathbb{C})$가 대각화가능한 행렬일 때 스칼라 $\alpha \in \mathbb{C}$에 대하여 행렬 αA는 대각화가능한 행렬인지 판정하고 이유를 설명하여라.

6. 행렬 $A \in M_{n\times n}(\mathbb{C})$가 대각화가능한 행렬일 때 임의의 자연수 m에 대하여 행렬 A^m은 대각화가능한 행렬인지 판정하고 이유를 설명하여라.

7. 행렬 $A \in M_{2\times 2}(\mathbb{C})$가 대칭행렬일 때 행렬 A는 대각화가능한 행렬인지 판정하고 이유를 설명하여라.

8. 행렬 $A \in M_{2\times 2}(\mathbb{C})$가 교대행렬일 때 행렬 A는 대각화가능한 행렬인지 판정하고 이유를 설명하여라.

9. 행렬 $A \in M_{n\times n}(\mathbb{C})$가 삼각행렬일 때 행렬 A는 대각화가능한 행렬인지 판정하고 이유를 설명하여라.

10. 행렬 $A \in M_{n\times n}(\mathbb{C})$가 정칙행렬일 때 행렬 A는 대각화가능한 행렬인지 판정하고 이유를 설명하여라.

11. 행렬 $A \in M_{n\times n}(\mathbb{C})$가 정칙행렬일 때 행렬 A가 대각화가능하면 역행렬 A^{-1}는 대각화가능한 행렬인지 판정하고 이유를 설명하여라.

12. 행렬 $A \in M_{3\times 3}(\mathbb{C})$의 특성다항식이 $f(x) = 2 - x - 2x^2 + x^3$일 때 A는 대각화가능한 행렬인지 판정하고 이유를 설명하여라.

6.4 대각화가능한 행렬을 이용한 미분방정식의 풀이

이 절에서는 주어진 행렬의 고윳값, 고유벡터, 대각화가능성 등의 개념들을 이용해서 풀 수 있는 미분방정식문제들에 대해서 살펴보기로 한다.

우선 미분가능한 함수 $y=f(x)$에 대하여 미분방정식

$$\frac{dy}{dx}=ay$$

의 해는 임의의 실수 c에 대하여

$$y=c\,e^{ax}$$

임을 쉽게 알 수 있다.

또한 이를 이용하여 다음과 같은 간단한 연립미분방정식의 해를 구할 수 있다.

예제 다음 연립미분방정식의 해를 구하여라.

$$\begin{cases} {y_1}'=y_1 \\ {y_2}'=2y_2 \end{cases}$$

풀이 주어진 연립미분방정식은 각각이 하나의 변수로 이루어졌기 때문에 연립미분방정식의 해는 임의의 실수 c_1, c_2에 대하여 다음과 같다.

$$\begin{cases} y_1=c_1\,e^{x} \\ y_2=c_2\,e^{2x} \end{cases}$$

그렇지만 다음과 같은 연립미분방정식의 해는 위와 같이 직접 구할 수가 없다. 그런데 계수로 이루어진 행렬이 대각화가능한 행렬이면 연립미분방정식의 해를 다음과 같이 구할 수 있다.

변수 x에 대한 n개의 함수

$$\begin{cases} y_1 = f_1(x) \\ y_2 = f_2(x) \\ \quad\vdots \\ y_n = f_n(x) \end{cases}$$

에 대하여 다음과 같은 연립미분방정식을 생각해 보자.

$$\begin{cases} y_1{}' = a_{11}y_1 + a_{12}y_2 + \cdots + a_{1n}y_n \\ y_2{}' = a_{21}y_1 + a_{22}y_2 + \cdots + a_{2n}y_n \\ \qquad\vdots \\ y_n{}' = a_{n1}y_1 + a_{n2}y_2 + \cdots + a_{nn}y_n \end{cases}$$

이 때, 각 변수들의 계수들을 성분으로 갖는 다음과 같이 크기가 $n\times n$인 행렬을

$$A = \begin{pmatrix} a_{11} & a_{12} & \cdots & a_{1n} \\ a_{21} & a_{22} & \cdots & a_{2n} \\ \vdots & \vdots & \cdots & \vdots \\ a_{n1} & a_{n2} & \cdots & a_{nn} \end{pmatrix}$$

라고 하고 행렬 Y, Y'을 다음과 같이 놓으면

$$Y = \begin{pmatrix} y_1 \\ y_2 \\ \vdots \\ y_n \end{pmatrix} \qquad Y' = \begin{pmatrix} y_1{}' \\ y_2{}' \\ \vdots \\ y_n{}' \end{pmatrix}$$

위의 연립미분방정식은 다음과 같이 간단하게 나타낼 수 있다.

$$Y' = AY$$

만일 A가 대각화가능한 행렬이라면 적당한 정칙행렬 P와 대각행렬 D가 존재하여 $P^{-1}AP = D$이다. 행렬 Z와 Z'을

$$Z = \begin{pmatrix} z_1 \\ z_2 \\ \vdots \\ z_n \end{pmatrix}, \qquad Z' = \begin{pmatrix} z_1{}' \\ z_2{}' \\ \vdots \\ z_n{}' \end{pmatrix}$$

으로 놓고

$$Y = PZ, \ Y' = PZ'$$

을 주어진 방정식에 치환하면

$$PZ' = APZ$$

을 얻는다. 따라서

$$Z' = P^{-1}APZ = DZ$$

을 이용하면 Z를 구할 수 있고 이를 관계식 $Y = PZ$에 대입하여 연립미분방정식의 해 Y를 구할 수 있다.

이와 같은 방법으로 다음과 같은 간단한 연립미분방정식의 해를 구할 수 있다.

예제 다음 연립미분방정식의 해를 구하여라.

$$\begin{cases} y_1' = -3y_1 + 6y_2 \\ y_2' = 2y_1 + 8y_2 \end{cases}$$

풀이 주어진 연립미분방정식의 계수행렬은

$$A = \begin{pmatrix} -3 & 6 \\ 2 & 8 \end{pmatrix}$$

이고 행렬 Y, Y'을 다음과 같이 놓으면

$$Y = \begin{pmatrix} y_1 \\ y_2 \end{pmatrix} \qquad Y' = \begin{pmatrix} y_1' \\ y_2' \end{pmatrix}$$

위의 연립미분방정식은 다음과 같이 간단하게 나타낼 수 있다.

$$Y' = AY$$

행렬 A의 특성방정식 $c_A(x) = \det(xI_2 - A) = (x+4)(x-9) = 0$ 으로부터 A가 두 개의 서로 다른 고윳값 $\lambda_1 = -4$, $\lambda_2 = 9$ 을 가지므로 행렬 A는 대각화가능한 행렬이고 정칙행렬 $P = \begin{pmatrix} 6 & 1 \\ -1 & 2 \end{pmatrix}$에 대하여

$$P^{-1}AP = \frac{1}{13}\begin{pmatrix} 2 & -1 \\ 1 & 6 \end{pmatrix}\begin{pmatrix} -3 & 6 \\ 2 & 8 \end{pmatrix}\begin{pmatrix} 6 & 1 \\ -1 & 2 \end{pmatrix} = \frac{1}{13}\begin{pmatrix} -52 & 0 \\ 0 & 117 \end{pmatrix} = \begin{pmatrix} -4 & 0 \\ 0 & 9 \end{pmatrix}$$

이다.

이제 행렬 Z와 Z'을

$$Z = \begin{pmatrix} z_1 \\ z_2 \end{pmatrix}, \qquad Z' = \begin{pmatrix} z_1' \\ z_2' \end{pmatrix}$$

으로 놓고

$$Y = PZ, \quad Y' = PZ'$$

을 주어진 방정식에 치환하면

$$PZ' = APZ$$

을 얻는다. 따라서

$$Z' = P^{-1}APZ$$

이 되어 주어진 연립미분방정식은 다음과 같이 변환된다.

$$\begin{cases} z_1' = -4z_1 \\ z_2' = 9z_2 \end{cases}$$

이 연립미분방정식을 풀면 임의의 실수 c_1, c_2에 대하여

$$\begin{cases} z_1 = c_1 e^{-4x} \\ z_2 = c_2 e^{9x} \end{cases}$$

이 된다. 결과적으로

$$Y = PZ = \begin{pmatrix} 6 & 1 \\ -1 & 2 \end{pmatrix}\begin{pmatrix} z_1 \\ z_2 \end{pmatrix} = \begin{pmatrix} 6z_1 + z_2 \\ -z_1 + 2z_2 \end{pmatrix} = \begin{pmatrix} 6c_1e^{-4x} + c_2e^{9x} \\ -c_1e^{-4x} + 2c_2e^{9x} \end{pmatrix}$$

이므로 주어진 연립미분방정식의 일반해는 다음과 같다.

$$\begin{cases} y_1 = 6c_1 e^{-4x} + c_2 e^{9x} \\ y_2 = -c_1 e^{-4x} + 2c_2 e^{9x} \end{cases}$$

여기서 만일 주어진 연립미분방정식의 초기값이 다음과 같이 주어지면 즉,

$$\begin{cases} y_1(0) = 2 \\ y_2(0) = -1 \end{cases}$$

이면

$$\begin{cases} 6c_1 + c_2 \quad = 2 \\ -c_1 + 2c_2 = -1 \end{cases}$$

이므로

$$c_1 = \frac{5}{13}, \quad c_2 = \frac{-4}{13}$$

이 되어 주어진 초기값에 대한 연립미분방정식의 특수해는 다음과 같다.

$$\begin{cases} y_1 = \dfrac{30}{13} e^{-4x} - \dfrac{4}{13} e^{9x} \\ y_2 = -\dfrac{5}{13} e^{-4x} - \dfrac{8}{13} e^{9x} \end{cases}$$

연습 문제

1. 다음에 주어진 연립미분방정식의 해를 구하여라.

(1) $\begin{cases} y_1{}' = y_1 - y_2 \\ y_2{}' = 2y_1 + 4y_2 \end{cases}$　　(2) $\begin{cases} y_1{}' = y_1 \\ y_2{}' = 5y_1 - 7y_2 \end{cases}$

2. 다음에 주어진 연립미분방정식의 해를 구하여라.

(1) $\begin{cases} y_1{}' = y_1 \\ y_2{}' = 4y_2 \\ y_3{}' = 7y_3 \end{cases}$　　(2) $\begin{cases} y_1{}' = y_1 + y_2 + 2y_3 \\ y_2{}' = 4y_2 - y_3 \\ y_3{}' = 7y_3 \end{cases}$

6.5 대각화가능한 선형사상

이 절에서는 체 F위의 벡터공간 V에서 정의된 선형사상 $T: V \to V$의 대각화가능성에 대하여 살펴보자.

정의

체 F위의 벡터공간 V에서 정의된 선형사상 $T: V \to V$에 대하여 V의 적당한 기저 $\mathcal{B}$에 대한 행렬 $[T]_{\mathcal{B}}$가 대각행렬일 때 선형사상 T를 **대각화가능한 선형사상**(diagonalizable linear map)이라고 한다.

예제 항등선형사상 $T: \mathbb{C}^2 \to \mathbb{C}^2$, $T(a,b) = (a,b)$는 $\mathbb{C}^2$의 임의의 기저 $\mathcal{B}$에 대하여

$$[T]_{\mathcal{B}} = \begin{pmatrix} 1 & 0 \\ 0 & 1 \end{pmatrix}$$

이다. 따라서 $[T]_{\mathcal{B}}$가 대각행렬이 되어 항등선형사상 T는 대각화가능한 선형사상이다.

예제 선형사상 $T: \mathbb{C}^2 \to \mathbb{C}^2$, $T(a,b) = (-a, 2b)$는 벡터공간 $\mathbb{C}^2$의 표준기저 $\mathcal{B} = \{(1,0), (0,1)\}$에 대하여

$$T(1,0) = (-1,0) = (-1)(1,0) + 0(0,1)$$

$$T(0,1) = (0,2) = 0(1,0) + 2(0,1)$$

이다. 따라서

$$[T]_{\mathcal{B}} = \begin{pmatrix} -1 & 0 \\ 0 & 2 \end{pmatrix}$$

은 대각행렬이므로 선형사상 T는 대각화가능한 선형사상이 된다.

예제 선형사상 $T : \mathbb{C}^3 \to \mathbb{C}^3$, $T(a, b, c) = (a, 2b, -c)$는 $\mathbb{C}^3$의 표준기저 $\mathcal{B} = \{(1,0,0), (0,1,0), (0,0,1)\}$에 대하여

$$T(1,0,0) = (1,0,0) = 1(1,0,0) + 0(0,1,0) + 0(0,0,1)$$

$$T(0,1,0) = (0,2,0) = 0(1,0,0) + 2(0,1,0) + 0(0,0,1)$$

$$T(0,0,1) = (0,0,-1) = 0(1,0,0) + 0(0,1,0) + (-1)(0,0,1)$$

이므로

$$[T]_{\mathcal{B}} = \begin{pmatrix} 1 & 0 & 0 \\ 0 & 2 & 0 \\ 0 & 0 & 1 \end{pmatrix}$$

이다. 따라서 $[T]_{\mathcal{B}}$가 대각행렬이 되어 선형사상 T는 대각화가능한 선형사상이다.

정리

체 F위의 n차원 벡터공간 V에서 정의된 선형사상 $T : V \to V$가 대각화가능한 선형사상이기 위한 필요충분조건은 V의 임의의 기저 $\mathcal{B}$에 대한 행렬 $[T]_{\mathcal{B}}$가 대각화가능한 행렬인 것이다.

증명 선형사상 $T : V \to V$를 대각화가능한 선형사상이라고 가정하면 정의에 의하여 V의 적당한 기저 $\mathcal{B}_1$에 대한 표현행렬 $[T]_{\mathcal{B}_1}$가 대각행렬이 된다. 그런데 $\mathcal{B}$를 V의 임의의 기저라고 할 때

$$[T]_{\mathcal{B}_1} = [1_V]_{\mathcal{B}}^{\mathcal{B}_1} [T]_{\mathcal{B}} [1_V]_{\mathcal{B}_1}^{\mathcal{B}}$$

이고 행렬 $P = [1_V]_{\mathcal{B}_1}^{\mathcal{B}}$에 대하여 $P^{-1} = [1_V]_{\mathcal{B}}^{\mathcal{B}_1}$이므로

$$[T]_{\mathcal{B}_1} = [1_V]_{\mathcal{B}}^{\mathcal{B}_1} [T]_{\mathcal{B}} [1_V]_{\mathcal{B}_1}^{\mathcal{B}} = P^{-1} [T]_{\mathcal{B}} P$$

이다. 따라서 기저 $\mathcal{B}$에 대한 T의 행렬 $[T]_{\mathcal{B}}$는 대각화가능한 행렬이 된다.

역으로 V의 임의의 기저 $\mathcal{B}$에 대한 행렬 $[T]_{\mathcal{B}}$가 대각화가능한 행렬이라고 가정

하자. 그러면 적당한 정칙행렬 $Q=(b_{ij})_{n\times n}$가 존재하여 $Q^{-1}[T]_{\mathcal{B}}Q$ 가 대각행렬이 된다. 이제 $\mathcal{B}=\{u_1, u_2, \cdots, u_n\}$이라고 놓고 벡터 $v_1, v_2, \cdots, v_n$을 다음과 같이 놓자.

$$v_j=\sum_{i=1}^{n} b_{ij}u_i\ , \quad i=1,2,\cdots,n$$

그러면 다음과 같이 정의된 선형사상

$$T_1: V\to V, \quad T_1(u_i)=v_i\ , \quad i=1,2,\cdots,n$$

이 존재한다. 또한 $[T_1]_{\mathcal{B}}=(b_{ij})_{n\times n}=Q$ 이고 Q가 정칙행렬이므로 T_1은 정칙선형사상이다. 따라서 $\mathcal{B}_1=\{v_1, v_2, \cdots, v_n\}$은 V의 기저가 되고

$$[T]_{\mathcal{B}_1}=[1_V]_{\mathcal{B}}^{\mathcal{B}_1}[T]_{\mathcal{B}}\,[1_V]_{\mathcal{B}_1}^{\mathcal{B}}=Q^{-1}[T]_{\mathcal{B}}Q$$

이다. 그런데 $Q^{-1}[T]_{\mathcal{B}}Q$ 는 대각행렬이므로 $[T]_{\mathcal{B}_1}$은 대각행렬이 된다. 즉, 선형사상 $T: V\to V$는 대각화가능한 선형사상이다. ▣

연습 문제

1. 선형사상 $T: \mathbb{R}^2 \to \mathbb{R}^2$, $T(a, b) = (b, b-2a)$에 대하여 다음 선형사상이 대각화가능한 선형사상인지를 판정하고 이유를 설명하여라.

(1) T　　(2) T^{-1}

(3) T^2　　(4) $3T$

2. 선형사상 $T: \mathbb{R}^3 \to \mathbb{R}^3$, $T(a, b, c) = (c, b, a)$에 대하여 다음 선형사상이 대각화가능한 선형사상인지를 판정하고 이유를 설명하여라.

(1) T　　(2) T^{-1}

(3) T^5　　(4) $12T$

3. 다음 선형사상이 대각화가능한 선형사상인지를 판정하고 이유를 설명하여라.

(1) $T: \mathbb{R}_2[x] \to \mathbb{R}_2[x]$, $T(ax^2 + bx + c) = a - b - 2c$

(2) $T: M_{2\times 2}(\mathbb{R}) \to M_{2\times 2}(\mathbb{R})$, $T\begin{pmatrix} a & b \\ c & d \end{pmatrix} = \begin{pmatrix} c & 0 \\ 2b & a-d \end{pmatrix}$

4. 선형사상 $T: V \to V$가 대각화가능한 선형사상일 때 스칼라 $\alpha \in \mathbb{C}$에 대하여 $\alpha T: V \to V$가 대각화가능한 선형사상인지를 판정하고 이유를 설명하여라.

5. 선형사상 $T: V \to V$가 정칙선형사상일 때 T^{-1}가 대각화가능한 선형사상인지를 판정하고 이유를 설명하여라.

6. 체 F위의 벡터공간 V에서 정의된 선형사상 $T: V \to V$가 정칙선형사상일 때 역사상 T^{-1}가 대각화가능한 선형사상인지를 판정하고 이유를 설명하여라.

7. 다음 행렬 $A \in M_{2\times 2}(\mathbb{C})$에 대해서 선형사상 $L_A: \mathbb{C}^2 \to \mathbb{C}^2$, $L_A(v) = Av$는 대각화가능한 선형사상인지를 판정하고 이유를 설명하여라.

(1) $\begin{pmatrix} 5 & -1 \\ 0 & 2 \end{pmatrix}$ (2) $\begin{pmatrix} 4 & 0 \\ 0 & -8 \end{pmatrix}$ (3) $\begin{pmatrix} 0 & 7 \\ -1 & 0 \end{pmatrix}$

8. 다음 행렬 $A \in M_{3\times 3}(\mathbb{C})$에 대해서 선형사상 $L_A: \mathbb{C}^3 \to \mathbb{C}^3$, $L_A(v) = Av$는 대각화가능한 선형사상인지를 판정하고 이유를 설명하여라.

(1) $\begin{pmatrix} 0 & -1 & 1 \\ 0 & 0 & 1 \\ 0 & 0 & 0 \end{pmatrix}$ (2) $\begin{pmatrix} -2 & 0 & 0 \\ 0 & 5 & -1 \\ 1 & 0 & 2 \end{pmatrix}$ (3) $\begin{pmatrix} -4 & 0 & 0 \\ 0 & 1 & 0 \\ 0 & 0 & 2 \end{pmatrix}$

연습 문제 풀이

1장. 행렬

1.1 행렬의 정의 및 연산

1. (1) $A+5B=\begin{pmatrix}0&4\\1&5\end{pmatrix}+\begin{pmatrix}10&55\\25&-15\end{pmatrix}=\begin{pmatrix}10&59\\26&-10\end{pmatrix}$

(2) $2A-3B=\begin{pmatrix}0&8\\2&10\end{pmatrix}-\begin{pmatrix}6&33\\15&-9\end{pmatrix}=\begin{pmatrix}-6&-25\\-13&19\end{pmatrix}$

(3) $AB=\begin{pmatrix}0&4\\1&5\end{pmatrix}\begin{pmatrix}2&11\\5&-3\end{pmatrix}=\begin{pmatrix}20&-12\\27&-4\end{pmatrix}$

(4) $AB-BA=\begin{pmatrix}20&-12\\27&-4\end{pmatrix}-\begin{pmatrix}11&63\\-3&5\end{pmatrix}=\begin{pmatrix}9&-75\\30&-9\end{pmatrix}$

2. (1) $A^8=\begin{pmatrix}0&2\\3&0\end{pmatrix}^8=\begin{pmatrix}6&0\\0&6\end{pmatrix}^4=\begin{pmatrix}1296&0\\0&1296\end{pmatrix}$

(2) $AB-BA=\begin{pmatrix}-16&0\\0&9\end{pmatrix}-\begin{pmatrix}9&0\\0&-16\end{pmatrix}=\begin{pmatrix}-25&0\\0&25\end{pmatrix}$

(3) $A^2B-BA^2=\begin{pmatrix}6&0\\0&6\end{pmatrix}\begin{pmatrix}0&3\\-8&0\end{pmatrix}-\begin{pmatrix}0&3\\-8&0\end{pmatrix}\begin{pmatrix}6&0\\0&6\end{pmatrix}$

$=\begin{pmatrix}0&18\\-48&0\end{pmatrix}-\begin{pmatrix}0&18\\-48&0\end{pmatrix}=\begin{pmatrix}0&0\\0&0\end{pmatrix}$

3. (1) $A^6=\begin{pmatrix}-2&0\\0&1\end{pmatrix}^6=\begin{pmatrix}4&0\\0&1\end{pmatrix}^3=\begin{pmatrix}16&0\\0&1\end{pmatrix}\begin{pmatrix}4&0\\0&1\end{pmatrix}=\begin{pmatrix}64&0\\0&1\end{pmatrix}$

(2) $AB-BA=\begin{pmatrix}-14&0\\0&7\end{pmatrix}-\begin{pmatrix}-14&0\\0&7\end{pmatrix}=\begin{pmatrix}0&0\\0&0\end{pmatrix}$

(3) $A^2B-BA^2=\begin{pmatrix}4&0\\0&1\end{pmatrix}\begin{pmatrix}7&0\\0&7\end{pmatrix}-\begin{pmatrix}7&0\\0&7\end{pmatrix}\begin{pmatrix}4&0\\0&1\end{pmatrix}=\begin{pmatrix}28&0\\0&7\end{pmatrix}-\begin{pmatrix}28&0\\0&7\end{pmatrix}=\begin{pmatrix}0&0\\0&0\end{pmatrix}$

4. (1) $A+B=\begin{pmatrix}0&4&2\\1&5&1\\-7&1&0\end{pmatrix}+\begin{pmatrix}3&1&4\\-2&-1&5\\0&2&1\end{pmatrix}=\begin{pmatrix}3&5&6\\-1&4&6\\-7&3&1\end{pmatrix}$

(2) $A-7B=\begin{pmatrix} 0 & 4 & 2 \\ 1 & 5 & 1 \\ -7 & 1 & 0 \end{pmatrix}-\begin{pmatrix} 21 & 7 & 28 \\ -14 & -7 & 35 \\ 0 & 14 & 7 \end{pmatrix}=\begin{pmatrix} -21 & -3 & -26 \\ 15 & 12 & -34 \\ -7 & -13 & -7 \end{pmatrix}$

(3) $AB=\begin{pmatrix} 0 & 4 & 2 \\ 1 & 5 & 1 \\ -7 & 1 & 0 \end{pmatrix}\begin{pmatrix} 3 & 1 & 4 \\ -2 & -1 & 5 \\ 0 & 2 & 1 \end{pmatrix}=\begin{pmatrix} -8 & 0 & 22 \\ -7 & -2 & 30 \\ -23 & -8 & -23 \end{pmatrix}$

(4) $AB-BA=\begin{pmatrix} -8 & 0 & 22 \\ -7 & -2 & 30 \\ -23 & -8 & -23 \end{pmatrix}-\begin{pmatrix} -27 & 21 & 7 \\ -36 & -8 & -5 \\ -5 & 11 & 2 \end{pmatrix}=\begin{pmatrix} 19 & -21 & 15 \\ 29 & 6 & 35 \\ -18 & -19 & -25 \end{pmatrix}$

5. 좌변을 계산하면 $\begin{pmatrix} a & 2 \\ 7 & -3 \end{pmatrix}+2\begin{pmatrix} 0 & b \\ 2 & 11 \end{pmatrix}=\begin{pmatrix} a & 2+2b \\ 11 & 19 \end{pmatrix}$이므로 $\begin{pmatrix} a & 2+2b \\ 11 & 19 \end{pmatrix}=\begin{pmatrix} 3 & c \\ 11 & -c \end{pmatrix}$ 이다. 따라서 $a=3,\ 2+2b=c,\ 19=-c$ 을 얻을 수 있고 구하는 실수 a,b,c값은 다음과 같다. $a=3,\ b=-\dfrac{21}{2},\ c=-19.$

6. (1) 행렬 $\begin{pmatrix} 0 & 0.8 & a \\ 0.9 & a & c \\ b & 4b & 0 \end{pmatrix}$의 각 열의 성분들의 합은 다음과 같다.

1열 : $0+0.9+b=1$

2열 : $0.8+a+4b=1$

3열 : $a+c+0=1$

식을 만족하는 실수 a,b,c 값은 $a=-0.2,\ \ b=0.1,\ \ c=1.2$이므로 성분이 0과 1사이의 실수라는 조건을 만족하지 않는다. 따라서 주어진 행렬은 확률행렬이 될 수 없다.

(2) 행렬 $\begin{pmatrix} 0 & c & 0.7 \\ b+c & 0.2 & a-c \\ 0.3 & 2a & 0 \end{pmatrix}$의 각 열의 성분들의 합은 다음과 같다.

1열 : $0+b+c+0.3=1$

2열 : $c+0.2+2a=1$

3열 : $0.7+a-c+0=1$

식을 만족하는 실수 a,b,c 값은 $a=\dfrac{1.1}{3},\ \ b=\dfrac{1.9}{3},\ \ c=\dfrac{0.2}{3}$이므로 확률행렬이 될 조건을 만족한다. 따라서 주어진 행렬은 확률행렬이 될 수 있다.

1.2 행렬의 연산에 대한 성질

1. $AB = \begin{pmatrix} \cos\theta_1 & -\sin\theta_1 \\ \sin\theta_1 & \cos\theta_1 \end{pmatrix}\begin{pmatrix} \cos\theta_2 & -\sin\theta_2 \\ \sin\theta_2 & \cos\theta_2 \end{pmatrix}$

$$= \begin{pmatrix} \cos\theta_1\cos\theta_2 - \sin\theta_1\sin\theta_2 & -\cos\theta_1\sin\theta_2 - \sin\theta_1\cos\theta_2 \\ \sin\theta_1\cos\theta_2 + \cos\theta_1\sin\theta_2 & -\sin\theta_1\sin\theta_2 + \cos\theta_1\cos\theta_2 \end{pmatrix}$$

$$BA = \begin{pmatrix} \cos\theta_2 & -\sin\theta_2 \\ \sin\theta_2 & \cos\theta_2 \end{pmatrix}\begin{pmatrix} \cos\theta_1 & -\sin\theta_1 \\ \sin\theta_1 & \cos\theta_1 \end{pmatrix}$$

$$= \begin{pmatrix} \cos\theta_2\cos\theta_1 - \sin\theta_2\sin\theta_1 & -\cos\theta_2\sin\theta_1 - \sin\theta_2\cos\theta_1 \\ \sin\theta_2\cos\theta_1 + \cos\theta_2\sin\theta_1 & -\sin\theta_2\sin\theta_1 + \cos\theta_2\cos\theta_1 \end{pmatrix}$$

이므로 두 행렬 A, B은 곱에 대한 교환법칙 $AB = BA$가 성립함을 알 수 있다.

2. AB의 크기는 3×3 행렬이고 BA의 크기는 2×2이므로 $AB \neq BA$이 되어 주어진 행렬은 곱에 대한 교환법칙이 성립하지 않는다.

3. $AB = \begin{pmatrix} 2 & x \\ x & 1 \end{pmatrix}\begin{pmatrix} 1 & 1 \\ 1 & -y \end{pmatrix} = \begin{pmatrix} 2+x & 2-xy \\ x+1 & x-y \end{pmatrix}$,

$$BA = \begin{pmatrix} 1 & 1 \\ 1 & -y \end{pmatrix}\begin{pmatrix} 2 & x \\ x & 1 \end{pmatrix} = \begin{pmatrix} 2+x & x+1 \\ 2-yx & x-y \end{pmatrix}$$

이므로 $AB = BA$로부터 $\begin{pmatrix} 2+x & 2-xy \\ x+1 & x-y \end{pmatrix} = \begin{pmatrix} 2+x & x+1 \\ 2-yx & x-y \end{pmatrix}$를 얻는다. 따라서 식 $2-xy = x+1$ 을 만족하는 x, y를 구하면 된다. 이 식을 간단히 하면 $x(y+1) = 1$이므로 집합 $\{(x,y) | x(y+1) = 1\}$에 속하는 임의의 실수 x, y에 대하여 곱에 대한 교환법칙 $AB = BA$를 만족한다.

4 행렬 $A_i, B_j\,(1 < i, j < 4)$을 각각 다음과 같이 놓자

$$A_1 = \begin{pmatrix} 2 & 0 \\ 1 & 4 \end{pmatrix}, \quad A_2 = \begin{pmatrix} 1 & -5 \\ 5 & 1 \end{pmatrix}, \quad A_3 = \begin{pmatrix} 8 & 3 \\ 0 & -1 \end{pmatrix}, \quad A_4 = \begin{pmatrix} 0 & 0 \\ 0 & 0 \end{pmatrix}$$

$$B_1 = \begin{pmatrix} 0 & 8 \\ 1 & -1 \end{pmatrix}, \quad B_2 = \begin{pmatrix} 2 & 0 \\ 0 & 2 \end{pmatrix}, \quad B_3 = \begin{pmatrix} 7 & 0 \\ 0 & 7 \end{pmatrix}, \quad B_4 = \begin{pmatrix} 1 & 3 \\ 4 & 0 \end{pmatrix}$$

그러면

$$A_1B_1 + A_2B_3 = \begin{pmatrix} 7 & -19 \\ 39 & 11 \end{pmatrix}, \qquad A_1B_2 + A_2B_4 = \begin{pmatrix} -15 & 3 \\ 11 & 23 \end{pmatrix}$$

$$A_3B_1 + A_4B_3 = \begin{pmatrix} 3 & 61 \\ -1 & 1 \end{pmatrix}, \qquad A_3B_2 + A_4B_4 = \begin{pmatrix} 16 & 6 \\ 0 & -2 \end{pmatrix}$$

이다. 따라서 AB는 다음과 같다.

$$AB = \begin{pmatrix} A_1B_1 + A_2B_3 & A_1B_2 + A_2B_4 \\ A_3B_1 + A_4B_3 & A_3B_2 + A_4B_4 \end{pmatrix} = \begin{pmatrix} 7 & -19 & -15 & 3 \\ 39 & 11 & 11 & 23 \\ 3 & 61 & 16 & 6 \\ -1 & 1 & 0 & -2 \end{pmatrix}$$

1.3 행렬의 전치행렬과 대각합

1. (1) $(2B)^T = \begin{pmatrix} 6 & 8 \\ 0 & -8 \end{pmatrix}^T = \begin{pmatrix} 6 & 0 \\ 8 & -8 \end{pmatrix}$

   (2) $(-A+3B)^T = (-A)^T + (3B)^T = \begin{pmatrix} 2 & 0 \\ 0 & -8 \end{pmatrix}^T + \begin{pmatrix} 9 & 12 \\ 0 & -12 \end{pmatrix}^T$

   $= \begin{pmatrix} 2 & 0 \\ 0 & -8 \end{pmatrix} + \begin{pmatrix} 9 & 0 \\ 12 & -12 \end{pmatrix} = \begin{pmatrix} 11 & 0 \\ 12 & -20 \end{pmatrix}$

   (3) $(AB)^T = B^TA^T = \begin{pmatrix} 3 & 0 \\ 4 & -4 \end{pmatrix}\begin{pmatrix} -2 & 0 \\ 0 & 8 \end{pmatrix} = \begin{pmatrix} -6 & 0 \\ -8 & -32 \end{pmatrix}$

   (4) $(A^3)^T - (A^T)^3 = (A^T)^3 - (A^T)^3 = \begin{pmatrix} 0 & 0 \\ 0 & 0 \end{pmatrix}$

2. (1) $tr(A) = 5 + 1 = 6$

   (2) $tr(8A) = 8tr(A) = 8 \times 6 = 48$

   (3) $tr(5A - 3B) = 5tr(A) - 3tr(B) = 5 \times 6 - 3 \times (-2) = 36$

   (4) $tr(AB) - tr(BA) = tr(AB) - tr(AB) = 0$

3. (1) $(A+B)^T = A^T + B^T = \begin{pmatrix} 0 & 1 & -7 \\ 4 & 5 & 1 \\ 2 & 1 & 0 \end{pmatrix} + \begin{pmatrix} 3 & -2 & 0 \\ 1 & -1 & 2 \\ 4 & 5 & 1 \end{pmatrix} = \begin{pmatrix} 3 & -1 & -7 \\ 5 & 4 & 3 \\ 6 & 6 & 1 \end{pmatrix}$

   (2) $A - (7B)^T = A - 7B^T = \begin{pmatrix} 0 & 4 & 2 \\ 1 & 5 & 1 \\ -7 & 1 & 0 \end{pmatrix} - 7\begin{pmatrix} 3 & -2 & 0 \\ 1 & -1 & 2 \\ 4 & 5 & 1 \end{pmatrix} = \begin{pmatrix} -21 & 18 & 2 \\ -6 & 12 & -13 \\ -35 & -34 & -7 \end{pmatrix}$

   (3) $tr(B - 2A) = tr(B) - 2tr(A) = 3 - 2 \times 5 = -7$

   (4) $tr(AB - BA) = tr(AB) - tr(BA) = tr(AB) - tr(AB) = 0$

4. 행렬 aAA^T의 전치행렬은 $(aAA^T)^T = a(A^T)^TA^T = aAA^T$ 이므로 행렬 aAA^T

는 대칭행렬이다.

5. 이 명제는 거짓이다. 다음과 같은 반례를 들 수 있다.

두 행렬 $A=\begin{pmatrix}-1 & 0\\ 0 & 1\end{pmatrix}$와 $B=\begin{pmatrix}1 & 1\\ 0 & -1\end{pmatrix}$에 대하여

$(AB)^T=\begin{pmatrix}-1 & -1\\ 0 & -1\end{pmatrix}^T=\begin{pmatrix}-1 & 0\\ -1 & -1\end{pmatrix}$이고

$A^TB^T=\begin{pmatrix}-1 & 0\\ 0 & 1\end{pmatrix}\begin{pmatrix}1 & 0\\ 1 & -1\end{pmatrix}=\begin{pmatrix}-1 & 0\\ 1 & -1\end{pmatrix}$이다. 따라서 $(AB)^T\neq A^TB^T$ 이다.

6. 이 명제는 거짓이다. 다음과 같은 반례를 들 수 있다.

두 행렬 $A=\begin{pmatrix}0 & 1\\ 1 & 0\end{pmatrix}$와 $B=\begin{pmatrix}0 & 1\\ 2 & 0\end{pmatrix}$에 대하여 $AB=\begin{pmatrix}2 & 0\\ 0 & 1\end{pmatrix}$이므로 AB는 대칭행렬이다.

그런데 $BA=\begin{pmatrix}1 & 0\\ 0 & 2\end{pmatrix}$이므로 $AB\neq BA$이다.

1.4 역행렬

1. (1) $\begin{pmatrix}a & b\\ c & d\end{pmatrix}\begin{pmatrix}-3 & 0\\ 1 & 0\end{pmatrix}=\begin{pmatrix}-3a+b & 0\\ -3c+d & 0\end{pmatrix}=\begin{pmatrix}1 & 0\\ 0 & 1\end{pmatrix}$을 만족하는 행렬 $\begin{pmatrix}a & b\\ c & d\end{pmatrix}$가 존재하지 않으므로 정칙행렬이 아니다.

(2) 정칙행렬이고 역행렬은 다음과 같다. $\begin{pmatrix}6 & 7\\ -1 & 1\end{pmatrix}^{-1}=\frac{1}{13}\begin{pmatrix}1 & -7\\ 1 & 6\end{pmatrix}$

(3) 정칙행렬이고 역행렬은 다음과 같다. $\begin{pmatrix}1 & 2\\ -1 & 0\end{pmatrix}^{-1}=\frac{1}{2}\begin{pmatrix}0 & -2\\ 1 & 1\end{pmatrix}$

(4) $\begin{pmatrix}-5 & 1\\ -5 & 1\end{pmatrix}\begin{pmatrix}a & b\\ c & d\end{pmatrix}=\begin{pmatrix}-5a+c & -5b+d\\ -5a+c & -5b+d\end{pmatrix}=\begin{pmatrix}1 & 0\\ 0 & 1\end{pmatrix}$을 만족하는 행렬 $\begin{pmatrix}a & b\\ c & d\end{pmatrix}$가 존재하지 않으므로 정칙행렬이 아니다.

2. (1) 정칙행렬이고 역행렬은 다음과 같다. $\begin{pmatrix}1 & 0 & 0\\ 0 & 3 & 0\\ 0 & 0 & 6\end{pmatrix}^{-1}=\begin{pmatrix}1 & 0 & 0\\ 0 & \frac{1}{3} & 0\\ 0 & 0 & \frac{1}{6}\end{pmatrix}$

(2) 정칙행렬이고 역행렬은 다음과 같다. $\begin{pmatrix}1 & 0 & 0\\ 0 & 1 & 0\\ 0 & 7 & 1\end{pmatrix}^{-1}=\begin{pmatrix}1 & 0 & 0\\ 0 & 1 & 0\\ 0 & -7 & 1\end{pmatrix}$

(3) 임의의 행렬 $A \in M_{3\times 3}(\mathbb{R})$에 대하여 $A\begin{pmatrix} -2 & 1 & 0 \\ -1 & 1 & 0 \\ 8 & 0 & 0 \end{pmatrix}$의 (3, 3)-성분은 $0 \neq 1$이므로 $A\begin{pmatrix} -2 & 1 & 0 \\ -1 & 1 & 0 \\ 8 & 0 & 0 \end{pmatrix} = I_3$ 를 만족하는 행렬 $A \in M_{3\times 3}(\mathbb{R})$가 존재하지 않는다. 따라서 정칙행렬이 아니다.

(4) 정칙행렬이고 역행렬은 다음과 같다. $\begin{pmatrix} 4 & -1 & 2 \\ 0 & 3 & 5 \\ 1 & 0 & 1 \end{pmatrix}^{-1} = \begin{pmatrix} 3 & 1 & -11 \\ 5 & 2 & -20 \\ -3 & -1 & 12 \end{pmatrix}$

3. 행렬 A의 역행렬을 $B = \begin{pmatrix} b_1 & b_2 \\ b_3 & b_4 \end{pmatrix}$라고 놓으면 $\begin{pmatrix} 5 & a \\ -1 & 0 \end{pmatrix}\begin{pmatrix} b_1 & b_2 \\ b_3 & b_4 \end{pmatrix} = \begin{pmatrix} 1 & 0 \\ 0 & 1 \end{pmatrix}$이다. 따라서 $\begin{pmatrix} 5b_1 + ab_3 & 5b_2 + ab_4 \\ -b_1 & -b_2 \end{pmatrix} = \begin{pmatrix} 1 & 0 \\ 0 & 1 \end{pmatrix}$이고 $5b_1 + ab_3 = 1$, $5b_2 + ab_4 = 0$, $-b_1 = 0$, $-b_2 = 1$이다. 즉, $b_1 = 0$, $b_2 = -1$, $ab_3 = 1$, $ab_4 = 5$ 이므로 0이 아닌 실수 a에 대하여 $b_3 = \frac{1}{a}$, $b_4 = \frac{5}{a}$ 이다. 따라서 행렬 $A = \begin{pmatrix} 5 & a \\ -1 & 0 \end{pmatrix}$가 정칙행렬이 되도록 하는 모든 실수 a값들의 집합은 $\mathbb{R} - \{0\}$이다.

4. $\begin{pmatrix} \cos\theta & -\sin\theta \\ \sin\theta & \cos\theta \end{pmatrix}\begin{pmatrix} \cos\theta & \sin\theta \\ -\sin\theta & \cos\theta \end{pmatrix} = \begin{pmatrix} \cos^2\theta + \sin^2\theta & 0 \\ 0 & \sin^2\theta + \cos^2\theta \end{pmatrix} = \begin{pmatrix} 1 & 0 \\ 0 & 1 \end{pmatrix}$ 이고 $\begin{pmatrix} \cos\theta & \sin\theta \\ -\sin\theta & \cos\theta \end{pmatrix}\begin{pmatrix} \cos\theta & -\sin\theta \\ \sin\theta & \cos\theta \end{pmatrix} = \begin{pmatrix} \cos^2\theta + \sin^2\theta & 0 \\ 0 & \sin^2\theta + \cos^2\theta \end{pmatrix} = \begin{pmatrix} 1 & 0 \\ 0 & 1 \end{pmatrix}$이다.

따라서 행렬 A는 정칙행렬이고 역행렬은 $A^{-1} = \begin{pmatrix} \cos\theta & \sin\theta \\ -\sin\theta & \cos\theta \end{pmatrix}$이다.

5. 행렬 A가 정칙행렬이므로 식 $AB = O$의 양변에 A^{-1}를 곱하면 다음 식 $B = I_n B = (A^{-1}A)B = A^{-1}(AB) = A^{-1}O = O$ 을 얻는다. 따라서 $B = O$이다.

6. $A^3 - I_n = (A - I_n)(A^2 + A + I_n) = O$ 이므로 $A^3 = I_n$이다. 따라서 A는 정칙행렬이고 $A^{-1} = A^2$이다.

7. A가 정칙행렬이고 $A \neq I_n$이라고 가정하자. 그러면 $A^2 = A$의 양변에 A^{-1}을 곱하여 $A = A^{-1}A^2 = A^{-1}A = I_n$을 얻을 수 있는데 이는 가정에 모순이다. 따라서 주어진 명제가 증명된다.

1.5 행렬식의 정의

1. (1) 1행에 대한 전개 :

$$\det(A) = (-2)\times(-1)^{1+1}\times 8 + 3\times(-1)^{1+2}\times 3 = -16-9 = -25$$

(2) 2열에 대한 전개 :

$$\det(A) = 3\times(-1)^{1+2}\times 3 + 8\times(-1)^{2+2}\times(-2) = -9-16 = -25$$

2. (1) 3행에 대한 전개 :

$$\det(A) = (-7)(-1)^{3+1}(-4) + 9(-1)^{3+2}(-8) = 100$$

(2) 3열에 대한 전개 :

$$\det(A) = 2(\quad 1)^{1+3}50 = 100$$

3. (1) $\det\begin{pmatrix} 0 & 2 \\ 0 & 11 \end{pmatrix} = 0$ (2) $\det\begin{pmatrix} 8 & -5 \\ 0 & 1 \end{pmatrix} = 8$ (3) $\det\begin{pmatrix} 1 & 2 \\ 5 & 10 \end{pmatrix} = 0$

4. (1) $\det\begin{pmatrix} -2 & 4 & 0 \\ 0 & 2 & 0 \\ 11 & 0 & 0 \end{pmatrix} = 0$ (2) $\det\begin{pmatrix} 8 & 0 & 0 \\ 4 & 2 & 0 \\ 22 & -1 & 7 \end{pmatrix} = 112$ (3) $\det\begin{pmatrix} -2 & 0 & 0 \\ 1 & 2 & 5 \\ 16 & 0 & 0 \end{pmatrix} = 0$

5. 행렬 A의 1행에 대하여 행렬식을 전개하면 다음과 같다.

$\det(A) = (bc^2 - b^2c) + (a^2c - ac^2) + (ab^2 - a^2b) = (a-b)(b-c)(c-a)$.

따라서 등식 $\det(A) = (a-b)(b-c)(c-a)$이 성립한다.

6. $R = \dfrac{1}{2}\det\begin{pmatrix} -1 & -2 & 1 \\ 1 & 3 & 1 \\ 5 & 7 & 1 \end{pmatrix} = \dfrac{1}{2}\times(-12) = -6$ 이므로 삼각형의 넓이는 $|R| = 6$이다.

1.6 행렬식의 성질

1. (1) $\det\begin{pmatrix} 0 & 0 \\ 4 & 1 \end{pmatrix} = 0$ (2) $\det\begin{pmatrix} 1 & -5 \\ -1 & 10 \end{pmatrix} = 5$

(3) $\det\begin{pmatrix} 0 & 7 \\ -2 & 0 \end{pmatrix} = 14$ (4) $\det\begin{pmatrix} 3 & 2 \\ 1 & 8 \end{pmatrix} = 22$

2. (1) $\det\begin{pmatrix} 8 & 4 & 2 \\ -2 & 2 & 11 \\ 0 & 0 & 0 \end{pmatrix} = 0$ (2) $\det\begin{pmatrix} 7 & 0 & 2 \\ 1 & 0 & 2 \\ 4 & 0 & 5 \end{pmatrix} = 0$

(3) $\det\begin{pmatrix} -2 & 0 & 0 \\ 1 & 2 & -3 \\ 4 & 6 & 0 \end{pmatrix} = -36$ (4) $\det\begin{pmatrix} 1 & 1 & 2 \\ 4 & 7 & -8 \\ 2 & 2 & 4 \end{pmatrix} = 0$

3. (1) $\det\begin{pmatrix} c & d \\ a & b \end{pmatrix} = -12$ (2) $\det\begin{pmatrix} a+c & b+d \\ c & d \end{pmatrix} = 12$

(3) $\det\begin{pmatrix} 2a & 2b \\ c & d \end{pmatrix} = 24$ (4) $\det\begin{pmatrix} a & b \\ c-2a & d-2b \end{pmatrix} = 12$

4. $\det(A^{25}) = (\det(A))^{25} = (-1)^{25} = -1$

5. $\det(C) = \det(A^{-5}B^2) = \det(A^{-5})\det(B^2)$

$$= (\det(A))^{-5}(\det(B))^2 = 2^{-5}(-7)^2 = \frac{49}{32}$$

6. $\det(A) = -2$이므로

$$\det(B) = \det(7A)\det(A) = 7^2\det(A)\det(A) = 196$$

7. $\det(A) = 6$이므로

$$\det(B) = (-1)^{2\times 2}\det(A)\det(-2A) = (-1)^{2\times 2}\det(A)(-2)^2\det(A) = 144$$

1.7 여인수행렬과 수반행렬

1. (1) 여인수행렬 : $\begin{pmatrix} 0 & 0 \\ -2 & 1 \end{pmatrix}$, 수반행렬 : $\begin{pmatrix} 0 & -2 \\ 0 & 1 \end{pmatrix}$

(2) 여인수행렬 : $\begin{pmatrix} 10 & 5 \\ -2 & 3 \end{pmatrix}$, 수반행렬 : $\begin{pmatrix} 10 & -2 \\ 5 & 3 \end{pmatrix}$

(3) 여인수행렬 : $\begin{pmatrix} 4 & 0 \\ -2 & 3 \end{pmatrix}$, 수반행렬 : $\begin{pmatrix} 4 & -2 \\ 0 & 3 \end{pmatrix}$

(4) 여인수행렬 : $\begin{pmatrix} 7 & 0 \\ 0 & -2 \end{pmatrix}$, 수반행렬 : $\begin{pmatrix} 7 & 0 \\ 0 & -2 \end{pmatrix}$

2. (1) 주어진 행렬을 A라 놓고 A의 여인수를 모두 구하면 다음과 같다.

$A_{11} = (-1)^{1+1}M_{11} = -3$, $A_{12} = (-1)^{1+2}M_{12} = 0$, $A_{13} = (-1)^{1+3}M_{13} = -3$,

$A_{21} = (-1)^{2+1}M_{21} = 6$, $A_{22} = (-1)^{2+2}M_{22} = 0$, $A_{23} = (-1)^{2+3}M_{23} = -9$,

$A_{31} = (-1)^{3+1}M_{31} = 0$, $A_{32} = (-1)^{3+2}M_{32} = -5$, $A_{33} = (-1)^{3+3}M_{33} = 10$

따라서 A의 여인수행렬은 $\begin{pmatrix} -3 & 0 & -3 \\ 6 & 0 & -9 \\ 0 & -5 & 10 \end{pmatrix}$이고 수반행렬은 $adj(A) = \begin{pmatrix} -3 & 6 & 0 \\ 0 & 0 & -5 \\ -3 & -9 & 10 \end{pmatrix}$이다.

(2) 주어진 행렬을 A라 놓고 A의 여인수를 모두 구하면 다음과 같다.

$A_{11} = (-1)^{1+1}M_{11} = -6$, $A_{12} = (-1)^{1+2}M_{12} = 0$, $A_{13} = (-1)^{1+3}M_{13} = 0$,

$A_{21} = (-1)^{2+1}M_{21} = -3$, $A_{22} = (-1)^{2+2}M_{22} = 18$, $A_{23} = (-1)^{2+3}M_{23} = 0$,

$A_{31} = (-1)^{3+1}M_{31} = 3$, $A_{32} = (-1)^{3+2}M_{32} = 6$, $A_{33} = (-1)^{3+3}M_{33} = -12$

따라서 A의 여인수행렬은 $\begin{pmatrix} -6 & 0 & 0 \\ -3 & 18 & 0 \\ 3 & 6 & -12 \end{pmatrix}$이고 수반행렬은 $adj(A) = \begin{pmatrix} -6 & -3 & 3 \\ 0 & 18 & 6 \\ 0 & 0 & -12 \end{pmatrix}$이다.

(3) 주어진 행렬을 A라 놓고 A의 여인수를 모두 구하면 다음과 같다.

$A_{11} = (-1)^{1+1}M_{11} = 0$, $A_{12} = (-1)^{1+2}M_{12} = 0$, $A_{13} = (-1)^{1+3}M_{13} = -41$,

$A_{21} = (-1)^{2+1}M_{21} = 0$, $A_{22} = (-1)^{2+2}M_{22} = 0$, $A_{23} = (-1)^{2+3}M_{23} = 14$,

$A_{31} = (-1)^{3+1}M_{31} = 0$, $A_{32} = (-1)^{3+2}M_{32} = 0$, $A_{33} = (-1)^{3+3}M_{33} = -10$

따라서 A의 여인수행렬은 $\begin{pmatrix} 0 & 0 & -41 \\ 0 & 0 & 14 \\ 0 & 0 & -10 \end{pmatrix}$이고 수반행렬은 $adj(A) = \begin{pmatrix} 0 & 0 & 0 \\ 0 & 0 & 0 \\ -41 & 14 & -10 \end{pmatrix}$이다.

3. A가 정칙행렬이면 $\det(A) \neq 0$이고 $\det(A^{-1}) = \dfrac{1}{\det(A)} \neq 0$이므로 A^{-1}는 정칙행렬이다. 역으로 A^{-1}가 정칙행렬이면 $\det(A^{-1}) \neq 0$이므로 $\det(A)\det(A^{-1}) = \det(I_n) = 1$으로부터 $\det(A) \neq 0$이다. 따라서 A는 정칙행렬이다.

4. (1) 이 명제는 참이다.

(증명) 식 $A\,adj(A) = \det(A)I_n$ 에서 A 대신에 A^2을 대입하면 관계식 $A^2\,adj(A^2) = \det(A^2)I_n = (\det(A))^2 I_n$ 이 성립한다. 그런데 A가 정칙행렬이므로 A^2도 정칙행렬이고 양변에 A^2의 역행렬을 곱하면 관계식 $adj(A^2) = (A^2)^{-1}(\det(A))^2 I_n = (A^{-1}\det(A))^2$를 얻는다. 또한 식 $A\,adj(A) = \det(A)I_n$으로부터 $adj(A) = A^{-1}\det(A)$이 성립하므로 이를 대입하면 관계식 $adj(A^2) = (A^{-1}\det(A))^2 = (adj(A))^2$이 성립한다.

(2) 이 명제는 참이다.

(증명) A가 정칙행렬이므로 $\det(A) \neq 0$이고 식 $A\,adj(A) = \det(A)I_n = adj(A)A$ 으로부터 $\left(\frac{1}{\det(A)}A\right)adj(A) = I_n = adj(A)\left(\frac{1}{\det(A)}A\right)$을 얻는다. 따라서 $adj(A)$는 정칙행렬이고 $adj(A)^{-1} = \frac{1}{\det(A)}A$ 이다.

(3) 이 명제는 참이다.

(증명) 식 $A\,adj(A) = \det(A)I_n$ 으로부터 $\det(A\,adj(A)) = \det(\det(A)I_n)$을 얻을 수 있고 양변을 정리하면 $\det(A)\det(adj(A)) = (\det(A))^n$이 된다. 그런데 A가 정칙행렬이므로 $\det(A) \neq 0$이고 양변을 $\det(A)$로 나누면 $\det(adj(A)) = (\det(A))^{n-1}$ 이다.

(4) 이 명제는 참이다.

(증명) 식 $A\,adj(A) = \det(A)I_n$ 의 A 대신에 $adj(A)$를 대입하면 관계식 $adj(A)\,adj(adj(A)) = \det(adj(A))I_n$을 얻고 $\det(adj(A)) = (\det(A))^{n-1}$을 대입하면 $adj(A)\,adj(adj(A)) = (\det(A))^{n-1}I_n$이 성립한다. 양변에 행렬 A를 곱하면 $A\,adj(A)\,adj(adj(A)) = (\det(A))^{n-1}A$가되고 $A\,adj(A) = \det(A)I_n$ 를 좌변에 대입하면 $\det(A)I_n\,adj(adj(A)) = (\det(A))^{n-1}A$이다. 그런데 A가 정칙행렬이므로 $\det(A) \neq 0$이고 양변을 $\det(A)$로 나누면 관계식 $adj(adj(A)) = (\det(A))^{n-2}A$ 이 성립한다.

5. A가 정칙행렬이 아니라면 $\det(A) = 0$이고 관계식 $A\,adj(A) = \det(A)I_n$으로부터 $A\,adj(A) = \det(A)I_n = 0I_n = O$ 이므로 $A(adj(A)) = O$ 이 성립한다.

2장. 일차연립방정식

2.1 일차연립방정식의 해

1. (1) $x_1 = -\frac{35}{11}$, $x_2 = \frac{10}{11}$

(2) $x_1 = \frac{1}{2}$, $x_2 = -\frac{5}{2}$

(3) $x_1 = 0$, $x_2 = 0$

2. (1) $x_1 = \frac{9}{2}$, $x_2 = \frac{5}{2}$, $x_3 = \frac{1}{2}$

(2) $x_1 = 1$, $x_2 = 1$, $x_3 = 1$

3. 일차연립방정식이 유일한 해를 갖기 위해서는 $\det\begin{pmatrix}1 & -t\\2 & 4\end{pmatrix} = 4 + 2t \neq 0$이다. 따라서 $t \neq -2$인 임의의 실수 t에 대하여 주어진 일차연립방정식은 유일한 해를 갖는다.

4. 일차연립방정식이 무한히 많은 해를 갖기 위해서는 $\det\begin{pmatrix}2 & -1\\t & 8\end{pmatrix} = 16 + t = 0$이다. 따라서 $t = -16$일 때 주어진 일차연립방정식은 무한히 많은 해를 갖는다.

5. 주어진 일차연립방정식은 $\begin{cases}10x_1 + 5x_2 = 5t\\ 10x_1 + 5x_2 = 0\end{cases}$ 와 같은 해를 갖는데 $t \neq 0$인 임의의 실수 t에 대하여 $5t \neq 0$ 이므로 일차연립방정식은 $t \neq 0$인 임의의 실수 t에 대하여 해를 갖지 않는다.

2.2 Gauss-Jordan 소거법

1. (1) 기본행변형을 시행하면 $\begin{pmatrix}2 & 2\\-1 & 5\end{pmatrix} \to \begin{pmatrix}1 & 1\\-1 & 5\end{pmatrix} \to \begin{pmatrix}1 & 1\\0 & 6\end{pmatrix} \to \begin{pmatrix}1 & 1\\0 & 1\end{pmatrix} \to \begin{pmatrix}1 & 0\\0 & 1\end{pmatrix}$으로 변형할 수 있으므로 행사다리꼴행렬은 $\begin{pmatrix}1 & 1\\0 & 1\end{pmatrix}$, 기약행사다리꼴행렬은 $\begin{pmatrix}1 & 0\\0 & 1\end{pmatrix}$이다.

(2) 기본행변형을 시행하면 $\begin{pmatrix}0 & 1 & 3\\-2 & 7 & 0\end{pmatrix} \to \begin{pmatrix}-2 & 7 & 0\\0 & 1 & 3\end{pmatrix} \to \begin{pmatrix}1 & -\frac{7}{2} & 0\\0 & 1 & 3\end{pmatrix} \to \begin{pmatrix}1 & 0 & \frac{21}{2}\\0 & 1 & 3\end{pmatrix}$

으로 변형할 수 있으므로 행사다리꼴행렬은 $\begin{pmatrix}1 & -\frac{7}{2} & 0\\0 & 1 & 3\end{pmatrix}$, 기약행사다리꼴행렬은

$\begin{pmatrix}1 & 0 & \frac{21}{2}\\0 & 1 & 3\end{pmatrix}$이다.

(3) 기본행변형을 시행하면

$$\begin{pmatrix} 1 & 2 \\ 3 & 4 \\ -2 & 0 \end{pmatrix} \to \begin{pmatrix} 1 & 2 \\ 0 & -2 \\ -2 & 0 \end{pmatrix} \to \begin{pmatrix} 1 & 2 \\ 0 & -2 \\ 0 & 4 \end{pmatrix} \to \begin{pmatrix} 1 & 2 \\ 0 & 1 \\ 0 & 4 \end{pmatrix} \to \begin{pmatrix} 1 & 2 \\ 0 & 1 \\ 0 & 0 \end{pmatrix} \to \begin{pmatrix} 1 & 0 \\ 0 & 1 \\ 0 & 0 \end{pmatrix}$$ 으로

변형할 수 있으므로 행사다리꼴행렬은 $\begin{pmatrix} 1 & 2 \\ 0 & 1 \\ 0 & 0 \end{pmatrix}$, 기약행사다리꼴행렬은 $\begin{pmatrix} 1 & 0 \\ 0 & 1 \\ 0 & 0 \end{pmatrix}$이다.

(4) 기본행변형을 시행하면

$$\begin{pmatrix} 4 & -3 & 0 \\ 0 & 0 & -8 \\ 1 & 4 & 1 \end{pmatrix} \to \begin{pmatrix} 1 & 4 & 1 \\ 0 & 0 & -8 \\ 4 & -3 & 0 \end{pmatrix} \to \begin{pmatrix} 1 & 4 & 1 \\ 0 & 0 & -8 \\ 0 & -19 & -4 \end{pmatrix} \to \begin{pmatrix} 1 & 4 & 1 \\ 0 & -19 & -4 \\ 0 & 0 & -8 \end{pmatrix} \to \begin{pmatrix} 1 & 4 & 1 \\ 0 & 1 & \frac{4}{19} \\ 0 & 0 & -8 \end{pmatrix}$$

$$\to \begin{pmatrix} 1 & 4 & 1 \\ 0 & 1 & \frac{4}{19} \\ 0 & 0 & 1 \end{pmatrix} \to \begin{pmatrix} 1 & 4 & 1 \\ 0 & 1 & 0 \\ 0 & 0 & 1 \end{pmatrix} \to \begin{pmatrix} 1 & 4 & 1 \\ 0 & 1 & 0 \\ 0 & 0 & 1 \end{pmatrix} \to \begin{pmatrix} 1 & 4 & 0 \\ 0 & 1 & 0 \\ 0 & 0 & 1 \end{pmatrix} \to \begin{pmatrix} 1 & 0 & 0 \\ 0 & 1 & 0 \\ 0 & 0 & 1 \end{pmatrix}$$ 으로

변형할 수 있으므로 행사다리꼴행렬은 $\begin{pmatrix} 1 & 4 & 1 \\ 0 & 1 & \frac{4}{19} \\ 0 & 0 & 1 \end{pmatrix}$, 기약행사다리꼴행렬은 $\begin{pmatrix} 1 & 0 & 0 \\ 0 & 1 & 0 \\ 0 & 0 & 1 \end{pmatrix}$

이다.

2. (1) **(Gauss 소거법)** 덧붙인 행렬을 행사다리꼴행렬로 변형하면

$$\begin{pmatrix} 7 & -1 & 0 \\ 1 & 7 & 0 \end{pmatrix} \to \begin{pmatrix} 1 & 7 & 0 \\ 7 & -1 & 0 \end{pmatrix} \to \begin{pmatrix} 1 & 7 & 0 \\ 0 & -50 & 0 \end{pmatrix} \to \begin{pmatrix} 1 & 7 & 0 \\ 0 & 1 & 0 \end{pmatrix}$$

이므로 대응되는 일차연립방정식은 $\begin{cases} x_1 + 7x_2 = 0 \\ x_2 = 0 \end{cases}$ 이다. 따라서 해는 $x_1 = 0,\ x_2 = 0$

이다.

(Gauss-Jordan 소거법) 덧붙인 행렬을 기약행사다리꼴행렬로 변형하면

$$\begin{pmatrix} 7 & -1 & 0 \\ 1 & 7 & 0 \end{pmatrix} \to \begin{pmatrix} 1 & 7 & 0 \\ 7 & -1 & 0 \end{pmatrix} \to \begin{pmatrix} 1 & 7 & 0 \\ 0 & -50 & 0 \end{pmatrix} \to \begin{pmatrix} 1 & 7 & 0 \\ 0 & 1 & 0 \end{pmatrix} \to \begin{pmatrix} 1 & 0 & 0 \\ 0 & 1 & 0 \end{pmatrix}$$

이므로 대응되는 일차연립방정식은 $\begin{cases} x_1 = 0 \\ x_2 = 0 \end{cases}$ 이다. 따라서 해는 $x_1 = 0,\ x_2 = 0$

이다.

(2) **(Gauss 소거법)** 덧붙인 행렬을 행사다리꼴행렬로 변형하면

$$\begin{pmatrix} 3 & -3 & 4 \\ 5 & 1 & -1 \end{pmatrix} \to \begin{pmatrix} 1 & -1 & \frac{4}{3} \\ 5 & 1 & -1 \end{pmatrix} \to \begin{pmatrix} 1 & -1 & \frac{4}{3} \\ 0 & 6 & -\frac{23}{3} \end{pmatrix} \to \begin{pmatrix} 1 & -1 & \frac{4}{3} \\ 0 & 1 & -\frac{23}{18} \end{pmatrix}$$

이므로 대응되는 일차연립방정식은 $\begin{cases} x_1 - x_2 = \frac{4}{3} \\ x_2 = -\frac{23}{18} \end{cases}$ 이다. 따라서 해는

$x_1 = \frac{1}{18},\ x_2 = -\frac{23}{18}$ 이다.

(Gauss-Jordan 소거법) 덧붙인 행렬을 기약행사다리꼴행렬로 변형하면

$$\begin{pmatrix} 3 & -3 & 4 \\ 5 & 1 & -1 \end{pmatrix} \to \begin{pmatrix} 1 & -1 & \frac{4}{3} \\ 5 & 1 & -1 \end{pmatrix} \to \begin{pmatrix} 1 & -1 & \frac{4}{3} \\ 0 & 6 & -\frac{23}{3} \end{pmatrix} \to \begin{pmatrix} 1 & -1 & \frac{4}{3} \\ 0 & 1 & -\frac{23}{18} \end{pmatrix} \to \begin{pmatrix} 1 & 0 & \frac{1}{18} \\ 0 & 1 & -\frac{23}{18} \end{pmatrix}$$

이므로 대응되는 일차연립방정식은 $\begin{cases} x_1 = \frac{1}{18} \\ x_2 = -\frac{23}{18} \end{cases}$ 이다.

따라서 해는 $x_1 = \frac{1}{18},\ x_2 = -\frac{23}{18}$ 이다.

(3) **(Gauss 소거법)** 덧붙인 행렬을 행사다리꼴행렬로 변형하면

$$\begin{pmatrix} 1 & -2 & 3 & -6 \\ 2 & -5 & 0 & 0 \\ 0 & 1 & -10 & 3 \end{pmatrix} \to \begin{pmatrix} 1 & -2 & 3 & -6 \\ 0 & -1 & -6 & 12 \\ 0 & 1 & -10 & 3 \end{pmatrix} \to \begin{pmatrix} 1 & -2 & 3 & -6 \\ 0 & 1 & 6 & -12 \\ 0 & 1 & -10 & 3 \end{pmatrix}$$

$$\to \begin{pmatrix} 1 & -2 & 3 & -6 \\ 0 & 1 & 6 & -12 \\ 0 & 0 & -16 & 15 \end{pmatrix} \to \begin{pmatrix} 1 & -2 & 3 & -6 \\ 0 & 1 & 6 & -12 \\ 0 & 0 & 1 & -\frac{15}{16} \end{pmatrix}$$

이므로 대응되는 일차연립방정식은 $\begin{cases} x_1 - 2x_2 + 3x_3 = -6 \\ x_2 + 6x_3 = -12 \\ x_3 = -\frac{15}{16} \end{cases}$ 이다.

따라서 해는 $x_1 = -\frac{255}{16},\ x_2 = -\frac{102}{16},\ x_3 = -\frac{15}{16}$ 이다.

(Gauss-Jordan 소거법) 덧붙인 행렬을 기약행사다리꼴행렬로 변형하면

$$\begin{pmatrix} 1 & -2 & 3 & -6 \\ 2 & -5 & 0 & 0 \\ 0 & 1 & -10 & 3 \end{pmatrix} \to \begin{pmatrix} 1 & -2 & 3 & -6 \\ 0 & -1 & -6 & 12 \\ 0 & 1 & -10 & 3 \end{pmatrix} \to \begin{pmatrix} 1 & -2 & 3 & -6 \\ 0 & 1 & 6 & -12 \\ 0 & 1 & -10 & 3 \end{pmatrix}$$

$$\to \begin{pmatrix} 1 & -2 & 3 & -6 \\ 0 & 1 & 6 & -12 \\ 0 & 0 & -16 & 15 \end{pmatrix} \to \begin{pmatrix} 1 & -2 & 3 & -6 \\ 0 & 1 & 6 & -12 \\ 0 & 0 & 1 & -\frac{15}{16} \end{pmatrix} \to \begin{pmatrix} 1 & 0 & 15 & -30 \\ 0 & 1 & 6 & -12 \\ 0 & 0 & 1 & -\frac{15}{16} \end{pmatrix}$$

$$\to \begin{pmatrix} 1 & 0 & 0 & -\frac{155}{16} \\ 0 & 1 & 6 & -12 \\ 0 & 0 & 1 & -\frac{15}{16} \end{pmatrix} \to \begin{pmatrix} 1 & 0 & 0 & -\frac{255}{16} \\ 0 & 1 & 0 & -\frac{102}{16} \\ 0 & 0 & 1 & -\frac{15}{16} \end{pmatrix}$$

이므로 대응되는 일차연립방정식은 $\begin{cases} x_1 = -\frac{255}{16} \\ x_2 = -\frac{102}{16} \\ x_3 = -\frac{15}{16} \end{cases}$ 이다.

따라서 해는 $x_1 = -\frac{255}{16}$, $x_2 = -\frac{102}{16}$, $x_3 = -\frac{15}{16}$ 이다.

(4) **(Gauss 소거법)** 덧붙인 행렬을 행사다리꼴행렬로 변형하면

$$\begin{pmatrix} 3 & -1 & 3 & 0 \\ 1 & -1 & -1 & 2 \\ 2 & 5 & -1 & 4 \end{pmatrix} \to \begin{pmatrix} 1 & -1 & -1 & 2 \\ 3 & -1 & 3 & 0 \\ 2 & 5 & -1 & 4 \end{pmatrix} \to \begin{pmatrix} 1 & -1 & -1 & 2 \\ 0 & 2 & 6 & -6 \\ 2 & 5 & -1 & 4 \end{pmatrix} \to \begin{pmatrix} 1 & -1 & -1 & 2 \\ 0 & 2 & 6 & -6 \\ 0 & 7 & 1 & 0 \end{pmatrix}$$

$$\to \begin{pmatrix} 1 & -1 & -1 & 2 \\ 0 & 1 & 3 & -3 \\ 0 & 7 & 1 & 0 \end{pmatrix} \to \begin{pmatrix} 1 & -1 & -1 & 2 \\ 0 & 1 & 3 & -3 \\ 0 & 0 & -20 & 21 \end{pmatrix} \to \begin{pmatrix} 1 & -1 & -1 & 2 \\ 0 & 1 & 3 & -3 \\ 0 & 0 & 1 & -\frac{21}{20} \end{pmatrix}$$

이므로 대응되는 일차연립방정식은 $\begin{cases} x_1 - x_2 - x_3 = 2 \\ x_2 + 3x_3 = -3 \\ x_3 = -\frac{21}{20} \end{cases}$ 이다.

따라서 해는 $x_1 = \frac{22}{20}$, $x_2 = \frac{3}{20}$, $x_3 = -\frac{21}{20}$ 이다.

(Gauss-Jordan 소거법) 덧붙인 행렬을 기약행사다리꼴행렬로 변형하면

$$\begin{pmatrix} 3 & -1 & 3 & 0 \\ 1 & -1 & -1 & 2 \\ 2 & 5 & -1 & 4 \end{pmatrix} \to \begin{pmatrix} 1 & -1 & -1 & 2 \\ 3 & -1 & 3 & 0 \\ 2 & 5 & -1 & 4 \end{pmatrix} \to \begin{pmatrix} 1 & -1 & -1 & 2 \\ 0 & 2 & 6 & -6 \\ 2 & 5 & -1 & 4 \end{pmatrix}$$

$$\to \begin{pmatrix} 1 & -1 & -1 & 2 \\ 0 & 2 & 6 & -6 \\ 0 & 7 & 1 & 0 \end{pmatrix} \to \begin{pmatrix} 1 & -1 & -1 & 2 \\ 0 & 1 & 3 & -3 \\ 0 & 7 & 1 & 0 \end{pmatrix} \to \begin{pmatrix} 1 & -1 & -1 & 2 \\ 0 & 1 & 3 & -3 \\ 0 & 0 & -20 & 21 \end{pmatrix}$$

$$\to \begin{pmatrix} 1 & -1 & -1 & 2 \\ 0 & 1 & 3 & -3 \\ 0 & 0 & 1 & -\frac{21}{20} \end{pmatrix} \to \begin{pmatrix} 1 & 0 & 2 & -1 \\ 0 & 1 & 3 & -3 \\ 0 & 0 & 1 & -\frac{21}{20} \end{pmatrix}$$

$$\to \begin{pmatrix} 1 & 0 & 0 & \frac{22}{20} \\ 0 & 1 & 3 & -3 \\ 0 & 0 & 1 & -\frac{21}{20} \end{pmatrix} \to \begin{pmatrix} 1 & 0 & 0 & \frac{22}{20} \\ 0 & 1 & 0 & \frac{3}{20} \\ 0 & 0 & 1 & \frac{21}{20} \end{pmatrix}$$

이므로 대응되는 일차연립방정식은 $\begin{cases} x_1 = \frac{22}{20} \\ x_2 = \frac{3}{20} \\ x_3 = -\frac{21}{20} \end{cases}$ 이다.

따라서 해는 $x_1 = \frac{22}{20}$, $x_2 = \frac{3}{20}$, $x_3 = -\frac{21}{20}$ 이다.

3. (1) 덧붙인 행렬을 기약행사다리꼴행렬로 변형하면

$$\begin{pmatrix} 2 & -1 & 5 & 1 \\ 1 & 2 & -1 & 0 \end{pmatrix} \to \begin{pmatrix} 1 & 2 & -1 & 0 \\ 2 & -1 & 5 & 1 \end{pmatrix} \to \begin{pmatrix} 1 & 2 & -1 & 0 \\ 0 & -5 & 7 & 1 \end{pmatrix}$$

$$\to \begin{pmatrix} 1 & 2 & -1 & 0 \\ 0 & 1 & -\frac{7}{5} & -\frac{1}{5} \end{pmatrix} \to \begin{pmatrix} 1 & 0 & \frac{9}{5} & \frac{2}{5} \\ 0 & 1 & -\frac{7}{5} & -\frac{1}{5} \end{pmatrix}$$

이므로 대응되는 일차연립방정식은 $\begin{cases} x + \frac{9}{5}z = \frac{2}{5} \\ y - \frac{7}{5}z = -\frac{1}{5} \end{cases}$ 이다. 따라서 일반해는

$x = -\frac{9}{5}t + \frac{2}{5}$, $y = \frac{7}{5}t - \frac{1}{5}$, $z = t$ (t는 임의의 실수)이다.

(2) 덧붙인 행렬을 기약행사다리꼴행렬로 변형하면

$$\begin{pmatrix} 1 & 1 & 5 & 3 \\ 6 & 3 & -1 & 2 \end{pmatrix} \to \begin{pmatrix} 1 & 1 & 5 & 3 \\ 0 & -3 & -31 & -16 \end{pmatrix} \to \begin{pmatrix} 1 & 1 & 5 & 3 \\ 0 & 1 & \frac{31}{3} & \frac{16}{3} \end{pmatrix} \to \begin{pmatrix} 1 & 0 & -\frac{16}{3} & -\frac{7}{3} \\ 0 & 1 & \frac{31}{3} & \frac{16}{3} \end{pmatrix}$$

이므로 대응되는 일차연립방정식은 $\begin{cases} x \quad -\frac{16}{3}z = -\frac{7}{3} \\ y + \frac{31}{3}z = \frac{16}{3} \end{cases}$ 이다. 따라서 일반해는

$x = \frac{16}{3}t - \frac{7}{3}$, $y = -\frac{31}{3}t + \frac{16}{3}$, $z = t$ (t는 임의의 실수)이다.

2.3 기본행렬

1. (1) 항등행렬을 덧붙인 행렬에 기본행변형을 시행하면 다음과 같다.

$$\begin{pmatrix} 1 & 2 & 1 & 0 \\ -1 & 0 & 0 & 1 \end{pmatrix} \to \begin{pmatrix} 1 & 2 & 1 & 0 \\ 0 & 2 & 1 & 1 \end{pmatrix} \to \begin{pmatrix} 1 & 2 & 1 & 0 \\ 0 & 1 & \frac{1}{2} & \frac{1}{2} \end{pmatrix} \to \begin{pmatrix} 1 & 0 & 0 & -1 \\ 0 & 1 & \frac{1}{2} & \frac{1}{2} \end{pmatrix}$$

따라서 주어진 행렬의 역행렬은 $\begin{pmatrix} 1 & 2 \\ -1 & 0 \end{pmatrix}^{-1} = \begin{pmatrix} 0 & -1 \\ \frac{1}{2} & \frac{1}{2} \end{pmatrix}$ 이다.

(2) 항등행렬을 덧붙인 행렬에 기본행변형을 시행하면 다음과 같다.

$$\begin{pmatrix} 3 & 1 & 1 & 0 \\ -5 & 1 & 0 & 1 \end{pmatrix} \to \begin{pmatrix} 1 & \frac{1}{3} & \frac{1}{3} & 0 \\ -5 & 1 & 0 & 1 \end{pmatrix} \to \begin{pmatrix} 1 & \frac{1}{3} & \frac{1}{3} & 0 \\ 0 & \frac{8}{3} & \frac{5}{3} & 1 \end{pmatrix} \to \begin{pmatrix} 1 & \frac{1}{3} & \frac{1}{3} & 0 \\ 0 & 1 & \frac{5}{8} & \frac{3}{8} \end{pmatrix}$$

$$\to \begin{pmatrix} 1 & 0 & \frac{1}{8} & -\frac{1}{8} \\ 0 & 1 & \frac{5}{8} & \frac{3}{8} \end{pmatrix}$$

따라서 주어진 행렬의 역행렬은 $\begin{pmatrix} 3 & 1 \\ -5 & 1 \end{pmatrix}^{-1} = \begin{pmatrix} \frac{1}{8} & -\frac{1}{8} \\ \frac{5}{8} & \frac{3}{8} \end{pmatrix}$ 이다.

(3) 항등행렬을 덧붙인 행렬에 기본행변형을 시행하면 다음과 같다.

$$\begin{pmatrix} 1 & 1 & 0 & 1 & 0 & 0 \\ -2 & 8 & 0 & 0 & 1 & 0 \\ 0 & 4 & 1 & 0 & 0 & 1 \end{pmatrix} \to \begin{pmatrix} 1 & 1 & 0 & 1 & 0 & 0 \\ 0 & 10 & 0 & 2 & 1 & 0 \\ 0 & 4 & 1 & 0 & 0 & 1 \end{pmatrix} \to \begin{pmatrix} 1 & 1 & 0 & 1 & 0 & 0 \\ 0 & 1 & 0 & \frac{1}{5} & \frac{1}{10} & 0 \\ 0 & 4 & 1 & 0 & 0 & 1 \end{pmatrix}$$

$$\to \begin{pmatrix} 1 & 1 & 0 & 1 & 0 & 0 \\ 0 & 1 & 0 & \frac{1}{5} & \frac{1}{10} & 0 \\ 0 & 0 & 1 & -\frac{4}{5} & -\frac{2}{5} & 1 \end{pmatrix} \to \begin{pmatrix} 1 & 0 & 0 & \frac{4}{5} & -\frac{1}{10} & 0 \\ 0 & 1 & 0 & \frac{1}{5} & \frac{1}{10} & 0 \\ 0 & 0 & 1 & -\frac{4}{5} & -\frac{2}{5} & 1 \end{pmatrix}$$

따라서 주어진 행렬의 역행렬은 $\begin{pmatrix} 1 & 1 & 0 \\ -2 & 8 & 0 \\ 0 & 4 & 1 \end{pmatrix}^{-1} = \begin{pmatrix} \frac{4}{5} & -\frac{1}{10} & 0 \\ \frac{1}{5} & \frac{1}{10} & 0 \\ -\frac{4}{5} & -\frac{2}{5} & 1 \end{pmatrix}$ 이다.

(4) 항등행렬을 덧붙인 행렬에 기본행변형을 시행하면 다음과 같다.

$$\begin{pmatrix} 1 & -4 & 0 & 1 & 0 & 0 \\ 0 & 8 & 8 & 0 & 1 & 0 \\ 1 & 1 & 1 & 0 & 0 & 1 \end{pmatrix} \to \begin{pmatrix} 1 & -4 & 0 & 1 & 0 & 0 \\ 0 & 8 & 8 & 0 & 1 & 0 \\ 0 & 5 & 1 & 0 & 0 & 1 \end{pmatrix} \to \begin{pmatrix} 1 & -4 & 0 & 1 & 0 & 0 \\ 0 & 1 & 1 & 0 & \frac{1}{8} & 0 \\ 0 & 5 & 1 & 0 & 0 & 1 \end{pmatrix}$$

$$\to \begin{pmatrix} 1 & -4 & 0 & 1 & 0 & 0 \\ 0 & 1 & 1 & 0 & \frac{1}{8} & 0 \\ 0 & 0 & -4 & 0 & -\frac{5}{8} & 1 \end{pmatrix} \to \begin{pmatrix} 1 & 0 & 4 & 1 & \frac{1}{2} & 0 \\ 0 & 1 & 1 & 0 & \frac{1}{8} & 0 \\ 0 & 0 & -4 & 0 & -\frac{5}{8} & 1 \end{pmatrix}$$

$$\to \begin{pmatrix} 1 & 0 & 4 & 1 & \frac{1}{2} & 0 \\ 0 & 1 & 1 & 0 & \frac{1}{8} & 0 \\ 0 & 0 & 1 & 0 & \frac{5}{32} & -\frac{1}{4} \end{pmatrix} \to \begin{pmatrix} 1 & 0 & 0 & 1 & -\frac{1}{8} & 1 \\ 0 & 1 & 1 & 0 & \frac{1}{8} & 0 \\ 0 & 0 & 1 & 0 & \frac{5}{32} & -\frac{1}{4} \end{pmatrix}$$

$$\to \begin{pmatrix} 1 & 0 & 0 & 1 & -\frac{1}{8} & 1 \\ 0 & 1 & 0 & 0 & -\frac{1}{32} & \frac{1}{4} \\ 0 & 0 & 1 & 0 & \frac{5}{32} & -\frac{1}{4} \end{pmatrix}$$

따라서 주어진 행렬의 역행렬은 $\begin{pmatrix} 1 & -4 & 0 \\ 0 & 8 & 8 \\ 1 & 1 & 1 \end{pmatrix}^{-1} = \begin{pmatrix} 1 & -\frac{1}{8} & 1 \\ 0 & -\frac{1}{32} & \frac{1}{4} \\ 0 & \frac{5}{32} & -\frac{1}{4} \end{pmatrix}$ 이다.

2. (1) $\begin{pmatrix} -3 & 0 \\ 1 & 0 \end{pmatrix}$ 는 정칙행렬이 아니므로 기본행렬의 곱으로 나타낼 수 없다.

(2) $\begin{pmatrix} 6 & 7 \\ -1 & 1 \end{pmatrix}$ 는 정칙행렬이므로 기본행변형을 이용하여 다음과 같이 기본행렬의 곱으로 나타낼 수 있다.

$$\begin{pmatrix} 6 & 7 \\ -1 & 1 \end{pmatrix} = \begin{pmatrix} 0 & 1 \\ 1 & 0 \end{pmatrix}\begin{pmatrix} -1 & 0 \\ 0 & 1 \end{pmatrix}\begin{pmatrix} 1 & 0 \\ 6 & 1 \end{pmatrix}\begin{pmatrix} 1 & 0 \\ 0 & 13 \end{pmatrix}\begin{pmatrix} 1 & -1 \\ 0 & 1 \end{pmatrix}$$

(3) $\begin{pmatrix} -2 & 1 & 0 \\ -1 & 1 & 0 \\ 8 & 0 & 0 \end{pmatrix}$ 는 정칙행렬이 아니므로 기본행렬의 곱으로 나타낼 수 없다.

(4) $\begin{pmatrix} 4 & -1 & 2 \\ 0 & 3 & 5 \\ 1 & 0 & 1 \end{pmatrix}$ 는 정칙행렬이므로 기본행변형을 이용하여 다음과 같이 기본행렬의 곱으로 나타낼 수 있다.

$$\begin{pmatrix} 4 & -1 & 2 \\ 0 & 3 & 5 \\ 1 & 0 & 1 \end{pmatrix} = \begin{pmatrix} 0 & 0 & 1 \\ 0 & 1 & 0 \\ 1 & 0 & 0 \end{pmatrix}\begin{pmatrix} 1 & 0 & 0 \\ 0 & 1 & 0 \\ 4 & 0 & 1 \end{pmatrix}\begin{pmatrix} 1 & 0 & 0 \\ 0 & 1 & 0 \\ 0 & 0 & -1 \end{pmatrix}\begin{pmatrix} 1 & 0 & 0 \\ 0 & 0 & 1 \\ 0 & 1 & 0 \end{pmatrix}\begin{pmatrix} 1 & 0 & 0 \\ 0 & 1 & 0 \\ 0 & 3 & 1 \end{pmatrix}\begin{pmatrix} 1 & 0 & 0 \\ 0 & 1 & 0 \\ 0 & 0 & -1 \end{pmatrix}\begin{pmatrix} 1 & 0 & 1 \\ 0 & 1 & 0 \\ 0 & 0 & 1 \end{pmatrix}\begin{pmatrix} 1 & 0 & 0 \\ 0 & 1 & 2 \\ 0 & 0 & 1 \end{pmatrix}$$

3. (1) $E_1 A = \begin{pmatrix} -2 & 8 & 0 \\ 1 & 1 & 0 \\ 0 & 4 & 1 \end{pmatrix}$ 는 행렬 A의 1행과 2행을 바꾸어 얻는 행렬과 일치한다.

(2) $E_2 A = \begin{pmatrix} -3 & -3 & 0 \\ -2 & 8 & 0 \\ 0 & 4 & 1 \end{pmatrix}$ 는 행렬 A의 1행에 −3을 곱하여 얻는 행렬과 일치한다.

(3) $E_3 A = \begin{pmatrix} 1 & 1 & 0 \\ -2 & 8 & 0 \\ -10 & 44 & 1 \end{pmatrix}$ 는 행렬 A의 2행에 5를 곱한 행을 3행에 더하여 얻는 행렬과 일치한다.

(4) $A E_1 = \begin{pmatrix} 1 & 1 & 0 \\ 8 & -2 & 0 \\ 4 & 0 & 1 \end{pmatrix}$ 는 행렬 A의 1열과 2열을 바꾸어 얻는 행렬과 일치한다.

(5) $AE_2 = \begin{pmatrix} -3 & 1 & 0 \\ 6 & 8 & 0 \\ 0 & 4 & 1 \end{pmatrix}$ 는 행렬 A의 1열에 -3을 곱하여 얻는 행렬과 일치한다.

(6) $AE_3 = \begin{pmatrix} 1 & 1 & 0 \\ -2 & 8 & 0 \\ 0 & 9 & 1 \end{pmatrix}$ 는 행렬 A의 3열에 5를 곱한 열을 2열에 더하여 얻는 행렬과 일치한다.

4. (1) 이 명제는 거짓이다.

(반례) 두 기본행렬 $E_1 = \begin{pmatrix} 1 & 0 \\ 0 & -1 \end{pmatrix}$, $E_2 = \begin{pmatrix} -1 & 0 \\ 0 & 1 \end{pmatrix}$ 의 합은 $E_1 + E_2 = \begin{pmatrix} 0 & 0 \\ 0 & 0 \end{pmatrix}$ 이므로 기본행렬이 아니다.

(2) 이 명제는 거짓이다.

(반례) 기본행렬 $E_1 = \begin{pmatrix} 1 & 0 \\ 0 & 1 \end{pmatrix}$ 에 실수 $k = 0$을 곱하면 $kE_1 = \begin{pmatrix} 0 & 0 \\ 0 & 0 \end{pmatrix}$이므로 기본행렬이 아니다.

(3) 이 명제는 거짓이다.

(반례) 두 기본행렬 $E_1 = \begin{pmatrix} 1 & 0 \\ 0 & -1 \end{pmatrix}$, $E_2 = \begin{pmatrix} -1 & 0 \\ 0 & 1 \end{pmatrix}$ 의 곱은 $E_1 E_2 = \begin{pmatrix} -1 & 0 \\ 0 & -1 \end{pmatrix}$ 이므로 기본행렬이 아니다.

2.4 LU-분해

1. (1) $\begin{pmatrix} 1 & 1 \\ -1 & 1 \end{pmatrix} = \begin{pmatrix} 1 & 0 \\ -1 & 1 \end{pmatrix}\begin{pmatrix} 1 & 1 \\ 0 & 2 \end{pmatrix}$

(2) $\begin{pmatrix} 2 & 0 \\ 7 & 6 \end{pmatrix} = \begin{pmatrix} 2 & 0 \\ 7 & 6 \end{pmatrix}\begin{pmatrix} 1 & 0 \\ 0 & 1 \end{pmatrix}$

(3) $\begin{pmatrix} 1 & 2 \\ -1 & 0 \end{pmatrix} = \begin{pmatrix} 1 & 0 \\ 1 & 1 \end{pmatrix}\begin{pmatrix} 1 & 2 \\ 0 & 2 \end{pmatrix}$

2. (1) $\begin{pmatrix} 3 & 0 & 0 \\ 0 & 1 & 0 \\ 0 & 0 & 0 \end{pmatrix} = \begin{pmatrix} 3 & 0 & 0 \\ 0 & 1 & 0 \\ 0 & 0 & 0 \end{pmatrix}\begin{pmatrix} 1 & 0 & 0 \\ 0 & 1 & 0 \\ 0 & 0 & 1 \end{pmatrix}$

(2) $\begin{pmatrix} 1 & 0 & 0 \\ 0 & 1 & 0 \\ 0 & -4 & 4 \end{pmatrix} = \begin{pmatrix} 1 & 0 & 0 \\ 0 & 1 & 0 \\ 0 & -4 & 4 \end{pmatrix}\begin{pmatrix} 1 & 0 & 0 \\ 0 & 1 & 0 \\ 0 & 0 & 1 \end{pmatrix}$

(3) $\begin{pmatrix} 1 & 0 & 0 \\ 4 & 1 & -2 \\ 6 & 0 & 2 \end{pmatrix} = \begin{pmatrix} 1 & 0 & 0 \\ 4 & 1 & 0 \\ 6 & 0 & 1 \end{pmatrix}\begin{pmatrix} 1 & 0 & 0 \\ 0 & 1 & -2 \\ 0 & 0 & 2 \end{pmatrix}$

3. L은 정칙행렬이라고 할 수 없다.

(반례) 행렬 $A=\begin{pmatrix} 1 & 0 \\ 1 & 0 \end{pmatrix}$은 $A=\begin{pmatrix} 1 & 0 \\ 1 & 0 \end{pmatrix}\begin{pmatrix} 1 & 0 \\ 0 & 1 \end{pmatrix}$로 LU-분해할 수 있지만 $L=\begin{pmatrix} 1 & 0 \\ 1 & 0 \end{pmatrix}$은 정칙행렬이 아니다.

4. U는 정칙행렬이라고 할 수 없다.

(반례) 행렬 $A=\begin{pmatrix} 1 & 1 \\ 0 & 0 \end{pmatrix}$은 $A=\begin{pmatrix} 1 & 0 \\ 0 & 1 \end{pmatrix}\begin{pmatrix} 1 & 1 \\ 0 & 0 \end{pmatrix}$로 LU-분해할 수 있지만 $U=\begin{pmatrix} 1 & 1 \\ 0 & 0 \end{pmatrix}$은 정칙행렬이 아니다.

2.5 Cramer의 법칙

1. (1) 행렬 A, B, H_1, H_2는 각각 $A=\begin{pmatrix} 7 & -2 \\ 3 & 1 \end{pmatrix}$, $B=\begin{pmatrix} 0 \\ 0 \end{pmatrix}$, $H_1=\begin{pmatrix} 0 & -2 \\ 0 & 1 \end{pmatrix}$, $H_2=\begin{pmatrix} 7 & 0 \\ 3 & 0 \end{pmatrix}$이므로 $\det(A)=13$, $\det(H_1)=0$, $\det(H_2)=0$ 이다. 따라서 일차연립방정식의 해는 $x_1=0$, $x_2=0$이다.

(2) 행렬 A, B, H_1, H_2는 각각 $A=\begin{pmatrix} 3 & -1 \\ 4 & 1 \end{pmatrix}$, $B=\begin{pmatrix} -1 \\ -2 \end{pmatrix}$, $H_1=\begin{pmatrix} -1 & -1 \\ -2 & 1 \end{pmatrix}$,

$H_2=\begin{pmatrix} 3 & -1 \\ 4 & -2 \end{pmatrix}$이므로 $\det(A)=7$, $\det(H_1)=-3$, $\det(H_2)=-2$ 이다. 따라서 일차연립방정식의 해는 $x_1=-\dfrac{3}{7}$, $x_2=-\dfrac{2}{7}$이다.

(3) 행렬 A, B, H_1, H_2, H_3는 각각 $A=\begin{pmatrix} 2 & -1 & 1 \\ 2 & -5 & 1 \\ 10 & 1 & -1 \end{pmatrix}$, $B=\begin{pmatrix} -2 \\ 0 \\ 1 \end{pmatrix}$,

$H_1=\begin{pmatrix} -2 & -1 & 1 \\ 0 & -5 & 1 \\ 1 & 1 & -1 \end{pmatrix}$, $H_2=\begin{pmatrix} 2 & -2 & 1 \\ 2 & 0 & 1 \\ 10 & 1 & -1 \end{pmatrix}$, $H_3=\begin{pmatrix} 2 & -1 & -2 \\ 2 & -5 & 0 \\ 10 & 1 & 1 \end{pmatrix}$이므로

$\det(A)=48$, $\det(H_1)=-4$, $\det(H_2)=-24$, $\det(H_3)=-112$ 이다. 따라서 주어진 일차연립방정식의 해는 $x_1=-\dfrac{1}{12}$, $x_2=-\dfrac{1}{2}$, $x_3=-\dfrac{7}{3}$ 이다.

(4) 행렬 A, B, H_1, H_2, H_3는 각각 $A = \begin{pmatrix} 1 & -1 & 7 \\ 7 & -3 & -1 \\ 1 & 6 & -12 \end{pmatrix}$, $B = \begin{pmatrix} 0 \\ 0 \\ 0 \end{pmatrix}$,

$H_1 = \begin{pmatrix} 0 & -1 & 7 \\ 0 & -3 & -1 \\ 0 & 6 & -12 \end{pmatrix}$, $H_2 = \begin{pmatrix} 1 & 0 & 7 \\ 7 & 0 & -1 \\ 1 & 0 & -12 \end{pmatrix}$, $H_3 = \begin{pmatrix} 1 & -1 & 0 \\ 7 & -3 & 0 \\ 1 & 6 & 0 \end{pmatrix}$이므로

$\det(A) = 274$, $\det(H_1) = 0$, $\det(H_2) = 0$, $\det(H_3) = 0$ 이다. 따라서 주어진 일차연립방정식의 해는 $x_1 = 0$, $x_2 = 0$, $x_3 = 0$ 이다.

2. (1) 계수행렬의 행렬식이 $\det\begin{pmatrix} 1 & -2 \\ 2 & -4 \end{pmatrix} = 0$ 이므로 계수행렬은 정칙행렬이 아니다. 따라서 Cramer 의 법칙을 이용할 수 없다.

(2) 계수행렬의 행렬식이 $\det\begin{pmatrix} 1 & -3 & 1 \\ 12 & -2 & 1 \\ -3 & 9 & -3 \end{pmatrix} = 0$ 이므로 계수행렬은 정칙행렬이 아니다. 따라서 Cramer 의 법칙을 이용할 수 없다.

3장. 벡터공간

3.1 평면벡터와 공간벡터

1. (1) $2u = (-6, 10)$

(2) $u - 7v = (-3, 5) - (7, 56) = (-10, -51)$

(3) $\| v \| = \sqrt{1+64} = \sqrt{65}$

(4) $\| 4v - 3u \| = \| (4, 32) - (-9, 15) \| = \| (13, 17) \| = \sqrt{169+289} = \sqrt{458}$

2. (1) $5v = (-50, -15, 5)$

(2) $2u + v = (2, 0, 8) + (10, 3, -1) = (12, 3, 7)$

(3) $\| 3u \| = \| (3, 0, 12) \| = \sqrt{9+144} = \sqrt{153}$

(4) $\| 12u - 6v \| = 6 \| 2u - v \| = 6 \| (2, 0, 8) - (10, 3, -1) \|$

$= 6 \| (-8, -3, 9) \| = 6\sqrt{154}$

3. (1) $u \cdot v = 0$

$(2u - v) \cdot u = 2(u \cdot u) - v \cdot u = 32$

(2) $u \cdot v = 8 + 28 = 36$

$(2u-v) \cdot u = 2(u \cdot u) - v \cdot u = 34 - 36 = -2$

4. (1) $u \cdot v = -2 - 12 = -14$

(2) $u \times v = (6, -5, 4)$

(3) $(2u \times v) \cdot u = (12, -10, 8) \cdot (2, 0, -3) = 24 - 24 = 0$

(4) $(u \times v) \times (-5v) = (6, -5, 4) \times (5, -10, -20) = (140, 140, -35)$

5. (1) $\dfrac{1}{\| u \|} u = \dfrac{1}{\sqrt{4+16}}(-2, 4) = \dfrac{1}{2\sqrt{5}}(-2, 4)$

(2) u와 수직이고 크기가 7인 벡터를 $v = (a, b)$라고 하면 $u \cdot v = -2a + 4b = 0$이다. 따라서 $a = 2b$이다. 그런데 $\| v \| = 7$이므로 $\sqrt{a^2+b^2} = \sqrt{4b^2+b^2} = \sqrt{5b^2} = 7$이다. 이 식을 풀면 $a = \pm\dfrac{14}{\sqrt{5}}$, $b = \pm\dfrac{7}{\sqrt{5}}$ (복호동순)이다. 그러므로 u와 수직이고 크기가 7인 벡터는 $v = \left(\dfrac{14}{\sqrt{5}}, \dfrac{7}{\sqrt{5}}\right)$ 또는 $v = \left(-\dfrac{14}{\sqrt{5}}, -\dfrac{7}{\sqrt{5}}\right)$이다.

6. (1) $-\dfrac{1}{\| u \|} u = -\dfrac{1}{\sqrt{36+1}}(6, 0, -1) = -\dfrac{1}{\sqrt{37}}(6, 0, -1)$이다.

(2) u와 직교하고 크기가 2인 벡터를 $w = (a, b, c)$라고 하면 $u \cdot w = 6a - c = 0$이다. 따라서 $c = 6a$이고 $\| w \| = 2$이므로 $\sqrt{a^2+b^2+c^2} = \sqrt{a^2+b^2+36a^2} = \sqrt{37a^2+b^2} = 2$이다. 이 식을 간단히 하면 $37a^2 + b^2 = 4$이므로 $a = 0, b = 2, c = 0$은 주어진 식을 만족시킨다. 그러므로 $w = (0, 2, 0)$은 u와 직교하고 크기가 2인 벡터이다. (이때 $37a^2 + b^2 = 4$와 $c = 6a$을 만족시키는 다른 벡터 w를 구해도 된다)

(3) $\| u \times v \| = \| (2, 7, 12) \| = \sqrt{4+49+144} = \sqrt{197}$

7. (1) $\cos\theta = \dfrac{u \cdot v}{\| u \| \, \| v \|} = \dfrac{3+4}{\sqrt{1+4}\sqrt{9+4}} = \dfrac{7}{\sqrt{65}}$,

$\sin\theta = \sqrt{1-\cos^2\theta} = \sqrt{1-\dfrac{49}{65}} = \sqrt{\dfrac{16}{65}} = \dfrac{4}{\sqrt{65}}$

($0 \le \theta \le \pi$ 이므로 $\sin\theta \ge 0$이다)

(2) $\cos\theta = \dfrac{u \cdot v}{\| u \| \, \| v \|} = \dfrac{-3}{\sqrt{1+1+9}\sqrt{1}} = \dfrac{-3}{\sqrt{11}}$,

$\sin\theta = \sqrt{1-\cos^2\theta} = \sqrt{1-\dfrac{9}{11}} = \sqrt{\dfrac{2}{11}}$

($0 \le \theta \le \pi$ 이므로 $\sin\theta \ge 0$이다)

8. $|u \cdot v| = |-7+1| = 6$ 이고 $\|u\|\,\|v\| = \sqrt{49+1}\,\sqrt{1+1+1} = 5\sqrt{6}$ 이다. 따라서 $|u \cdot v| = 6 \le 5\sqrt{6} = \|u\|\,\|v\|$ 이므로 Cauchy-Schwarz 부등식이 성립한다. 또한 $\|u+v\| = \|(6,2,1)\| = \sqrt{36+4+1} = \sqrt{41}$ 이고
$\|u\| + \|v\| = \sqrt{49+1} + \sqrt{1+1+1} = \sqrt{50} + \sqrt{3}$ 이다. 따라서
$\|u+v\| = \sqrt{41} \le \sqrt{50} + \sqrt{3} = \|u\| + \|v\|$ 이므로 삼각부등식이 성립한다.

9. 크기가 1인 단위벡터를 $w=(a,b,c)$라고 하면 $\|w\| = \sqrt{a^2+b^2+c^2} = 1$이다. 따라서 식 $a^2+b^2+c^2=1$을 만족시키는 실수 a,b,c를 구하면 되는데 $b=s,\ c=t$ (s,t는 $s^2+t^2 \le 1$을 만족하는 임의의 실수)에 대하여 $a=\pm\sqrt{1-s^2-t^2}$로 놓으면 된다. 그러므로 공간 $\mathbb{R}^3$상에서 크기가 1인 단위벡터는 $w=(\pm\sqrt{1-s^2-t^2},\,s,\,t)$ (단, s,t는 $s^2+t^2 \le 1$을 만족하는 임의의 실수)로서 무수히 많이 존재한다.

10. (1) $\frac{1}{4}\|u+v\|^2 - \frac{1}{4}\|u-v\|^2$

$$= \frac{1}{4}(u \cdot u + 2u \cdot v + v \cdot v) - \frac{1}{4}(u \cdot u - 2u \cdot v + v \cdot v) = u \cdot v$$

(2) $\|u+v\|^2 + \|u-v\|^2$

$$= u \cdot u + 2u \cdot v + v \cdot v + u \cdot u - 2u \cdot v + v \cdot v = 2\|u\|^2 + 2\|v\|^2$$

11. 양변이 모두 음이 아니므로 다음 관계식이 성립한다.

$$\|u+v\| = \|u\| + \|v\| \Leftrightarrow \|u+v\|^2 = (\|u\| + \|v\|)^2$$

$$\Leftrightarrow u \cdot u + 2u \cdot v + v \cdot v = u \cdot u + 2\|u\|\,\|v\| + v \cdot v$$

$$\Leftrightarrow u \cdot v = \|u\|\,\|v\|$$

그런데 $u \cdot v = \|u\|\,\|v\|\cos\theta$ 이므로 $\cos\theta = 1$이면, 즉, 두 벡터 u, v가 이루는 각이 $\theta = 0$이면 등식 $u \cdot v = \|u\|\,\|v\|$ 이 성립한다. 따라서 두 벡터 u, v가 이루는 각이 $\theta = 0$이면 등식 $\|u+v\| = \|u\| + \|v\|$ 이 성립한다.

12. 점 $P(-3,2)$를 지나고 y축에 평행한 직선이므로 $x = -3$

13. 직선상의 임의의 점을 (x,y)라고 놓으면 $(x+5, y-5) \cdot (2,6) = 0$으로부터 $2x+10+6y-30=0$을 얻는다. 이 식을 정리하면 직선의 방정식 $y = -\frac{1}{3}x + \frac{10}{3}$을 구할 수 있다.

14. 직선상의 임의의 점을 (x,y,z)라고 놓으면 $(x-2, y-1, z-2) = t(0, 5, -1)$으로부터 직선의 방정식 $x=2,\ y=5t+1,\ z=-t+2$, (t는 임의의 실수)을 얻는다.

15. 평면상의 임의의 점을 (x,y,z)라고 놓으면 $(x-7, y, z+1) \cdot (8,1,1) = 0$으로부터 식 $8x-56+y+z+1=0$을 얻는다. 이 식을 정리하면 평면의 방정식 $8x+y+z=55$을 구할 수 있다.

16. 두 평면과 수직인 벡터를 각각 구하면 $u=(1,2,-1)$, $v=(1,-1,2)$ 이므로 두 벡터의 외적 $u\times v=(3,-3,-3)$은 두 평면이 이루는 직선과 평행한 벡터이다. 따라서 두 평면이 만나는 한 점 $\left(\frac{1}{3}, \frac{1}{3}, 0\right)$을 지나고 $u\times v=(3,-3,-3)$와 평행한 직선의 방정식은 $\left(x-\frac{1}{3}, y-\frac{1}{3}, z\right)=t(3,-3,-3)$ 로부터 $x=3t+\frac{1}{3}$, $y=-3t+\frac{1}{3}$, $z=-3t$ (t는 임의의 실수)이다.

17. 벡터 $(2,2,5)$는 직선 $\frac{x+2}{2}=\frac{y+5}{2}=\frac{z-1}{5}$와 평행한 벡터이므로 점 $P(0,2,4)$를 지나고 벡터 $(2,2,5)$에 수직인 평면의 방정식을 구하면 된다. 따라서 평면상의 임의의 점을 (x,y,z)라고 놓으면 $(x, y-2, z-4) \cdot (2,2,5)=0$으로부터 식 $2x+2y-4+5z-20=0$을 얻는다. 이 식을 정리하면 평면의 방정식 $2x+2y+5z=24$ 을 구할 수 있다.

3.2 벡터공간

1. (1) 집합 V는 주어진 연산에 대하여 벡터공간이 될 조건을 모두 만족하므로 실수체 위에서 벡터공간이 된다.
   (2) 집합 V는 주어진 연산에 대하여 벡터공간이 될 조건을 모두 만족하므로 실수체 위에서 벡터공간이 된다.
   (3) $u=(1,1)$, $v=(1,1)$에 대하여
   $2(u+v)=2(1,1)=(2,2)\neq(4,4)=(2,2)+(2,2)=2u+2v$ 이므로
   $2(u+v)\neq 2u+2v$ 이다. 따라서 집합 V는 주어진 연산에 대하여 실수체 위에서 벡터공간이 아니다.
   (4) $u=(2,1)$와 실수 $\alpha=-1$에 대하여 $\alpha u=(-1)(2,1)=(-2,-2)$이다. 그런데 $(-2,-2)\notin V$이므로 집합 V는 주어진 스칼라 연산에 대하여 닫혀있지 않다. 따라서 집합 V는 실수체 위에서 벡터공간이 아니다.

2. (1) 집합 V는 주어진 연산에 대하여 벡터공간이 될 조건을 모두 만족하므로 실수체 위에서 벡터공간이 된다.
   (2) 집합 V는 주어진 연산에 대하여 벡터공간이 될 조건을 모두 만족하므로 실수체 위에서 벡터공간이 된다.

3. (1) 집합 V는 주어진 연산에 대하여 벡터공간이 될 조건을 모두 만족하므로 실수체 위에서 벡터공간이 된다.
   (2) $u=\begin{pmatrix}1 & 1\\ 1 & -1\end{pmatrix}$, $v=\begin{pmatrix}1 & 2\\ 1 & -1\end{pmatrix}$와 실수 $\alpha=2$에 대하여
   $2(u+v)=2\begin{pmatrix}2 & 2\\ 1 & -2\end{pmatrix}=\begin{pmatrix}4 & 4\\ 1 & -4\end{pmatrix}\neq\begin{pmatrix}4 & 8\\ 1 & -4\end{pmatrix}=\begin{pmatrix}2 & 2\\ 1 & -2\end{pmatrix}+\begin{pmatrix}2 & 4\\ 1 & -2\end{pmatrix}=2u+2v$
   이므로 $2(u+v)\neq 2u+2v$ 이다. 따라서 집합 V는 실수체 위에서 벡터공간이 아니다.

3.3 부분공간

1. (1) $u=(1,1)\in W$ 와 실수 $\alpha=\sqrt{2}$에 대하여 $\alpha u=(\sqrt{2},\sqrt{2})\notin W$ 이므로 W는 스칼라곱에 대하여 닫혀있지 않다. 따라서 W는 V의 부분공간이 아니다.
   (2) $u=(1,0)\in W$ 와 실수 $\alpha=\sqrt{2}$에 대하여 $\alpha u=(\sqrt{2},0)\notin W$ 이므로 W는 스칼라곱에 대하여 닫혀있지 않다. 따라서 W는 V의 부분공간이 아니다.

2. (1) $u=(1,1,-1)\in W$ 와 실수 $\alpha=\sqrt{2}$에 대하여 $\alpha u=(\sqrt{2},\sqrt{2},-\sqrt{2})\notin W$ 이므로 W는 스칼라곱에 대하여 닫혀있지 않다. 따라서 W는 V의 부분공간이 아니다.
   (2) $u=(1,0,0)\in W$ 와 실수 $\alpha=2$에 대하여 $\alpha u=(2,0,0)\notin W$ 이므로 W는 스칼라곱에 대하여 닫혀있지 않다. 따라서 W는 V의 부분공간이 아니다.

3. $u=\begin{pmatrix}1 & 1\\ 0 & 1\end{pmatrix}\in W$ 와 실수 $\alpha=\sqrt{3}$에 대하여 $\alpha u=\begin{pmatrix}\sqrt{3} & \sqrt{3}\\ 0 & \sqrt{3}\end{pmatrix}\notin W$ 이므로 W는 스칼라곱에 대하여 닫혀있지 않다. 따라서 W는 V의 부분공간이 아니다.

4. (1) $U+W=\mathbb{R}^2$
   (2) $U+W=\mathbb{R}^3$
   (3) $U+W=\left\{\begin{pmatrix}a & b\\ c & a\end{pmatrix} \mid a,b,c\in\mathbb{R}\right\}$

5. (1) $U \cap W = \{(0,0)\}$
   (2) $U \cap W = \{(0,0,0)\}$
   (3) $U \cap W = \left\{\begin{pmatrix} a & 0 \\ 0 & a \end{pmatrix} \mid a \in \mathbb{R}\right\}$

6. (1) $U \oplus W = \mathbb{R}^2$
   (2) $U \oplus W = \mathbb{R}^3$
   (3) $U \oplus W = M_{2\times 2}(\mathbb{R})$

7. $B, C \in W$와 $\alpha \in \mathbb{R}$에 대하여 $A(B+C) = AB + AC = BA + CA = (B+C)A$ 이므로 $B+C \in W$ 이다. 또한 $A(\alpha B) = \alpha(AB) = \alpha(BA) = (\alpha B)A$ 이므로 $\alpha B \in W$ 이다. 따라서 W는 V의 부분공간이다.

8. (1) $f, g \in W$ 와 $\alpha \in \mathbb{R}$에 대하여 $f+g$, αf는 모두 구간 $[a, b]$에서 적분가능한 함수이므로 $f+g \in W$, $\alpha f \in W$이다. 따라서 W는 V의 부분공간이다.
   (2) $f, g \in W$ 와 $\alpha \in \mathbb{R}$에 대하여
   $(f+g)(-x) = f(-x) + g(-x) = f(x) + g(x) = (f+g)(x)$이므로 $f+g \in W$이다 또한 $(\alpha f)(-x) = \alpha f(-x) = \alpha f(x) = (\alpha f)(x)$이므로 $\alpha f \in W$이다. 따라서 W는 V의 부분공간이다.

9. (1) $B, C \in W$와 $\alpha \in \mathbb{R}$에 대하여 $tr(B+C) = tr(B) + tr(C) = 0 + 0 = 0$ 이므로 $B+C \in W$ 이다. 또한 $tr(\alpha B) = \alpha\, tr(B) = \alpha 0 = 0$ 이므로 $\alpha B \in W$ 이다. 따라서 W는 V의 부분공간이다.
   (2) $B, C \in W$와 $\alpha \in \mathbb{R}$에 대하여 $(B+C)^T = B^T + C^T = B + C$ 이므로 $B+C \in W$ 이다. 또한 $(\alpha B)^T = \alpha B^T = \alpha B$ 이므로 $\alpha B \in W$ 이다. 따라서 W는 V의 부분공간이다.
   (3) $B, C \in W$와 $\alpha \in \mathbb{R}$에 대하여 $(B+C)^T = B^T + C^T = -B - C = -(B+C)$ 이므로 $B+C \in W$ 이다. 또한 $(\alpha B)^T = \alpha B^T = \alpha(-B) = -\alpha B$ 이므로 $\alpha B \in W$ 이다. 따라서 W는 V의 부분공간이다.
   (4) $B = \begin{pmatrix} 1 & 1 \\ -1 & -1 \end{pmatrix}$, $C = \begin{pmatrix} 0 & 0 \\ 1 & 0 \end{pmatrix} \in W$ 에 대하여 $(B+C)^2 = \begin{pmatrix} 1 & 1 \\ 0 & -1 \end{pmatrix}^2 = \begin{pmatrix} 1 & 0 \\ 0 & 1 \end{pmatrix} \neq O$ 이므로 $B+C = \begin{pmatrix} 1 & 1 \\ 0 & -1 \end{pmatrix} \not\in W$이다. 따라서 W는 덧셈연산에 대하여 닫혀있지 않으므로 V의 부분공간이 아니다.

(5) $I_n \in W$와 $\alpha = 2 \in \mathbb{R}$ 에 대하여 $(2I_n)^2 = 4I_n \neq 2I_n$ 이므로 $2I_n \notin W$ 이다. 따라서 W는 스칼라 곱에 대하여 닫혀있지 않으므로 V의 부분공간이 아니다.

(6) $B = \begin{pmatrix} 1 & 0 \\ 0 & 0 \end{pmatrix}$, $C = \begin{pmatrix} 0 & 0 \\ 0 & 1 \end{pmatrix} \in W$ 에 대하여 $\det(B+C) = \det\begin{pmatrix} 1 & 0 \\ 0 & 1 \end{pmatrix} = 1 \neq 0$ 이므로 $B+C = \begin{pmatrix} 1 & 0 \\ 0 & 1 \end{pmatrix} \notin W$이다. 따라서 W는 덧셈연산에 대하여 닫혀있지 않으므로 V의 부분공간이 아니다.

(7) $B = \begin{pmatrix} 5 & 0 \\ 0 & 1 \end{pmatrix} \in W$와 $\alpha = 2 \in \mathbb{R}$ 에 대하여 $\det(\alpha B) = \det(2B) = \det\begin{pmatrix} 10 & 0 \\ 0 & 2 \end{pmatrix} = 20 \neq 5$ 이므로 $2B \notin W$ 이다. 따라서 W는 스칼라 곱에 대하여 닫혀있지 않으므로 V의 부분공간이 아니다.

3.4 일차독립, 일차종속

1. (1) 실수 a에 대하여 $a(12,0) = (12a,0) = (0,0)$이라고 가정하면 $12a = 0$이므로 $a = 0$이다. 따라서 벡터 $(12,0)$는 일차독립이다.

(2) 실수 a, b에 대하여 $a(3,2) + b(-7,4) = (3a-7b, 2a+4b) = (0,0)$이라고 가정하면 $3a - 7b = 0$, $2a + 4b = 0$이므로 $a = 0, b = 0$이다. 따라서 벡터 $(3,2), (-7,4)$는 일차독립이다.

(3) $(-4)(2,5) + (8,20) = (0,0)$이므로 $(2,5), (8,20)$는 일차종속이다.

(4) $2(0,0) + 0(-5,2) = (0,0)$이므로 $(0,0), (-5,2)$는 일차종속이다.

(5) $(0,1) + (-\frac{1}{6})(-5,1) + (-\frac{5}{42})(7,7) = (0,0)$이므로 $(0,1), (-5,1), (7,7)$는 일차종속이다.

2. (1) 실수 a에 대하여 $a(5,0,-1) = (0,0,0)$이라고 가정하면 $5a = 0, -a = 0$이므로 $a = 0$이다. 따라서 벡터 $(5,0,-1)$는 일차독립이다.

(2) 실수 a, b에 대하여 $a(4,1,2) + b(9,-2,2) = (4a+9b, a-2b, 2a+2b) = (0,0,0)$이라고 가정하면 $4a + 9b = 0$, $a - 2b = 0$, $2a + 2b = 0$이므로 $a = 0, b = 0$이다. 따라서 $(4,1,2), (9,-2,2)$는 일차독립이다.

(3) 실수 a, b, c에 대하여

$a(3,0,-2) + b(0,-1,7) + c(5,-7,5) = (3a+5c, -b-7c, -2a+7b+5c) = (0,0,0)$

이라고 가정하면 $3a + 5c = 0$, $-b - 7c = 0$, $-2a + 7b + 5c = 0$ 이므로

$a = 0$, $b = 0$, $c = 0$이다. 따라서 $(3,0,-2), (0,-1,7), (5,-7,5)$는 일차독립이다.

(4) $0(0,-2,6) + 2(0,0,0) + 0(10,-1,1) = (0,0,0)$이므로

$(0,-2,6)$, $(0,0,0)$, $(10,-1,1)$는 일차종속이다.

(5) $2(-1,6,5)+0(0,0,24)+(2,-12,-10)=(0,0,0)$ 이므로
$(-1,6,5),(0,0,24),(2,-12,-10)$는 일차종속이다.

(6) $\frac{63}{14}(1,0,1)-\frac{21}{20}(0,-5,5)-\frac{5}{14}(21,7,0)+(3,-2,0)=(0,0,0)$이므로
$(1,0,1)$, $(0,-5,5)$, $(21,7,0)$, $(3,-2,0)$는 일차종속이다.

3. (1) 실수 a,b에 대하여 $a\begin{pmatrix}0&1\\0&4\end{pmatrix}+b\begin{pmatrix}4&2\\1&0\end{pmatrix}=\begin{pmatrix}4b&a+2b\\b&4a\end{pmatrix}=\begin{pmatrix}0&0\\0&0\end{pmatrix}$라고 가정하면
$4b=0$, $a+2b=0$, $b=0$, $4a=0$이므로 $a=0,b=0$이다. 따라서 $\begin{pmatrix}0&1\\0&4\end{pmatrix}$, $\begin{pmatrix}4&2\\1&0\end{pmatrix}$는 일차독립이다.

(2) 실수 a,b에 대하여 $a\begin{pmatrix}-2&2\\7&7\end{pmatrix}+b\begin{pmatrix}0&6\\10&8\end{pmatrix}=\begin{pmatrix}-2a&2a+6b\\7a+10b&7a+8b\end{pmatrix}=\begin{pmatrix}0&0\\0&0\end{pmatrix}$라고 가정하면
$-2a=0$, $2a+6b=0$, $7a+10b=0$, $7a+8b=0$이므로 $a=0,b=0$이다. 따라서
$\begin{pmatrix}-2&2\\7&7\end{pmatrix}$, $\begin{pmatrix}0&6\\10&8\end{pmatrix}$는 일차독립이다.

(3) $2\begin{pmatrix}0&0\\0&0\end{pmatrix}+0\begin{pmatrix}-11&2\\8&1\end{pmatrix}+0\begin{pmatrix}5&-1\\1&1\end{pmatrix}=\begin{pmatrix}0&0\\0&0\end{pmatrix}$이므로 $\begin{pmatrix}0&0\\0&0\end{pmatrix}$, $\begin{pmatrix}-11&2\\8&1\end{pmatrix}$, $\begin{pmatrix}5&-1\\1&1\end{pmatrix}$는 일차종속이다.

(4) 실수 a,b,c에 대하여
$a\begin{pmatrix}1&2\\-4&2\end{pmatrix}+b\begin{pmatrix}-1&1\\12&1\end{pmatrix}+c\begin{pmatrix}15&-4\\15&-4\end{pmatrix}=\begin{pmatrix}a-b+15c&2a+b-4c\\-4a+12b+15c&2a+b-4c\end{pmatrix}=\begin{pmatrix}0&0\\0&0\end{pmatrix}$
라고 가정하면 $a-b+15c=0$, $2a+b-4c=0$, $-4a+12b+15c=0$이다.
따라서 $a=0,b=0,c=0$이므로 $\begin{pmatrix}1&2\\-4&2\end{pmatrix}$, $\begin{pmatrix}-1&1\\12&1\end{pmatrix}$, $\begin{pmatrix}15&-4\\15&-4\end{pmatrix}$는 일차독립이다.

(5) $2\begin{pmatrix}3&4\\3&4\end{pmatrix}+\begin{pmatrix}-6&-8\\-6&-8\end{pmatrix}+0\begin{pmatrix}1&5\\-1&-2\end{pmatrix}+0\begin{pmatrix}3&0\\0&-2\end{pmatrix}=\begin{pmatrix}0&0\\0&0\end{pmatrix}$이므로
$\begin{pmatrix}3&4\\3&4\end{pmatrix}$, $\begin{pmatrix}-6&-8\\-6&-8\end{pmatrix}$, $\begin{pmatrix}1&5\\-1&-2\end{pmatrix}$, $\begin{pmatrix}3&0\\0&-2\end{pmatrix}$는 일차종속이다.

(6) $(-3)\begin{pmatrix}2&-3\\-3&2\end{pmatrix}+\frac{1554}{135}\begin{pmatrix}1&-2\\-1&0\end{pmatrix}-\frac{27}{15}\begin{pmatrix}0&16\\-1&0\end{pmatrix}-\frac{87}{135}\begin{pmatrix}7&5\\2&0\end{pmatrix}+\begin{pmatrix}-1&0\\2&6\end{pmatrix}=\begin{pmatrix}0&0\\0&0\end{pmatrix}$
이므로 $\begin{pmatrix}2&-3\\-3&2\end{pmatrix}$, $\begin{pmatrix}1&-2\\-1&0\end{pmatrix}$, $\begin{pmatrix}0&16\\-1&0\end{pmatrix}$, $\begin{pmatrix}7&5\\2&0\end{pmatrix}$, $\begin{pmatrix}-1&0\\2&6\end{pmatrix}$는 일차종속이다.

4. (1) 실수 a,b에 대하여 $a(1-x)+b(1-x^2)=0$라고 가정하면 $a+b=0$, $-a=0$, $-b=0$

이다. 따라서 $a=0,\ b=0$이 되어 $1-x$, $1-x^2$는 일차독립이다.

(2) 실수 a, b에 대하여 $ax+b(x+2x^2)=0$라고 가정하면 $a+b=0$, $2b=0$이다. 따라서 $a=0,\ b=0$이 되어 x, $x+2x^2$는 일차독립이다.

(3) 실수 a, b, c에 대하여 $2a+b(-5+x)+c(-3+x-x^2)=0$라고 가정하면 $2a-5b-3c=0$, $b+c=0$, $-c=0$이다. 따라서 $a=0,\ b=0,\ c=0$이 되어 2, $-5+x$, $-3+x-x^2$는 일차독립이다.

5. (1) $span(X)=\{(5,2)t \mid t\in\mathbb{R}\}=\left\{(a,b) \mid b=\frac{2}{5}a,\ a\in\mathbb{R}\right\}$

(2) $span(X)=\{(1,0)s+(-8,0)t \mid s,t\in\mathbb{R}\}=\{(s,0) \mid s\in\mathbb{R}\}$

(3) $span(X)=\{(1,-2)s+(-2,0)t \mid s,t\in\mathbb{R}\}=\mathbb{R}^2$

(4) $span(X)=\{(7,-2)s+(1,6)t+(0,5)k \mid s,t,k\in\mathbb{R}\}=\mathbb{R}^2$

6. (1) $span(X)=\{(0,2,-1)s \mid s\in\mathbb{R}\}=\{(0,a,b) \mid a=-2b,\ b\in\mathbb{R}\}$

(2) $span(X)=\{(1,0,1)s+(3,7,1)t \mid s,t\in\mathbb{R}\}=\left\{(a+\frac{3}{7}b, b, a+\frac{1}{7}b) \mid a,b\in\mathbb{R}\right\}$

(3) $span(X)$

$=\{(1,-1,1)s+(-2,2,4)t+(0,0,1)k \mid s,t,k\in\mathbb{R}\}=\{(a,-a,b) \mid a,b\in\mathbb{R}\}$

(4) $span(X)$

$=\{(1,1,1)s+(0,1,5)t+(2,2,2)k \mid s,t,k\in\mathbb{R}\}=\{(s,s+t,s+5t) \mid s,t\in\mathbb{R}\}$

(5) $span(X)$

$=\{(0,1,-1)s+(1,1,0)t+(-1,1,0)k+(1,0,-1)p \mid s,t,k,p\in\mathbb{R}\}=\mathbb{R}^3$

7. (1) $span(X)=\{sx \mid s\in\mathbb{R}\}$

(2) $span(X)=\{8s+2tx^2 \mid s,t\in\mathbb{R}\}=\{s+tx^2 \mid s,t\in\mathbb{R}\}$

(3) $span(X)=\{4s+(4-2x)t+(4+2x+x^2)k \mid s,t,k\in\mathbb{R}\}$

$$=\{(4s+4t+4k)-(2t-2k)x+kx^2 \mid s,t,k\in\mathbb{R}\}=\mathbb{R}_2[x]$$

8. (1) $span(X)=\left\{\begin{pmatrix}1 & -1\\ 0 & 0\end{pmatrix}s \mid s\in\mathbb{R}\right\}$

(2) $span(X)=\left\{\begin{pmatrix}-8 & 0\\ 0 & 0\end{pmatrix}s+\begin{pmatrix}0 & -1\\ 0 & 0\end{pmatrix}t \mid s,t\in\mathbb{R}\right\}=\left\{\begin{pmatrix}s & t\\ 0 & 0\end{pmatrix} \mid s,t\in\mathbb{R}\right\}$

(3) $span(X)=\left\{\begin{pmatrix}1 & 0\\ 0 & 0\end{pmatrix}s+\begin{pmatrix}0 & 0\\ 7 & 0\end{pmatrix}t+\begin{pmatrix}0 & 0\\ 0 & -5\end{pmatrix}k \mid s,t,k\in\mathbb{R}\right\}=\left\{\begin{pmatrix}s & 0\\ t & k\end{pmatrix} \mid s,t,k\in\mathbb{R}\right\}$

(4) $span(X)=\left\{\begin{pmatrix}2 & 1\\ 0 & 0\end{pmatrix}s+\begin{pmatrix}0 & 0\\ 1 & 2\end{pmatrix}t+\begin{pmatrix}1 & 0\\ 2 & 0\end{pmatrix}k+\begin{pmatrix}0 & 2\\ 0 & 1\end{pmatrix}\ell \mid s,t,k,\ell\in\mathbb{R}\right\}=M_{2\times 2}(\mathbb{R})$

3.5 기저와 차원

1. (1) $(2,2),(1,-1)$는 일차독립이고 $span(\mathcal{B})=\mathbb{R}^2$이므로 $\mathcal{B}$는 $V=\mathbb{R}^2$의 기저가 된다.
   (2) $(7,-1),(1,0)$는 일차독립이고 $span(\mathcal{B})=\mathbb{R}^2$이므로 $\mathcal{B}$는 $V=\mathbb{R}^2$의 기저가 된다.
   (3) $(-1,1),(3,-3)$는 일차종속이므로 $\mathcal{B}$는 $V=\mathbb{R}^2$의 기저가 아니다.
   (4) $(0,0),(1,5)$는 일차종속이므로 $\mathcal{B}$는 $V=\mathbb{R}^2$의 기저가 아니다.
   (5) $(1,0),(0,1),(1,1)$는 일차종속이므로 $\mathcal{B}$는 $V=\mathbb{R}^2$의 기저가 아니다.

2. (1) $(-1,0,1),(3,-2,0)$는 일차독립이지만 $span(\mathcal{B})\neq\mathbb{R}^3$이므로 $\mathcal{B}$는 $V=\mathbb{R}^3$의 기저가 아니다.
   (2) $(0,11,0),(2,-3,4),(0,1,0)$는 일차종속이므로 $\mathcal{B}$는 $V=\mathbb{R}^3$의 기저가 아니다.
   (3) $(0,1,4),(1,-1,1),(4,2,0)$는 일차독립이고 $span(\mathcal{B})=\mathbb{R}^3$이므로 $\mathcal{B}$는 $V=\mathbb{R}^3$의 기저가 된다.
   (4) $(0,1,4),(1,-1,1),(4,2,0),(0,0,1)$는 일차종속이므로 $\mathcal{B}$는 $V=\mathbb{R}^3$의 기저가 아니다.

3. (1) $\begin{pmatrix}1&-2\\0&1\end{pmatrix},\begin{pmatrix}0&5\\4&2\end{pmatrix}$는 일차독립이지만 $span(\mathcal{B})\neq M_{2\times2}(\mathbb{R})$이므로 $\mathcal{B}$는 $V=M_{2\times2}(\mathbb{R})$의 기저가 아니다.
   (2) $\begin{pmatrix}0&0\\1&0\end{pmatrix},\begin{pmatrix}-1&1\\0&1\end{pmatrix},\begin{pmatrix}0&-1\\1&0\end{pmatrix}$는 일차독립이지만 $span(\mathcal{B})\neq M_{2\times2}(\mathbb{R})$이므로 $\mathcal{B}$는 $V=M_{2\times2}(\mathbb{R})$의 기저가 아니다.
   (3) $\begin{pmatrix}5&5\\1&0\end{pmatrix},\begin{pmatrix}-1&2\\3&1\end{pmatrix},\begin{pmatrix}7&-1\\0&0\end{pmatrix},\begin{pmatrix}0&-1\\0&9\end{pmatrix}$는 일차독립이고 $span(\mathcal{B})=M_{2\times2}(\mathbb{R})$이므로 $\mathcal{B}$는 $V=M_{2\times2}(\mathbb{R})$의 기저가 된다.
   (4) $\begin{pmatrix}2&0\\0&2\end{pmatrix},\begin{pmatrix}1&1\\-1&0\end{pmatrix},\begin{pmatrix}3&-1\\0&6\end{pmatrix},\begin{pmatrix}0&-1\\1&0\end{pmatrix},\begin{pmatrix}1&-1\\2&1\end{pmatrix}$는 일차종속이므로 $\mathcal{B}$는 $V=M_{2\times2}(\mathbb{R})$의 기저가 아니다.

4. (1) $5,\ 2x-x^2$는 일차독립이지만 $span(\mathcal{B})\neq\mathbb{R}_2[x]$이므로 $\mathcal{B}$는 $V=\mathbb{R}_2[x]$의 기저가 아니다.
   (2) $x,\ x+x^2,\ x^2$는 일차종속이므로 $\mathcal{B}$는 $V=\mathbb{R}_2[x]$의 기저가 아니다.
   (3) $x,1-x,1-x^2$는 일차독립이고 $span(\mathcal{B})=\mathbb{R}_2[x]$이므로 $\mathcal{B}$는 $V=\mathbb{R}_2[x]$의 기저가 된다.

(4) $2, -x, 4-5x^2, x^2$는 일차종속이므로 $\mathscr{B}$는 $V=\mathbb{R}_2[x]$의 기저가 아니다.

5. (1) $\dim_F W = 1$　　(2) $\dim_F W = 1$
(3) $\dim_F W = 2$　　(4) $\dim_F W = 2$

6. (1) $\dim_F W = 1$　　(2) $\dim_F W = 2$
(3) $\dim_F W = 3$　　(4) $\dim_F W = 3$

7. (1) $\dim_F W = 1$　　(2) $\dim_F W = 3$
(3) $\dim_F W = 3$　　(4) $\dim_F W = 4$

8. (1) $\dim_F W = 2$　　(2) $\dim_F W = 3$
(3) $\dim_F W = 3$　　(4) $\dim_F W = 3$

9. 기저 : $\mathscr{B} = \{(1,-5)\}$,　　차원 : $\dim_F W = 1$

10. 기저 : $\mathscr{B} = \{(0,1,1), (1,0,-1)\}$,　　차원 : $\dim_F W = 2$

11. 스칼라 $c_i \in F$, $i=1,2,\cdots,n$에 대하여 다음이 성립한다.

$$\sum_{i=1}^{n} c_i(av_i) = O \Rightarrow \sum_{i=1}^{n} (c_i a)v_i = O \Rightarrow c_i a = 0,\ i=1,2,\cdots,n \Rightarrow c_i = 0,\ i=1,2,\cdots,n$$

따라서 $av_1, av_2, \cdots, av_n$는 일차독립이다. 그런데 가정에 의하여 $\dim_F V = n$이므로 집합 $a\mathscr{B} = \{av_1, av_2, \cdots, av_n\}$는 V의 기저가 된다.

12. 집합 $\mathscr{B} = \{v_1, v_2, \cdots, v_{n-1}\}$가 V의 기저라고 가정하면 $\dim_F V = n-1$이다. 그런데 가정에서 V는 n차원 벡터공간이라고 했으므로 모순을 얻는다. 따라서 집합 $\mathscr{B} = \{v_1, v_2, \cdots, v_{n-1}\}$는 V의 기저가 될 수 없다.

13. 집합 $\mathscr{B} = \{v_1, v_2, \cdots, v_{n+1}\}$가 V의 기저라고 가정하면 $\dim_F V = n+1$이다. 그런데 가정에서 V는 n차원 벡터공간이라고 했으므로 모순을 얻는다. 따라서 집합 $\mathscr{B} = \{v_1, v_2, \cdots, v_{n+1}\}$는 V의 기저가 될 수 없다.

14. 관계식 $\dim_F(U+W) = \dim_F U + \dim_F W - \dim_F(U\cap W)$으로부터

$\dim_F(U+W)=2+5-1=6$ 이 성립한다. 따라서 $\dim_F(U+W)=6$이다.

3.6 행렬의 행공간과 열공간

1. (1) 행공간 : $span\{(-1,2),(7,-1)\}=\mathbb{R}^2$,

 열공간 : $span\left\{\begin{pmatrix}-1\\7\end{pmatrix},\begin{pmatrix}2\\-1\end{pmatrix}\right\}=\mathbb{R}^2$ (또는 $M_{2\times1}(\mathbb{R})$)

 행계수 : 2

 열계수 : 2

 (2) 행공간 : $span\{(1,0),(1,-8),(0,-2)\}=\mathbb{R}^2$,

 열공간 : $span\left\{\begin{pmatrix}1\\1\\0\end{pmatrix},\begin{pmatrix}0\\-8\\-2\end{pmatrix}\right\}$

 행계수 : 2

 열계수 : 2

 (3) 행공간 : $span\{(5,1,0),(2,1,-8),(0,3,-2)\}=\mathbb{R}^3$,

 열공간 : $span\left\{\begin{pmatrix}5\\2\\0\end{pmatrix},\begin{pmatrix}1\\1\\3\end{pmatrix},\begin{pmatrix}0\\-8\\-2\end{pmatrix}\right\}=\mathbb{R}^3$ (또는 $M_{3\times1}(\mathbb{R})$)

 행계수 : 3

 열계수 : 3

 (4) 행공간 : $span\{(0,6,0,12),(7,-1,0,0),(0,1,4,2)\}$,

 열공간 : $span\left\{\begin{pmatrix}0\\7\\0\end{pmatrix},\begin{pmatrix}6\\-1\\1\end{pmatrix},\begin{pmatrix}0\\0\\4\end{pmatrix},\begin{pmatrix}12\\0\\2\end{pmatrix}\right\}=\mathbb{R}^3$ (또는 $M_{3\times1}(\mathbb{R})$)

 행계수 : 3

 열계수 : 3

2. (1) 계수 : 2

 영공간 : $N(A)=\{O\}$

 영공간의 차원 : $\dim N(A)=0$

 (2) 계수 : 2

 영공간 : $N(A)=\{O\}$

 영공간의 차원 : $\dim N(A)=0$

 (3) 계수 : 3

영공간 : $N(A)=\{O\}$
영공간의 차원 : $\dim N(A)=0$

(4) 계수 : 3

영공간 : $N(A)=\left\{\begin{pmatrix}1\\1\\0\\-1\end{pmatrix}s \mid s\in\mathbb{R}\right\}$

영공간의 차원 : $\dim N(A)=1$

3\. 관계식 $r(A)+\dim N(A)=5$으로부터 $r(A)=4$이므로 $\dim N(A)=1$이다.

4\. (1) 행 공간 : $\mathbb{R}^7$, 열 공간 : $\mathbb{R}^7$
(2) 행 계수 : $r(A)=7$, 열 계수 : $c(A)=7$
(3) 영공간 : $N(A)=\{O\}$, 영공간의 차원 : $\dim N(A)=0$

5\. $\det(B)=1$이므로 행렬 B는 정칙행렬이다. 따라서 정리에 의하여 $r(A)=r(BA)$이다.

4장. 내적공간

4.1 내적공간의 노름

1\. (1) 벡터 $u=(0,1)$에 대하여 $<u,u> = 0$ 이다. 그런데 $u\neq O$이므로 주어진 함수는 내적이 아니다.
(2) 벡터 $u=(0,1)$에 대하여 $<u,u> = -5 < 0$ 이므로 주어진 함수는 내적이 아니다.
(3) 벡터 $u=(0,-1)$, $v=(1,0)$에 대하여 $<u,v> = -7 \neq -1 = <v,u>$ 이므로 주어진 함수는 내적이 아니다.
(4) 벡터 $u=(0,-1)$, $v=(1,0)$에 대하여 $<u,v> = -1 \neq -5 = <v,u>$ 이므로 주어진 함수는 내적이 아니다.

2\. (1) 주어진 함수는 내적이 될 조건을 모두 만족하므로 $M_{2\times 2}(\mathbb{R})$에서 내적이 된다.
(2) $A=\begin{pmatrix}1&0\\0&0\end{pmatrix}$에 대하여 $<A, A> = 0$ 이다. 그런데 $A=\begin{pmatrix}1&0\\0&0\end{pmatrix}\neq O$ 이므로 주어진 함수는 내적이 아니다.

(3) $A=\begin{pmatrix}1 & -1\\0 & 0\end{pmatrix}$에 대하여 $< A, A > = -2 < 0$ 이므로 주어진 함수는 내적이 아니다.

(4) $A=\begin{pmatrix}1 & 0\\0 & 0\end{pmatrix}$, $B=\begin{pmatrix}2 & 0\\0 & 0\end{pmatrix}$에 대하여 $< A, B> = 4 \neq 2 = < B, A >$ 이므로 주어진 함수는 내적이 아니다.

3. (1) 주어진 함수는 내적이 될 조건을 모두 만족하므로 $C[-2,2]$에서 내적이 된다.

(2) $f(x)=x$에 대하여

$$< f, f > = \int_{-2}^{2} (f(x)+f(x))\,dx = \int_{-2}^{2} 2x\,dx = [x^2]_{-2}^{2} = 0$$이다.

그런데 f는 영함수가 아니므로 주어진 함수는 내적이 아니다.

(3) $f(x)=1$(상수함수), $g(x)=x$ 에 대하여

$$< f, g > = \int_{-2}^{2} f(x)^2 g(x)\,dx = \int_{-2}^{2} x\,dx = \left[\frac{1}{2}x^2\right]_{-2}^{2} = 0$$이다. 또한

$$< g, f > = \int_{-2}^{2} g(x)^2 f(x)\,dx = \int_{-2}^{2} x^2\,dx = \left[\frac{1}{3}x^3\right]_{-2}^{2} = \frac{16}{3}$$이다. 따라서

$< f, g > \neq < g, f >$이므로 주어진 함수는 내적이 아니다.

(4) $f(x)=1$(상수함수)에 대하여

$$< f, f > = \int_{-2}^{2} (f(x)-4f(x))\,dx = \int_{-2}^{2} -3\,dx = [-3x]_{-2}^{2} = -12 < 0$$

이다. 따라서 주어진 함수는 내적이 아니다.

4. (1) $< u, v > = 7$

$\| u \| = \sqrt{1+4} = \sqrt{5}$

$\| 2v-3u \| = \| (14,0)-(3,-6) \| = \| (11,6) \| = \sqrt{121+36} = \sqrt{157}$

$d(u,v) = \| u-v \| = \| (-6,-2) \| = \sqrt{36+4} = 2\sqrt{10}$

(2) $< u, v > = -16-\frac{1}{4} = -\frac{65}{4}$

$\| u \| = \sqrt{64+1} = \sqrt{65}$

$\| 2v-3u \| = \left\| (4,-\frac{1}{2})-(-24,3) \right\| = \left\| (28,-\frac{7}{2}) \right\| = \sqrt{784+\frac{49}{4}} = \frac{\sqrt{3185}}{2}$

$d(u,v) = \| u-v \| = \left\| (-10,\frac{5}{4}) \right\| = \sqrt{100+\frac{25}{16}} = \frac{5\sqrt{65}}{4}$

5. (1) $< u, v > = 14$

$\| u \| = \sqrt{2+4} = \sqrt{6}$

$\| 2v - 3u \| = \| (14, 0) - (3, -6) \| = \| (11, 6) \| = \sqrt{242+36} = \sqrt{278}$

$d(u, v) = \| u - v \| = \| (-6, -2) \| = \sqrt{72+4} = 2\sqrt{19}$

(2) $< u, v > = -32 - \dfrac{1}{4} = -\dfrac{129}{4}$

$\| u \| = \sqrt{128+1} = \sqrt{129}$

$\| 2v - 3u \| = \left\| (4, -\dfrac{1}{2}) - (-24, 3) \right\| = \left\| (28, -\dfrac{7}{2}) \right\| = \sqrt{1568 + \dfrac{49}{4}} = \dfrac{\sqrt{6321}}{2}$

$d(u, v) = \| u - v \| = \left\| (-10, \dfrac{5}{4}) \right\| = \sqrt{200 + \dfrac{25}{16}} = \dfrac{5\sqrt{129}}{4}$

6. (1) $< u, v > = 10$

$\| u \| = \sqrt{16+25} = \sqrt{41}$

$\| 2v - 3u \| = \| (22, 0, 4) - (0, -12, 15) \|$

$= \| (22, 12, -11) \| = \sqrt{484+144+121} = \sqrt{749}$

$d(u, v) = \| u - v \| = \| (-11, -4, 3) \| = \sqrt{121+16+9} = \sqrt{146}$

(2) $< u, v > = 3 - 2 - 1 = 0$

$\| u \| = \sqrt{1+1+1} = \sqrt{3}$

$\| 2v - 3u \| = \| (6, 4, -2) - (3, -3, 3) \| = \| (3, 7, -5) \| = \sqrt{9+49+25} = \sqrt{83}$

$d(u, v) = \| u - v \| = \| (-2, -3, 2) \| = \sqrt{4+9+4} = \sqrt{17}$

7. (1) $< u, v > = 10$

$\| u \| = \sqrt{64+25} = \sqrt{89}$

$\| 2v - 3u \| = \| (22, 0, 4) - (0, -12, 15) \|$

$= \| (22, 12, -11) \| = \sqrt{484+576+121} = \sqrt{1181}$

$d(u, v) = \| u - v \| = \| (-11, -4, 3) \| = \sqrt{121+64+9} = \sqrt{194}$

(2) $< u, v > = 3 - 8 - 1 = -6$

$\| u \| = \sqrt{1+4+1} = \sqrt{6}$

$\| 2v - 3u \| = \| (6, 4, -2) - (3, -3, 3) \| = \| (3, 7, -5) \| = \sqrt{9+196+25} = \sqrt{230}$

$d(u, v) = \| u - v \| = \| (-2, -3, 2) \| = \sqrt{4+36+4} = 2\sqrt{11}$

8. (1) $< A, B > = < A, A > = 1+1+1+36+4+9+1+49 = 102$

$\| B \| = \| A \| = \sqrt{< A, A >} = \sqrt{102}$
$\| 2A - B \| = \| 2A - A \| = \| A \| = \sqrt{102}$
$d(A, B) = \| A - B \| = \| A - A \| = \| O \| = 0$

(2) $< A, B > = -3+8+3+8+4-16-10 = -6$
$\| B \| = \sqrt{< B, B >} = \sqrt{1+1+1+1+4+1+64+25+81} = \sqrt{179}$
$\| 2A - B \| = \sqrt{1+49+225+4+4+25+36+49+144+81+81} = \sqrt{699}$
$d(A, B) = \| A - B \| = \sqrt{1+16+49+1+1+4+4+9+100+49+81} = 3\sqrt{35}$

9. (1) $< f, g > = \int_2^4 5(4-2x)\,dx = \int_2^4 (20-10x)\,dx = -20$

$\| f \| = \sqrt{< f, f >} = \sqrt{\int_2^4 25\,dx} = 5\sqrt{2}$

$\| -5g \| = 5\| g \| = 5\sqrt{< g, g >} = 5\sqrt{\int_2^4 (4-2x)^2\,dx} = 20\sqrt{\frac{2}{3}}$

$d(f, g) = \| f - g \| = \| 5-(4-2x) \| = \sqrt{\int_2^4 (1+2x)^2\,dx} = \sqrt{\frac{302}{3}}$

(2) $< f, g > = \int_2^4 (x-2x^2)(1+x^3)\,dx$

$= \int_2^4 (x-2x^2+x^4-2x^5)\,dx = -\frac{17654}{15}$

$\| f \| = \sqrt{< f, f >} = \sqrt{\int_2^4 (x-2x^2)^2\,dx}$

$= \sqrt{\int_2^4 (x^2-4x^3+4x^4)\,dx} = \sqrt{\frac{8584}{15}}$

$\| -5g \| = 5\| g \| = 5\sqrt{< g, g >} = 5\sqrt{\int_2^4 (1+x^3)^2\,dx} = 5\sqrt{\frac{17110}{7}}$

$d(f, g) = \| f - g \| = \| x-2x^2-(1+x^3) \| = \sqrt{\frac{563894}{105}}$

(3) $< f, g > = \int_2^4 1\,dx = 2$

$\| f \| = \sqrt{< f, f >} = \sqrt{\int_2^4 x^2\,dx} = 2\sqrt{\frac{14}{3}}$

$$\| -5g \| = 5 \| g \| = 5\sqrt{<g, g>} = 5\sqrt{\int_2^4 \frac{1}{x^2}\, dx} = \frac{5}{2}$$

$$d(f, g) = \| f - g \| = \left\| x - \frac{1}{x} \right\| = \sqrt{\int_2^4 (x - \frac{1}{x})^2\, dx} = \sqrt{\frac{179}{12}}$$

(4) $<f, g> = \int_2^4 2x e^x\, dx = 6e^4 - 2e^2$

$$\| f \| = \sqrt{<f, f>} = \sqrt{\int_2^4 e^{2x}\, dx} = \sqrt{\frac{1}{2}(e^8 - e^4)}$$

$$\| -5g \| = 5 \| g \| = 5\sqrt{<g, g>} = 5\sqrt{\int_2^4 4x^2\, dx} = 20\sqrt{\frac{14}{3}}$$

$$d(f, g) = \| f - g \| = \| e^x - 2x \|$$

$$= \sqrt{\int_2^4 (e^x - 2x)^2\, dx} = \sqrt{\frac{1}{2}(e^8 - 25e^4 + 8e^2 + \frac{448}{3})}$$

10. (1) $<p(x), q(x)> = -16$

$\| q(x) \| = \sqrt{64} = 8$

$\| 7q(x) \| = 7 \| q(x) \| = 56$

$d(p(x), q(x)) = \| p(x) - q(x) \| = \| 10 \| = \sqrt{100} = 10$

(2) $<p(x), q(x)> = 0$

$\| q(x) \| = \sqrt{1} = 1$

$\| 7q(x) \| = 7 \| q(x) \| = 7$

$d(p(x), q(x)) = \| p(x) - q(x) \| = \| x - x^2 \| = \sqrt{1+1} = \sqrt{2}$

(3) $<p(x), q(x)> = 1 + 1 = 2$

$\| q(x) \| = \sqrt{1+1+1} = \sqrt{3}$

$\| 7q(x) \| = 7 \| q(x) \| = 7\sqrt{3}$

$d(p(x), q(x)) = \| p(x) - q(x) \| = \| x^2 \| = \sqrt{1} = 1$

(4) $<p(x), q(x)> = 8 - 8 = 0$

$\| q(x) \| = \sqrt{4+16} = 2\sqrt{5}$

$\| 7q(x) \| = 7 \| q(x) \| = 14\sqrt{5}$

$d(p(x), q(x)) = \| p(x) - q(x) \| = \| 2 + 6x^2 \| = \sqrt{4+36} = 2\sqrt{5}$

4.2 정규직교기저

1. (1) $u=(1,0)$, $v=(0,-2)$로 놓으면 $<u,v> = 0$이므로 $\mathscr{B}$는 직교기저가 된다. 그렇지만 $\| v \| = \sqrt{4} = 2 \neq 1$이므로 $\mathscr{B}$는 정규직교기저는 아니다.

   (2) $u=(\frac{1}{4}, \frac{\sqrt{3}}{4})$, $v=(0,-1)$로 놓으면 $<u,v> = -\frac{\sqrt{3}}{4} \neq 0$이므로 $\mathscr{B}$는 직교기저가 아니다. 따라서 $\mathscr{B}$는 정규직교기저도 아니다.

   (3) $u=(\frac{1}{2}, \frac{\sqrt{3}}{2})$, $v=(\frac{\sqrt{3}}{2}, -\frac{1}{2})$로 놓으면 $<u,v> = 0$이므로 $\mathscr{B}$는 직교기저이다. 또한 $\| u \| = 1 = \| v \|$ 이므로 $\mathscr{B}$는 정규직교기저이다.

   (4) $u=(1,0,-1)$, $v=(1,-1,0)$, $w=(0,1,-1)$로 놓으면 $<u,v> = 1 \neq 0$이므로 $\mathscr{B}$는 직교기저가 아니다. 따라서 $\mathscr{B}$는 정규직교기저도 아니다.

   (5) $u=(0,0,1)$, $v=(-1,0,0)$, $w=(0,-1,0)$로 놓으면
   $<u,v> = 0 = <u,w> = <v,w>$이므로 $\mathscr{B}$는 직교기저이다. 또한
   $\| u \| = 1 = \| v \| = \| w \|$ 이므로 $\mathscr{B}$는 정규직교기저이다.

   (6) $u=(\frac{1}{2},0,0)$, $v=(0,\frac{\sqrt{5}}{2},0)$, $w=(0,0,\sqrt{6})$로 놓으면
   $<u,v> = 0 = <u,w> = <v,w>$이므로 $\mathscr{B}$는 직교기저이다.
   그런데 $\| u \| = \frac{1}{2} \neq 1$ 이므로 $\mathscr{B}$는 정규직교기저가 아니다.

2. (1) $V=\mathbb{R}^2$의 정규직교기저는 $\mathscr{B}_1 = \left\{ \frac{1}{\sqrt{2}}(1,1),\ \frac{1}{\sqrt{2}}(-1,1) \right\}$이다.

   (2) $V=\mathbb{R}^2$의 정규직교기저는 $\mathscr{B}_1 = \{(0,1), (1,0)\}$이다.

   (3) $V=\mathbb{R}^3$의 정규직교기저는
   $$\mathscr{B}_1 = \left\{ \frac{1}{\sqrt{5}}(2,0,-1),\ \frac{1}{\sqrt{105}}(1,-10,2),\ \frac{1}{\sqrt{21}}(2,1,4) \right\}\text{이다.}$$

   (4) $V=\mathbb{R}^3$의 정규직교기저는 $\mathscr{B}_1 = \{(0,-1,0), (1,0,0), (0,0,1)\}$이다.

3. $\mathbb{R}_2[x]$의 정규직교기저는 $\mathscr{B}_1 = \left\{ \frac{1}{2},\ \frac{\sqrt{3}}{4}x,\ \frac{5}{8\sqrt{10}}(4-3x^2) \right\}$이다.

4.3 직교여공간

1. $W^{\perp}=\{(a,b)\in\mathbb{R}^2 \mid -2a+5b=0\}=\left\{(1,\frac{2}{5})a \mid a\in\mathbb{R}\right\}$

2. $W^{\perp}=\{(a,b,c)\in\mathbb{R}^3 \mid 3b+c=0,\ 10a+b=0\}=\{(1,-10,30)a \mid a\in\mathbb{R}\}$

3. (1) $W^{\perp}=\left\{\begin{pmatrix}a & b\\ c & d\end{pmatrix}\in M_{2\times 2}(\mathbb{R}) \mid -c+d=0,\ d=0,\ -b=0\right\}$

$=\left\{\begin{pmatrix}a & b\\ c & d\end{pmatrix}\in M_{2\times 2}(\mathbb{R}) \mid b=c=d=0\right\}=\left\{\begin{pmatrix}a & 0\\ 0 & 0\end{pmatrix} \mid a\in\mathbb{R}\right\}$

(2) $W^{\perp}=\left\{\begin{pmatrix}a & b\\ c & d\end{pmatrix}\in M_{2\times 2}(\mathbb{R}) \mid 6a+2b+3c+d=0,\ a-b+3c+d=0,\ 3a+b+3c+d=0\right\}$

$=\left\{\begin{pmatrix}a & b\\ c & d\end{pmatrix}\in M_{2\times 2}(\mathbb{R}) \mid a=b=0,\ d=-3c\right\}=\left\{\begin{pmatrix}0 & 0\\ c & -3c\end{pmatrix} \mid c\in\mathbb{R}\right\}$

4. (1) $W=span\{f(x),g(x),h(x)\}=\mathbb{R}_2[x]$이므로 $W^{\perp}=\{0\}$이다.

(2) $W=span\{3x-4x^2,\ -x,\ 5x^2\}=span\{x,x^2\}$이다. $k(x)=a+bx+cx^2\in W^{\perp}$에 대하여 $<k(x),x>=0$ 으로부터 $b=0$를 얻고 $<k(x),x^2>=0$으로부터 $c=-\frac{5}{12}a$를 얻는다. 따라서 $k(x)=a-\frac{5}{12}ax^2$ 이므로 $W^{\perp}=\left\{a-\frac{5}{12}ax^2 \mid a\in\mathbb{R}\right\}$ 이다.

5. (1) $W^{\perp}=\{(b,-b) \mid b\in\mathbb{R}\}$이므로 $(W^{\perp})^{\perp}=\{(a,a) \mid a\in\mathbb{R}\}=W$ 이 성립한다.

(2) 임의의 $(c,d)\in\mathbb{R}^2$는 $(c,d)=\frac{1}{2}(c+d,\ c+d)+\frac{1}{2}(c-d,\ -c+d)$으로 나타낼 수 있고 $\frac{1}{2}(c+d,\ c+d)\in W$, $\frac{1}{2}(c-d,\ -c+d)\in W^{\perp}$이므로 $W+W^{\perp}=\mathbb{R}^2$ 이다. 또한 $W\cap W^{\perp}=\{(0,0)\}$이므로 결과적으로 $W\oplus W^{\perp}=\mathbb{R}^2$이 성립한다.

(3) $\dim W=1$, $\dim W^{\perp}=1$이므로 $\dim W+\dim W^{\perp}=2=\dim\mathbb{R}^2$ 이 성립한다.

6. (1) $W^{\perp}=\{(b,c,b) \mid b,c\in\mathbb{R}\}$이므로 $(W^{\perp})^{\perp}=\{(a,0,-a) \mid a\in\mathbb{R}\}=W$ 이 성립한다

(2) 임의의 $(a,b,c)\in\mathbb{R}^3$는 $(a,b,c)=\frac{1}{2}(a-c,\ 0,\ -a+c)+\frac{1}{2}(a+c,\ 2b,\ a+c)$으로

나타낼 수 있고 $\frac{1}{2}(a-c,\ 0,\ -a+c)\in W$, $\frac{1}{2}(a+c,\ 2b,\ a+c)\in W^{\perp}$ 이므로 $W+W^{\perp}=\mathbb{R}^2$이다. 또한 $W\cap W^{\perp}=\{(0,0,0)\}$이므로 결과적으로 $W\oplus W^{\perp}=\mathbb{R}^3$ 이 성립한다.

(3) $\dim W=1$, $\dim W^{\perp}=2$이므로 $\dim W+\dim W^{\perp}=3=\dim \mathbb{R}^3$ 이 성립한다.

7\. (1) $N(A)=\left\{\begin{pmatrix}3\\-14\\7\end{pmatrix}t \mid t\in\mathbb{R}\right\}$이고 $R(A^T)=\left\{\begin{pmatrix}0\\1\\2\end{pmatrix}a+\begin{pmatrix}7\\1\\-1\end{pmatrix}b \mid a,b\in\mathbb{R}\right\}$이다. 따라서 $R(A^T)^{\perp}=\left\{\begin{pmatrix}0\\1\\2\end{pmatrix}a+\begin{pmatrix}7\\1\\-1\end{pmatrix}b \mid a,b\in\mathbb{R}\right\}^{\perp}=\left\{\begin{pmatrix}3\\-14\\7\end{pmatrix}t \mid t\in\mathbb{R}\right\}$ 이므로 $N(A)=R(A^T)^{\perp}$ 이 성립한다.

(2) $N(A^T)=\left\{\begin{pmatrix}0\\0\end{pmatrix}\right\}$이고 $R(A)=\left\{\begin{pmatrix}0\\7\end{pmatrix}a+\begin{pmatrix}1\\1\end{pmatrix}b+\begin{pmatrix}2\\-1\end{pmatrix}c \mid a,b,c\in\mathbb{R}\right\}=\mathbb{R}^2$이다. 따라서 $R(A)^{\perp}=\left\{\begin{pmatrix}0\\0\end{pmatrix}\right\}$이므로 $N(A^T)=R(A)^{\perp}$ 이 성립한다.

(3) $N(A)+R(A^T)=span\left\{\begin{pmatrix}3\\-14\\7\end{pmatrix},\begin{pmatrix}0\\1\\2\end{pmatrix},\begin{pmatrix}7\\1\\-1\end{pmatrix}\right\}$이고 세 벡터 $\begin{pmatrix}3\\-14\\7\end{pmatrix},\begin{pmatrix}0\\1\\2\end{pmatrix},\begin{pmatrix}7\\1\\-1\end{pmatrix}$는 일차독립이므로 $N(A)+R(A^T)=\mathbb{R}^3$이다. 또한 $N(A)\cap R(A^T)=\left\{\begin{pmatrix}0\\0\\0\end{pmatrix}\right\}$이므로 결과적으로 $N(A)\oplus R(A^T)=\mathbb{R}^3$이 성립한다.

(4) $N(A^T)=\left\{\begin{pmatrix}0\\0\end{pmatrix}\right\}$이고 $R(A)=\mathbb{R}^2$이므로 $N(A^T)+R(A)=\mathbb{R}^2$이다. 또한 $N(A^T)\cap R(A)=\left\{\begin{pmatrix}0\\0\end{pmatrix}\right\}$이므로 결과적으로 $N(A^T)\oplus R(A)=\mathbb{R}^2$ 이 성립한다.

4.4 최소제곱문제

1\. 행렬 A, C, B를 $A=\begin{pmatrix}1&0\\1&1\\1&5\end{pmatrix}$, $C=\begin{pmatrix}c_0\\c_1\end{pmatrix}$, $B=\begin{pmatrix}-1\\4\\8\end{pmatrix}$로 놓으면 $A^T=\begin{pmatrix}1&1&1\\0&1&5\end{pmatrix}$ 이고 $A^TA=\begin{pmatrix}1&1&1\\0&1&5\end{pmatrix}\begin{pmatrix}1&0\\1&1\\1&5\end{pmatrix}=\begin{pmatrix}3&6\\6&26\end{pmatrix}$이 되어 행렬 A^TA는 정칙행렬이다. 그런데

$(A^TA)^{-1} = \frac{1}{42}\begin{pmatrix} 26 & -6 \\ -6 & 3 \end{pmatrix}$, $A^TB = \begin{pmatrix} 1 & 1 & 1 \\ 0 & 1 & 5 \end{pmatrix}\begin{pmatrix} -1 \\ 4 \\ 8 \end{pmatrix} = \begin{pmatrix} 11 \\ 44 \end{pmatrix}$이므로 정리에 의하여 최소제곱해와 최적회귀직선은 각각 다음과 같다.

$C = (A^TA)^{-1}(A^TB) = \frac{1}{42}\begin{pmatrix} 26 & -6 \\ -6 & 3 \end{pmatrix}\begin{pmatrix} 11 \\ 44 \end{pmatrix} = \frac{1}{42}\begin{pmatrix} 22 \\ 66 \end{pmatrix} = \frac{1}{21}\begin{pmatrix} 11 \\ 33 \end{pmatrix}$

$y = f(x) = \frac{11}{21} + \frac{33}{21}x$

또한 이 결과로부터 얻은 최적회귀직선을 이용하면 $x = 7$일 때 대응되는 y의 값을 $y = f(7) = \frac{11}{21} + \frac{33}{21}\times 7 = \frac{242}{21}$ 으로 예측할 수 있다.

즉, 주어진 데이터 $(0, -1)$, $(1, 4)$, $(5, 8)$로부터 또 다른 데이터 $(7, \frac{242}{21})$을 예측할 수 있다.

2. **(정리를 이용한 풀이)** 행렬 A, C, B를 $A = \begin{pmatrix} 1 & 0 & 0 \\ 1 & 1 & 1 \\ 1 & 5 & 25 \end{pmatrix}$, $C = \begin{pmatrix} c_0 \\ c_1 \\ c_2 \end{pmatrix}$, $B = \begin{pmatrix} -1 \\ 4 \\ 8 \end{pmatrix}$

로 놓으면 $A^T = \begin{pmatrix} 1 & 1 & 1 \\ 0 & 1 & 5 \\ 0 & 1 & 25 \end{pmatrix}$ 이고 $A^TA = \begin{pmatrix} 1 & 1 & 1 \\ 0 & 1 & 5 \\ 0 & 1 & 25 \end{pmatrix}\begin{pmatrix} 1 & 0 & 0 \\ 1 & 1 & 1 \\ 1 & 5 & 25 \end{pmatrix} = \begin{pmatrix} 3 & 6 & 26 \\ 6 & 26 & 126 \\ 26 & 126 & 626 \end{pmatrix}$

이 되어 $\det(A^TA) = 400 \neq 0$ 이다. 따라서 행렬 A^TA는 정칙행렬이다. 그런데 Matlab을 이용하면 $(A^TA)^{-1} = \begin{pmatrix} 1 & -1.2 & 0.2 \\ -1.2 & 3.005 & -0.555 \\ 0.2 & -0.555 & 0.105 \end{pmatrix}$이고

$A^TB = \begin{pmatrix} 1 & 1 & 1 \\ 0 & 1 & 5 \\ 0 & 1 & 25 \end{pmatrix}\begin{pmatrix} -1 \\ 4 \\ 8 \end{pmatrix} = \begin{pmatrix} 11 \\ 44 \\ 204 \end{pmatrix}$

이므로 주어진 자료의 최소제곱해와 포물선의 방정식은 다음과 같다.

$C = (A^TA)^{-1}(A^TB) = \begin{pmatrix} 1 & -1.2 & 0.2 \\ -1.2 & 3.005 & -0.555 \\ 0.2 & -0.555 & 0.105 \end{pmatrix}\begin{pmatrix} 11 \\ 44 \\ 204 \end{pmatrix} = \begin{pmatrix} -1 \\ 5.8 \\ -0.8 \end{pmatrix}$

$y = f(x) = -1 + 5.8x - 0.8x^2$

따라서 이 결과로부터 얻은 포물선을 이용하면 $x = 7$일 때 대응되는 y의 값은 $y = f(7) = -1 + 5.8\times 7 - 0.8\times 7^2 = 0.4$ 와 같이 예측할 수 있다. 즉 주어진 데이터 $(0, -1)$, $(1, 4)$, $(5, 8)$로부터 또 다른 데이터 $(7, 0.4)$를 예측할 수 있다.

(Matlab 프로그램을 이용한 풀이) polyfit([0 1 5], [−1 4 8], 2)을 입력하고 Enter키를

누르면 다음과 같은 결과를 얻는다.

(결과) ans =

$-0.8000 \quad 5.8000 \quad -1.0000$

따라서 구하고자 하는 최소제곱해는 $C = \begin{pmatrix} -1.0000 \\ 5.8000 \\ -0.8000 \end{pmatrix}$이고 구하고자 하는 포물선의 방정식은 $f(x) = -1 + 5.8x - 0.8x^2$이다. 또한 $x = 7$일 때 예측할 수 있는 y값은 $y = f(7) = -1 + 5.8 \times 7 - 0.8 \times 7^2 = 0.4$이다.

3. polyfit([−1 0 2 3 5],[−1 5 4 5 7],1)을 입력하고 Enter키를 누르면 다음과 같은 결과를 얻는다.

결과) ans =

$1.0088 \quad 2.1842$

따라서 최소제곱해는 $C = \begin{pmatrix} 2.1842 \\ 1.0088 \end{pmatrix}$이고 최적회귀직선은 $f(x) = 1.0088x + 2.1842$이다. 또한 $x = 10$일 때 y값은 $f(10) = 1.0088 \times 10 + 2.1842 = 12.2722$이다.

4. 1920년을 0에 대응하면 다음 5개의 데이터를 얻을 수 있다.

(0, 512), (20, 630), (40, 789), (60, 940), (80, 1210)

이제 행렬 A, C, B를 각각 $A = \begin{pmatrix} 1 & 0 \\ 1 & 20 \\ 1 & 40 \\ 1 & 60 \\ 1 & 80 \end{pmatrix}$, $C = \begin{pmatrix} c_0 \\ c_1 \end{pmatrix}$, $B = \begin{pmatrix} 512 \\ 630 \\ 789 \\ 940 \\ 1210 \end{pmatrix}$로 놓으면

$A^T = \begin{pmatrix} 1 & 1 & 1 & 1 & 1 \\ 0 & 20 & 40 & 60 & 80 \end{pmatrix}$이고

$$A^T A = \begin{pmatrix} 1 & 1 & 1 & 1 & 1 \\ 0 & 20 & 40 & 60 & 80 \end{pmatrix} \begin{pmatrix} 1 & 0 \\ 1 & 20 \\ 1 & 40 \\ 1 & 60 \\ 1 & 80 \end{pmatrix} = \begin{pmatrix} 5 & 200 \\ 200 & 12000 \end{pmatrix}$$

이므로 행렬 $A^T A$는 정칙행렬이다. 그런데

$(A^T A)^{-1} = \dfrac{1}{20000} \begin{pmatrix} 12000 & -200 \\ -200 & 5 \end{pmatrix}$,

$$A^T B = \begin{pmatrix} 1 & 1 & 1 & 1 & 1 \\ 0 & 20 & 40 & 60 & 80 \end{pmatrix} \begin{pmatrix} 512 \\ 630 \\ 789 \\ 940 \\ 1210 \end{pmatrix} = \begin{pmatrix} 4081 \\ 197360 \end{pmatrix}$$

이므로 최소제곱해와 최적회귀직선은 각각 다음과 같다.

$$C = (A^TA)^{-1}(A^TB) = \frac{1}{20000}\begin{pmatrix} 12000 & -200 \\ -200 & 5 \end{pmatrix}\begin{pmatrix} 4081 \\ 197360 \end{pmatrix}$$

$$= \frac{1}{20000}\begin{pmatrix} 9500000 \\ 170600 \end{pmatrix} = \frac{1}{100}\begin{pmatrix} 47500 \\ 1706 \end{pmatrix}$$

$$y = f(x) = 475 + \frac{1706}{100}x$$

따라서 2015년에 도시의 인구는 다음과 같이 예측할 수 있다.

$$y = f(95) = 475 + \frac{1706}{100} \times 95 = 2095.7$$

즉, 2015년에 도시의 인구는 2,095,700(명)으로 예측할 수 있다.

5장. 선형사상과 행렬

5.1 선형사상

1. (1) $T(2(1,1)) = T(2,2) = 8 \neq 2 = 2T(1,1)$이므로 T는 선형사상이 아니다.

(2) $(a_1, b_1), (a_2, b_2) \in \mathbb{R}^2$, $k \in \mathbb{R}$에 대하여

$T((a_1, b_1) + (a_2, b_2)) = (b_1 + b_2, 0) = (b_1, 0) + (b_2, 0) = T(a_1, b_1) + T(a_2, b_2)$

$T(k(a_1, b_1)) = (kb_1, 0) = k(b_1, 0) = kT(a_1, b_1)$

이므로 T는 선형사상이다.

(3) $T(2(1,1)) = T(2,2) = (6,5) \neq (6,6) = 2T(1,1)$이므로 T는 선형사상이 아니다.

(4) $(a_1, b_1), (a_2, b_2) \in \mathbb{R}^2$, $k \in \mathbb{R}$에 대하여

$T((a_1, b_1) + (a_2, b_2)) = (0,0,0) = (0,0,0) + (0,0,0) = T(a_1, b_1) + T(a_2, b_2)$

$T(k(a_1, b_1)) = (0,0,0) = k(0,0,0) = kT(a_1, b_1)$

이므로 T는 선형사상이다.

(5) $(a_1, b_1, c_1), (a_2, b_2, c_2) \in \mathbb{R}^3$, $k \in \mathbb{R}$에 대하여

$T((a_1, b_1, c_1) + (a_2, b_2, c_2)) = (c_1 + c_2, a_1 + a_2 - b_1 - b_2) = (c_1, a_1 - b_1) + (c_2, a_2 - b_2)$

$= T(a_1, b_1, c_1) + T(a_2, b_2, c_2)$

$T(k(a_1, b_1, c_1)) = (kc_1, ka_1 - kb_1) = k(c_1, a_1 - b_1) = kT(a_1, b_1, c_1)$

이므로 T는 선형사상이다.

(6) $T(2(1,0,1)) = T(2,0,2) = (0,0,64) \neq (0,0,1) = 2T(1,0,1)$이므로 T는 선형사상이 아니다.

(7) $T(2(1,2,0)) = T(2,4,0) = (0,-8,0) \neq (0,-4,0) = 2T(1,2,0)$이므로 T는 선형사상이 아니다.

(8) $(a_1, b_1, c_1), (a_2, b_2, c_2) \in \mathbb{R}^3$, $k \in \mathbb{R}$에 대하여

$$T((a_1,b_1,c_1)+(a_2,b_2,c_2)) = (a_1+a_2-c_1-c_2,\ a_1+a_2-b_1-b_2,\ b_1+b_2-c_1-c_2)$$

$$= (a_1-c_1, a_1-b_1, b_1-c_1) + (a_2-c_2, a_2-b_2, b_2-c_2)$$

$$= T(a_1,b_1,c_1) + T(a_2,b_2,c_2)$$

$$T(k(a_1,b_1,c_1)) = (ka_1-kc_1, ka_1-kb_1, kb_1-kc_1) = k(a_1-c_1, a_1-b_1, b_1-c_1)$$

$$= kT(a_1,b_1,c_1)$$

이므로 T는 선형사상이다.

(9) $(a_1, b_1, c_1, d_1), (a_2, b_2, c_2, d_2) \in \mathbb{R}^4$, $k \in \mathbb{R}$에 대하여

$$T((a_1,b_1,c_1,d_1)+(a_2,b_2,c_2,d_2)) = a_1+a_2-2b_1-2b_2+3c_1+3c_2-4d_1-4d_2$$

$$= (a_1-2b_1+3c_1-4d_1) + (a_2-2b_2+3c_2-4d_2)$$

$$= T(a_1,b_1,c_1,d_1) + T(a_2,b_2,c_2,d_2)$$

$$T(k(a_1,b_1,c_1,d_1)) = ka_1-2kb_1+3kc_1-4kd_1 = k(a_1-2b_1+3c_1-4d_1)$$

$$= kT(a_1,b_1,c_1,d_1)$$

이므로 T는 선형사상이다.

(10) $T(-(1,0,0)) = T(-1,0,0) = \|(-1,0,0)\| = 1 \neq -1 = -T(1,0,0)$이므로 T는 선형사상이 아니다.

2. (1) $n=1$이면 T는 명백히 선형사상이 된다. 그렇지만 $n>1$이면 $T(2I_n) = \det(2I_n) = 2^n \det(I_n) = 2^n \neq 2 = 2\det(I_n) = 2T(A)$이므로 T는 선형사상이 아니다.

(2) $A, B \in M_{n \times n}(\mathbb{R})$, $k \in \mathbb{R}$에 대하여

$T(A+B) = tr(A+B) = tr(A) + tr(B) = T(A) + T(B)$

$T(kA) = tr(kA) = k\,tr(A) = kT(A)$

이므로 T는 선형사상이다.

(3) $A, B \in M_{m \times n}(\mathbb{R})$, $k \in \mathbb{R}$에 대하여

$T(A+B) = 5(A+B) = 5A+5B = T(A)+T(B)$

$T(kA) = 5(kA) = k(5A) = kT(A)$
이므로 T는 선형사상이다.

(4) $T(2I_n) = (2I_n)^2 = 4I_n \neq 2I_n = 2T(A)$이므로 T는 선형사상이 아니다.

(5) $A, B \in M_{n\times n}(\mathbb{R})$, $k \in \mathbb{R}$ 에 대하여

$T(A+B) = P^{-1}(A+B)P = P^{-1}AP + P^{-1}BP = T(A) + T(B)$
$T(kA) = P^{-1}(kA)P = kP^{-1}AP = kT(A)$
이므로 T는 선형사상이다.

(6) $T(2x) = 2 + x^2 \neq 2(1+x^2) = 2T(x)$이므로 T는 선형사상이 아니다.

(7) $f(x), g(x) \in \mathbb{R}_2[x]$, $k \in \mathbb{R}$ 에 대하여

$T(f(x)+g(x)) = x(f(x)+g(x)) = xf(x) + xg(x) = T(f(x)) + T(g(x))$
$T(kf(x)) = x(kf(x)) = k(xf(x)) = kT(f(x))$
이므로 T는 선형사상이다.

(8) $a_1x^2+b_1x+c_1$, $a_2x^2+b_2x+c_2 \in \mathbb{R}_2[x]$, $k \in \mathbb{R}$ 에 대하여

$$\begin{aligned} T((a_1x^2+b_1x+c_1)+(a_2x^2+b_2x+c_2)) &= (a_1+a_2-2c_1-2c_2,\ b_1+b_2-2a_1-2a_2) \\ &= (a_1-2c_1,\ b_1-2a_1)+(a_2-2c_2,\ b_2-2a_2) \\ &= T(a_1x^2+b_1x+c_1)+T(a_2x^2+b_2x+c_2) \end{aligned}$$

$$\begin{aligned} T(k(a_1x^2+b_1x+c_1)) &= (ka_1-2kc_1,\ kb_1-2ka_1) = k(a_1-2c_1,\ b_1-2a_1) \\ &= kT(a_1x^2+b_1x+c_1) \end{aligned}$$

이므로 T는 선형사상이다.

(9) $a_1x^2+b_1x+c_1$, $a_2x^2+b_2x+c_2 \in \mathbb{R}_2[x]$, $k \in \mathbb{R}$ 에 대하여

$$\begin{aligned} T((a_1x^2+b_1x+c_1)+(a_2x^2+b_2x+c_2)) &= \begin{pmatrix} b_1+b_2 & 0 \\ a_1+a_2+c_1+c_2 & b_1+b_2 \end{pmatrix} \\ &= \begin{pmatrix} b_1 & 0 \\ a_1+c_1 & b_1 \end{pmatrix} + \begin{pmatrix} b_2 & 0 \\ a_2+c_2 & b_2 \end{pmatrix} \\ &= T(a_1x^2+b_1x+c_1) + T(a_2x^2+b_2x+c_2) \end{aligned}$$

$$T(k(a_1x^2+b_1x+c_1)) = \begin{pmatrix} kb_1 & 0 \\ ka_1+kc_1 & kb_1 \end{pmatrix} = k\begin{pmatrix} b_1 & 0 \\ a_1+c_1 & b_1 \end{pmatrix} = kT(a_1x^2+b_1x+c_1)$$

이므로 T는 선형사상이다.

(10) $\begin{pmatrix} a_1 & b_1 \\ c_1 & d_1 \end{pmatrix}, \begin{pmatrix} a_2 & b_2 \\ c_2 & d_2 \end{pmatrix} \in M_{2\times 2}(\mathbb{R})$, $\quad k \in \mathbb{R}$ 에 대하여

$$\begin{aligned} T\left(\begin{pmatrix} a_1 & b_1 \\ c_1 & d_1 \end{pmatrix} + \begin{pmatrix} a_2 & b_2 \\ c_2 & d_2 \end{pmatrix}\right) &= (a_1+a_2)x^2 + (b_1+b_2)x + (d_1+d_2) \\ &= (a_1x^2 + b_1x + d_1) + (a_2x^2 + b_2x + d_2) \\ &= T\begin{pmatrix} a_1 & b_1 \\ c_1 & d_1 \end{pmatrix} + T\begin{pmatrix} a_2 & b_2 \\ c_2 & d_2 \end{pmatrix} \end{aligned}$$

$$T\left(k\begin{pmatrix} a_1 & b_1 \\ c_1 & d_1 \end{pmatrix}\right) = ka_1x^2 + kb_1x + kd_1 = k(a_1x^2 + b_1x + d_1) = kT\begin{pmatrix} a_1 & b_1 \\ c_1 & d_1 \end{pmatrix}$$

이므로 T는 선형사상이다.

(11) $f, g \in C[a,b]$, $\quad k \in \mathbb{R}$ 에 대하여

$$T(f+g) = \int_a^b f(x) + g(x)\,dx = \int_a^b f(x)\,dx + \int_a^b g(x)\,dx = T(f) + T(g)$$

$$T(kf) = \int_a^b kf(x)\,dx = k\int_a^b f(x)\,dx = kT(f)$$

이므로 T는 선형사상이다.

(12) $v = e_1 \in M_{1\times n}(\mathbb{R})$에 대하여

$T(2e_1) = 2e_1(2e_1)^T = 4e_1e_1^T = 4 \neq 2 = 2e_1e_1^T = 2T(v)$ 이므로 T는 선형사상이 아니다.

(13) $\begin{pmatrix} a_1 & b_1 \\ c_1 & d_1 \end{pmatrix}, \begin{pmatrix} a_2 & b_2 \\ c_2 & d_2 \end{pmatrix} \in M_{2\times 2}(\mathbb{R})$, $\quad k \in \mathbb{R}$ 에 대하여

$$\begin{aligned} T\left(\begin{pmatrix} a_1 & b_1 \\ c_1 & d_1 \end{pmatrix} + \begin{pmatrix} a_2 & b_2 \\ c_2 & d_2 \end{pmatrix}\right) &= (7a_1 + 7a_2 + c_1 + c_2,\ 0,\ d_1 + d_2,\ 2c_1 + 2c_2,\ 5b_1 + 5b_2) \\ &= (7a_1 + c_1,\ 0,\ d_1,\ 2c_1,\ 5b_1) + (7a_2 + c_2,\ 0,\ d_2,\ 2c_2,\ 5b_2) \\ &= T\begin{pmatrix} a_1 & b_1 \\ c_1 & d_1 \end{pmatrix} + T\begin{pmatrix} a_2 & b_2 \\ c_2 & d_2 \end{pmatrix} \end{aligned}$$

$$\begin{aligned} T\left(k\begin{pmatrix} a_1 & b_1 \\ c_1 & d_1 \end{pmatrix}\right) &= (7ka_1 + kc_1,\ 0,\ kd_1,\ 2kc_1,\ 5kb_1) = k(7a_1 + c_1,\ 0,\ d_1,\ 2c_1,\ 5b_1) \\ &= kT\begin{pmatrix} a_1 & b_1 \\ c_1 & d_1 \end{pmatrix} \end{aligned}$$

이므로 T는 선형사상이다.

(14) $v = e_1 \in M_{n\times 1}(\mathbb{R})$에 대하여

$T(2e_1) = 2e_1(2e_1)^T = 4e_1e_1^T \neq 2e_1e_1^T = 2T(v)$ 이므로 T는 선형사상이 아니다.

5.2 선형사상의 핵과 상공간

1. (1) $T(2,0) = 2 = T(0,-1)$이고 $(2,0) \neq (0,-1)$이므로 T는 단사사상이 아니다. 따라서 동형사상이 아니다.

   (2) $\ker(T) = \{(a,b) \in \mathbb{R}^2 \mid T(a,b) = (0,0)\} = \{(a,b) \in \mathbb{R}^2 \mid (b,-a) = (0,0)\}$ $= \{(0,0)\}$ 이므로 T는 단사사상이다. 또한 임의의 $(c,d) \in \mathbb{R}^2$에 대하여 $(-d,c) \in \mathbb{R}^2$이고 $T(-d,c) = (c,d)$ 이므로 T는 전사사상이다. 결과적으로 T는 동형사상이다.

   (3) $(0,0,1) \subset \mathbb{R}^3$에 대하여 $T(a,b) - (a,b,b) - (0,0,1)$을 만족시키는 (a,b)가 존재하지 않으므로 T는 전사사상이 아니다. 따라서 동형사상이 아니다.

   (4) $T(1,0,0) = (0,0) = T(2,0,0)$이고 $(1,0,0) \neq (2,0,0)$이므로 T는 단사사상이 아니다. 따라서 동형사상이 아니다.

   (5) $T(1,1,1) = (0,0,0)$이므로 $(1,1,1) \in \ker(T)$이다. 따라서 $\ker(T) \neq \{(0,0,0)\}$이고 T는 단사사상이 아니므로 T는 동형사상이 아니다.

   (6) $T(0,0,1,0) = 0 = T(0,0,2,0)$이고 $(0,0,1,0) \neq (0,0,2,0)$이므로 T는 단사사상이 아니다. 따라서 동형사상이 아니다.

2. 상공간 : $im(T) = \{T(A) \mid A \in M_{n \times n}(\mathbb{R})\} = \{tr(A) \mid A \in M_{n \times n}(\mathbb{R})\} = \mathbb{R}$
   상공간의 기저 : $\mathcal{B} = \{1\}$
   상공간의 차원 : $\dim im(T) = 1$

3. (1) $\ker(T) = \mathbb{R}$, $im(T) = \mathbb{R}_1[x]$

   (2) $\ker(T)$의 기저 : $\mathcal{B} = \{1\}$, $im(T)$의 기저 : $\mathcal{B}_1 = \{1, x\}$

   (3) $\dim \ker(T) = 1$, $\dim im(T) = 2$

4. (1) $\ker(T) = \{0\}$, $im(T) = \left\{\begin{pmatrix} a & 0 \\ b & c \end{pmatrix} \mid a,b,c \in \mathbb{R}\right\}$

   (2) $\ker(T)$의 기저 : $\mathcal{B} = \varnothing$, $im(T)$의 기저 : $\mathcal{B}_1 = \left\{\begin{pmatrix} 1 & 0 \\ 0 & 0 \end{pmatrix}, \begin{pmatrix} 0 & 0 \\ 1 & 0 \end{pmatrix}, \begin{pmatrix} 0 & 0 \\ 0 & 1 \end{pmatrix}\right\}$

   (3) $\dim \ker(T) = 0$, $\dim im(T) = 3$

5. (1) $\ker(T) = \left\{\begin{pmatrix} 0 & 0 \\ 0 & 0 \end{pmatrix}\right\}$, $im(T) = \{(a,b,c,d,0) \mid a,b,c,d \in \mathbb{R}\}$

(2) $\ker(T)$의 기저 : $\mathcal{B} = \varnothing$

$im(T)$의 기저 : $\mathcal{B}_1 = \{(1,0,0,0,0),(0,1,0,0,0),(0,0,1,0,0),(0,0,0,1,0)\}$

(3) $\dim \ker(T) = 0, \quad \dim im(T) = 4$

6. (1) $\ker(T) = \{A \in M_{m\times n}(\mathbb{R}) \mid T(A) = O\} = \{A \in M_{m\times n}(\mathbb{R}) \mid A^T = O\} = \{O\}$ 이므로 T는 단사사상이다. 또한

$im(T) = \{T(A) \mid A \in M_{m\times n}(\mathbb{R})\} = \{A^T \mid A \in M_{m\times n}(\mathbb{R})\} = M_{n\times m}(\mathbb{R})$이므로 T는 전사사상이다. 따라서 T는 동형사상이다.

(2) 상공간의 기저 : $\mathcal{B} = \{E_{ij} \mid 1 \le i \le n,\ 1 \le j \le m\}$

상공간의 차원 : $\dim im(T) = mn$

7. $T(V) = V$이므로 $\dim im(T) = \dim V$이다. 따라서 관계식 $\dim \ker(T) + \dim im(T) = \dim V$을 이용하면 $\dim \ker(T) = 0$ 이므로 T는 단사사상이다. 따라서 스칼라 $a_i \in F,\ i = 1,2,\cdots,n$ 에 대하여

$$\sum_{i=1}^{n} a_i T(v_i) = O \Rightarrow T\left(\sum_{i=1}^{n} a_i v_i\right) = O \Rightarrow \sum_{i=1}^{n} a_i v_i = O \Rightarrow a_i = 0,\ i = 1,2,\cdots,n$$

이 성립하므로 n개의 벡터 $T(v_1), T(v_2), \cdots, T(v_n)$가 일차독립인 벡터가 됨을 증명할 수 있다.

5.3 선형사상의 행렬표현

1. (1) $T(1,0) = (0,-1) = 0(1,0) + (-1)(0,1)$이고 $T(0,1) = (1,0) = 1(1,0) + 0(0,1)$이므로 $[T]_{\mathcal{B}_1}^{\mathcal{B}_2} = \begin{pmatrix} 0 & 1 \\ -1 & 0 \end{pmatrix}$이다.

(2) $T(1,1) = (1,-1) = \frac{1}{6}(1,-7) + \frac{1}{6}(5,1)$ 이고

$T(-1,1) = (1,1) = -\frac{1}{9}(1,-7) + \frac{2}{9}(5,1)$이므로 $[T]_{\mathcal{B}_1}^{\mathcal{B}_2} = \begin{pmatrix} \frac{1}{6} & -\frac{1}{9} \\ \frac{1}{6} & \frac{2}{9} \end{pmatrix}$이다.

2. (1) $T(1,0,0) = (-1,0,1) = -1(1,0,0) + 0(0,1,0) + 1(0,0,1)$,

$T(0,1,0) = (0,-1,-1) = 0(1,0,0) - 1(0,1,0) - 1(0,0,1)$,

$T(0,0,1) = (1,1,0) = 1(1,0,0) + 1(0,1,0) + 0(0,0,1)$

이므로 $[T]_{\mathcal{B}_1}^{\mathcal{B}_2} = \begin{pmatrix} -1 & 0 & 1 \\ 0 & -1 & 1 \\ 1 & -1 & 0 \end{pmatrix}$이다.

(2) $T(1,0,-1)=(-2,-1,1) = -\dfrac{3}{8}(4,2,0)+\dfrac{3}{4}(0,1,2)-\dfrac{1}{2}(1,-1,1)$,

$T(-2,1,0)=(2,-1,-3) = \dfrac{7}{16}(4,2,0)-\dfrac{13}{8}(0,1,2)+\dfrac{1}{4}(1,-1,1)$,

$T(0,5,5)=(5,0,-5) = \dfrac{5}{4}(4,2,0)-\dfrac{5}{2}(0,1,2)+0(1,-1,1)$

이므로 $[T]_{\mathcal{B}_1}^{\mathcal{B}_2} = \begin{pmatrix} -\dfrac{3}{8} & \dfrac{7}{16} & \dfrac{5}{4} \\ \dfrac{3}{4} & -\dfrac{13}{8} & -\dfrac{5}{2} \\ -\dfrac{1}{2} & \dfrac{1}{4} & 0 \end{pmatrix}$ 이다.

3. $[T]_{\mathcal{B}_1} = I_n = [T]_{\mathcal{B}_2}$ 이므로 행렬 $[T]_{\mathcal{B}_1}$ 와 $[T]_{\mathcal{B}_2}$는 서로 같다.

4. $[T]_{\mathcal{B}} = \begin{pmatrix} -2 & 0 \\ 1 & -1 \end{pmatrix}$이므로 $T(1,0) = -2(1,0)+1(0,1)$이고
$T(0,1)=0(1,0)-1(0,1)$이다. 즉, $T(1,0)=(-2,1)$이고 $T(0,1)=(0,-1)$이다.
따라서 $T(1,4)=T(1,0)+4T(0,1)=(-2,1)+4(0,-1)=(-2,-3)$이고
$T(2,-2)=2T(1,0)-2T(0,1)=2(-2,1)-2(0,-1)=(-4,4)$이다. 그런데
$(-2,-3)=-(1,4)-\dfrac{1}{2}(2,-2)$이고 $(-4,4)=0(1,4)-2(2,-2)$이므로
$[T]_{\mathcal{B}_1} = \begin{pmatrix} -1 & 0 \\ -\dfrac{1}{2} & -2 \end{pmatrix}$ 이다.

5. $T(E_{11})=E_{11}$, $T(E_{12})=E_{21}$, $T(E_{21})=E_{12}$, $T(E_{22})=E_{22}$ 이므로
$[T]_{\mathcal{B}} = \begin{pmatrix} 1 & 0 & 0 & 0 \\ 0 & 0 & 1 & 0 \\ 0 & 1 & 0 & 0 \\ 0 & 0 & 0 & 1 \end{pmatrix}$ 이다.

6. $T(1)=0$, $T(x)=1$, $T(x^2)=2x$ 이므로 $[T]_{\mathcal{B}} = \begin{pmatrix} 0 & 1 & 0 \\ 0 & 0 & 2 \\ 0 & 0 & 0 \end{pmatrix}$ 이다.

7. $T(1,0)=1-x^2=(-1)(-1)+\frac{1}{4}(4x)+(-1)(x+x^2)$ 이고

$T(0,1)=x=0(-1)+\frac{1}{4}(4x)+0(x+x^2)$이다. 따라서 $[T]_{\mathcal{B}_1}^{\mathcal{B}_2}=\begin{pmatrix}-1 & 0\\ \frac{1}{4} & \frac{1}{4}\\ -1 & 0\end{pmatrix}$이다.

8. 정리에 의하여 벡터공간 $Hom(\mathbb{R}^n,\mathbb{R}^m)$와 $M_{m\times n}(\mathbb{R})$은 서로 동형이다. 그런데 $M_{m\times n}(\mathbb{R})$와 $M_{n\times m}(\mathbb{R})$는 동형이므로 $Hom(\mathbb{R}^n,\mathbb{R}^m)$와 $M_{n\times m}(\mathbb{R})$는 서로 동형인 벡터공간이다.

9. 정리에 의하여 벡터공간 $Hom(\mathbb{R}^n,\mathbb{R}^m)$와 $M_{m\times n}(\mathbb{R})$은 서로 동형이다. 또한 $Hom(\mathbb{R}^m,\mathbb{R}^n)$와 $M_{n\times m}(\mathbb{R})$은 서로 동형이다. 그런데 $M_{m\times n}(\mathbb{R})$와 $M_{n\times m}(\mathbb{R})$는 동형이므로 벡터공간 $Hom(\mathbb{R}^n,\mathbb{R}^m)$과 $Hom(\mathbb{R}^m,\mathbb{R}^n)$는 서로 동형인 벡터공간이다.

5.4 좌표행렬

1. (1) $[v]_{\mathcal{B}_1}=\begin{pmatrix}-\frac{16}{5}\\ -\frac{44}{5}\end{pmatrix}$, $[v]_{\mathcal{B}_2}=\begin{pmatrix}-\frac{20}{11}\\ -\frac{56}{11}\end{pmatrix}$

(2) $\begin{pmatrix}\frac{9}{11} & -\frac{1}{11}\\ \frac{1}{11} & \frac{6}{11}\end{pmatrix}$ (3) $\begin{pmatrix}\frac{6}{5} & \frac{1}{5}\\ -\frac{1}{5} & \frac{9}{5}\end{pmatrix}$

2. (1) $[v]_{\mathscr{B}_1} = \begin{pmatrix} \frac{9}{2} \\ \frac{9}{2} \\ \frac{7}{2} \end{pmatrix}, \quad [v]_{\mathscr{B}_2} = \begin{pmatrix} \frac{16}{3} \\ -\frac{8}{3} \\ \frac{13}{3} \end{pmatrix}$

(2) $\begin{pmatrix} \frac{1}{3} & \frac{1}{3} & \frac{2}{9} \\ -\frac{2}{3} & \frac{1}{3} & \frac{5}{9} \\ \frac{1}{3} & -\frac{2}{3} & -\frac{1}{9} \end{pmatrix}$ (3) $\begin{pmatrix} \frac{3}{2} & -\frac{1}{2} & \frac{1}{2} \\ \frac{1}{2} & -\frac{1}{2} & -\frac{3}{2} \\ \frac{3}{2} & \frac{3}{2} & \frac{3}{2} \end{pmatrix}$

3. (1) $[v]_{\mathscr{B}_1} = \begin{pmatrix} 1 \\ 1 \end{pmatrix}, \quad [v]_{\mathscr{B}_2} = \begin{pmatrix} 3 \\ 2 \end{pmatrix}$

(2) $\begin{pmatrix} 1 & 2 \\ 1 & 1 \end{pmatrix}$ (3) $\begin{pmatrix} -1 & 2 \\ 1 & -1 \end{pmatrix}$

4. $\begin{pmatrix} 1 & 0 & 0 & 0 \\ 0 & 1 & 0 & 0 \\ 0 & 0 & 2 & 0 \\ 0 & 0 & 0 & 2 \end{pmatrix}$

5. $\begin{pmatrix} 0 & \frac{1}{4} & 0 \\ 0 & 0 & 5 \\ -2 & 0 & 0 \end{pmatrix}$

6. $v = (a, b)$라고 놓으면 $[v]_{\mathscr{B}_1} = \begin{pmatrix} 2 \\ 4 \end{pmatrix}$이므로 $(a, b) = 2(1, 0) + 4(-1, -1) = (-2, -4)$이다.

따라서 $(-2, -4) = c(4, -5) + d(0, 1)$으로부터 $c = -\frac{1}{2}$, $d = -\frac{13}{2}$를 얻는다.

그러므로 $[v]_{\mathscr{B}_2} = \begin{pmatrix} -\frac{1}{2} \\ -\frac{13}{2} \end{pmatrix}$ 이다.

6장. 고윳값과 고유벡터

6.1 행렬의 고윳값과 고유벡터

1. (1) 고윳값 : $\det(A-\lambda I_2)=\lambda^2=0$으로부터 행렬 A의 고윳값은 $\lambda=0$(중복도 2)이다.
   고유벡터 : 고윳값 $\lambda=0$에 대응하는 A의 고유벡터는 $(A-0I_2)X=O$으로부터
   $X=\begin{pmatrix}0\\1\end{pmatrix}t,\ t\in\mathbb{R}-\{0\}$이다.
   고유공간 : $E_0=\left\{\begin{pmatrix}0\\1\end{pmatrix}t \mid t\in\mathbb{R}\right\}$

   (2) 고윳값 : $\lambda=0$(중복도 2)이다.
   고유벡터 : 고윳값 $\lambda=0$에 대응하는 A^T의 고유벡터는 $(A^T-0I_2)X=O$으로부터
   $X=\begin{pmatrix}1\\0\end{pmatrix}t,\ t\in\mathbb{R}-\{0\}$이다.
   고유공간 : $E_0=\left\{\begin{pmatrix}1\\0\end{pmatrix}t \mid t\in\mathbb{R}\right\}$

   (3) 고윳값 : $\lambda=0$(중복도 2)
   고유벡터 : 고윳값 $\lambda=0$에 대응하는 $12A$의 고유벡터는 $(12A-0I_2)X=O$으로부터 $X=\begin{pmatrix}0\\1\end{pmatrix}t,\ t\in\mathbb{R}-\{0\}$이다.
   고유공간 : $E_0=\left\{\begin{pmatrix}0\\1\end{pmatrix}t \mid t\in\mathbb{R}\right\}$

   (4) 고윳값 : $\lambda=0$(중복도 2)
   고유벡터 : 고윳값 $\lambda=0$에 대응하는 A^4의 고유벡터는 $(A^4-0I_2)X=O$으로부터
   $X=\begin{pmatrix}1\\0\end{pmatrix}s+\begin{pmatrix}0\\1\end{pmatrix}t$, ($s,t$는 동시에 0이 아닌 실수)이다.
   고유공간 : $E_0=\left\{\begin{pmatrix}1\\0\end{pmatrix}s+\begin{pmatrix}0\\1\end{pmatrix}t \mid s,t\in\mathbb{R}\right\}$

2. (1) 고윳값: $\det(A-\lambda I_2)=\lambda^2+2\lambda-24=0$으로부터 행렬 A의 고윳값은 $\lambda_1=4,\ \lambda_2=-6$이다.
   고유벡터 : 고윳값 $\lambda_1=4$에 대응하는 A의 고유벡터는 $(A-4I_2)X=O$으로부터
   $X=\begin{pmatrix}1\\2\end{pmatrix}t,\ t\in\mathbb{R}-\{0\}$이다.

또한 $\lambda_2 = -6$에 대응하는 A의 고유벡터는 $(A+6I_2)X = O$으로부터 $X = \begin{pmatrix} 2 \\ -1 \end{pmatrix} t$, $t \in \mathbb{R} - \{0\}$이다.

고유공간 : $E_4 = \left\{ \begin{pmatrix} 1 \\ 2 \end{pmatrix} t \mid t \in \mathbb{R} \right\}$, $E_{-6} = \left\{ \begin{pmatrix} 2 \\ -1 \end{pmatrix} t \mid t \in \mathbb{R} \right\}$

(2) 고윳값 : 행렬 A^{-1}의 고윳값은 $\lambda_1 = \dfrac{1}{4}$, $\lambda_2 = -\dfrac{1}{6}$이다.

고유벡터 : 고윳값 $\lambda_1 = \dfrac{1}{4}$에 대응하는 A^{-1}의 고유벡터는 A의 고유벡터와 같으므로 $X = \begin{pmatrix} 1 \\ 2 \end{pmatrix} t$, $t \in \mathbb{R} - \{0\}$이다.

또한 $\lambda_2 = -\dfrac{1}{6}$에 대응하는 A^{-1}의 고유벡터는 A의 고유벡터와 같으므로 $X = \begin{pmatrix} 2 \\ -1 \end{pmatrix} t$, $t \in \mathbb{R} - \{0\}$이다.

고유공간 : $E_{\frac{1}{4}} = \left\{ \begin{pmatrix} 1 \\ 2 \end{pmatrix} t \mid t \in \mathbb{R} \right\}$, $E_{-\frac{1}{6}} = \left\{ \begin{pmatrix} 2 \\ -1 \end{pmatrix} t \mid t \in \mathbb{R} \right\}$

(3) $A^T = A$이므로 A^T의 고윳값, 고유벡터, 고유공간은 A의 고윳값, 고유벡터, 고유공간과 같다. 따라서

고윳값 : $\lambda_1 = 4$, $\lambda_2 = -6$

고유벡터 : 고윳값 $\lambda_1 = 4$에 대응하는 A^T의 고유벡터는 $X = \begin{pmatrix} 1 \\ 2 \end{pmatrix} t$, $t \in \mathbb{R} - \{0\}$이다.

또한 $\lambda_2 = -6$에 대응하는 A^T의 고유벡터는 $X = \begin{pmatrix} 2 \\ -1 \end{pmatrix} t$, $t \in \mathbb{R} - \{0\}$이다.

고유공간 : $E_4 = \left\{ \begin{pmatrix} 1 \\ 2 \end{pmatrix} t \mid t \in \mathbb{R} \right\}$, $E_{-6} = \left\{ \begin{pmatrix} 2 \\ -1 \end{pmatrix} t \mid t \in \mathbb{R} \right\}$

(4) 고윳값 : 행렬 A^{25}의 고윳값은 $\lambda_1 = 4^{25}$, $\lambda_2 = -6^{25}$이다.

고유벡터 : 고윳값 $\lambda_1 = 4^{25}$에 대응하는 A^{25}의 고유벡터는 A의 고유벡터와 같으므로 $X = \begin{pmatrix} 1 \\ 2 \end{pmatrix} t$, $t \in \mathbb{R} - \{0\}$이다.

또한 $\lambda_2 = -6^{25}$에 대응하는 A^{25}의 고유벡터는 A의 고유벡터와 같으므로 $X = \begin{pmatrix} 2 \\ -1 \end{pmatrix} t$, $t \in \mathbb{R} - \{0\}$이다.

고유공간 : $E_{4^{25}} = \left\{ \begin{pmatrix} 1 \\ 2 \end{pmatrix} t \mid t \in \mathbb{R} \right\}$, $E_{-6^{25}} = \left\{ \begin{pmatrix} 2 \\ -1 \end{pmatrix} t \mid t \in \mathbb{R} \right\}$

(5) 고윳값 : 행렬 $(-7)A$의 고윳값은 $\lambda_1 = -28$, $\lambda_2 = 42$이다.

고유벡터 : 고윳값 $\lambda_1 = -28$에 대응하는 $(-7)A$의 고유벡터는 A의 고유벡터와 같으므로 $X = \begin{pmatrix} 1 \\ 2 \end{pmatrix} t$, $t \in \mathbb{R} - \{0\}$이다.

또한 $\lambda_2 = 42$에 대응하는 $(-7)A$의 고유벡터는 A의 고유벡터와 같으므로 $X = \begin{pmatrix} 2 \\ -1 \end{pmatrix} t$, $t \in \mathbb{R} - \{0\}$이다.

고유공간 : $E_{-28} = \left\{ \begin{pmatrix} 1 \\ 2 \end{pmatrix} t \mid t \in \mathbb{R} \right\}$, $\quad E_{42} = \left\{ \begin{pmatrix} 2 \\ -1 \end{pmatrix} t \mid t \in \mathbb{R} \right\}$

(6) 고윳값 : 행렬 $4A^{-12}$의 고윳값은 $\lambda_1 = 4^{-11}$, $\lambda_2 = 4 \times 6^{-12}$이다.

고유벡터 : 고윳값 $\lambda_1 = 4^{-11}$에 대응하는 $4A^{-12}$의 고유벡터는 A의 고유벡터와 같으므로 $X = \begin{pmatrix} 1 \\ 2 \end{pmatrix} t$, $t \in \mathbb{R} - \{0\}$이다.

또한 $\lambda_2 = 4 \times 6^{-12}$에 대응하는 $4A^{-12}$의 고유벡터는 A의 고유벡터와 같으므로 $X = \begin{pmatrix} 2 \\ -1 \end{pmatrix} t$, $t \in \mathbb{R} - \{0\}$이다.

고유공간 : $E_{4^{-11}} = \left\{ \begin{pmatrix} 1 \\ 2 \end{pmatrix} t \mid t \in \mathbb{R} \right\}$, $\quad E_{4 \times 6^{-12}} = \left\{ \begin{pmatrix} 2 \\ -1 \end{pmatrix} t \mid t \in \mathbb{R} \right\}$

3. (1) 고윳값 : $\det(A - \lambda I_3) = (2+\lambda)\lambda(6-\lambda) = 0$으로부터 행렬 A의 고윳값은 $\lambda_1 = -2$, $\lambda_2 = 0$, $\lambda_3 = 6$이다.

고유벡터 : 고윳값 $\lambda_1 = -2$에 대응하는 A의 고유벡터는 $(A + 2I_3)X = O$으로부터 $X = \begin{pmatrix} 8 \\ -16 \\ -5 \end{pmatrix} t$, $t \in \mathbb{C} - \{0\}$이다.

고윳값 $\lambda_2 = 0$에 대응하는 A의 고유벡터는 $(A - 0I_2)X = O$으로부터 $X = \begin{pmatrix} 0 \\ -6 \\ 1 \end{pmatrix} t$, $t \in \mathbb{C} - \{0\}$이다.

고윳값 $\lambda_3 = 6$에 대응하는 A의 고유벡터는 $(A - 6I_2)X = O$으로부터 $X = \begin{pmatrix} 0 \\ 0 \\ 1 \end{pmatrix} t$, $t \in \mathbb{C} - \{0\}$이다.

고유공간 : $E_{-2} = \left\{ \begin{pmatrix} 8 \\ -16 \\ -5 \end{pmatrix} t \mid t \in \mathbb{C} \right\}$, $\quad E_0 = \left\{ \begin{pmatrix} 0 \\ -6 \\ 1 \end{pmatrix} t \mid t \in \mathbb{C} \right\}$,

$$E_6 = \left\{ \begin{pmatrix} 0 \\ 0 \\ 1 \end{pmatrix} t \mid t \in \mathbb{C} \right\}$$

(2) 행렬 A는 정칙행렬이 아니므로 A^{-1}의 고윳값, 고유벡터, 고유공간을 구할 수 없다.

(3) 고윳값 : 행렬 A^T의 고윳값은 행렬 A의 고윳값과 같으므로 $\lambda_1 = -2,\ \lambda_2 = 0,\ \lambda_3 = 6$ 이다.

고유벡터 : 고윳값 $\lambda_1 = -2$에 대응하는 A^T의 고유벡터는 $X = \begin{pmatrix} 1 \\ 0 \\ 0 \end{pmatrix} t,\ t \in \mathbb{C} - \{0\}$ 이다.

또한 $\lambda_2 = 0$에 대응하는 A^T의 고유벡터는 $X = \begin{pmatrix} 2 \\ 1 \\ 0 \end{pmatrix} t,\ t \in \mathbb{C} - \{0\}$이다.

또한 $\lambda_3 = 6$에 대응하는 A^T의 고유벡터는 $X = \begin{pmatrix} 23 \\ 4 \\ 24 \end{pmatrix} t,\ t \in \mathbb{C} - \{0\}$이다.

고유공간: $E_{-2} = \left\{ \begin{pmatrix} 1 \\ 0 \\ 0 \end{pmatrix} t \mid t \in \mathbb{C} \right\},\ E_0 = \left\{ \begin{pmatrix} 2 \\ 1 \\ 0 \end{pmatrix} t \mid t \in \mathbb{C} \right\},\ E_6 = \left\{ \begin{pmatrix} 23 \\ 4 \\ 24 \end{pmatrix} t \mid t \in \mathbb{C} \right\}$

(4) 고윳값 : 행렬 A^8의 고윳값은 $\lambda_1 = (-2)^8,\ \lambda_2 = 0,\ \lambda_3 = 6^8$이다.

고유벡터 : 고윳값 $\lambda_1 = (-2)^8$에 대응하는 A^8의 고유벡터는 $X = \begin{pmatrix} 8 \\ -16 \\ -5 \end{pmatrix} t,\ t \in \mathbb{C} - \{0\}$ 이다.

또한 $\lambda_2 = 0$에 대응하는 A^8의 고유벡터는 $X = \begin{pmatrix} 0 \\ -6 \\ 1 \end{pmatrix} t,\ t \in \mathbb{C} - \{0\}$이다.

또한 $\lambda_3 = 6^8$에 대응하는 A^8의 고유벡터는 $X = \begin{pmatrix} 0 \\ 0 \\ 1 \end{pmatrix} t,\ t \in \mathbb{C} - \{0\}$이다.

고유공간 : $E_{(-2)^8} = \left\{ \begin{pmatrix} 8 \\ -16 \\ -5 \end{pmatrix} t \mid t \in \mathbb{C} \right\},\ E_0 = \left\{ \begin{pmatrix} 0 \\ -6 \\ 1 \end{pmatrix} t \mid t \in \mathbb{C} \right\},$

$$E_{6^8} = \left\{ \begin{pmatrix} 0 \\ 0 \\ 1 \end{pmatrix} t \mid t \in \mathbb{C} \right\}$$

(5) 고윳값 : 행렬 $5A$의 고윳값은 $\lambda_1 = -10,\ \lambda_2 = 0,\ \lambda_3 = 30$이다.

고유벡터 : 고윳값 $\lambda_1 = -10$에 대응하는 $5A$의 고유벡터는

$X=\begin{pmatrix} 8 \\ -16 \\ -5 \end{pmatrix}t$, $t \in \mathbb{C}-\{0\}$이다.

또한 $\lambda_2 = 0$에 대응하는 $5A$의 고유벡터는 $X=\begin{pmatrix} 0 \\ -6 \\ 1 \end{pmatrix}t$, $t \in \mathbb{C}-\{0\}$이다.

또한 $\lambda_3 = 30$에 대응하는 $5A$의 고유벡터는 $X=\begin{pmatrix} 0 \\ 0 \\ 1 \end{pmatrix}t$, $t \in \mathbb{C}-\{0\}$이다.

고유공간 : $E_{-10}=\left\{\begin{pmatrix} 8 \\ -16 \\ -5 \end{pmatrix}t \mid t \in \mathbb{C}\right\}$, $E_0=\left\{\begin{pmatrix} 0 \\ -6 \\ 1 \end{pmatrix}t \mid t \in \mathbb{C}\right\}$,

$E_{30}=\left\{\begin{pmatrix} 0 \\ 0 \\ 1 \end{pmatrix}t \mid t \in \mathbb{C}\right\}$

(6) 행렬 A는 정칙행렬이 아니므로 $-2A^{-7}$의 고윳값, 고유벡터, 고유공간을 구할 수 없다.

4. (1) $A^2 \neq O$, $A^3 = O$이므로 A의 지수는 3이다.
   (2) 식 $\det(A-\lambda I_3) = -\lambda^3 = 0$으로부터 A의 고윳값 $\lambda = 0$의 중복도는 3이다.

5. (1) A의 고윳값은 식 $\det(A-\lambda I_3) = (3+\lambda)^2(1-\lambda) = 0$으로부터 $\lambda = -3$(중복도 2), $\lambda = 1$ (중복도 1)이므로 $\lambda = -3$의 중복도는 2이다.
   (2) 고윳값 $\lambda = -3$에 대응하는 A의 고유벡터는 $X=\begin{pmatrix} 0 \\ 0 \\ 1 \end{pmatrix}t$, $t \in \mathbb{C}-\{0\}$이다.

   또한 $\lambda = 1$에 대응하는 A의 고유벡터는 $X=\begin{pmatrix} 0 \\ 4 \\ 1 \end{pmatrix}t$, $t \in \mathbb{C}-\{0\}$이다.

   따라서 A의 일차독립인 고유벡터 v_1, v_2, v_3가 존재하지 않는다.

6. (1) 동반행렬 : $\begin{pmatrix} 0 & 0 & -8 \\ 1 & 0 & 2 \\ 0 & 1 & 0 \end{pmatrix}$

   고윳값들의 합 : 0

   고윳값들의 곱 : $(-1)^3 \times 8 = -8$

(2) 동반행렬 : $\begin{pmatrix} 0 & 0 & 0 & 0 & 0 \\ 1 & 0 & 0 & 0 & -1 \\ 0 & 1 & 0 & 0 & 1 \\ 0 & 0 & 1 & 0 & -1 \\ 0 & 0 & 0 & 1 & 0 \end{pmatrix}$

고윳값들의 합 : 0

고윳값들의 곱 : 0

7. (1) $tr(A) = -5$

(2) $\det(A) = (-1)^7(-16) = 16$

(3) $tr(P^{-1}AP) = tr(A) = -5$

6.2 선형사상의 고윳값과 고유벡터

1. (1) 고윳값: $\mathbb{R}^2$의 기저 $\mathcal{B} = \{(1,0),(0,1)\}$에 대하여 $T(1,0) = (0,0) = 0(1,0) + 0(0,1)$이고 $T(0,1) = (1,0) = 1(1,0) + 0(0,1)$이므로 $[T]_{\mathcal{B}} = \begin{pmatrix} 0 & 1 \\ 0 & 0 \end{pmatrix}$이다. 따라서 식 $\det([T]_{\mathcal{B}} - \lambda I_2) = \det\begin{pmatrix} -\lambda & 1 \\ 0 & -\lambda \end{pmatrix} = \lambda^2 = 0$으로부터 T의 고윳값은 $\lambda = 0$(중복도 2)이다.

고유벡터 : 고윳값 $\lambda = 0$에 대응하는 T의 고유벡터는 $([T]_{\mathcal{B}} - 0I_2)X = O$으로부터 $X = \begin{pmatrix} 1 \\ 0 \end{pmatrix}t$, $t \in \mathbb{R} - \{0\}$이다.

고유공간 : $E_0 = \left\{ \begin{pmatrix} 1 \\ 0 \end{pmatrix}t \mid t \in \mathbb{R} \right\}$

(2) 고윳값 : T^3이 고윳값은 $\lambda = 0$(중복도 2)이다.

고유벡터 : 고윳값 $\lambda = 0$에 대응하는 T^3의 고유벡터는 $X = \begin{pmatrix} 1 \\ 0 \end{pmatrix}t$, $t \in \mathbb{R} - \{0\}$이다.

고유공간 : $E_0 = \left\{ \begin{pmatrix} 1 \\ 0 \end{pmatrix}t \mid t \in \mathbb{R} \right\}$

(3) 고윳값 : $-8T$의 고윳값은 $\lambda = 0$(중복도 2)이다.

고유벡터 : 고윳값 $\lambda = 0$에 대응하는 $-8T$의 고유벡터는 $X = \begin{pmatrix} 1 \\ 0 \end{pmatrix}t$, $t \in \mathbb{R} - \{0\}$이다.

고유공간 : $E_0 = \left\{ \begin{pmatrix} 1 \\ 0 \end{pmatrix}t \mid t \in \mathbb{R} \right\}$

2. (1) 고윳값 : $\mathbb{R}^2$의 표준기저 $\mathcal{B}=\{(1,0),(0,1)\}$에 대하여
$T(1,0)=(-1,0)=-1(1,0)+0(0,1)$이고 $T(0,1)=(0,2)=0(1,0)+2(0,1)$이므로 $[T]_{\mathcal{B}}=\begin{pmatrix}-1 & 0\\ 0 & 2\end{pmatrix}$이다. 따라서 식 $\det([T]_{\mathcal{B}}-\lambda I_2)=\det\begin{pmatrix}-1-\lambda & 0\\ 0 & 2-\lambda\end{pmatrix}=(1+\lambda)(\lambda-2)=0$으로부터 T의 고윳값은 $\lambda_1=-1,\ \lambda_2=2$이다.
고유벡터 : 고윳값 $\lambda_1=-1$에 대응하는 T의 고유벡터는 $([T]_{\mathcal{B}}+I_2)X=O$을 만족하는 벡터 X이므로 $X=\begin{pmatrix}1\\0\end{pmatrix}t,\ t\in\mathbb{R}-\{0\}$이다. 또한 고윳값 $\lambda_2=2$에 대응하는 T의 고유벡터는 $([T]_{\mathcal{B}}-2I_2)X=O$으로부터 $X=\begin{pmatrix}0\\1\end{pmatrix}t,\ t\in\mathbb{R}-\{0\}$이다.
고유공간 : $E_{-1}=\left\{\begin{pmatrix}1\\0\end{pmatrix}t \mid t\in\mathbb{R}\right\},\quad E_2=\left\{\begin{pmatrix}0\\1\end{pmatrix}t \mid t\in\mathbb{R}\right\}$

(2) 고윳값 : T^{-1}의 고윳값은 $\lambda_1=-1,\lambda_2=\frac{1}{2}$이다.
고유벡터 : 고윳값 $\lambda_1=-1$에 대응하는 T^{-1}의 고유벡터는 $X=\begin{pmatrix}1\\0\end{pmatrix}t,\ t\in\mathbb{R}-\{0\}$이다. 또한 고윳값 $\lambda_2=\frac{1}{2}$에 대응하는 T^{-1}의 고유벡터는 $X=\begin{pmatrix}0\\1\end{pmatrix}t,\ t\in\mathbb{R}-\{0\}$이다.
고유공간 : $E_{-1}=\left\{\begin{pmatrix}1\\0\end{pmatrix}t \mid t\in\mathbb{R}\right\},\quad E_2=\left\{\begin{pmatrix}0\\1\end{pmatrix}t \mid t\in\mathbb{R}\right\}$

(3) 고윳값 : T^5의 고윳값은 $\lambda_1=(-1)^5=-1,\ \lambda_2=2^5=32$이다.
고유벡터 : 고윳값 $\lambda_1=-1$에 대응하는 T^5의 고유벡터는 $X=\begin{pmatrix}1\\0\end{pmatrix}t,\ t\in\mathbb{R}-\{0\}$이다. 또한 고윳값 $\lambda_2=2$에 대응하는 T^5의 고유벡터는 $X=\begin{pmatrix}0\\1\end{pmatrix}t,\ t\in\mathbb{R}-\{0\}$이다.
고유공간 : $E_{-1}=\left\{\begin{pmatrix}1\\0\end{pmatrix}t \mid t\in\mathbb{R}\right\},\quad E_2=\left\{\begin{pmatrix}0\\1\end{pmatrix}t \mid t\in\mathbb{R}\right\}$

(4) 고윳값 : $-4T$의 고윳값은 $\lambda_1=(-4)\times(-1)=4,\ \lambda_2=(-4)\times 2=-8$이다.
고유벡터 : 고윳값 $\lambda_1=4$에 대응하는 $-4T$의 고유벡터는 $X=\begin{pmatrix}1\\0\end{pmatrix}t,\ t\in\mathbb{R}-\{0\}$이다. 또한 고윳값 $\lambda_2=-8$에 대응하는 $-4T$의 고유벡터는 $X=\begin{pmatrix}0\\1\end{pmatrix}t,\ t\in\mathbb{R}-\{0\}$이다.
고유공간 : $E_4=\left\{\begin{pmatrix}1\\0\end{pmatrix}t \mid t\in\mathbb{R}\right\},\quad E_{-8}=\left\{\begin{pmatrix}0\\1\end{pmatrix}t \mid t\in\mathbb{R}\right\}$

(5) 고윳값 : $7T^{-3}$의 고윳값은 $\lambda_1 = 7\times(-1)^{-3} = -7$, $\lambda_2 = 7\times 2^{-3} = \frac{7}{8}$ 이다.

고유벡터 : 고윳값 $\lambda_1 = -7$에 대응하는 $7T^{-3}$의 고유벡터는 $X=\begin{pmatrix}1\\0\end{pmatrix}t$, $t\in\mathbb{R}-\{0\}$이다. 또한 고윳값 $\lambda_2 = \frac{7}{8}$에 대응하는 $7T^{-3}$의 고유벡터는 $X=\begin{pmatrix}0\\1\end{pmatrix}t$, $t\in\mathbb{R}-\{0\}$이다.

고유공간 : $E_{-7} = \left\{\begin{pmatrix}1\\0\end{pmatrix}t \mid t\in\mathbb{R}\right\}$, $E_{\frac{7}{8}} = \left\{\begin{pmatrix}0\\1\end{pmatrix}t \mid t\in\mathbb{R}\right\}$

3. (1) 고윳값 : $\mathbb{R}^3$의 표준기저 $\mathcal{B} = \{e_1, e_2, e_3\}$에 대하여 $T(e_1) = e_2$, $T(e_2) = e_3$, $T(e_3) = e_1$이므로 $[T]_{\mathcal{B}} = \begin{pmatrix}0&0&1\\1&0&0\\0&1&0\end{pmatrix}$이다. 따라서 식

$\det([T]_{\mathcal{B}} - \lambda I_3) = \det\begin{pmatrix}-\lambda&0&1\\1&-\lambda&0\\0&1&-\lambda\end{pmatrix} = (\lambda-1)(\lambda^2+\lambda+1) = 0$으로부터 T의 고윳값은 $\lambda = 1$ 이다. ($\mathbb{R}^3$에서 정의된 선형사상이므로 복소수는 제외시킨다)

고유벡터 : 고윳값 $\lambda = 1$에 대응하는 T의 고유벡터는 $([T]_{\mathcal{B}} - I_3)X = O$으로부터 $X=\begin{pmatrix}1\\1\\1\end{pmatrix}t$, $t\in\mathbb{R}-\{0\}$이다.

고유공간 : $E_1 = \left\{\begin{pmatrix}1\\1\\1\end{pmatrix}t \mid t\in\mathbb{R}\right\}$

(2) 고윳값 : T^{-1}의 고윳값은 $\lambda = 1$ 이다. ($\mathbb{R}^3$에서 정의된 선형사상이므로 복소수는 제외시킨다)

고유벡터 : 고윳값 $\lambda = 1$에 대응하는 T^{-1}의 고유벡터는 $X=\begin{pmatrix}1\\1\\1\end{pmatrix}t$, $t\in\mathbb{R}-\{0\}$이다.

고유공간 : $E_1 = \left\{\begin{pmatrix}1\\1\\1\end{pmatrix}t \mid t\in\mathbb{R}\right\}$

(3) 고윳값 : T^{21}의 고윳값은 $\lambda = 1$ 이다. ($\mathbb{R}^3$에서 정의된 선형사상이므로 복소수는 제외시킨다)

고유벡터 : 고윳값 $\lambda = 1$ 에 대응하는 T^{21} 의 고유벡터는 $X = \begin{pmatrix} 1 \\ 1 \\ 1 \end{pmatrix} t$, $t \in \mathbb{R} - \{0\}$

이다.

고유공간 : $E_1 = \left\{ \begin{pmatrix} 1 \\ 1 \\ 1 \end{pmatrix} t \mid t \in \mathbb{R} \right\}$

(4) 고윳값 : $-7T$ 의 고윳값은 $\lambda = -7$ 이다. ($\mathbb{R}^3$ 에서 정의된 선형사상이므로 복소수는 제외시킨다)

고유벡터 : 고윳값 $\lambda = 1$ 에 대응하는 $-7T$ 의 고유벡터는 $X = \begin{pmatrix} 1 \\ 1 \\ 1 \end{pmatrix} t$, $t \in \mathbb{R} - \{0\}$

이다.

고유공간 : $E_1 = \left\{ \begin{pmatrix} 1 \\ 1 \\ 1 \end{pmatrix} t \mid t \in \mathbb{R} \right\}$

(5) 고윳값 : $12T^{-3}$ 의 고윳값은 $\lambda = 12$ 이다. ($\mathbb{R}^3$ 에서 정의된 선형사상이므로 복소수는 제외시킨다)

고유벡터 : 고윳값 $\lambda = 12$ 에 대응하는 $12T^{-3}$ 의 고유벡터는

$X = \begin{pmatrix} 1 \\ 1 \\ 1 \end{pmatrix} t$, $t \in \mathbb{R} - \{0\}$ 이다.

고유공간 : $E_{12} = \left\{ \begin{pmatrix} 1 \\ 1 \\ 1 \end{pmatrix} t \mid t \in \mathbb{R} \right\}$

4. $T^2(a, b, c) = T(0, a, b) = (0, 0, a)$ 이므로 T^2 은 영선형사상이 아니다. 그런데 $T^3(a, b, c) = T(0, 0, a) = (0, 0, 0)$ 이므로 T^3 은 영선형사상이다. 따라서 T 의 지수는 3 이다.

5. (1) $\mathbb{R}^3$ 의 표준기저 $\mathcal{B} = \{e_1, e_2, e_3\}$ 에 대하여 $T(e_1) = e_1 + 5e_2$, $T(e_2) = -e_2 + e_3$, $T(e_3) = -2e_3$ 이므로 $[T]_{\mathcal{B}} = \begin{pmatrix} 1 & 0 & 0 \\ 5 & -1 & 0 \\ 0 & 1 & -2 \end{pmatrix}$ 이다. 따라서 식

$\det([T]_{\mathcal{B}} - \lambda I_3) = \det \begin{pmatrix} 1-\lambda & 0 & 0 \\ 5 & -1-\lambda & 0 \\ 0 & 1 & -2-\lambda \end{pmatrix} = (1-\lambda)(1+\lambda)(2+\lambda) = 0$ 으

로부터 T 의 고윳값과 중복도는 각각 $\lambda_1 = 1$ (중복도 1), $\lambda_2 = -1$ (중복도 1),

$\lambda_3 = -2$(중복도 1)이다.

(2) 고윳값 $\lambda_1 = 1$에 대응하는 T의 고유벡터는 $([T]_{\mathcal{B}} - I_3)X = O$으로부터 $X = \begin{pmatrix} 6 \\ 15 \\ 5 \end{pmatrix} t$, $t \in \mathbb{R} - \{0\}$이다. 고윳값 $\lambda_2 = -1$에 대응하는 T의 고유벡터는 $([T]_{\mathcal{B}} + I_3)X = O$으로부터 $X = \begin{pmatrix} 0 \\ 1 \\ 1 \end{pmatrix} t$, $t \in \mathbb{R} - \{0\}$이다. 또한 고윳값 $\lambda_3 = -2$에 대응하는 T의 고유벡터는 $([T]_{\mathcal{B}} + 2I_3)X = O$으로부터 $X = \begin{pmatrix} 0 \\ 0 \\ 1 \end{pmatrix} t$, $t \in \mathbb{R} - \{0\}$이다.

따라서 T의 일차독립인 고유벡터 v_1, v_2, v_3가 존재한다.

(3) 특성다항식은 $f(x) = \det(xI_3 - [T]_{\mathcal{B}}) = (1-x)(x+1)(x+2)$이므로

$f([T]_{\mathcal{B}}) = (I_3 - [T]_{\mathcal{B}})([T]_{\mathcal{B}} + I_3)([T]_{\mathcal{B}} + 2I_3) = \begin{pmatrix} 0 & 0 & 0 \\ 0 & 0 & 0 \\ 0 & 0 & 0 \end{pmatrix}$이다. 따라서 Cayley-Hamilton정리가 성립함을 보일 수 있다.

6. (1) 행렬 A의 특성다항식은 $\det(xI_2 - A) = x^2 + 2x - 12$이고 Cayley-Hamilton 정리에 의하여 $A^2 + 2A - 12I_2 = O$ 이다. 또한 $aA + bI_2 = O$를 만족시키는 0이 아닌 실수 a, b는 존재하지 않으므로 A의 특성다항식 $f(x) = x^2 + 2x - 12$가 $f(A) = O$을 만족하는 최소차수 다항식이다.

(2) $A^2 + 2A - 12I_2 = O$이므로 $A^2 = 12I_2 - 2A$이다. 따라서

$A^4 = (12I_2 - 2A)^2 = 8(24I_2 - 7A)$이고

$A^8 = 64(1164I_2 - 434A) = \begin{pmatrix} 185600 & -55552 \\ -55552 & 18944 \end{pmatrix}$이다.

7. 만일 λ가 T의 고윳값이면

$$T(a_0 + a_1x) = \frac{d}{dx}(a_0 + a_1x) = \lambda(a_0 + a_1x)$$

을 만족시키는 고유벡터 $a_0 + a_1x \neq 0$이 존재한다. 그런데 식 $a_1 = \lambda(a_0 + a_1x)$으로부터 $a_1 = \lambda a_0$, $a_1 = 0$이다. 만일 $\lambda \neq 0$이라면 $a_0 = 0$, $a_1 = 0$이므로 $a_0 + a_1x = 0$이다. 이는 고유벡터의 정의에 모순이므로 $\lambda = 0$이다. 결과적으로 $\lambda = 0$은 T의 유일한 고윳값이다. 또한 이 때 $\lambda = 0$에 대응하는 T의 고유벡터는 0이 아닌 실수이고

고유공간은 다음과 같이 모든 실수이다.

$$\begin{aligned} E_2 &= \{a_0 + a_1x \in \mathbb{R}_1[x] \mid T(a_0 + a_1x) = 0\} \\ &= \{a_0 + a_1x \in \mathbb{R}_1[x] \mid a_1 = 0\} = \mathbb{R} \end{aligned}$$

8. $\lambda = 0$에 대해서 미분가능한 상수함수 $g(x) = 5$가 존재하여

$$T(g(x)) = \frac{d}{dx}(5) = 0 = 0 \times 5$$

이므로 $\lambda = 0$는 T의 고윳값이다.

또한 지수함수 $f(x) = e^x \in V$는 영함수가 아니고 $\lambda = 1$에 대하여

$$T(e^x) = \frac{d}{dx}(e^x) = e^x = 1 \times e^x$$

이므로 $\lambda = 1$은 T의 고윳값이다.

6.3 대각화가능한 행렬

1. (1) 행렬 $A = \begin{pmatrix} 1 & -1 \\ 0 & 0 \end{pmatrix}$의 특성다항식은 $c_A(x) = \det(xI_2 - A) = (x-1)x$이다. 따라서 행렬 A는 서로 다른 2개의 고윳값 $\lambda_1 = 1$, $\lambda_2 = 0$을 가진다. 따라서 주어진 행렬 A는 대각화가능한 행렬임을 알 수 있다.

(2) 행렬 $A = \begin{pmatrix} 1 & 0 \\ -5 & -8 \end{pmatrix}$의 특성다항식은 $c_A(x) = \det(xI_2 - A) = (x-1)(x+8)$이다. 따라서 행렬 A는 서로 다른 2개의 고윳값 $\lambda_1 = 1$, $\lambda_2 = 2$을 가진다. 따라서 주어진 행렬 A는 대각화가능한 행렬임을 알 수 있다.

(3) 행렬 $A = \begin{pmatrix} 0 & 12 \\ 0 & 0 \end{pmatrix}$의 특성다항식은 $c_A(x) = \det(xI_2 - A) = x^2$이다. 따라서 행렬 A는 고윳값 $\lambda = 0$ (중복도 2)을 갖는다. 그런데 고윳값 $\lambda = 0$에 대응하는 고유벡터는 식 $(A - 0I_2)X = O$ 으로부터 $\begin{pmatrix} 1 \\ 0 \end{pmatrix}t$, $t \in \mathbb{C} - \{0\}$을 얻는다. 따라서 행렬 A의 고유벡터로 이루어진 $\mathbb{C}^2$의 기저가 존재하지 않으므로 주어진 행렬 A는 대각화가능하지 않은 행렬임을 알 수 있다.

(4) 행렬 $A = \begin{pmatrix} -1 & 0 \\ 0 & 2 \end{pmatrix}$의 특성다항식은 $c_A(x) = \det(xI_2 - A) = (x+1)(x-2)$이다. 따라서 행렬 A는 서로 다른 2개의 고윳값 $\lambda_1 = -1$, $\lambda_2 = 2$을 가진다. 따라서 주

어진 행렬 A는 대각화가능한 행렬임을 알 수 있다.

2. (1) 행렬 $A=\begin{pmatrix} 0 & -2 & 7 \\ 0 & 0 & 1 \\ 0 & 0 & 0 \end{pmatrix}$의 특성다항식은 $c_A(x)=\det(xI_3-A)=x^3$이다. 따라서 행렬 A는 고윳값 $\lambda=0$ (중복도 3)을 갖는다. 그런데 고윳값 $\lambda=0$에 대응하는 고유벡터는 식 $(A-0I_3)X=O$ 으로부터 $\begin{pmatrix} 1 \\ 0 \\ 0 \end{pmatrix}t,\ \ t\in\mathbb{C}-\{0\}$을 얻는다. 따라서 행렬 A의 고유벡터로 이루어진 $\mathbb{C}^3$의 기저가 존재하지 않으므로 주어진 행렬 A는 대각화가능하지 않은 행렬임을 알 수 있다.

(2) 행렬 $A=\begin{pmatrix} 8 & 1 & 0 \\ 0 & -1 & -1 \\ 0 & 0 & 4 \end{pmatrix}$의 특성다항식은 $c_A(x)=\det(xI_3-A)=(x-8)(x+1)(x-4)$이다. 따라서 행렬 A는 서로 다른 3개의 고윳값 $\lambda_1=8,\ \lambda_2=-1,\ \lambda=4$을 갖는다. 따라서 주어진 행렬 A는 대각화가능한 행렬임을 알 수 있다.

(3) 행렬 $A=\begin{pmatrix} -2 & 0 & 0 \\ 1 & 5 & 2 \\ 4 & 4 & 0 \end{pmatrix}$의 특성다항식은 $c_A(x)=\det(xI_3-A)=(x+2)(x^2-5x-8)$이다. 따라서 행렬 A는 서로 다른 3개의 고윳값 $\lambda_1=-2,\ \lambda_2=\dfrac{5+\sqrt{57}}{2},\ \lambda=\dfrac{5-\sqrt{57}}{2}$을 갖는다. 따라서 주어진 행렬 A는 대각화가능한 행렬임을 알 수 있다.

(4) 행렬 $A=\begin{pmatrix} 2 & 0 & 0 \\ 0 & 4 & 0 \\ 0 & 0 & 10 \end{pmatrix}$의 특성다항식은 $c_A(x)=\det(xI_3-A)=(x-2)(x-4)(x-10)$이다. 따라서 행렬 A는 서로 다른 3개의 고윳값 $\lambda_1=2,\ \lambda_2=4,\ \lambda=10$은 갖는다. 따라서 주어진 행렬 A는 대각화가능한 행렬임을 알 수 있다.

3. (1) 행렬 $A=\begin{pmatrix} 0 & 4 \\ -2 & 0 \end{pmatrix}$의 특성다항식은 $c_A(x)=\det(xI_2-A)=x^2+8$이다. 따라서 행렬 A는 서로 다른 두 개의 고윳값 $\lambda_1=2\sqrt{2}\,i,\ \lambda_2=-2\sqrt{2}\,i$을 갖는다. 그러므로 A는 대각화가능한 행렬이다. 한편 고윳값 $\lambda_1=2\sqrt{2}\,i$에 대응하는 고유벡터는 식 $(A-2\sqrt{2}\,iI_2)X=O$ 으로부터 $\begin{pmatrix} \sqrt{2} \\ i \end{pmatrix}t,\ \ t\in\mathbb{C}-\{0\}$이다. 또한 고윳값 $\lambda_1=-2\sqrt{2}\,i$에 대응하는 고유벡터는 식 $(A+2\sqrt{2}\,iI_2)X=O$ 으로부터

$\begin{pmatrix} 2i \\ \sqrt{2} \end{pmatrix}t$, $t \in \mathbb{C} - \{0\}$이다. 따라서 행렬 $P = \begin{pmatrix} \sqrt{2} & 2i \\ i & \sqrt{2} \end{pmatrix}$는 $P^{-1}AP$가 대각행렬이 되는 정칙행렬임을 알 수 있다.

(2) 행렬 A^T의 고윳값은 행렬 A의 고윳값과 같으므로 행렬 A^T는 서로 다른 두 개의 고윳값 $\lambda_1 = 2\sqrt{2}\,i$, $\lambda_2 = -2\sqrt{2}\,i$을 갖는다. 그러므로 A^T는 대각화가능한 행렬이다. 한편 고윳값 $\lambda_1 = 2\sqrt{2}\,i$에 대응하는 고유벡터는 식 $(A^T - 2\sqrt{2}\,i\,I_2)X = O$으로부터 $\begin{pmatrix} \sqrt{2} \\ -2i \end{pmatrix}t$, $t \in \mathbb{C} - \{0\}$이다. 또한 고윳값 $\lambda_1 = -2\sqrt{2}\,i$에 대응하는 고유벡터는 식 $(A^T + 2\sqrt{2}\,i\,I_2)X = O$ 으로부터 $\begin{pmatrix} \sqrt{2} \\ 2i \end{pmatrix}t$, $t \in \mathbb{C} - \{0\}$이다. 따라서 행렬 $P = \begin{pmatrix} \sqrt{2} & \sqrt{2} \\ -2i & 2i \end{pmatrix}$는 $P^{-1}A^TP$가 대각행렬이 되는 정칙행렬임을 알 수 있다.

(3) 행렬 $8A$는 서로 다른 두 개의 고윳값 $\lambda_1 = 16\sqrt{2}\,i$, $\lambda_2 = -16\sqrt{2}\,i$을 갖는다. 그러므로 $8A$는 대각화가능한 행렬이다. 한편 λ_1, λ_2에 대응하는 $8A$의 고유벡터는 각각 λ_1, λ_2에 대응하는 A의 고유벡터와 같으므로 행렬 $P = \begin{pmatrix} \sqrt{2} & 2i \\ i & \sqrt{2} \end{pmatrix}$는 $P^{-1}(8A)P$가 대각행렬이 되는 정칙행렬임을 알 수 있다.

(4) 행렬 A^2는 서로 다른 두 개의 고윳값 $\lambda_1 = 16\sqrt{2}\,i$, $\lambda_2 = -16\sqrt{2}\,i$을 갖는다. 그러므로 A^2는 대각화가능한 행렬이다. 한편 λ_1, λ_2에 대응하는 A^2의 고유벡터는 각각 λ_1, λ_2에 대응하는 A의 고유벡터와 같으므로 행렬 $P = \begin{pmatrix} \sqrt{2} & 2i \\ i & \sqrt{2} \end{pmatrix}$는 $P^{-1}A^2P$가 대각행렬이 되는 정칙행렬임을 알 수 있다.

4. 행렬 A는 대각화가능한 행렬이므로 적당한 정칙행렬 $P \in M_{n \times n}(\mathbb{C})$가 존재하여 $P^{-1}AP$가 대각행렬이 된다. 따라서 $(P^{-1}AP)^T = P^TA^T(P^{-1})^T$는 대각행렬이고 $P^TA^T(P^{-1})^T = ((P^T)^{-1})^{-1}A^T(P^T)^{-1}$ 이다. 따라서 전치행렬 A^T는 대각화가능한 행렬이 된다.

5. 행렬 A는 대각화가능한 행렬이므로 적당한 정칙행렬 $P \in M_{n \times n}(\mathbb{C})$가 존재하여 $P^{-1}AP$가 대각행렬이 된다. 따라서 $P^{-1}(\alpha A)P = \alpha(P^{-1}AP)$은 대각행렬이 되므로 αA는 대각화가능한 행렬이다.

6. 행렬 A는 대각화가능한 행렬이므로 적당한 정칙행렬 $P \in M_{n \times n}(\mathbb{C})$가 존재하여

$P^{-1}AP$가 대각행렬이 된다. 따라서 $P^{-1}A^mP = (P^{-1}AP)^m$은 대각행렬이 되므로 A^m는 대각화가능한 행렬이다.

7. 행렬 A를 복소수 a, b, c, d에 대하여 $A = \begin{pmatrix} a & b \\ c & d \end{pmatrix}$로 놓으면 A가 대칭행렬이므로 $b = c$이다. 따라서 $A = \begin{pmatrix} a & b \\ b & d \end{pmatrix}$이다. 한편 A의 특성방정식 $c_A(x) = \det(xI_2 - A) = (x-a)(x-d) - b^2 = x^2 - (a+d)x + ad - b^2 = 0$으로부터 A의 고윳값은 $\lambda_1 = \dfrac{a+d+\sqrt{(a-d)^2+4b^2}}{2}$, $\lambda_2 = \dfrac{a+d-\sqrt{(a-d)^2+4b^2}}{2}$ 이다. 만일 $(a-d)^2+4b^2 \neq 0$ 이라면 A는 서로 다른 두 개의 고윳값을 가지므로 A는 대각화가능한 행렬이 된다. 또한 $(a-d)^2+4b^2 = 0$인 경우에는 $a = d,\ b = 0$이므로 $A = \begin{pmatrix} d & 0 \\ 0 & d \end{pmatrix}$이 되어 A는 대각화가능한 행렬이 된다. 따라서 결과적으로 A는 대각화가능한 행렬이 됨을 알 수 있다.

8. 행렬 A를 복소수 a, b, c, d에 대하여 $A = \begin{pmatrix} a & b \\ c & d \end{pmatrix}$로 놓으면 A가 교대행렬이므로 $a = 0 = d,\ b = -c$이다. 따라서 $A = \begin{pmatrix} 0 & -c \\ c & 0 \end{pmatrix}$이다. 한편 A의 특성방정식 $c_A(x) = \det(xI_2 - A) = x^2 + c^2 = 0$으로부터 A의 고윳값은 $\lambda_1 = ci$, $\lambda_2 = -ci$ 이다. 따라서 $c \neq 0$이면 A는 서로 다른 두 개의 고윳값을 가지므로 A는 대각화가능한 행렬이 된다. 만일 $c = 0$이면 $A = O$이 되어 A는 대각화가능한 행렬이 된다. 결과적으로 A는 대각화가능한 행렬이다.

9. 상삼각행렬 $A = \begin{pmatrix} 0 & 1 \\ 0 & 0 \end{pmatrix}$의 특성다항식은 $c_A(x) = \det(xI_2 - A) = x^2$이다. 따라서 행렬 A는 고윳값 $\lambda = 0$ (중복도 2)을 갖는다. 그런데 고윳값 $\lambda = 0$에 대응하는 고유벡터는 식 $(A - 0I_2)X = O$ 으로부터 $\begin{pmatrix} 1 \\ 0 \end{pmatrix}t,\ t \in \mathbb{C} - \{0\}$이다. 따라서 행렬 A의 고유벡터로 이루어진 $\mathbb{C}^2$의 기저가 존재하지 않으므로 행렬 A는 대각화가능하지 않은 행렬임을 알 수 있다.

10. 정칙행렬 $A = \begin{pmatrix} 1 & 1 \\ 0 & 1 \end{pmatrix}$의 특성다항식은 $c_A(x) = \det(xI_2 - A) = (x-1)^2$이다. 따라서 행렬 A는 고윳값 $\lambda = 1$ (중복도 2)을 갖는다. 그런데 고윳값 $\lambda = 1$에 대응하는 고유벡

터는 식 $(A-I_2)X=O$ 으로부터 $\begin{pmatrix}1\\0\end{pmatrix}t$, $t\in\mathbb{C}-\{0\}$이다. 따라서 행렬 A의 고유벡터로 이루어진 $\mathbb{C}^2$의 기저가 존재하지 않으므로 행렬 A는 대각화가능하지 않은 행렬임을 알 수 있다.

11. 행렬 A는 대각화가능한 행렬이므로 적당한 정칙행렬 $P\in M_{n\times n}(\mathbb{C})$가 존재하여 $P^{-1}AP$가 대각행렬이 된다. 따라서 $P^{-1}A^{-1}P=(P^{-1}AP)^{-1}$은 대각행렬이 되므로 A^{-1}는 대각화가능한 행렬이다.

12. 행렬 A의 특성다항식은 $f(x)=2-x-2x^2+x^3=(x-1)(x+1)(x-2)$이므로 A는 서로 다른 세 개의 고윳값을 갖는다. 따라서 A는 대각화가능한 행렬이 된다.

6.4 대각화가능한 행렬을 이용한 미분방정식의 풀이

1. (1) 주어진 연립미분방정식의 계수행렬은 $A=\begin{pmatrix}1&-1\\2&4\end{pmatrix}$이고 $Y=\begin{pmatrix}y_1\\y_2\end{pmatrix}$, $Y'=\begin{pmatrix}y_1{}'\\y_2{}'\end{pmatrix}$로 놓으면 연립미분방정식은 $Y'=AY$로 나타낼 수 있다. 행렬 A의 특성방정식 $c_A(x)=\det(xI_2-A)=(x-2)(x-3)=0$ 으로부터 A는 두 개의 서로 다른 고윳값 $\lambda_1=2$, $\lambda_2=3$ 을 갖는다. 따라서 A는 대각화가능한 행렬이고 정칙행렬 $P=\begin{pmatrix}1&1\\-1&-2\end{pmatrix}$에 대하여 $P^{-1}AP=\begin{pmatrix}2&1\\-1&-1\end{pmatrix}\begin{pmatrix}1&-1\\2&4\end{pmatrix}\begin{pmatrix}1&1\\-1&-2\end{pmatrix}=\begin{pmatrix}2&0\\0&3\end{pmatrix}$이다. 이제 행렬 Z와 Z'을 $Z=\begin{pmatrix}z_1\\z_2\end{pmatrix}$, $Z'=\begin{pmatrix}z_1{}'\\z_2{}'\end{pmatrix}$으로 놓고 $Y=PZ$, $Y'=PZ'$ 을 주어진 방정식에 치환하면 $PZ'=APZ$ 을 얻는다. 따라서 $Z'=P^{-1}APZ$ 이 되어 주어진 연립미분방정식은 $\begin{cases}z_1{}'=2z_1\\z_2{}'=3z_2\end{cases}$ 로 변환된다. 이 연립미분방정식을 풀면 임의의 실수 c_1, c_2에 대하여 $\begin{cases}z_1=c_1e^{2x}\\z_2=c_2e^{3x}\end{cases}$ 이 된다. 결과적으로

$$Y=PZ=\begin{pmatrix}1&1\\-1&-2\end{pmatrix}\begin{pmatrix}z_1\\z_2\end{pmatrix}=\begin{pmatrix}z_1+z_2\\-z_1-2z_2\end{pmatrix}=\begin{pmatrix}c_1e^{2x}+c_2e^{3x}\\-c_1e^{2x}-2c_2e^{3x}\end{pmatrix}$$

이므로 주어진 연립미분방정식의 일반해는 $\begin{cases} y_1 = c_1 e^{2x} + c_2 e^{3x} \\ y_2 = -c_1 e^{2x} - 2c_2 e^{3x} \end{cases}$ 이다.

(2) 주어진 연립미분방정식의 계수행렬은 $A = \begin{pmatrix} 1 & 0 \\ 5 & -7 \end{pmatrix}$이고 $Y = \begin{pmatrix} y_1 \\ y_2 \end{pmatrix}$, $Y' = \begin{pmatrix} y_1' \\ y_2' \end{pmatrix}$로 놓으면 연립미분방정식은 $Y' = AY$로 나타낼 수 있다. 행렬 A의 특성방정식 $c_A(x) = \det(xI_2 - A) = (x-1)(x+7) = 0$ 으로부터 A가 두 개의 서로 다른 고윳값 $\lambda_1 = 1$, $\lambda_2 = -7$ 을 가지므로 행렬 A는 대각화가능한 행렬이고 정칙행렬 $P = \begin{pmatrix} 8 & 0 \\ 5 & 1 \end{pmatrix}$에 대하여 $P^{-1}AP = \frac{1}{8}\begin{pmatrix} 1 & 0 \\ -5 & 8 \end{pmatrix}\begin{pmatrix} 1 & 0 \\ 5 & -7 \end{pmatrix}\begin{pmatrix} 8 & 0 \\ 5 & 1 \end{pmatrix} = \begin{pmatrix} 1 & 0 \\ 0 & -7 \end{pmatrix}$이다. 이제 행렬 Z와 Z'을 $Z = \begin{pmatrix} z_1 \\ z_2 \end{pmatrix}$, $Z' = \begin{pmatrix} z_1' \\ z_2' \end{pmatrix}$으로 놓고 $Y = PZ$, $Y' = PZ'$ 을 주어진 방정식에 치환하면 $PZ' = APZ$ 을 얻는다. 따라서 $Z' = P^{-1}APZ$ 이 되어 주어진 연립미분방정식은 $\begin{cases} z_1' = z_1 \\ z_2' = -7z_2 \end{cases}$ 로 변환된다. 이 연립미분방정식을 풀면 임의의 실수 c_1, c_2에 대하여 $\begin{cases} z_1 = c_1 e^{x} \\ z_2 = c_2 e^{-7x} \end{cases}$ 이 된다. 결과적으로

$$Y = PZ = \begin{pmatrix} 8 & 0 \\ 5 & 1 \end{pmatrix}\begin{pmatrix} z_1 \\ z_2 \end{pmatrix} = \begin{pmatrix} 8z_1 \\ 5z_1 + z_2 \end{pmatrix} = \begin{pmatrix} 8c_1 e^{x} \\ 5c_1 e^{x} + c_2 e^{-7x} \end{pmatrix}$$

이므로 주어진 연립미분방정식의 일반해는 $\begin{cases} y_1 = 8c_1 e^{x} \\ y_2 = 5c_1 e^{x} + c_2 e^{-7x} \end{cases}$ 이다.

2. (1) 연립미분방정식의 일반해는 임의의 실수 c_1, c_2, c_3에 대하여 $\begin{cases} y_1 = c_1 e^{x} \\ y_2 = c_2 e^{4x} \\ y_3 = c_3 e^{7x} \end{cases}$ 이다.

(2) 주어진 연립미분방정식의 계수행렬은 $A = \begin{pmatrix} 1 & 1 & 2 \\ 0 & 4 & -1 \\ 0 & 0 & 7 \end{pmatrix}$이고 $Y = \begin{pmatrix} y_1 \\ y_2 \\ y_3 \end{pmatrix}$, $Y' = \begin{pmatrix} y_1' \\ y_2' \\ y_3' \end{pmatrix}$로 놓으면 연립미분방정식은 $Y' = AY$로 나타낼 수 있다. 행렬 A의 특성방정식 $c_A(x) = \det(xI_3 - A) = (x-1)(x-4)(x-7) = 0$ 으로부터 A가 세 개의 서로 다른 고윳값 $\lambda_1 = 1$, $\lambda_2 = 4$, $\lambda_3 = 7$ 을 가지므로 행렬 A는 대각화가능한 행렬이고

정칙행렬 $P=\begin{pmatrix}1&1&5\\0&3&6\\0&0&-18\end{pmatrix}$에 대하여

$$P^{-1}AP=-\frac{1}{54}\begin{pmatrix}-54&18&-9\\0&-18&-6\\0&0&3\end{pmatrix}\begin{pmatrix}1&1&2\\0&4&-1\\0&0&7\end{pmatrix}\begin{pmatrix}1&1&5\\0&3&6\\0&0&-18\end{pmatrix}=\begin{pmatrix}1&0&0\\0&4&0\\0&0&7\end{pmatrix}$$ 이다.

이제 행렬 Z와 Z'을 $Z=\begin{pmatrix}z_1\\z_2\\z_3\end{pmatrix}$, $Z'=\begin{pmatrix}z_1'\\z_2'\\z_3'\end{pmatrix}$으로 놓고 $Y=PZ$, $Y'=PZ'$ 을 주어진 방정식에 치환하면 $PZ'=APZ$ 을 얻는다. 따라서 $Z'=P^{-1}APZ$ 이 되어 주어진 연립미분방정식은 $\begin{cases}z_1'=z_1\\z_2'=4z_2\\z_3'=7z_3\end{cases}$ 로 변환된다. 이 연립미분방정식을 풀면

임의의 실수 c_1, c_2, c_3에 대하여 $\begin{cases}z_1=c_1e^{x}\\z_2=c_2e^{4x}\\z_3=c_3e^{7x}\end{cases}$ 이 된다. 결과적으로

$$Y=PZ=\begin{pmatrix}1&1&5\\0&3&6\\0&0&-18\end{pmatrix}\begin{pmatrix}z_1\\z_2\\z_3\end{pmatrix}=\begin{pmatrix}z_1+z_2+5z_3\\3z_2+6z_3\\-18z_3\end{pmatrix}=\begin{pmatrix}c_1e^{x}+c_2e^{4x}+5c_3e^{7x}\\3c_2e^{4x}+6c_3e^{7x}\\-18c_3e^{7x}\end{pmatrix}$$

이므로 주어진 연립미분방정식의 일반해는 $\begin{cases}y_1=c_1e^{x}+c_2e^{4x}+5c_3e^{7x}\\y_2=3c_2e^{4x}+6c_3e^{7x}\\y_3=-18c_3e^{7x}\end{cases}$ 이다.

6.5 대각화가능한 선형사상

1. (1) $\mathbb{R}^2$의 표준기저 $\mathcal{B}=\{(1,0),(0,1)\}$에 대하여 $T(1,0)=(0,2)$, $T(0,1)=(1,1)$이므로 $[T]_{\mathcal{B}}=\begin{pmatrix}0&1\\2&1\end{pmatrix}$이다. 따라서 행렬 $[T]_{\mathcal{B}}$의 특성방정식 $\det(xI_2-[T]_{\mathcal{B}})=x^2-x-2=0$으로부터 $[T]_{\mathcal{B}}$은 서로 다른 두 개의 고윳값 $\lambda_1=-1$, $\lambda_2=2$를 갖는다는 것을 알 수 있다. 따라서 $[T]_{\mathcal{B}}$은 대각화가능한 행렬이므로 T는 대각화가능한 선형사상이다.

(2) $[T^{-1}]_{\mathcal{B}} = ([T]_{\mathcal{B}})^{-1}$은 서로 다른 두 개의 고윳값 $\lambda_1 = -1$, $\lambda_2 = \dfrac{1}{2}$를 가지므로 $[T^{-1}]_{\mathcal{B}}$은 대각화가능한 행렬이고 T^{-1}는 대각화가능한 선형사상이다.

(3) $[T^2]_{\mathcal{B}} = ([T]_{\mathcal{B}})^2$은 서로 다른 두 개의 고윳값 $\lambda_1 = 1$, $\lambda_2 = \dfrac{1}{4}$를 가지므로 $[T^2]_{\mathcal{B}}$은 대각화가능한 행렬이고 T^2는 대각화가능한 선형사상이다.

(4) $[3T]_{\mathcal{B}} = 3[T]_{\mathcal{B}}$은 서로 다른 두 개의 고윳값 $\lambda_1 = -3$, $\lambda_2 = 6$를 가지므로 $[3T]_{\mathcal{B}}$은 대각화가능한 행렬이고 $3T$는 대각화가능한 선형사상이다.

2. (1) $\mathbb{R}^3$의 표준기저 $\mathcal{B} = \{(1,0,0), (0,1,0), (0,0,1)\}$에 대하여 $T(1,0,0) = (0,0,1)$, $T(0,1,0) = (0,1,0)$, $T(0,0,1) = (1,0,0)$이므로 $[T]_{\mathcal{B}} = \begin{pmatrix} 0 & 0 & 1 \\ 0 & 1 & 0 \\ 1 & 0 & 0 \end{pmatrix}$이다. 따라서 행렬 $[T]_{\mathcal{B}}$의 특성방정식 $\det(xI_3 - [T]_{\mathcal{B}}) = (x+1)(x-1)^2 = 0$으로부터 $[T]_{\mathcal{B}}$은 두 개의 고윳값 $\lambda_1 = -1$(중복도 1), $\lambda_2 = 1$(중복도 2)를 갖는다는 것을 알 수 있다. 고윳값 $\lambda_1 = -1$에 대응하는 $[T]_{\mathcal{B}}$의 고유벡터는 $([T]_{\mathcal{B}} + I_3)X = O$으로부터 $X = \begin{pmatrix} 1 \\ 0 \\ -1 \end{pmatrix} t$, $t \in \mathbb{R} - \{0\}$이다. 또한 고윳값 $\lambda_2 = 1$에 대응하는 $[T]_{\mathcal{B}}$의 고유벡터는 $([T]_{\mathcal{B}} - I_3)X = O$으로부터 $X = \begin{pmatrix} 0 \\ 1 \\ 0 \end{pmatrix} t$, $t \in \mathbb{R} - \{0\}$이다. 따라서 $[T]_{\mathcal{B}}$의 고유벡터들로 이루어진 $\mathbb{R}^3$의 기저가 존재하지 않으므로 $[T]_{\mathcal{B}}$는 대각화가능하지 않고 결과적으로 T는 대각화가능한 선형사상이 아니다.

(2) T^{-1}가 대각화가능한 선형사상이면 $\mathbb{R}^3$의 적당한 기저 $\mathcal{B}$에 대하여 $[T^{-1}]_{\mathcal{B}}$는 대각행렬이다. 그런데 $[T^{-1}]_{\mathcal{B}} = ([T]_{\mathcal{B}})^{-1}$이므로 $[T]_{\mathcal{B}}$는 대각행렬이다. 따라서 T는 대각화가능한 선형사상이다. 그런데 (1)의 결과로부터 T는 대각하가능한 선형사상이 아니므로 결과적으로 T^{-1}는 대각화가능한 선형사상이 될 수 없다.

(3) $T^5(a,b,c) = T(a,b,c)$이므로 $T^5 = T$ 이다. 그런데 T는 대각화가능한 선형사상이 아니므로 T^5는 대각화가능한 선형사상이 아니다.

(4) $12T$가 대각화가능한 선형사상이면 $\mathbb{R}^3$의 적당한 기저 $\mathcal{B}$에 대한 행렬 $[12T]_{\mathcal{B}}$가 대각행렬이다. 그런데 $[12T]_{\mathcal{B}} = 12[T]_{\mathcal{B}}$이므로 $[T]_{\mathcal{B}}$는 대각행렬이 된다. 따라서 T는 대각화가능한 선형사상이 되는데 (1)에서 T는 대각화가능한 선형사상이 아니므로 모순을 얻는다. 그러므로 $12T$는 대각화가능한 선형사상이 아니다.

4. (1) $\mathbb{R}_2[x]$의 기저 $\mathcal{B}=\{1, x, x^2\}$에 대하여 $T(1)=-2$, $T(x)=-1$, $T(x^2)=1$이므로 $[T]_{\mathcal{B}}=\begin{pmatrix}-2 & -1 & 1\\ 0 & 0 & 0\\ 0 & 0 & 0\end{pmatrix}$이다. 따라서 행렬 $[T]_{\mathcal{B}}$의 특성방정식 $\det(xI_3-[T]_{\mathcal{B}})$ $=(x+2)x^2=0$으로부터 $[T]_{\mathcal{B}}$은 두 개의 고윳값 $\lambda_1=-2$(중복도 1), $\lambda_2=0$(중복도 2)을 갖는다는 것을 알 수 있다. 그런데 $\lambda_1=-2$에 대응되는 $[T]_{\mathcal{B}}$의 고유벡터는 $\begin{pmatrix}1\\0\\0\end{pmatrix}t$, $t\in\mathbb{R}-\{0\}$이고 $\lambda_2=0$에 대응되는 $[T]_{\mathcal{B}}$의 고유벡터는 $\begin{pmatrix}-1\\2\\0\end{pmatrix}s+\begin{pmatrix}1\\0\\2\end{pmatrix}t$, ($s, t$는 동시에 0이 아닌 실수) 이다. 따라서 $[T]_{\mathcal{B}}$의 고유벡터들로 이루어진 $\mathbb{R}^3$의 기저가 존재하므로 $[T]_{\mathcal{B}}$는 대각화가능한 행렬이고 결과적으로 T는 대각화가능한 선형사상이다.

(2) $M_{2\times 2}(\mathbb{R})$의 기저 $\mathcal{B}=\left\{\begin{pmatrix}1 & 0\\ 0 & 0\end{pmatrix}, \begin{pmatrix}0 & 1\\ 0 & 0\end{pmatrix}, \begin{pmatrix}0 & 0\\ 1 & 0\end{pmatrix}, \begin{pmatrix}0 & 0\\ 0 & 1\end{pmatrix}\right\}$에 대하여

$T\begin{pmatrix}1 & 0\\ 0 & 0\end{pmatrix}=\begin{pmatrix}0 & 0\\ 0 & 1\end{pmatrix}$, $T\begin{pmatrix}0 & 1\\ 0 & 0\end{pmatrix}=\begin{pmatrix}0 & 0\\ 2 & 0\end{pmatrix}$, $T\begin{pmatrix}0 & 0\\ 1 & 0\end{pmatrix}=\begin{pmatrix}1 & 0\\ 0 & 0\end{pmatrix}$, $T\begin{pmatrix}0 & 0\\ 0 & 1\end{pmatrix}=\begin{pmatrix}0 & 0\\ 0 & -1\end{pmatrix}$이므로

$[T]_{\mathcal{B}}=\begin{pmatrix}0 & 0 & 1 & 0\\ 0 & 0 & 0 & 0\\ 0 & 2 & 0 & 0\\ 1 & 0 & 0 & -1\end{pmatrix}$이다. 따라서 행렬 $[T]_{\mathcal{B}}$의 특성방정식

$\det(xI_4-[T]_{\mathcal{B}})=x^3(x+1)=0$으로부터 $[T]_{\mathcal{B}}$은 서로 다른 두 개의 고윳값 $\lambda_1=0$(중복도 3), $\lambda_2=-1$을 갖는다는 것을 알 수 있다. 그런데 $\lambda_1=0$에 대응하는 $[T]_{\mathcal{B}}$의 고유벡터는 $\begin{pmatrix}1\\0\\0\\1\end{pmatrix}t$, $t\in\mathbb{R}-\{0\}$이고 $\lambda_2=-1$에 대응하는 $[T]_{\mathcal{B}}$의 고유벡터는 $\begin{pmatrix}0\\0\\0\\1\end{pmatrix}t$, $t\in\mathbb{R}-\{0\}$이다. 따라서 $[T]_{\mathcal{B}}$의 고유벡터로 이루어진 $\mathbb{R}^4$의 기저가 존재하지 않으므로 $[T]_{\mathcal{B}}$는 대각화가능하지 않은 행렬이고 결과적으로 선형사상 T는 대각화가능하지 않다.

5. 선형사상 T가 대각화가능한 선형사상이므로 V의 적당한 기저 $\mathcal{B}$에 대한 행렬 $[T]_{\mathcal{B}}$가 대각행렬이다. 그런데 스칼라 $\alpha\in\mathbb{C}$에 대하여 $[\alpha T]_{\mathcal{B}}=\alpha[T]_{\mathcal{B}}$이므로 $[\alpha T]_{\mathcal{B}}$는 대각행렬이 된다. 따라서 αT는 대각화가능한 선형사상이다.

6. 이 명제는 거짓명제이다.

(반례) 선형사상 $T: \mathbb{R}^3 \to \mathbb{R}^3$, $T(a,b,c)=(c,b,a)$는 정칙선형사상이지만 대각화가능한 선형사상은 아니다.

7. 이 명제는 거짓명제이다.

(반례) 선형사상 $T: \mathbb{R}^3 \to \mathbb{R}^3$, $T(a,b,c)=(c,b,a)$는 정칙선형사상이고 $T^{-1}=T$이다. 그런데 T가 대각화가능한 선형사상이 아니므로 T^{-1}는 대각화가능한 선형사상이 아니다.

8. (1) $\mathbb{C}^2$의 표준기저 $\mathcal{B}=\{(1,0),(0,1)\}$에 대하여 $L_A(1,0)=\begin{pmatrix}5\\0\end{pmatrix}$, $L_A(0,1)=\begin{pmatrix}-1\\2\end{pmatrix}$이므로 $[L_A]_{\mathcal{B}}=\begin{pmatrix}5 & -1\\0 & 2\end{pmatrix}$이다. 따라서 행렬 $[L_A]_{\mathcal{B}}$의 특성방정식 $\det(xI_2-[L_A]_{\mathcal{B}})=(x-5)(x-2)=0$으로부터 $[L_A]_{\mathcal{B}}$은 서로 다른 두 개의 고윳값 $\lambda_1=5$, $\lambda_2=2$를 갖는다는 것을 알 수 있다. 따라서 $[L_A]_{\mathcal{B}}$은 대각화가능한 행렬이므로 L_A는 대각화가능한 선형사상이다.

(2) $\mathbb{C}^2$의 표준기저 $\mathcal{B}=\{(1,0),(0,1)\}$에 대하여 $L_A(1,0)=\begin{pmatrix}4\\0\end{pmatrix}$, $L_A(0,1)=\begin{pmatrix}0\\-8\end{pmatrix}$이므로 $[L_A]_{\mathcal{B}}=\begin{pmatrix}4 & 0\\0 & -8\end{pmatrix}$이다. 따라서 행렬 $[L_A]_{\mathcal{B}}$의 특성방정식 $\det(xI_2-[L_A]_{\mathcal{B}})=(x-4)(x+8)=0$으로부터 $[L_A]_{\mathcal{B}}$은 서로 다른 두 개의 고윳값 $\lambda_1=4$, $\lambda_2=-8$을 갖는다는 것을 알 수 있다. 따라서 $[L_A]_{\mathcal{B}}$은 대각화가능한 행렬이므로 L_A는 대각화가능한 선형사상이다.

(3) $\mathbb{C}^2$의 표준기저 $\mathcal{B}=\{(1,0),(0,1)\}$에 대하여 $L_A(1,0)=\begin{pmatrix}0\\-1\end{pmatrix}$, $L_A(0,1)=\begin{pmatrix}7\\0\end{pmatrix}$이므로 $[L_A]_{\mathcal{B}}=\begin{pmatrix}0 & 7\\-1 & 0\end{pmatrix}$이다. 따라서 행렬 $[L_A]_{\mathcal{B}}$의 특성방정식 $\det(xI_2-[L_A]_{\mathcal{B}})=x^2+7=0$으로부터 $[L_A]_{\mathcal{B}}$은 서로 다른 두 개의 고윳값 $\lambda_1=7i$, $\lambda_2=-7i$을 갖는다는 것을 알 수 있다. 따라서 $[L_A]_{\mathcal{B}}$은 대각화가능한 행렬이므로 L_A는 대각화가능한 선형사상이다.

9. (1) $\mathbb{C}^3$의 표준기저 $\mathcal{B}=\{(1,0,0),(0,1,0),(0,0,1)\}$에 대하여

$L_A(1,0,0)=\begin{pmatrix}0\\0\\0\end{pmatrix}$, $L_A(0,1,0)=\begin{pmatrix}-1\\0\\0\end{pmatrix}$, $L_A(0,0,1)=\begin{pmatrix}1\\0\\0\end{pmatrix}$이므로

$[L_A]_{\mathscr{B}} = \begin{pmatrix} 0 & -1 & 1 \\ 0 & 0 & 1 \\ 0 & 0 & 0 \end{pmatrix}$이다. 따라서 행렬 $[L_A]_{\mathscr{B}}$의 특성방정식 $\det(xI_3 - [L_A]_{\mathscr{B}}) = x^3 = 0$으로부터 $[L_A]_{\mathscr{B}}$은 고윳값 $\lambda = 0$(중복도 3)를 갖는다는 것을 알 수 있다. 그런데 고윳값 $\lambda = 0$에 대응하는 $[L_A]_{\mathscr{B}}$의 고유벡터는 $\begin{pmatrix} 1 \\ 0 \\ 0 \end{pmatrix} t$, $t \in \mathbb{C} - \{0\}$이므로 $[L_A]_{\mathscr{B}}$의 고유벡터로 이루어진 $\mathbb{C}^3$의 기저가 존재하지 않는다. 따라서 $[L_A]_{\mathscr{B}}$은 대각화가능한 행렬이 아니고 L_A는 대각화가능한 선형사상이 아니다.

(2) $\mathbb{C}^3$의 표준기저 $\mathscr{B} = \{(1,0,0),(0,1,0),(0,0,1)\}$에 대하여 $L_A(1,0,0) = \begin{pmatrix} -2 \\ 0 \\ 1 \end{pmatrix}$, $L_A(0,1,0) = \begin{pmatrix} 0 \\ 5 \\ 0 \end{pmatrix}$, $L_A(0,0,1) = \begin{pmatrix} 0 \\ -1 \\ 2 \end{pmatrix}$이므로 $[L_A]_{\mathscr{B}} = \begin{pmatrix} -2 & 0 & 0 \\ 0 & 5 & -1 \\ 1 & 0 & 2 \end{pmatrix}$이다. 따라서 행렬 $[L_A]_{\mathscr{B}}$의 특성방정식 $\det(xI_3 - [L_A]_{\mathscr{B}}) = (x+2)(x-5)(x-2) = 0$으로부터 $[L_A]_{\mathscr{B}}$은 서로 다른 세 개의 고윳값 $\lambda_1 = -2$, $\lambda_2 = 5$, $\lambda_3 = 2$를 갖는다는 것을 알 수 있다. 따라서 $[L_A]_{\mathscr{B}}$은 대각화가능한 행렬이고 L_A는 대각화가능한 선형사상이다.

(3) $\mathbb{C}^3$의 표준기저 $\mathscr{B} = \{(1,0,0),(0,1,0),(0,0,1)\}$에 대하여 $L_A(1,0,0) = \begin{pmatrix} -4 \\ 0 \\ 0 \end{pmatrix}$, $L_A(0,1,0) = \begin{pmatrix} 0 \\ 1 \\ 0 \end{pmatrix}$, $L_A(0,0,1) = \begin{pmatrix} 0 \\ 0 \\ 2 \end{pmatrix}$이므로 $[L_A]_{\mathscr{B}} = \begin{pmatrix} -4 & 0 & 0 \\ 0 & 1 & 0 \\ 0 & 0 & 2 \end{pmatrix}$이다. 따라서 행렬 $[L_A]_{\mathscr{B}}$의 특성방정식 $\det(xI_3 - [L_A]_{\mathscr{B}}) = (x+4)(x-1)(x-2) = 0$으로부터 $[L_A]_{\mathscr{B}}$은 서로 다른 세 개의 고윳값 $\lambda_1 = -4$, $\lambda_2 = 1$, $\lambda_3 = 2$를 갖는다는 것을 알 수 있다. 따라서 $[L_A]_{\mathscr{B}}$은 대각화가능한 행렬이고 L_A는 대각화가능한 선형사상이다.

찾아보기

ㅎ

송영권

1996. 5. Michigan State University 박사학위 취득
(대수학 전공)

현 재 광운대학교 수학과 교수

〈저 서〉

대학수학, 공업수학, 군, 환, 체 외

선형대수학 [제2판]

MATLAB를 이용한 문제풀이

초판발행 2011년 2월 25일
2판발행 2017년 3월 02일

지은이 송영권
펴낸이 오판근
펴낸곳 (주) 교우
주 소 서울시 동대문구 약령시로 8 교우빌딩 2층 (주)교우
전 화 02-925-2861 / **팩 스** 02-925-2860. **편집부** 02-925-2825
홈페이지&북스토어 www.kyowoo.co.kr / **이메일** kyowoo@kyowoo.co.kr

등 록 1994년 3월 24일 제1994-000013호
ISBN 979-11-251-0195-6 (93410)

Published by Kyowoo Co., Ltd. Printed in Korea

값 42,000원

교우미디어는 (주) 교우의 Imprint 사입니다.
수학정원·과학정원은 (주) 교우의 새로운 브랜드명입니다.

잘못된 책은 구입하신 서점에서 교환해 드립니다.